ÉLÉMENTS

D'UNE

FAUNE DES MYRIAPODES DE FRANCE

—

CHILOPODES

ÉLÉMENTS

D'UNE

Faune des Myriapodes

de France

— ◦ —

CHILOPODES

PAR

H. W. BROLEMANN

IMPRIMERIE TOULOUSAINE
2, Rue Romiguières, 2

1930

TABLE DES MATIÈRES

INDEX ALPHABÉTIQUE DES NOMS SCIENTIFIQUES

Les noms en italiques sont ceux des synonymes. Les chiffres gras sont ceux des pages contenant les descriptions.

ERRATA

Page VII, ligne 12, au lieu de : G. Richardi...
        lire : B. Richardi...

Page 46, ligne 28, au lieu de : six articles cylindriques,
        lire : cinq articles cylindriques,

Page 181, ligne 9, au lieu de : (BERGSÖ et MEINERT, 1886).
        lire : (BERGSÖ et MEINERT).

Page 202, après la ligne 23, ajouter : Type : *Scolopendra morsitans* L.

Page 205, ligne 22, au lieu de : Fémoroïdes
        lire : Fémoroïde

Page 206, in fine, ajouter : Type : *Cryptops hortensis* LEACH.

Page 211, ligne 16, au lieu de : **trisulcatus** BROLEMANN, 1902).
        lire : **trisulcatus** (BROLEMANN, 1902).

Page 237, lire les lignes 7 à 10 comme suit :
    distincts. Tibia des P. 15 gibbeux, mais sans verrue ni sillons
    (fig. 408-409)...................... Lithobius nicœensis (BROL).
36. P. 15 du mâle sans structure sexuelle spéciale..................
    .... Lithobius nigrifrons LATZEL et HAASE.

Page 293, dernière ligne de la note, pour le fémur (F) ventralement,
                au lieu de : cmp
                lire : amp

Page 369, ligne 29, au lieu de : *Ibid.*, 1911, n° 1.
        lire : *Ibid.*, 1911, n° 10.

Page 376, ligne 40, au lieu de : 1844 b. —
        lire : 1884 b. —

Page 381, ligne 41, au lieu de : Miriapoli
        lire : Miriapodi

Page 383, ligne 1, au lieu de : *Cötcborgs*
        lire : *Göteborgs*

Page 386, ligne 1, au lieu de : Chilagnatha
        lire : Chilognatha.

AVANT-PROPOS

Sous la dénomination de MYRIAPODES on comprenait autrefois des Arthropodes qui présentent en commun le caractère d'avoir un grand nombre de paires de pattes articulées. Il n'y a cependant pas lieu de nous arrêter aux caractères généraux de ce groupement, la notion ayant prévalu peu à peu qu'il est purement artificiel. Aussi les divers éléments de ce groupement ont-ils été dissociés et répartis en quatre classes aujourd'hui désignées sous les noms de: DIPLOPODES, SYMPHYLES, PAUROPODES et CHILOPODES.

On reconnaît ces classes aux structures que nous opposons dans la clef suivante :

1. Corps cylindrique, avec ou sans épanouissements latéraux, ou plus ou moins déprimé, généralement recouvert de téguments rigides imprégnés de sels calcaires; lorsque les téguments sont élastiques et dépourvus de dépôts calcaires, l'animal porte des faisceaux de trichômes dentés (*Polyxenus*). Le corps est composé de segments apparents en nombre très variable, de 11 à plus de 100; ces segments portent typiquement deux paires de membres placées l'une en arrière de l'autre (sauf cependant aux extrémités rostrale et caudale, où les segments peuvent n'en porter qu'une, ou même être apodes). Les antennes, plus ou moins claviformes, sont généralement composées de 7 ou de 8 articles apparents, de dimensions différentes et placés bout à bout; elles sont articulées latéralement et toujours très écartées l'une de l'autre.

(Les pattes sont insérées ventralement et occupent une position postérieure par rapport au sternite correspondant. Les conduits sexuels débouchent en arrière de la deuxième paire de membres ou dans les hanches de cette paire.)............
.... Classe: DIPLOPODES.

— Corps faiblement bombé ou plus ou moins déprimé, recouvert de téguments élastiques non calcifiés et ne présentant jamais de faisceaux de trichômes dentés. Segments en nombre très variable, ne portant qu'une seule paire de membres. Ou bien les antennes sont trapues et sont divisées au delà du 4ᵉ article, ou bien elles sont allongées et sont alors formées d'au moins 14 articles subégaux................................... 2.

2

2. Corps de dimensions très variables, d'environ 7 mm. jusqu'à près
    de 200 mm., déprimé, recouvert de téguments élastiques, formé
    d'au moins 15 segments pédifères et souvent de beaucoup plus.
    Antennes jamais bifurquées, parfois moniliformes, composées
    d'au moins 14 articles, graduellement atténuées de la base à la
    pointe. Les pattes sont insérées latéralement et toujours large-
    ment séparées par des sternites subrectangulaires. La 1ʳᵉ paire
    de membres est modifiée aux fins de la nutrition; elle constitue
    un organe en forme de tenailles, dont les mors sont parcourus
    par un canal à venin. Les organes sexuels débouchent à l'extré-
    mité caudale du corps................ Classe : CHILOPODES

— Corps ne dépassant pas 8 mm. et généralement plus petit, de colo-
    ration blanche, opaque ou à peine teintée. Onze segments pédi-
    fères. Antennes variables, bifurquées ou moniliformes, jamais
    filiformes. Les pattes ambulatoires occupent une position
    postéro-externe par rapport au sternite correspondant, qui est
    subtriangulaire, à pointe postérieure. La première paire de
    pattes n'est jamais modifiée en vue de la nutrition. Organes
    sexuels débouchant en arrière de la deuxième paire de mem-
    bres, ou d'une des paires suivantes. .... 3.

3. Corps plus ou moins fusiforme, ne dépassant pas 2 mm. Tête à
    silhouette subtriangulaire; le clypeus est rabattu sous le front
    et les antennes sont insérées de chaque côté du sommet du
    triangle, non loin l'une de l'autre. Les antennes sont formées de
    4 articles, auxquels font suite deux branches divergentes pro-
    longées par des tigelles annelées; l'une des branches porte en
    outre un organe apical globuleux. Pas de filières à l'extrémité
    caudale du corps.................. Classe : PAUROPODES.

— Corps plus ou moins déprimé, ne dépassant pas 8 mm. Tête à
    silhouette ovoïde, le clypeus étant dirigé en avant. Les antennes
    sont insérées latéralement et très écartées; elles sont longues,
    moniliformes et composées d'un nombre élevé d'articles. A l'ex-
    trémité caudale du corps est une paire d'organes acuminés,
    faisant fonction de filières............. Classe: SYMPHYLES.

Bien que les notions pratiques qui suivent s'appliquent également bien à toutes les classes, le présent travail a été consacré
exclusivement à celle des Chilopodes. Encore n'a-t-il été possible
d'envisager que les formes adultes. Les notions que nous possédons sur les divers stades postembryonnaires de ces êtres sont
encore trop fragmentaires pour permettre une étude comparative
d'espèce à espèce. C'est pourquoi nous sommes-nous limité aux
indications fournies au chapitre du développement postembryonnaire, indications qui pourront servir de points de repère à qui
voudra aborder cette étude.

En ce qui concerne les synonymies, nous n'avons retenu que les plus importantes. Nous avons laissé de côté les citations réunies dans les listes locales, d'autant qu'il n'est pas toujours possible de contrôler s'il y a concordance dans les noms spécifiques utilisés. Sous ce rapport on ne pourra atteindre à un certain degré de certitude que lorsque nos Myriapodes auront été méthodiquement recueillis et étudiés en France.

Ce n'est malheureusement pas le cas à l'heure actuelle et il faut avouer que, à l'exception de deux ou trois régions, la France est à peu près inconnue au point de vue qui nous occupe. Le présent travail est donc forcément élémentaire et nous ne pouvons nous faire aucune illusion sur ses lacunes et ses imperfections. Si cependant, tel qu'il est, il pouvait éveiller la curiosité des chercheurs et des savants compétents et les inciter à se consacrer à l'étude de ces Arthropodes, nous nous estimerions heureux d'avoir contribué à ce résultat.

Avant d'aborder notre sujet, qu'il nous soit encore permis d'adresser une pensée reconnaissante à tous ceux qui, au cours de nos études, nous ont encouragé et soutenu, nous prodiguant leurs conseils, leurs concours et même une collaboration affectueuse et désintéressée. La liste en serait trop longue pour trouver place ici. Nous ne saurions toutefois nous priver du plaisir de remercier tout particulièrement MM. les Professeurs E.-L. Bouvier, membre de l'Institut; O. Duboscq, directeur du Laboratoire Arago de Banyuls-sur-Mer; Ch. Gravier, membre de l'Institut; L. Léger, professeur à l'Institut de Zoologie de Grenoble; H. Ribaut, professeur à la Faculté de Médecine de Toulouse; E.-G. Racovitza, sénateur du royaume de Roumanie, directeur de l'Institut de Spéologie de Cluj. Que tous veuillent bien trouver ici l'expression de notre vive gratitude.

NOTIONS PRATIQUES

Récolte. — Contrairement à ce qui se produit pour la plupart
des Hexapodes, qu'on peut récolter en toutes saisons, la chasse
des Myriapodes n'est profitable qu'à certaines époques de l'année,
de durée plus ou moins prolongée suivant les régions explorées.
S'agissant d'êtres auxquels un certain degré d'humidité est indispensable, et se reproduisant au printemps et en automne, rares
sont les espèces qu'on peut s'attendre à trouver adultes en été.
En thèse générale, à dater des mois d'avril ou de mai et jusqu'au
milieu ou à la fin de septembre, on ne peut espérer de bons
résultats, étant donné que c'est particulièrement aux mâles
adultes qu'on aura à s'adresser pour identifier bon nombre
d'espèces. Ceci s'applique tout particulièrement aux Diplopodes;
ces limites sont moins strictes pour les Chilopodes, dont généralement la femelle, aussi bien que le mâle, fournit les caractères nécessaires à leur détermination. Plus on s'avance vers le
sud, plus le temps favorable à la chasse est limité; sur le littoral
méditerranéen, elle ne peut être pratiquée avec profit qu'à partir
d'octobre (si le temps a été pluvieux en septembre) et jusqu'au
milieu ou à la fin de mars. En dehors de ces mois d'automne et
d'hiver, il est encore possible de se procurer des Myriapodes,
mais on s'expose à ne trouver que des femelles ou des jeunes.

A mesure qu'on s'élève au-dessus du niveau de la mer, ces
conditions se modifient et, dans les altitudes supérieures à
1.500 mètres, on peut chasser en toutes saisons avec plus ou
moins de résultats. Encore est-il bon d'observer que, même dans
ces altitudes, les trouvailles seront toujours plus intéressantes
au moment de la fonte des neiges. Dans d'autres conditions
spéciales, l'effet de la saison se fera beaucoup moins sentir, dans
les cordons littoraux d'algues ou dans les grottes notamment.

En ce qui concerne les terrains de chasse, on peut en général trouver des Myriapodes partout où règne un certain degré d'humidité. Exceptionnellement on en rencontre dans des terrains sablonneux, arides et exposés au soleil. Les terrains de pâturages et de cultures sont déjà un peu plus peuplés; mais ce sont ordinairement des formes banales et résistantes qu'on y recueille, la culture détruisant les gîtes et éloignant les animaux.

De toutes les plus habitées sont les régions boisées. Encore importe-t-il de faire la distinction entre les forêts de chênes et de conifères d'une part et les forêts de hêtres d'autre part. Les premières, souvent placées sur un sous-sol facilement drainé, n'apporteront qu'un contingent relativement faible à nos collections. Tandis que les forêts de hêtres, dont les feuilles entassées donnent naissance à un humus constamment humide, réalisent, semble-t-il, l'optimum pour le pullulement de nos Myriapodes. Une autre condition en relation avec l'hygrométrie est celle de l'altitude des forêts qui, en pays montagneux, seront toujours plus riches qu'en pays de plaine.

Dans quelque terrain que l'on chasse, il sera nécessaire de scruter tous les repaires naturels que les lieux offrent à nos Arthropodes : les pierres, les mottes de terre, les détritus, les débris de bois, les écorces, les mousses, etc., etc. Les strates de feuilles en décomposition de nos forêts de hêtres, notamment, sont d'une richesse remarquable. En effeuillant ces strates, on se procurera une belle série de formes qu'on chercherait vainement ailleurs, telles que de petits Géophiliens, des *Heterozonium*, de petits Glomeridiens et tout un lot de Chordeumoïdes des plus intéressants.

N'oublions pas, comme habitats spéciaux, les grottes, dont tous les entomologistes connaissent la valeur, et les grèves, où toutefois la faune est réduite à cinq ou six espèces.

Conservation. — La récolte des Arthropodes est trop connue pour que nous ayons à développer ce thème. Il est bon, néanmoins de fournir quelques indications sur les méthodes qui nous ont réussi jusqu'ici. La récolte ne se fait bien qu'à la pince et au pinceau, l'animal capturé étant plongé dans un tube à demi rempli d'alcool à 60°. Tout autre liquide est à écarter; des Myriapodes tués au cyanure arrivent au laboratoire démembrés; quant au formol, s'il peut avoir certains avantages pour les Chilopodes, il détériore incontestablement les Diplopodes en corrodant leur revêtement imprégné de sels calcaires. L'unique milieu de conservation approprié est donc l'alcool à 60°. Pour la chasse, il sera bon d'avoir en poche plusieurs tubes à demi garnis d'alcool à 60° et quelques-uns d'alcool à 90°. Ces derniers seront réservés à la capture de très petites espèces, c'est-à-dire des Symphyles et des Pauropodes qui, surnageant un temps dans l'alcool à 60°, risquent de se perdre chaque fois qu'on a à emmagasiner une nouvelle capture. Toutes les autres formes s'accommodent d'alcool à 60°; il est néanmoins nécessaire d'avoir plusieurs tubes en service pour séparer les formes fragiles des gros exemplaires qui, dans les contractions de la mort, endommagent ou broient les autres. Sous ce rapport les Scutigères et les Lithobies, dont les pattes sont si fragiles, les Polyxènes, qui se dépouillent si facilement de leurs trichômes, les petits Chordeumoïdes à téguments délicats, sont à récolter dans des tubes séparés. Il faut éviter également de trop entasser des formes moyennes, notamment les Leptoiules, qui pâtissent d'un séjour prolongé dans un alcool souillé.

Rentre-t-on avec ses tubes bien garnis, il est nécessaire d'opérer un premier tri dès le soir même ou, au plus tard, dès le lendemain et de transporter ses captures dans de l'alcool frais, où elles pourront attendre leur heure, non cependant sans qu'on en change l'alcool lorsqu'il se colore. Si l'on désire conserver des échantillons en état d'extension, ce qui en facilite considérablement l'étude, il faudra leur faire prendre la position voulue dès le lendemain. A cet effet, disposer dans un tube à sec tous les échantillons qu'on aura préalablement étendus; couper dans une feuille de papier un peu rigide (le papier à lettres soutenu suffira) un rectangle ayant au moins la hauteur des animaux et une largeur franchement supérieure au diamètre du tube; en rapprocher, comme pour une cigarette, les bords, qu'on saisira ensemble avec une pince droite; glisser le papier ainsi maintenu dans l'espace libre du tube et laisser le papier se détendre; la rigidité du papier suffira à maintenir les animaux contre la paroi du tube dans la position où on les aura placés; il ne restera plus qu'à ajouter l'alcool de conservation. Le même procédé est à recommander pour exposer en vitrines des échantillons de collection. Le tube une fois garni, soit provisoirement soit défi-

nitivement, le fermer avec une boulette de papier de soie médiocrement serrée, non sans l'avoir préalablement étiqueté, et le
conserver dans des bocaux à fermeture hermétique garnis d'alcool. Les tubes bouchés au liège ne sont pas à recommander, la
partie du bouchon en contact avec l'alcool dépérit et le contenu
du tube se dessèche. Un tube sec est un tube perdu.

S'agit-il de faire voyager un tube ? en caler le contenu, n o n
p a s a v e c d e l ' o u a t e, comme on le fait couramment, mais
a v e c d u p a p i e r d e s o i e f r o i s s é ; on évitera ainsi que
les membres ne se détachent en restant accrochés aux fils
d'ouate.

Technique. — La technique de l'étude des Myriapodes varie à
l'infini suivant le but qu'on se propose, la nature de l'animal
(Chilopode ou Diplopode), la résistance de ses téguments, son
stade de développement, etc., etc. Elle est d'ailleurs bien
connue (1).

(1) Pour le lecteur non familiarisé avec les méthodes de laboratoire, nous
indiquerons le procédé que nous pratiquons. S'il s'agit d'un Chilopode, d'un
Géophile, par exemple, dessiner à la lumière directe, avant toute dissection,
les faces dorsale et ventrale des extrémités de l'animal à étudier, pour en
fixer l'aspect général qu'un accident de dissection, toujours à redouter,
pourrait compromettre; noter, s'il y a lieu, les dimensions de l'animal, le
nombre des segments pédifères et des pattes, les rapports de longueur et de
largeur de la tête ou des organes intéressants.
Détacher la tête en glissant un scalpel fin ou une aiguille sous son rebord
caudal, puis, en avant des forcipules, enfin dans les côtés.
Les pièces buccales étant restées adhérentes à la capsule céphalique, détacher ensemble les deux paires de mâchoires en sectionnant d ' u n c ô t é la
membrane qui les relie aux pleures céphaliques et, en avant, au groupe
formé par l'hypopharynx et les mandibules; ce groupe reste attaché à la
tête. Il est inutile de trancher les membranes des deux côtés; il suffira de
pousser la section de la membrane assez loin pour permettre de rabattre
latéralement les mâchoires. Restent les mandibules placées à cheval sur
l'hypopharynx, mais solidement amarrées, soit par le tendon de la base du
levier, soit aussi par le condyle mandibulaire dorsal; il s'agit alors de trancher l'un et de faire sauter l'autre de son alvéole, opération délicate, car il
faut éviter d'endommager les crêtes des mandibules et les franges du labre
en visière, sous lequel elles sont partiellement engagées. Si on a commencé
par la mandibule du côté opposé à celui où on a détaché les mâchoires, on
pourra, sans pousser la dissection à fond (et si on a la main heureuse),
rabattre le groupe hypopharynx + mandibules sur le côté opposé à celui des
mâchoires et on aura une préparation « en tryptique » qu'il suffira de
retourner pour la dessiner sur ses deux faces. On risquera moins ainsi
d'égarer les pièces minuscules comme le sont les mandibules.
Eclaircir la préparation. Lorsqu'on se limite à l'étude des pièces sclérifiées,
faire bouillir la préparation dans la potasse. Mais si l'on a d'autres objectifs,
il faut s'adresser à des procédés moins radicaux.
Une autre méthode consiste à faire bouillir la tête avant toute dissection;

On peut user assez libéralement de la solution de potasse titrée
à 10 %, soit pour la macération, soit même pour l'ébullition des
objets à étudier par transparence. C'est ainsi par exemple que,
pour l'étude des vulves des Diplopodes, on peut procéder par
ébullition de toute la partie antérieure de l'animal (jusqu'au
5° segment environ), toujours fortement contractée; la destruc-
tion de la musculature permettra alors d'étendre convenablement
la pièce et d'étudier à l'aise les rapports de ses diverses parties,
avant de passer à leur dissociation.

Par contre les téguments délicats des immatures de Chilopodes, lorsqu'on les lave à l'eau après passage à la potasse, se
frisent parfois au point de devenir inutilisables. Il sera alors
préférable de recourir à l'éclaircissement par la glycérine. De
même pour les gonopodes ornés de faisceaux de lanières de certains Chordeumoïdes, mieux vaut user de la glycérine, la
potasse échevelant les faisceaux, qui gênent alors l'observation.

La préparation doit elle être dessinée ? la plonger dans la
goutte de glycérine (ou de gélatine glycérinée) déposée sur le
porte-objet et la couvrir après l'avoir convenablement disposée.

Ne j a m a i s é c r a s e r la préparation sous le couvre-objet,
surtout lorsqu'on étudie les pièces d'un Diplopode. A cet effet,
soulever plus ou moins le couvre-objet suivant l'épaisseur de la
préparation en faisant porter les deux bords opposés du couvre-
objet sur des fragments de lames de verre, qui feront trétaux.
On aura parfois avantage à ne soulever le couvre-objet que d'un
côté et à coincer très légèrement la préparation, pour la main-

elle permet de mieux se rendre compte où l'on enfonce le scalpel, et peut
p a r f o i s suffire; mais elle a le désavantage de durcir les membranes et de
rendre plus difficile une dissection ultérieure.

Pour l'examen de l'eupleurium, détacher les segments à étudier (4 ou 5 ensemble), les fendre suivant la ligne médiane du dos et étaler dans la
glycérine les téguments préalablement nettoyés à la potasse. Aplatir la
préparation avec le couvre-objet.

Pour l'extrémité postérieure du corps il suffira, dans la pratique journa-
lière, de la dessiner sur ses deux faces après ébullition dans la potasse. Mais
pour se rendre compte de la composition des segments terminaux, il sera
indispensable de les séparer en bloc du dernier segment pédifère après
éclaircissement et de les transporter dans une goutte de glycérine, coinçant
légèrement le bloc sous le couvre-objet soulevé d'un seul côté.

Lorsque nous traiterons des Diplopodes, nous reviendrons sur le sujet des
procédés. Quel que soit d'ailleurs l'animal auquel on ait à faire, un peu de
pratique est nécessaire pour obtenir une bonne préparation; mais cette
pratique s'acquiert rapidement, une fois connue la disposition respective des
pièces à examiner.

tenir immobile. Ce procédé permettra, si besoin est, de faire rouler sur elle-même la préparation en poussant le couvre-objet de part et d'autre, sans le soulever. On pourra ainsi observer la préparation sur toutes ses faces.

On pourra monter au baume les pièces isolées ou les conserver dans une cellule de papier de soie qui sera jointe au reste de l'animal dans le même tube.

Il y aura toujours avantage à faire de nombreux dessins à la chambre claire des préparations réussies, avec autant de détails et à une aussi grande échelle que possible.

Détermination. — C'est ici le lieu de remarquer que les caractères morphologiques indiqués comme spécifiques, tels que le nombre des dents du labre ou des forcipules, des soies de la zone prélabiale, des pores ventraux, etc., n'ont pas toujours une valeur absolue, loin de là. On ne doit pas s'attendre à rencontrer chez nos Chilopodes, si peu élevés dans l'échelle des Arthropodes, une fixité égale à celle qu'on reconnaît aux Hexapodes, beaucoup plus différenciés et plus fixés. Il y aura donc lieu de tenir compte, dans les déterminations d'espèces, d'une variabilité individuelle, dont les limites ne pourront être établies qu'après étude de matériaux de provenances très diverses. Une part est ainsi laissée à l'appréciation de l'observateur.

Néanmoins, pour réduire au minimum les difficultés résultant de cette variabilité, nous avons fait figurer, lorsque cela était possible, la même espèce sous des rubriques différentes de nos clefs. C'est ainsi, par exemple, que *Dignathodon microcephalum*, dont l'article apical des pattes terminales est tantôt distinct, tantôt si petit qu'il semble manquer, a été inscrit aussi bien dans le groupe à pattes terminales de 6 articles que dans celui à pattes terminales de 7 articles; que *Lithobius lapidicola* est mentionné deux fois, suivant qu'il présente une épine supplémentaire au préfémur des P. 15 ou qu'il en est dépourvu; etc.

Tous les cas n'ont pu être solutionnés comme ceux mentionnés ici; il faudra alors, en cas de doute, essayer des deux caractères opposés dans le même paragraphe de la clef.

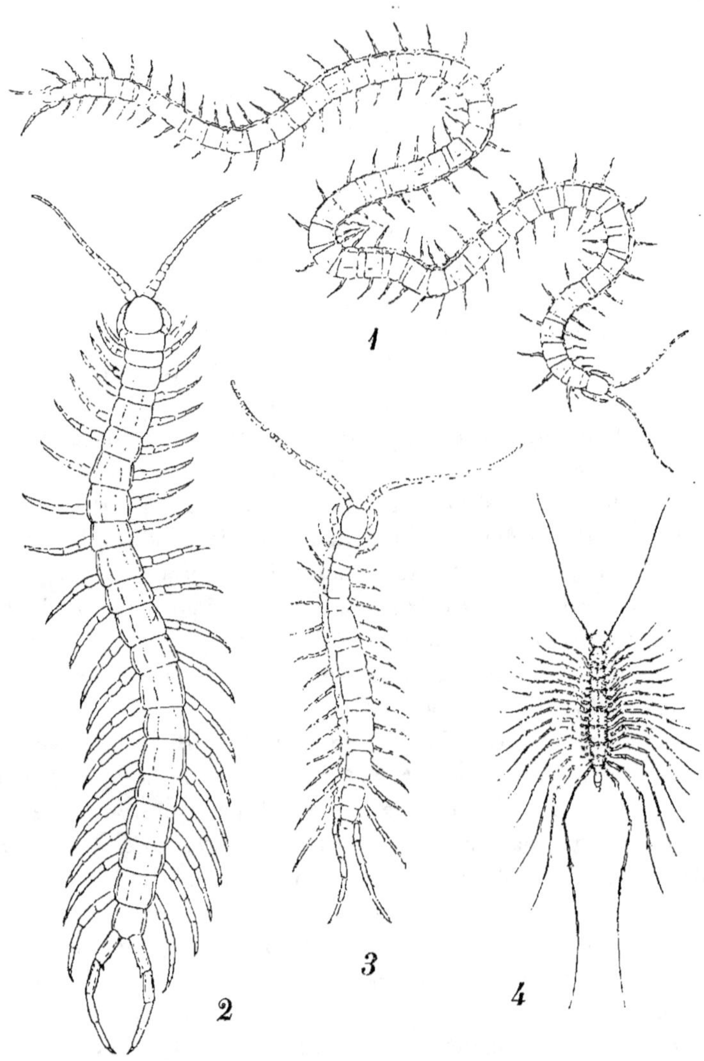

Fig. 1. — Géophilomorphe (*Necrophloeophagus longicornis*).
Fig. 2. — Scolopendromorphe (*Scolopendra morsitans*).
Fig. 3. — Lithobiomorphe (*Lithobius forficatus*).
Fig. 4. — Scutigéromorphe (*Scutigera coleoptrata*).

Classe. **CHILOPODA** (Latreille, 1817).

Organisation générale.

Dans un Chilopode nous avons à distinguer : la tête pourvue d'organes buccaux, le segment forcipulaire avec ses membres, le tronc formé de segments équivalents entre eux et qui portent chacun une seule paire de membres, enfin un groupe de segments terminaux dont les appendices sont ou très réduits, ou modifiés, ou même complètement atrophiés.

Ces diverses parties du corps d'un Chilopode sont constituées suivant un gabarit assez uniforme. Toutefois un groupe relativement très restreint présente des différenciations telles que, pour la simplification de notre texte, nous distinguerons deux types dont nous indiquerons séparément les particularités.

Premier type.

C'est le type qui s'applique à la très grande majorité des Chilopodes, les Géophilomorphes, les Scolopendromorphes et les Lithobiomorphes (fig. 1, 2, 3).

Le corps est aplati, plus ou moins allongé et relativement étroit, en quelque sorte rubané.

La tête est constituée par la fusion de l'Acron avec six méta-mères, correspondants aux segments préantennaire, antennaire, postantennaire, mandibulaire, maxillaire I et maxillaire II. La capsule céphalique est une lentille, en partie évidée ventralement (fig. 5-6), qui porte en avant deux membres, les antennes (*ant*), rapprochés à la base et atténués vers la pointe. Son bord caudal est aminci; ses bords latéraux sont légèrement repliés sur la face ventrale; en avant, la surface est continuée par une bride étroite, resserrée entre les antennes; cette bride s'infléchit ventralement en s'épanouissant pour former la zone prélabiale, ou clypeus (*cl*), qui constitue la partie antérieure de la face ventrale de la lentille céphalique. Dorsalement, la surface de la tête est faiblement bombée et unie; elle présente cependant parfois, à son premier tiers environ, un sillon transversal arqué à concavité antérieure (sillon frontal) (fig. 61, 393), dont les extrémités se perdent latéralement ou butent dans des sillons obliques qui limitent intérieurement des plages ocellaires. Ces plages forment la partie antérieure du rebord de la lentille céphalique, en arrière de la base des antennes. Tantôt on y voit des groupes d'ocelles indépendants, bombés, ordinairement pigmentés, en nombre très variable (*O*, fig. 6, 373); tantôt les ocelles font complètement défaut (fig. 5).

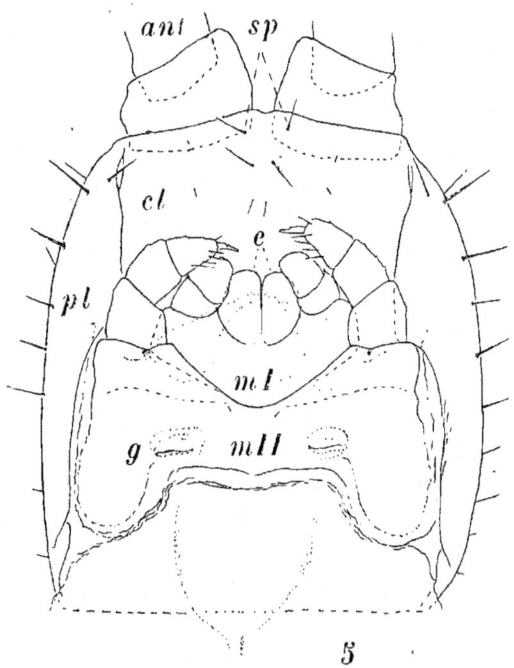

Fig. 5. — *Brachygeophilus truncorum.*
Tête, face ventrale, après ablation des forcipules, montrant les rapports des mâchoires avec les autres organes. *ant:* base des antennes; *cl:* zone prélabiale; *sp:* soies postantennaires; *pl:* pleures céphaliques; *m I:* premières mâchoires; *e:* leurs prolongements coxaux; *m II:* deuxièmes mâchoires; *g:* pores des glandes métamériques (salivaires).
(La position du labre et des mandibules sous les premières mâchoires a été indiquée en traits pointillés.)

Les antennes sont formées de petits articles, en nombre fixe ou variable, placés bout à bout, comme les grains d'un chapelet (fig. 69, 190, etc.). Elles sont revêtues de soies nombreuses, dont

les unes sont longues et disposées en verticiles sur les articles de
la base du membre et les autres sont très courtes, formant un

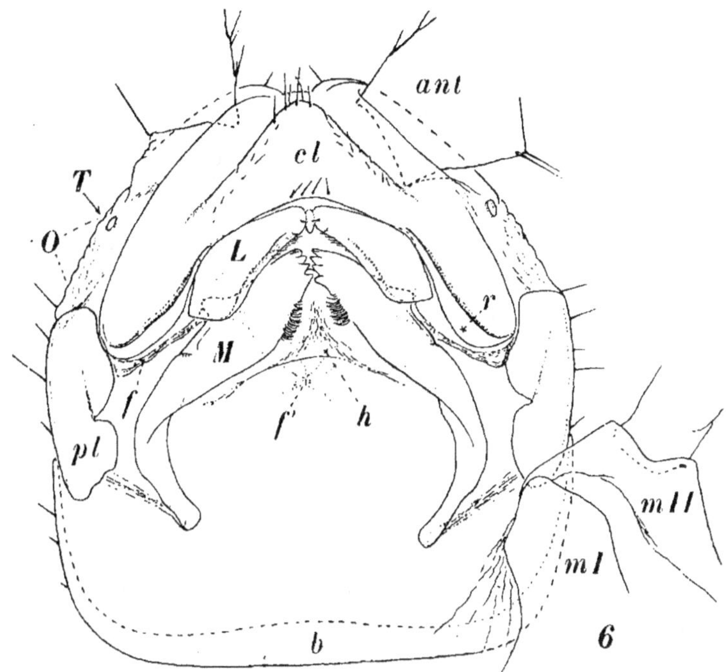

Fig. 6. — *Lithobius pilicornis.*

Tête isolée, après ablation des deux paires de mâchoires, face ventrale. —
ant: base des antennes; *cl:* zone prélabiale; *T:* organe de Tömösváry;
O: ocelles; *r:* plage paralabiale; *pl:* pleures céphaliques; *L:* labre;
f, f': fulcres; *M:* mandibules; *h:* cône hypopharyngien; *m I, mII:*
mâchoires des premières et des deuxièmes paires renversées latéralement;
b: bourrelet marginal de l'écusson céphalique vu par transparence.

revêtement dense sur presque tous les articles. Les articles peuvent cependant être complètement glabres. Sur les articles apicaux on observe souvent des organes sensoriels représentés par
des quilles menues, groupées dans des fossettes (fig. 67).

Entre les ocelles et la base des antennes, il n'est pas rare
d'observer une petite fossetté à péritrème chitinisé, qu'on assi-
mile à l'organe de Tömösváry des Diplopodes, et qui est un
organe sensoriel (*T*, fig. 6 et *Tö*, fig. 373) (2).

(2) J.-R. Denis lui donne comme homologue l'organe postantennaire des
Collemboles (*Soc. Zool. France*, LI, 1926, p. 241).

La zone prélabiale de la face ventrale est une région subpentagonale, plus ou moins bien délimitée et échancrée en arrière pour recevoir le labre. Elle porte des soies diversement distribuées; les angles postérieurs, arrondis, sont tantôt simples (fig. 7), tantôt accompagnés de plages en croissant (*r*, fig. 6), les plages paralabiales. Sur la face ventrale également, les bords réfléchis de la lentille céphalique sont complétés par une succession de plages étroites et allongées (*pl*, fig. 5, 6, 319), placées en arrière l'une de l'autre et plus ou moins bien circonscrites par des sillons; ce sont les pleurites céphaliques qui, avec la zone prélabiale, encadrent sur trois côtés l'excavation ventrale de la lentille céphalique dans laquelle sont logées les pièces buccales.

Pièces buccales

Dans l'échancrure médiane du bord caudal de la zone prélabiale est enchâssé un organe saillant en visière, très court, mais développé transversalement, qui est le labre (*L*, fig. 6, 7, etc.). Celui-ci est constitué par une pièce médiane impaire, encadrée de pièces latérales paires symétriques, dont les faces dorsales remontent plus ou moins avant sous la zone prélabiale. La pièce médiane, ordinairement plus étroite que les pièces latérales, est parfois réduite à un bandeau très étroit en arc (*m*, fig. 78) ou à un noyau cunéiforme (*m*, fig. 58); elle est bien pigmentée; son bord libre (postéro-ventral) est taillé en dent unique lorsque la pièce est réduite, ou garnie de dents tuberculeuses ou effilées en lanières longues lorsque la pièce est plus large; elle peut être complètement inerme. Les pièces latérales, en ovales ou en rectangles transverses, ont généralement aussi leur bord caudal frangé de lanières; il peut cependant être uni; leur face dorsale est souvent recoupée diagonalement par un épaississement linéaire pigmenté; leur angle interne peut être échancré en correspondance avec une dépression de la surface ventrale. Les trois pièces, médiane et latérales, sont parfois soudées en un bandeau transversal qui offre alors une large échancrure de son bord libre (fig. 21 à 24).

Sur les pleurites céphaliques médians prend appui le bras externe des fulcres (*f*, fig. 6, etc.), puissants apodèmes fortement chitinisés, développés transversalement, qui épousent la courbure des angles postérieurs de la zone prélabiale, poussant un bras antérieur sous le labre et fournissant un bras postérieur infléchi vers l'arrière; une partie élargie de ce bras étaye la déclivité latérale du cône hypopharyngien et fournit des points d'insertion à une puissante musculature.

Le labre ferme en avant la cavité pharyngienne (ou vestibule buccal) qui se continue par le tube digestif. Ventralement cette cavité est limitée par un mamelon charnu subconique couvert de papilles délicates, le cône hypopharyngien (*h*, fig. 6). Sur ses déclivités latérales s'appliquent les concavités des mandibules (*M*), dont les arêtes apicales entrent en contact par dessus son sommet, et qui contribuent à clore latéralement le vestibule buccal. Cette cavité est également le siège de différenciations (plages ou tiges sclérifiées, crêtes frangées, papilles, etc.), qui atteignent parfois une complexité remarquable (*Scutigera*, fig. 474).

Les mandibules (fig. 168, 194, etc.), membres transformés, sont de puissants organes masticateurs formés d'une région élargie et creusée en gouttière, le tronc, à laquelle fait suite en arrière une tige amincie, arquée (*y*), qui est un bras de levier. Le tronc est une pièce tantôt homogène, tantôt divisée en plages d'inégale superficie par des fissures plus ou moins complètes (fig. 322); l'une de ces plages, dorsale, porte un tubercule souvent développé en un robuste condyle en crochet (*a*), qui s'engrène dans une sinuosité des fulcres. L'arête apicale de la mandibule présente des différenciations très importantes en systématique; une lame épaisse et très chitinisée, formée de dents plus ou moins agglomérées, occupant la majeure partie de l'arête; des lames pectinées juxtaposées, composées de lanières simples ou découpées, couvrant l'angle ventral de l'arête; des papilles et des bouquets de soies sur l'angle dorsal, etc. Ces différenciations peuvent exister isolément ou se rencontrer réunies sur le même organe.

En arrière des mandibules se placent deux paires de membres modifiés, qui recouvrent l'excavation de la lentille céphalique, aux pleurites de laquelle elles adhèrent latéralement. Les membres de la première paire, ou premières mâchoires (*m I*, fig. 5), sont rapprochés sur la ligne médiane et forment un ensemble vaguement triangulaire, concave dorsalement pour s'adapter sur le cône hypopharyngien. La base en est large, en bandeau transverse, trapézoïdal, dans lequel on s'accorde à voir un syncoxosternum; il peut être entier ou divisé au milieu. Au centre se dressent deux prolongements coxaux d'une seule pièce (*e*), à sil-

houette sub-triangulaire, atténués au sommet et relativement
courts; ils sont encadrés par des membres de deux articles, dont le premier est court et dont le second peut présenter des modifications suivant les groupes; les deux articles sont parfois soudés en un seul. La deuxième paire
de mâchoires (*m II*, fig. 5) comporte un syncoxosternum
de dimensions et de forme très variables, au moins aussi
large que celui des premières mâchoires, presque toujours
dépourvu de prolongement coxaux. Les membres sont très
écartés, repoussés qu'ils sont tout à fait latéralement; ils
sont formés de trois articles cylindriques ou faiblement aplatis;
le premier, qui est plus long que les autres, est un fémoroïde,
c'est-à-dire le résultat de la fusion de deux ou de trois articles
— trochanter, préfémur et fémur —, comme l'indiquent parfois
la persistance d'une encoche ou des vestiges de sillons; l'article
intermédiaire est le plus court; le dernier porte à son sommet
une griffe simple ou modifiée et parfois d'autres différenciations.
Au bord postérieur du syncoxosternum, ou dans son voisinage,
et écartés l'un de l'autre, s'ouvrent les orifices de glandes métamériques, dites aussi glandes salivaires (*g*, fig. 5).

Segment
forcipu-
laire. En arrière de la tête se trouve un segment dont les membres,
les forcipules, sont si bien adaptés à la préhension des aliments,
que d'anciens auteurs ont cru devoir le considérer comme appartenant à la tête; en réalité ce n'est que la transformation de sa
partie ventrale qui le distingue des segments du tronc, car,
comme eux, il possède un tergite, des pleurites, un sternite et
des membres [3]. Le tergite est un sclérite très variable et comme
forme et comme dimensions, généralement indépendant (*Tf*,
fig. 61, 226), mais cependant soudé au tergite suivant chez les
Scolopendromorphes; souvent grand, il peut aussi être réduit
à un bandeau transversal. Ses extrémités s'appuient sur des
replis obliques, émergeant de sous le bord ou l'angle postérieur
de la lentille céphalique (*pf*, fig. 61-64, 226, 227, etc.) et s'inflé-
chissant sous le ventre jusqu'à entrer parfois en contact par
leurs extrémités ventrales (fig. 461); ces replis sont les pleurites
forcipulaires. C'est sur la face dorsale du segment qu'ils sont le
plus apparents; ils recouvrent, au moins en partie, les angles

---

[3] ATTEMS en fait même le premier segment du tronc.

postérieurs de la grande pièce sternale du segment, qui est à la base des forcipules. Cette pièce, qui a une silhouette trapézoïdale ou hexagonale (fig. 227), est le résultat de la fusion du sternum avec les coxites des membres. Elle est généralement un peu bombée, avec ou sans sillon longitudinal médian; son bord rostral, plus ou moins proéminent, est tantôt inerme, tantôt denté, et toujours divisé par une encoche médiane plus ou moins profonde. Dorsalement, des plages paires, qui sont les faces dorsales des hanches, sont plus ou moins prolongées en arrière dans le segment suivant (*c*, fig. 156). Le long des déclivités latérales on remarque des taches très chitinisées formées par deux épaississements engrenés, qui sont les condyles articulaires coxofémoraux (*Z*, fig. 156, 175, 394); ces condyles, par leur fixité, constituent d'excellents points de repère pour apprécier le développement du bord rostral du coxosternum; il suffit de relier les condyles par une ligne conventionnelle et d'en comparer la longueur à la distance qui la sépare du fond de l'encoche du bord rostral. Sur les déclivités latérales du coxosternum se dressent les membres arqués en tenailles. Ils sont de quatre articles. Le premier, assimilable au trochanter uni au préfémur, est le plus robuste; son rebord externe est long, son rebord interne est beaucoup plus court et parfois pourvu de protubérances dentiformes. Les deux anneaux suivants sont des anneaux très courts et souvent incomplets en dehors; dans ce cas le premier article et le quatrième sont en contact extérieurement sur un court espace (*b*, fig. 45). Dans le quatrième article il y a lieu de distinguer une base conique ordinairement peu distincte de la griffe qui lui fait suite; la base, toujours courte, porte parfois une protubérance. La griffe fortement chitinisée, toujours longue, acérée, un peu arquée, graduellement atténuée, peut être comprimée dorso-ventralement en lame de couteau; plus communément elle a une section en losange irrégulier, provenant de ce qu'elle présente dans sa concavité une surface plane, ou chanfrein, tantôt dorsale, tantôt ventrale; son arête concave peut être crénelée. Cette griffe est parcourue par le canal qui dessert la glande à venin et qui débouche un peu en arrière de la pointe de la griffe, sur sa face dorsale; ce canal est plus ou moins long et se termine en arrière par un cul-de-sac criblé, dans lequel les éléments glandulaires déversent leur sécrétion; le canal et son cul-de-sac ne sont visibles que sur des préparations suffisamment éclaircies.

Tronc.

En arrière du segment forcipulaire commencent les segments du tronc, constitués chacun par un tergite et un sternite reliés de part et d'autre par une membrane souple englobant des plages sclérifiées, l'orifice des organes respiratoires, c'est-à-dire le stigmate, et une seule paire de membres. Les segments sont tantôt en nombre déterminé (15, 21) pour toutes les espèces de chaque groupe, tantôt en nombre variable, même dans les limites de l'espèce. Les tergites sont des sclérites plus ou moins développés, souvent rectangulaires, tantôt égaux entre eux et tantôt inégaux, suivant une alternance déterminée; ils peuvent présenter des différenciations, notamment des sillons. Ils peuvent être dédoublés en deux plages, une plage antérieure courte, prétergite, et une plage postérieure environ deux fois plus longue, le tergite proprement dit ou métatergite; le prétergite est parfois assez indépendant pour se superposer au bord antérieur du métatergite; dans le cas contraire, il est simplement séparé de lui par des fissures. Comme les tergites, les sternites sont dédoublés en présternites et en sternites proprement dits ou métasternites; mais les premiers, au lieu de constituer une plage unique, sont ordinairement partagés en deux moitiés triangulaires, affrontées par la pointe (*s*, fig. 166), le bord antérieur du sternite qui suit étant lui-même largement anguleux. Le bord postérieur du sternite pousse parfois un prolongement (endosternite) dans la lumière du segment suivant. Aussi le sternite est-il rarement rectangulaire; il est plutôt hexagonal ou en trapèze atténué vers l'arrière. Sa surface porte ordinairement quelques différenciations, telles que des sillons, des fossettes, voire même des apodèmes, etc. A noter particulièrement l'existence très fréquente, dans le groupe des Géophiliens, de glandes dont les pores (pores ventraux) s'ouvrent à la surface du sternite, soit isolément, soit par groupes plus ou moins compacts, sur des espaces délimités ou non (champs poreux); la distribution de ces pores est toujours importante à préciser (fig. 159, 232, 236, etc.).

Eupleurium.

L'ensemble des sclérites existant dans les membranes latérales est dit Eupleurium. Le nombre des sclérites est extrêmement variable. C'est chez les Géophilomorphes qu'ils sont le mieux caractérisés. Nous ne mentionnerons ici que les quatre qui sont les plus constants et remplissent des fonctions plus importantes que les autres. Sur l'un d'eux débouchent les trachées respiratoires par l'intermédiaire d'une fossette, suivie d'une petite cavité, et dont le péritrème est chitinisé; c'est le stigmate. Les stigmates existent sur tous les segments pédifères jusqu'au pénultième, ou seulement sur certains segments; leur nombre et leur forme ont une importance utilisée en systématique. Deux autres pleurites tirent leur importance du fait qu'ils sont étroitement liés au fonctionnement des pattes [4]. On les désigne souvent sous les noms de « procoxa » et de « métacoxa ». Ils ont une forme vaguement triangulaire; ils sont placés contre le sternite l'un en arrière de l'autre, l'angle postérieur de la procoxa en contact avec l'angle antérieur de la métacoxa; leurs grands côtés divergent, limitant une encoche anguleuse dans laquelle est enchâssée la hanche des pattes ambulatoires. Un quatrième pleurite, dit « catopleure », souvent arqué en croissant et dont les extrémités peuvent atteindre respectivement la procoxa et la métacoxa, ferme dorsalement le logement de la hanche.

Les pattes se décomposent en une hanche et un télopodite de plusieurs articles. Théoriquement la hanche est un cylindre court, un peu comprimé antéro-postérieurement et un peu incliné vers l'avant, dont le grand diamètre est oblique par rapport au plan horizontal de l'animal; ainsi sa face antérieure est en même temps un peu ventrale. En réalité le cylindre coxal n'est jamais tout-à-fait complet (fig. 378-379); il présente une solution de continuité plus ou moins large sur sa face postéro-dorsale. Sa face antérieure est divisée perpendiculairement par un apodème fortement chitinisé (a) et reconnaissable à sa coloration; son extrémité distale est façonnée en condyle, de manière à s'articuler avec un apodème analogue existant sur le premier article du télopodite. A ce point peuvent se raccorder deux brides en demi-cercle médiocrement sclérifiées, séparées ou réunies par leurs extrémités postérieures, constituant un anneau coxal complémentaire, relié au cylindre coxal par des membranes souples (b). La base du rebord ventral des hanches est plus ou moins profondément engagée sous le sternite, sur la duplicature duquel elle prend appui, parfois par l'intermédiaire d'un petit condyle (u', fig. 379); dorsalement la base de la hanche peut

Pattes.

---

(4) Verhoeff enseigne qu'ils font partie de la hanche.

être prolongée par un renflement ou par une plage tectiforme, dont le bord dorsal arrondi (*u*) s'adapte dans la concavité du catopleure en croissant (*n*); l'axe de rotation de la hanche est ainsi approximativement vertical. Dans les derniers segments du corps, la forme des hanches est modifiée en rapport avec les fonctions que les pattes sont appelées à remplir (fig. 380).

Les hanches de certaines pattes, notamment celles des pattes terminales, peuvent abriter des glandes, dont les orifices (pores coxaux) ont une distribution très variable, essentielle à connaître pour la détermination des groupes et des espèces. Les hanches sont souvent armées d'épines.

Le télopodite est de cinq ou de six articles, suivant qu'il comprend un trochanter, un préfémur, un fémur, un tibia, un tarse et un métatarse, librement articulés les uns avec les autres, ou suivant que le trochanter est atrophié ou que le métatarse est soudé au tarse ou uni à lui sans articulation fonctionnelle entre eux (fig. 454, 462). Les articles sont cylindriques, de longueurs différentes, armés ou non d'épines ou d'éperons; la spinulation est importante, surtout chez les Lithobies, où elle fournit des caractères spécifiques; nous aurons l'occasion de l'analyser en détail dans le paragraphe qui leur est consacré. Le métatarse est très généralement pourvu d'une griffe apicale, flanquée ou non d'une griffe supplémentaire plus courte, ou de deux, ou d'épines. Les pattes de la première paire sont exceptionnellement modifiées pour les besoins de l'alimentation (⁵). Les pattes terminales sont toujours plus ou moins différentes. Chez les Géophilomorphes, elles peuvent être plus courtes et plus épaisses que les précédentes et présenter un article de moins; dans les autres groupes, la longueur des pattes va en augmentant vers l'arrière, les pattes terminales étant les plus allongées. On y observe souvent des caractères sexuels; elles sont alors épaissies et présentent des sillons, des tubercules, des bouquets de soies, etc., toutes structures importantes en systématique.

Segments terminaux.

Le corps du Chilopode se termine par un tergite plus ou moins réduit couvrant des pièces latéro-ventrales, les valves anales, entre lesquelles l'anus s'ouvre en fente verticale; on attribue à cet ensemble la valeur d'un segment et le nom de « telson »

---

(5) Dans le genre *Harpolithobius*, qui n'est pas représenté dans notre faune.

(*t*, fig. 381. A). Mais entre le telson et le dernier segment pédifère se placent des sclérifications homologuées à plusieurs segments. D'arrière en avant, nous trouvons le « segment génital II », précédé et dissimulé par le « segment génital I » (6) (fig. 11 à 20, 328, 381, 384, 480, 481).

V e n t r a l e m e n t . — Dans le segment génital II s'ouvre l'orifice commun des conduits sexuels (*O*, fig. 14, 384) ; les parois de l'orifice présentent souvent des différenciations, au moins chez le mâle (pénis). Il ne porte de membres que dans l'ordre des Scutigéromorphes (*x II*, fig. 481) ; dans les autres il en est dépourvu.

Le segment génital I est beaucoup plus apparent (fig. 16, 18, 381. B, 480, 481, etc.), son sternite (*SG. I*) occupant une large partie de la face ventrale et portant des membres (*x*), rudimentaires et d'un article, ou pluriarticulés et fonctionnels, les gonopodes.

En avant du segment génital I, entre lui et le dernier segment pédifère, apparaissent encore des éléments (sternite et très rarement présternites) dans lesquels nous voyons un « segment intermédiaire » (*Si*, fig. 12, 13, 18, etc.).

Enfin certains auteurs admettent encore la possibilité d'un segment postgénital en avant du telson (*q*, fig. 18), en raison de l'existence, chez les Géophiliens, de glandes (*ga*) dont les orifices s'ouvrent latéralement.

D o r s a l e m e n t . — Au tergite du dernier segment pédifère succède toujours un sclérite proportionnellement grand (*Ti*, fig. 11, 15 ; *T 16*, fig. 381. A), dans lequel on a voulu voir un syntergite commun à toute la région prételsonnienne. Cette conception pourrait peut-être s'appliquer aux Géophilomorphes, mais elle ne s'accorde pas avec la présence, chez les *Lithobius*, d'une région dorsale plus ou moins fortement sclérifiée (*TG. I*, fig. 381. A et 384), correspondant exactement au sternite du segment génital I. Le grand tergite appartient donc au segment intermédiaire.

Les dispositions différentes que nous allons rencontrer seront mentionnées dans les chapitres consacrés aux ordres.

---

(6) Nous employons ces dénominations pour éviter de recourir à des termes qui auraient été appliqués à des parties différentes.

DEUXIÈME TYPE.

Le deuxième type est celui des Scutigéromorphes, groupe qui n'est représenté dans notre faune que par une espèce, mais qui offre un grand intérêt en raison de ses différenciations (fig. 4). Celles-ci seront détaillées dans le chapitre consacré à ce sousordre ; nous nous bornerons à indiquer ici en quoi ce type diffère du précédent.

Le corps, au lieu d'être aplati, est trapu et bombé. La tête est épaisse, presque cubique, à surface déprimée au milieu. La zone prélabiale n'est pas repliée sous la tête, elle tombe perpendiculairement ; de même les bords latéraux ne sont pas réfléchis ventralement, pas plus que les plages pleurales qui y adhèrent. Le front est large et les antennes sont très écartées. Celles-ci sont filiformes, démesurément prolongées ; elles sont découpées en petits anneaux dont le nombre est de l'ordre de quelques centaines. Pas d'ocelles isolés ; les yeux sont composés d'un très grand nombre de petits ocelles serrés les uns contre les autres et formant une masse noire très bombée de chaque côté de la tête. En raison de la position du clypeus, l'excavation ventrale de la tête occupe toute sa longueur.

Les pièces du labre (*L*, fig. 474) sont soudées en un bandeau dans lequel on retrouve les trois pièces essentielles, qui ne sont pas frangées. La face dorsale du labre est longue et pourvue de deux replis longitudinaux un peu divergents (*e*), couverts de papilles, dont l'ensemble constitue l'épipharynx. A sa suite se placent des tigelles et des plages chitinisées, qui étayent le vestibule buccal (*y*). Les mandibules (fig. 472) sont moins larges, mais également pourvues d'un condyle articulaire saillant et d'une fissure longitudinale isolant une plage dorsale dont l'arête est frangée. Sur la face dorsale du coxosternum des premières mâchoires se trouve un organe sensoriel particulier, qui n'a pas son homologue dans le premier type (*q*, fig. 466-468) ; le premier article du télopodite est relativement très allongé. Le télopodite des deuxièmes mâchoires (fig. 469) est formé de quatre articles longs et grêles, armés de très longues épines ; le dernier n'a pas de griffe apicale.

Tergite forcipulaire en bourrelet transversal. Pleurites non sclérifiés. Les coxites forcipulaires sont presque dissociés (fig. 470), mais sont reliés dorsalement par les restes d'un sternite (*st*, fig. 471); leur bord rostral est peu proéminent et garni de longues épines. Les télopodites sont articulés tout à fait latéralement et le condyle coxofémoral (*Z*, fig. 470) est reporté au niveau du bord proximal des coxites; la griffe est plus courte, moins robuste, acérée et assez nettement séparée du quatrième article.

Les segments du tronc sont au nombre de quinze, représentés par autant de sternites et de paires de membres; mais le nombre des tergites est seulement de sept, ce qui s'explique par l'atrophie à peu près complète des tergites intermédiaires correspondants aux petits tergites des Lithobies. Chez les Scutigères, les stigmates qui, dans notre premier type, s'ouvrent latéralement dans l'eupleurium, ont émigré dorsalement et ont fusionné; c'est pourquoi nous les retrouvons au milieu du bord caudal échancré des tergites, sous forme de fissures dorso-médianes, correspondant à d'épais faisceaux de trachées (*st*, fig. 475). Pas de prétergites ni de présternites ; pas de champs poreux ventraux. L'eupleurium est extrêmement réduit.

Les pattes sont fortement allongées (fig. 476) et pourvues de différenciations nombreuses; très remarquables sont le tarse et le métatarse, qui sont découpés en anneaux plus ou moins nombreux, articulés entre eux dorsalement sur les pattes 1 à 14; sur la 15e paire, ces articles sont démesurément allongés, formés qu'ils sont d'anneaux en nombre considérable.

En ce qui concerne les segments terminaux, nous n'y voyons pas de différences fondamentales (sauf l'existence d'une paire de membres au segment génital II) et, pour le détail, le lecteur voudra bien se référer au paragraphe consacré aux Scutigéromorphes.

Ainsi, chez les Chilopodes, les conduits sexuels s'ouvrent à l'extrémité postérieure du corps. Cette structure est une de celles qui différencient fondamentalement les Chilopodes des Diplopodes, chez lesquels ces conduits s'ouvrent en arrière et à la base des pattes de la 2e paire, c'est-à-dire en arrière du 3e segment. Cette disposition, que les Chilopodes partagent avec les Hexapodes, jointe entre autres à la répartition des membres (une paire par segment), a permis à plusieurs auteurs de formuler l'opinion, aujourd'hui généralement admise, que les Chilopodes sont plus rapprochés des Hexapodes que des Diplopodes (Pocock, 1887. Kingsley, 1888. Pocock, 1893, « *Opisthogoneata* ». Bollman, 1893, « *Etymochila* ». etc.).

Développement postembryonnaire.

Bien qu'un stade immature ait été observé chez les Lithobies dès 1837 (Gervais), ce n'est qu'en 1880 que Haase a précisé la différence du développement entre deux grands groupes de Chilopodes et qu'il a partagé ceux-ci en « Epimorphes » et « Anamorphes ».

Par « Epimorphes » sont désignées les formes qui, à l'éclosion, sont déjà en possession du nombre de segments et de paires de pattes caractéristiques de l'adulte (*Geophilomorpha, Scolopendromorpha*).

Les « Anamorphes », par contre, sont les formes qui éclosent avec un nombre incomplet de segments et d'appendices et qui acquièrent le nombre définitif au cours d'une période post-embryonnaire jalonnée par des mues (*Lithobiomorpha, Scutigeromorpha*).

En réalité, la distinction entre ces deux modes de développement, si tranchée qu'elle paraisse, n'est peut-être pas aussi absolue qu'on serait tenté de l'admettre au premier abord, comme le montrent les renseignements dont nous disposons aujourd'hui.

Pour éviter les redites, au lieu de disperser nos renseignements dans les paragraphes réservés à chaque ordre, nous résumons ici comparativement les plus intéressants.

Géophilomorphes ; épimorphes. — A vrai dire, ces renseignements sont extrêmement rares pour certains groupes, pour les Géophiliens notamment, et il est d'autant plus hasardeux de chercher à en donner un aperçu général qu'on peut prévoir que des différences importantes surgiront de l'étude des diverses formes.

Lorsque l'embryon de Géophilien fait éclater l'œuf à l'aide de la dent de sa cuticule embryonnaire, il a déjà le nombre définitif d'ébauches de membres, et ce nombre serait déjà au complet longtemps avant l'éclosion, suivant Zograff ; cette observation nous enseigne que la croissance embryonnaire est très prolongée. On donne à cet état le nom de stade « péripatoïde » (VERHOEFF = *fœtus c* de LATZEL). Les téguments sont lisses, sans segmentation; les membres ne sont pas articulés, ou ne le sont que très imparfaitement; les stigmates, les trachées, les glandes coxales des pattes terminales et les glandes anales manquent; la région génitale est amorphe; le tube digestif est bourré de réserves vitellines sur presque toute sa longueur.

LATZEL introduit ici un stade (*fœtus b*) où les téguments sont encore unis, mais où les membres sont articulés; ce stade est inconnu à VERHOEFF.

Ce dernier auteur reconnaît ensuite un stade « fœtus » (*fœtus a* de LATZEL), où la segmentation du corps et celle des pattes, ainsi que les trachées sont apparues, mais non les stigmates, et où la réserve vitelline est en régression. La région génitale est sans changement.

Le stade suivant serait le stade « Adolescens I ». Les membres, les trachées et les stigmates, les glandes anales ont inauguré leur fonctionnement; la réserve vitelline disparaît; la région génitale est développée, mais sans appendices.

Combien d'autres stades séparent l'Adolescens I de l'état adulte n'a pu être établi. VERHOEFF, pour *Mecistocephalus*, en admet trois, qui se distinguent l'un de l'autre par le nombre des pores coxaux des pattes terminales et par la pilosité de certains organes. Le même auteur, se basant sur les écarts dans le nombre des segments pédifères des individus d'une même couvée, croit que, chez les Géophiliens multisegmentés, ce nombre peut croître de quelques unités au cours des mues des adolescents; cette déduction pourrait n'être pas justifiée, les écarts relevés pouvant aussi bien résulter de différences individuelles de contraction tachygénétique au cours du développement embryonnaire.

S c o l o p e n d r o m o r p h e s ; épimorphes. — Ce groupe présente des phénomènes de développement analogues, mais non identiques, et probablement aussi très variables suivant les formes envisagées.

Ici aussi l'animal, au premier stade postembryonnaire, a le nombre définitif de paires de pattes. Mais il ne peut être taxé de « péripatoïde », la segmentation du corps étant achevée ainsi que la division des pattes en articles. Il répondrait donc environ au second stade des Géophiliens. Le développement est par conséquent, plus avancé que chez ces derniers, dont le stade péripatoïde aurait disparu par l'effet de la contraction tachygénétique. A la suite de ce premier stade on trouverait, chez *Scolopendra* (HEYMONS), un second stade encore immobile; un stade fœtus à mouvements spontanés, mais sans lame dentée au coxosternum forcipulaire et avec les fissures mandibulaires simplement indiquées; et trois stades adolescents différents, dont le premier a déjà acquis les structures de l'adulte.

Pour *Cryptops* (VERHOEFF), il existerait un premier stade à corps encore enroulé, séparé de l'adulte par trois stades adolescents, sans qu'on puisse affirmer que la série est complète.

Pour *Scolopendra*, comme pour *Cryptops*, les auteurs s'accordent à reconnaître que l'animal adulte traverse encore des mues.

Lithobiomorphes; anamorphes. — De tous les développements de Chilopodes, celui des Lithobiomorphes est le mieux connu, grâce aux travaux de VERHOEFF; ce sont donc ses observations que nous résumons ici.

Ce développement est partagé en deux périodes : une période anamorphe, suivie d'une période épimorphe, d'où le terme « Hemianamorphose » proposé par l'auteur. La période anamorphe est décomposée en :

1° Fœtus, avec 7 paires de pattes constituées et 1 paire de bourgeons;
2° Larva I, avec 7 paires de pattes constituées, 1 paire à demi développée et 2 paires de bourgeons. 2 paires de stigmates (3e et 5e);
3° Larva II, avec 8 paires de pattes constituées et 2 paires de bourgeons. 2 paires de stigmates;
4° Larva III, avec 10 paires de pattes constituées et 2 paires de bourgeons. 3 paires de stigmates (3e, 5e et 8e);
5° Larva IV, avec 12 paires de pattes constituées et 3 paires de bourgeons. 4 paires de stigmates (3e, 5e, 8e et 10e);
6° Larva media, avec 12 paires de pattes constituées et une paire à demi développée et 2 paires de bourgeons ([6 bis]).

Ce dernier stade n'a encore été vu que chez *L. forficatus*. Les deux premiers âges sont alimentés par les réserves vitellines; les suivants empruntent leur nourriture au monde extérieur.

([6 bis]) Dans une étude parue très récemment (*Revue Suisse Zool.*, XXXVII, n° 18, septembre 1930), F. BROCHER mentionne qu'il a vu sortir d'un œuf de *Lithobius forficatus* L. une larve de 3 mm., à 7 paires de pattes et une paire de bourgeons (qui correspond, par conséquent, au stade « Fœtus »).

D'après l'auteur, ces bourgeons de membres peuvent se développer en

La période épimorphe comprend les états ayant le nombre
définitif de paires de pattes (15) et de stigmates (3, 5, 8, 10,
12 et 14), soit :

7° Agenitalis, à région génitale embryonnaire et entièrement glabre;
   les appendices sont à peine ébauchés, chez la ♀ plus que chez
   le ♂. Chez *forficatus*, ce stade se dédoublerait en : Agenitalis I,
   avec un pore coxal aux hanches des 4 dernières paires, et
   Agenitalis II, avec deux pores coxaux.
8° Immaturus, ayant 1+1 éperons aux appendices génitaux de la ♀,
   dont les articles terminaux ne sont pas différenciés et dont la
   griffe est minuscule. Les appendices du ♂ sont encore rudimentaires.
9° Praematurus, ayant 2+2 éperons inégaux aux appendices de la ♀,
   dont les articles sont différenciés et la griffe plus forte. Les
   ébauches d'appendices du ♂ sont bien distincts.
10° Pseudomaturus I, présentant des appendices génitaux de plus en
   plus développés et différant d'un
11° Pseudomaturus II par le nombre des ocelles, des glandes coxales
   et des dents forcipulaires.
12° Maturus junior, où l'appareil génital du ♂ a achevé de se développer; le nombre des articles antennaires, des ocelles, des
   glandes coxales, etc., est encore un peu moins élevé que chez
   l'adulte.
13° Maturus senior, ayant terminé sa croissance complète.

A chacun de ces différents états correspond une taille de plus
en plus grande : 7 1/2 à 9 mm. (agenitalis); 10 à 10 1/2 mm.
(immaturus); 11 2/3 à 13 1/4 mm. (praematurus); 13 1/2 à
14 mm. (pseudomaturus I); 17 à 17 1/2 mm. (pseudomaturus II);
17 1/2 à 19 1/2 mm. (maturus junior); 21 1/2 à 23 1/2 mm.
(maturus senior).

Mais ce sont là des observations qui ne s'appliquent qu'au
Lithobius forficatus. D'autres grosses espèces pourront avoir un
développement analogue; mais dès maintenant il est acquis que
d'autres formes, notamment les formes plus petites, présentent
des lacunes dans la série de ces stades. C'est ainsi que chez un
Archilithobius de petite taille manquent le stade de larva media,
l'un des stades de pseudomaturus et l'un de ceux de maturus;

quelques heures, sans intervention d'une mue, l'animal se trouvant alors
avoir 8 paires de pattes et deux paires de bourgeons.
  S'il en était bien ainsi, et si une mue intermédiaire n'a pas passé inob-
servée, les stades Fœtus, Larva I et Larva II seraient à caractériser autre-
ment qu'elles ne le sont actuellement.

les adultes ont alors les caractères correspondants à des stades
épimorphes des grosses espèces, sauf en ce qui concerne les
appendices sexuels. Pour ce qui est de *Henicops*, on ne connaît
encore que trois états épimorphes, assimilés à des stades agenitalis II, praematurus et pseudomaturus, mais qui ne correspondent pas pour cela aux stades de *Lithobius* ainsi dénommés.

Une particularité du développement des Lithobiomorphes est
l'existence d'une paire de glandes s'ouvrant par de gros pores à
la base du segment anal. Mais alors que, chez les Lithobiides, ces
glandes ne persistent pas au delà du stade agenitalis I à partir
duquel elles disparaissent, l'adulte en étant dépourvu, chez les
Henicopides, au contraire, elles persistent et se retrouvent fonc-
tionnelles chez l'adulte.

En résumé on admet que le nombre des mues n'est pas constant, mais n'est pas inférieur à 10, l'animal ne muant plus une
fois parvenu à sa croissance complète.

S c u t i g é r o m o r p h e s ; anamorphes. — On manque encore
de renseignements sur le développement des Scutigéromorphes;
bien que VERHOEFF ait recueilli quelques données sur les *Podo-
thereua* et les *Pselliophora* (qui sont étrangers à notre faune).
Pour *Scutigera* (*coleoptrata*) il existerait, d'après FABRE et
LATZEL :

1° Une larve I, de 2 à 2 1/2 mm. de long, à 7 paires de pattes (FABRE);
2° Une larve II, de 4 mm., à 9 paires de pattes et 2 paires de bour-
      geons et 5 tergites;
3° Une larve III, de 5 mm., à 11 paires de pattes et 2 paires de bour-
      geons et 6 tergites;
4° Une larve IV, de 6 1/2 à 7 mm., à 13 paires de pattes et 2 paires
      de bourgeons et 7 tergites plus un 8ᵉ ébauché.

Puis viendraient, d'après VERHOEFF, les stades épimorphes à
15 paires de pattes et 8 tergites :

5° Agenitalis, de 6 à 7 1/2 mm., à zone génitale embryonnaire, à appen-
      dices glabres et encore indépendants chez la ♀.
6° Immaturus, de 8 1/2 à 11 mm., à zone génitale différenciée, à appen-
      dices ♀ fusionnés, à appendices ♂ très courts.
7° Praematurus, de 12 à 14 mm., à appendices génitaux plus déve-
      loppés, ceux du ♂ à moitié de leur longueur.
8° Pseudomaturus, de 16 à 20 mm., à région et appendices génitaux
      ne différant de ceux de l'adulte que par une chitinisation
      moins accentuée. Enfin
9° Maturus (l'adulte) de 24 à 26 mm.

Le même auteur fournit une intéressante série d'indications sur les anneaux antennaires, les segments des tarses, leurs chevilles et leurs soies, etc., dont le nombre va croissant au cours de la période épimorphe. Mais ces données, sujettes à des variations spécifiques ou génériques, ne peuvent servir à caractériser les stades; c'est au développement de la région génitale qu'il faudra problablement demander des criteriums précis.

A un point de vue pratique, il est bon de souligner que, si l'identification des Géophiliens et des Scolopendres à des stades immatures est relativement aisée, il n'en va pas de même pour les Lithobies parmi lesquelles certaines formes, prématurément fixées à l'état adulte par contraction de leur croissance, se trouvent avoir les caractères morphologiques (spinulation, pilosité, etc.) de jeunes d'une autre espèce. C'est alors l'état de développement des segments terminaux qui peut seul guider le myriapodologiste.

Biologie.

Nous sommes très mal documentés sur la vie de nos Chilopodes. Ce sont des êtres très craintifs, qui fuient la lumière et qui ne livrent pas à l'observateur les secrets de leur existence.

Aussi ignore-t-on encore s'il existe une copulation et en est-on réduit à des conjectures à cet égard. On sait cependant que le sperme est façonné en spermatophores de formes différentes chez les Scolopendromorphes, alors que, chez les Lithobies, il serait simplement aggloméré en faisceaux. Enfin HEYMONS a observé une fois deux Scolopendres dont les extrémités postérieures étaient rapprochées en une sorte d'accouplement.

Dans nos contrées, le rapprochement des sexes doit avoir lieu principalement pendant la saison humide, à partir d'octobre, et serait suivie de la ponte en fin d'hiver et au printemps; bien entendu, ces époques sont variables suivant les espèces et les climats.

Les Géophilomorphes et les Scolopendromorphes pondent des œufs en amas de faible cohésion, qu'ils veillent, pelotonnés autour de leur ponte pour empêcher tout contact avec le sol. Lorsque l'amas ou un des œufs tombe sur le sol, il est abandonné et promptement détruit par les moisissures. Le nombre d'œufs composant les amas est très variable et généralement élevé;

Heymons indique les chiffres de 15 à 33 pour *Scolopendra* et Verhoeff a trouvé des couvées de 19 à 30 jeunes sous des femelles de Géophiliens. Ces pontes ou ces couvées se rencontrent dans des cavités ordinairement moulées par l'animal et très abritées, en terre, sous des racines, des pierres enfoncées, etc.

Par contre, les Lithobies paraissent semer leurs œufs isolément. Il n'est pas rare de recueillir des femelles de ce groupe portant un œuf entre leurs appendices génitaux. Après l'avoir enrobé de particules terreuses et l'avoir ainsi dissimulé, elles l'abandonnent à lui-même.

Tout aussi variable est la durée de la vie de ces Arthropodes qui, d'une année, peut se prolonger six ans et plus suivant les formes (Attems).

On peut dire qu'il y a des Chilopodes partout où règne un certain degré d'humidité. Il existe néanmoins des espèces peu exigentes sous ce rapport, puisque nous en avons trouvé dans des placards creusés dans l'épaisseur des murs d'une maison de Paris et que *Scutigera coleoptrata* circule sur les murs de nos appartements. Peu nombreuses sont cependant les formes de terrain sec (*Scutigera, Scolopendra, Dignathodon, Lithobius calcaratus*). La plupart affectionnent des habitats beaucoup plus humides, se tenant sous les pierres, les écorces, dans les mousses, dans l'humus, dans les amas de feuilles en décomposition, etc.; aussi est-ce dans les forêts de montagne qu'on recueille le plus grand nombre de formes diverses. Dans ces régions de montagne elles remontent jusqu'à la limite des neiges, sans cependant qu'on reconnaisse d'espèces spécialement attachées aux altitudes élevées. On trouve également des Chilopodes dans les cavernes, parfois en grand nombre, qu'ils soient attirés du dehors ou qu'ils y aient élu domicile de façon permanente (Lithobies), auquel cas ils peuvent présenter des structures spéciales aux troglobies. Enfin nous connaissons des formes littorales de Géophiliens, vivant sous des pierres, dans des anfractuosités de falaises ou dans des cordons littoraux d'algues, mouillés par les embruns ou même périodiquement submergés. Même dans le cas où l'air fait totalement défaut, ces espèces survivent à la submersion pendant quelques heures (48 et plus, suivant Plateau).

Dans ces divers gîtes, leur fréquence est aussi subordonnée à l'abondance de nourriture. Bien qu'on ait cité des cas de Chilopodes trouvés dans des fruits ou des légumes, on peut dire qu'ils sont essentiellement carnassiers; ils se nourrissent ordinaire ment de proies vivantes, de vers, de larves et en général d'ani maux à revêtement peu résistant. Toutefois *Scutigera coleoptrata* capture pour s'en repaître les Diptères de nos demeures (KÜNKEL D'HERCULAIS), des Lépidoptères (M. MURTFELDT) ou même des Blattes (HARGITT *apud* MARLATT); quant aux Scolopendres exotiques, elles ne craignent pas de s'attaquer à des ennemis fortement cuirassés, puisque PAVIE a observé en Indochine une grande Scolopendre (? *subspinipes*) aux prises avec un Scorpion, animaux très susceptibles aux morsures de ces Chilopodes (DUBOSCQ).

Ce qui permet aux Chilopodes de s'attaquer à de plus grands qu'eux, c'est qu'ils possèdent des armes formidables, leurs forcipules. A l'extrémité de la griffe apicale acérée débouche le canal qui dessert la glande à venin logée dans le télopodite de la forcipule et si bien étudiée par DUBOSCQ (1894). D'après cet auteur, qui est d'accord avec BACHELIER, ce venin est un poison des centres nerveux. La morsure d'un Chilopode est toujours mortelle pour son ennemi, en tant que celui-ci est un Arthropode. Par contre on a certainement très exagéré l'action nocive de la morsure de Scolopendres exotiques sur l'homme (BAERG, 1924), et lorsqu'on est en présence d'un accident grave, il importe de tenir compte de la réceptivité du blessé et du rôle que peut éventuellement jouer une tare physiologique préexistante (paludisme, alcoolisme, syphilis ou autres). Pour ce qui est de notre *Scolopendra cingulata*, l'opinion de J. CHATIN (Dict. de Médecine, 1889), que sa morsure « occasionne du frisson, de la fièvre, etc., mais qu'il est rare que le malaise dure plus de 24 heures », ne paraît pas avoir été contredite jusqu'ici. A plus forte raison, lorsqu'il s'agit de petites formes (Géophiles, Lithobies), peut-on les tenir pour inoffensives à l'homme.

Plus pénibles, par contre, sont les cas de pseudoparasitisme où les Chilopodes, en s'attaquant aux muqueuses, peuvent déterminer des troubles locaux douloureux et persistants. R. BLANCHARD (1898-1916) a rassemblé 46 cas, dont la majeure partie (environ 72 %) se réfère au séjour de Chilopodes dans les voies aériennes et le reste à leur présence dans les voies digestives. Il s'agit ordinairement de Géophiliens logés dans les fosses nasales; quant aux cas se référant à des Lithobies ou à la Scutigère, ils sont probablement sujets à caution, surtout lorsqu'il est parlé d'un séjour dans les voies digestives.

A leur tour les Chilopodes peuvent être attaqués par des parasites. En fait d'ectoparasites, on ne cite encore que des Acariens du genre *Antennophorus*. Par contre, les endoparasites sont nombreux et variés. Ce sont surtout des Coccidies : *Eimeria, Barrouxia, Echinospora, Adelea* (chez les Lithobies), *Adelina* (chez les Scolopendromorphes), *Eimeria* et *Cyclospora* (chez les Géophilomorphes), ou bien des Gregarines très spéciales : *Rhopalonia* (Géophiliens), *Nina, Dactylophorus* (Scolopendromorphes), *Echinomera* (Lithobies), *Trichorynchus* (Scutigère). Plus rares sont les Protophytes (*Chitridiopsis* des Lithobies, Léger et Duboscq), des levures (Balbiani), ou des larves d'Hyménoptères (*Proctotrypes calcar*, De Gaulle) ou de Diptères (*Phasiopteryx*, Thompson, ou *Fortisia = Thryptocera* de Giard).

Parmi les Chilopodes, les Géophilomorphes paraissent être les seuls à présenter des phénomènes de phosphorescence. Encore n'en a-t-on observé que chez sept espèces : *Haplophilus subterraneus, Scolioplanes acuminatus* (= *crassipes*), *Necrophlœophagus longicornis, Geophilus electricus*, une forme indéterminée citée sous le nom de *Geophilus simplex* et deux formes exotiques, *Orya barbarica* et *Orphnaeus brevilabiatus*. On admet actuellement que cette propriété est acquise, dans des conditions particulières, à la sécrétion des glandes existant sous les sternites et les pleurites voisins. Suivant les pays, elle a été observée à des époques différentes; d'avril à août en Grande-Bretagne (Brade-Birks) et de septembre à novembre (Gazagnaire, etc.) dans des régions plus méridionales, notamment en Algérie. On suppose que cette propriété est en relation avec les fonctions génitales.

Zoogéographie.

La France a encore été si peu explorée au point de vue qui nous occupe, qu'il est hors de propos de songer à donner un aperçu détaillé de la constitution de sa faune. Le Limousin, le Bocage, l'Armorique, les forêts des Ardennes, du Morvan et du Plateau Central n'ont jamais été visités; on peut presque en dire autant de notre versant des Alpes et du Jura ou de l'Auvergne, pour ne parler que des points principaux susceptibles de fournir des éléments nouveaux d'appréciation ou de confirmer les données acquises. Ce n'est donc qu'à un coup d'œil d'ensemble qu'il nous faut consacrer ce paragraphe. Et cette réserve est d'autant plus justifiée que les Chilopodes sont des êtres à grande dispersion et, par cela même, se prêtant peu à caractériser une faune.

Néanmoins, de ce que nous croyons savoir, semble se dégager un fait : que nous ne possédons pas en France une faune homogène et que les régions qui rentrent dans notre domaine d'investigations sont des régions frontières où viennent se chevaucher ou se perdre des faunes d'origines diverses.

Pour traduire l'idée que nous nous faisons de notre faune de France, nous aurons recours à une hypothèse. Nous tracerons une ligne imaginaire qui, partant au nord d'un point indéterminé de l'Armorique, partagera diagonalement la France, passant par le Plateau Central, gagnant la vallée du Rhône aux environs de Valence, contournant par le nord le littoral des Alpes-Maritimes et se poursuivant par delà les mers en Corse et jusqu'en Tunisie. Cette ligne servira de démarcation (très approximative, naturellement) à deux grandes régions que nous désignerons comme « région orientale » à l'est, et « région atlantique » à l'ouest.

Région orientale. — La faune de la région orientale est alimentée par celles d'Europe, voisines de nous. Il serait intéressant de rechercher la correspondance, dans notre domaine, des faunes spéciales que distinguent dans le leur les naturalistes austro-allemands. Mais, outre que les Chilopodes, par suite de leur large dispersion, se prêtent mal à une étude de ce genre, la pénurie de documents rend ce travail impossible; il déborderait d'ailleurs le cadre du présent essai. Nous nous bornerons à partager sommairement nos matériaux en trois lots, un lot « nordique », un lot « central » et un lot est-méditerranéen, dit par abbréviation lot « balkanique »; ces appellations indiquent suffisamment leur origine.

Le lot nordique ne renferme aucun Chilopode caractéristique; c'est tout au plus si l'on y peut ranger des espèces de provenance très douteuse, telles que *Geophilus carpophagus*, *electricus*, *proximus*, *Brachygeophilus truncorum*, *Cryptops hortensis*, peut-être

Cryptops Savignyi et une ou deux Lithobies, *L. borealis* et *L. Duboscqui*, qui toutes sont plus communes dans le nord (Grande-
Bretagne, France septentrionale), mais sont répandues aussi
au loin.

Le lot central est de beaucoup le plus important de la région
orientale. Nous y voyons figurer des Géophiliens (*Pachymerium
ferrugineum, Necrophlœophagus longicornis, Geophilus insculptus, pusillus, pygmaeus*), le *Cryptops Parisi*, qui paraît très dis-
persé, et près de 50 % des Lithobies que nous cataloguons (les
*Bothropolys, Lithobius punctulatus, peregrinus, piceus, dentatus,
melanops, aulacopus, nigrifrons, tricuspis, mutabilis*, les formes
d'*acuminatus* et d'*erythrocephalus, calcaratus, curtipes*, etc.).

La contribution en Chilopodes de la péninsule balkanique ou
du bassin oriental méditerranéen est, par contre, très peu importante ou difficile à définir (un *Pleurogeophilus* et deux *Clinopodes*). Nous sentirons davantage son influence lorsqu'il s'agira
de Diplopodes.

Région atlantique. — Cette seconde région nous intéresse
beaucoup plus, parce que d'elle nous vient un contingent original
et important — estimé à 60 % de la faune cataloguée. Il semble
que nous avons affaire là aux témoins d'une faune disparue en
majeure partie par l'immersion de terres occidentales et dont le
domaine, à l'époque tertiaire encore, affleurait nos côtes de
l'Océan, couvrait la péninsule ibérique, s'étendait jusqu'en Provence et en Corse, englobant ainsi toute la chaîne pyrénéenne.
De là vient la difficulté de partager nettement la région atlantique
telle que nous la trouvons actuellement, en districts caractérisés.
Lorsque nous étudierons les Diplopodes, certaines différences
ressortiront mieux qu'aujourd'hui, où les Chilopodes ne fournissent que des données vagues. Nous ébaucherons néanmoins
les distinctions suivantes :

D'un district côtier océanique, qui prolonge au nord la région
atlantique, nous n'avons que de rares formes à signaler; encore
aucune d'elles n'est-elle bien spéciale. Ce sont : *Haplophilus subterraneus*, très commun dans le district pyrénéen et remontant
jusqu'aux Iles Britanniques; il s'avance dans l'Est jusqu'au
Plateau Central et il pousse ses colonies jusqu'en Belgique
(subsp. *Gervaisi*). *Hydroschendyla submarina* est restée canton-

née au bord de la mer, comme aussi d'ailleurs *Scolioplanes mari-timus*, qui toutefois n'a pas une aire de dispersion aussi étendue, puisqu'on ne l'a pas encore signalée en Méditerranée. Ici figurent encore *Brachyschendyla Monodi*, connue seulement par un individu du Finistère, et le *Gnathomerium*, dont les congénères sont nord-américains.

District pyrénéen. — Nous remarquerons ici que les trois familles *Himantariidae*, *Schendylidae* et *Heniinae* sont des groupes ayant leur origine hors du continent européen. Le fait que les Himantariens sont surtout des méditerranéens occidentaux indique qu'ils sont là sur les limites de leur domaine d'élection; s'ils ont poussé des colonies vers l'Orient (*Bothriogaster*), ce n'est qu'au prix d'adaptations particulières. Les Schendylines et les Heniines sont incontestablement des formes occidentales, comme le démontre le nombre de leurs congénères signalés sur le continent américain, soit du nord, soit du sud. Aussi ces trois groupes forment-ils un noyau important (25 formes principales) et caractéristique de notre faune atlantique. De ces formes un petit nombre est spécial aux Pyrénées : *Himantariella scutellaris*, *Nesoporogaster souletina* (qui a une race dans les Baléares) et *Brachyschendyla dentata*.

A ce lot viennent s'ajouter deux Géophiliens d'allure particulière, *Eurygeophilus* et *Chalandea*, pyrénéens l'un et l'autre, mais pas exclusivement cependant, puisque l'un a été trouvé au Portugal, l'autre en Corse. Enfin une série de *Geophilus* proprement dits, tels que *G. pyrenaicus*, *Chalandei*, *Gavoyi*, ainsi que *Galliophilus beatensis*, semblent spéciaux aux Pyrénées. En fait de Lithobies, nous relevons particulièrement des races de formes connues d'Orient, *piceus gracilitarsis* et *aulacopus pyrenaicus*, des formes spéciales, *L. stramineus* et *Ribauti*, surtout *L. pilicornis* (vrai atlantique qui a envoyé des colonies jusqu'aux Alpes) et une série de formes cavernicoles du type *troglodytes* (*rupicola*, *speluncarum*, *crypticola*, etc.), ou du type *typhlus-allotyphlus*.

Pour caractériser un district provençal, nous n'avons guère à mentionner que *Haplophilus Arcis-Herculis*, *Brachyschendyla Monœci* et *armata*, *Brachygeophilus Richardi* et la race *pyrenaica* du *Lithobius inermis* [7]; il a encore en commun avec la

---

[7] Qui habite d'ailleurs la côte depuis Banyuls-sur-mer.

Corse *Bothropolys elongatus corsicus, Chalandea pinguis* des Pyrénées et le *Geophilus Joyeuxi.* Les *Geophilus algarum* des côtes de la Manche et *fucorum* du district provençal, formes apparentées entre elles, dérivent certainement d'une même souche atlantique méditerranéenne; le second, toutefois, a une si large dispersion (il se retrouve sur la côte africaine) qu'on ne peut les considérer comme inféodés à un district plutôt qu'à un autre.

Enfin certaines espèces ont été importées de pays éloignés, *Mecistocephalus maxillaris* et *Lamyctes cœculus,* tous deux acclimatés dans les serres du Museum de Paris [8].

Ainsi, notre faune se présente comme l'agglomération d'apports appauvris d'origines diverses, qui s'enchevêtrent aux abords de la ligne hypothétique que nous avons esquissée et dont il appartiendra aux chercheurs futurs de fixer le tracé.

Classification.

Pour nos Chilopodes de France nous adoptons la classification suivante :

Classe : CHILOPODES :

1er ordre : GÉOPHILOMORPHES :

    1re famille : *Himantariidae;*

    2e   —   *Mecistocephalidae.*

    3e   —   *Schendylidae;*

    4e   —   *Geophilidae.*

2e ordre : SCOLOPENDROMORPHES :

    1re famille : *Scolopendridae;*

    2e   —   *Cryptopsidae.*

3e ordre : LITHOBIOMORPHES :

    Famille : *Lithobiidae.*

4e ordre : SCUTIGÉROMORPHES :

    Famille : *Scutigeridae.*

(8) On a signalé la découverte, à Lyon, de *Scolopendra subspinipes* et dans nos ports, de *Scolopendra morsitans,* apportées avec des marchandises de provenance exotique; mais ni l'une ni l'autre ne paraissent s'être acclimatées en France.

Etant donné les limites dans lesquelles nous croyons devoir maintenir le présent travail, il ne nous est pas possible de passer en revue les opinions qui se sont traduites avant nous par des classifications. Elles ne portent d'ailleurs que sur les divisions inférieures, les quatre grandes coupes restant les mêmes. Nous signalerons seulement que nos prédécesseurs ont admis généralement une division de la classe en deux sous-classes :

Chilopodes **épimorphes** (Géophilomorphes — Scolopendromorphes), et

Chilopodes **anamorphes** (Lithobiomorphes — Scutigéromorphes).

Cette division a été créée par E. HAASE, en 1880, sur une particularité du développement de ces Arthropodes (voir p. 24, le Développement postembryonnaire). Elle n'a pas été conservée ici; on en trouvera les raisons au dernier paragraphe de ce travail, consacré à une esquisse phylogénique.

CLEF DES ORDRES DE CHILOPODA.

1. Quinze pattes de chaque côté du corps...................... 2
— Plus de quinze paires de pattes.............................. 3

2. Face dorsale du corps recouverte de : un tergite postcéphalique (forcipulaire), suivi de 16 tergites (dont le 15e dissimulé sous le précédent), à bord caudal non fissuré, ceux occupant les 2e, 4e, 6e, 9e, 11e, 13e, et 15e rangs étant plus petits que leurs voisins immédiats (9). Stigmates latéraux pairs. Articles apicaux des pattes non découpés en anneaux (sauf chez des formes exotiques)....................... LITHOBIOMORPHA (fig. 3).

(9) Pocock (1902) a décrit, d'Australie, un Chilopode très curieux — *Craterostigmus tasmanianus* — pour lequel il a institué l'ordre des *Craterostigmomorpha*. L'animal se présente comme une Lithobie ayant 15 paires de pattes, 15 sternites, six paires de stigmates correspondant aux sternites 3, 5, 8, 10, 12 et 14, mais dont la segmentation dorsale est irrégulière, les tergites correspondant aux pattes 3, 5, 7, 8, 10 et 12 étant précédés d'un sclérite tergal supplémentaire. Ces sclérites sont considérés comme des prétergites (« interkalartergit ») par Verhoeff et Attems, ce qui ne paraît pas démontré.

Longueur, 37 mm. Ecusson céphalique comme *Mecistocephalus*. Antennes de 18 articles. Labre à 3 (5) dents. Mandibule avec une lame dentée formée de 3 séries imbriquées de 3 épines chacune et avec un lobe dorsal proéminent. Bases coxales des premières et des deuxièmes mâchoires divisées; télopodite des deuxièmes mâchoires de 4 articles. Tergite forcipulaire étroit. Forcipules avec des différenciations de Scolopendre, mais avec les deux articles inter-

— Face dorsale du corps recouverte de : un bourrelet postcéphalique (forcipulaire), suivi de neuf tergites apparents, dont les sept premiers ont le bord caudal boursouflé et interrompu par une courte fissure dorso-médiane (stigmate dorsal impair). Pas d'alternance dans la dimension des tergites, qui va en croissant jusqu'au 4ᵉ tergite pour diminuer ensuite vers l'arrière. Les deux articles apicaux des pattes sont découpés en anneaux nombreux. . . . . SCUTIGEROMORPHA (fig. 4).

3. Pattes au nombre de 21-23 paires. Face dorsale du corps recouverte de : un tergite postcéphalique (premier tergite du tronc), suivi de 20 tergites apparents subégaux, ne présentant pas de division transversale. Stigmates latéraux pairs au nombre de 9-10. Pattes terminales accolées, continuant la silhouette du corps... . . . . SCOLOPENDROMORPHA (fig. 2).

— Plus de 25 paires de pattes. Face dorsale du corps recouverte d'un tergite postcéphalique (forcipulaire), suivi d'un nombre de tergites égal à celui des paires de pattes, et, plus en arrière encore, de tergites apodes (dont le second en partie dissimulé); chaque tergite est divisé transversalement en une très courte plage antérieure (prétergite) et une plage postérieure (métatergite) environ deux fois plus longue. Stigmates en nombre égal au nombre de paires de pattes moins une. Pattes terminales largement séparées par les segments apodes et se détachant latéralement du corps. GEOPHILOMORPHA (fig. 1).

médiaires du télopodite complets extérieurement, comme dans le type Lithobie. Sternite soudé aux pleurites sur les segments 13 et 14 et, en outre, fusionné avec le tergite en un cylindre complet sur le 15ᵉ. Hanches des pattes à structure particulière; métatarse distinct du tarse sur la 15ᵉ paire de pattes seulement. Segments terminaux dissimulés dans une gaine sclérifiée, comprimée latéralement et fissurée ventralement.

VERHOEFF (Tier-Reich, 1907, p. 232) conserve l'ordre créé par POCOCK; mais ATTEMS (1926) réunit aux Lithobiomorphes cette forme, qui présente un vif intérêt au point de vue de l'évolution des Chilopodes.

1er ordre. **GEOPHILOMORPHA** (Pocock, 1895).

Coloration monotone, passant du jaune paille au fauve brun.

Corps aplati, toujours relativement très long et très étroit, présentant en arrière de la tête un segment forcipulaire et un nombre plus ou moins élevé de segments pédifères ; ce nombre, qui va de 31 à 173, est variable dans les limites de l'espèce et toujours impair ; suivent enfin des segments modifiés, désignés comme segments terminaux.

Capsule céphalique généralement lenticulaire (fig. 226), proportionnellement petite, faiblement bombée, de longueur et de largeur subégales, mais parfois aussi subrectangulaire (fig. 61) et alors sensiblement plus développée en longueur. Jamais de bourrelets marginaux. Le sillon frontal est distinct ou non. Les ocelles manquent constamment, ainsi que l'organe de Tömösváry. Les antennes, relativement très courtes, puisqu'elles ne dépassent généralement pas trois fois la largeur de la tête, sont toujours composées de 14 articles ; elles peuvent être minces ou épaisses, filiformes ou moniliformes, exceptionnellement claviformes ; le dernier article peut porter des quilles sensorielles groupées dans des dépressions de la surface (fig. 67) ; sur la face ventrale, la zone prélabiale est un peu bombée ; ses limites latérales sont souvent distinctes, au moins sous forme de lacunes linéaires dans la réticulation de la surface (fig. 7). Son bord caudal échancré enchâsse les pièces du labre, tandis que les angles, proéminents et arrondis, butent directement contre la branche externes des fulcres, sans interposition de sclérites paralabiaux. La zone prélabiale (fig. 9) porte des soies, dont les plus constantes sont une paire isolée, dressée en arrière et en dedans de la base des antennes (soies postantennaires). On observe parfois, immédiatement en arrière ou au contact de cette paire de soies, une petite plage subcirculaire à structure spéciale, tantôt percée de pores, tantôt couverte de réticulation très fine tranchant nettement sur la réticulation plus grossière des téguments environnants : c'est l'aire clypéale (fig. 8).

Trois plages peuvent être assimilées aux pleures céphaliques (*pl*, fig. 5, 6, 7). La plage antérieure est celle qui fait suite latéralement à la zone prélabiale ; ses contours sont ou effacés ou

médiocrement accusés. La plage médiane est une longue pièce
continuant vers l'arrière la plage précédente; elle est étroite par

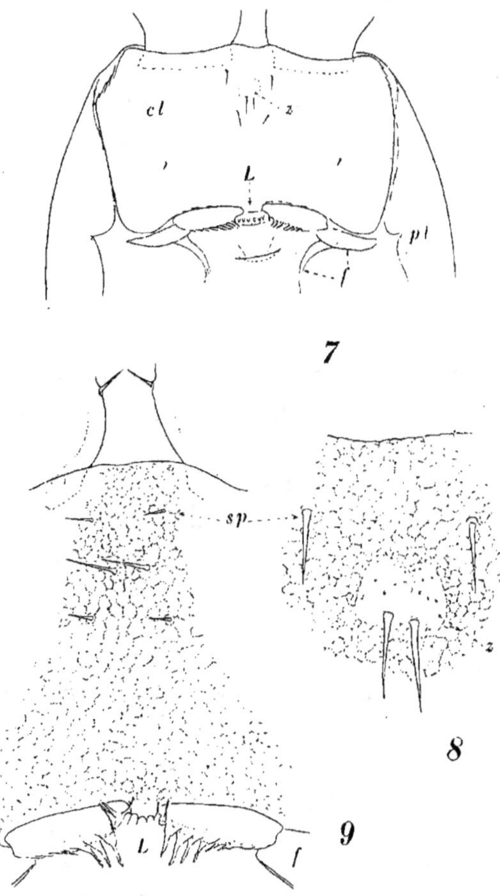

FIG. 7. — Zone prélabiale (clypeus) d'une femelle de *Necrophlœophagus longicornis*, de 39 mm., à 55 paires de pattes, du Jura (Salins), avec le labre, *L,*
les fulcres, *f,* et l'aire clypéale, *z.* — *cl:* zone prélabiale; *pl:* pleures
céphaliques.
FIG. 8. — Région centrale antérieure de la figure précédente, plus grossie,
montrant le détail de l'aire clypéale, *z.* — *sp:* soies postantennaires.
FIG. 9. — Région centrale de la zone prélabiale, dépourvue d'aire clypéale,
d'une femelle de *Geophilus fucorum,* de 22 mm., à 53 p. pattes, des Alpes-
Maritimes (Cannes). *L:* labre; *f:* fulcres; *sp:* soies postantennaires.

rapport à sa longueur; elle est, en majeure partie, soudée à la
précédente. En arrière encore vient la troisième plage pleurale,

généralement triangulaire, de faibles dimensions. C'est aux derniers pleurites qu'adhèrent les deux paires de mâchoires.

Le labre, saillant en visière, est de structure variable suivant les groupes (*L*, fig. 7, etc.). On y reconnaît ordinairement les trois pièces fondamentales, c'est-à-dire les deux pièces latérales et la pièce médiane impaire, mais cette dernière peut avoir une conformation particulière et prendre un grand développement aux dépens des pièces latérales (fig. 152, 167, 174). Les fulcres (*f*, fig. 7, etc.) se présentent comme un apodème en T, à branches développées à des niveaux différents, et dont le bras externe est articulé sous le pleurite céphalique antérieur. Le labre est généralement écarté des pleures céphaliques de toute la largeur des fulcres ; on rencontre cependant des dispositions différentes chez les Mecistocéphalides (fig. 58) et chez les Heniines.

L'hypopharynx est relativement peu développé et ne présente pas d'intérêt particulier pour la systématique. Par contre, la structure de la mandibule est très importante à connaître, puisque la distinction des grands groupes repose en partie sur ses différenciations (fig. 168, 194). Dans le tronc nous ne voyons pas de fissures en croix et le condyle dorsal est médiocre. Les différenciations de son arête apicale se résument en une lame pectinée (*Geophilidae*, fig. 194) ou plusieurs lames (*Mecistocephalidae*, fig. 60), seules ou accompagnées d'une lame dentée bien individualisée et très chitinisée (*Himantariidae*, fig. 39, *Schendylidae*). La lame dentée peut être souvent divisée en plusieurs blocs (fig. 79, 82, etc.), ce qui a donné naissance à l'hypothèse — confirmée par la structure de la mandibule de *Craterostigmus* — que la lame dentée résulte d'une différenciation spéciale de quelques lames pectinées, qui ont fusionné plus ou moins intimement. Les différenciations occupent la déclivité dorsale de l'arête apicale jusqu'à son sommet, la déclivité ventrale pouvant être plus ou moins épanouie, mais seulement avec des soies ou des papilles.

Les premières mâchoires ont un syncoxosternum généralement entier (*m I*, fig. 70, 199, etc.), mais parfois aussi divisé sur la ligne médiane (fig. 32, 65). Au centre de son rebord rostral on trouve toujours une paire de prolongements subconiques (*c*, fig. 199), libres ou non, et, latéralement, des membres de deux articles. Il existe fréquemment, au rebord externe des mâchoires, une ou deux paires de lobes de dimensions variables (*h*), plus ou

moins couverts d'aspérités (papilles) ou de soies, prolongeant
respectivement les angles externes du syncoxosternum et de l'article suivant (fémoral) ; ce sont les palpes maxillaires ([10]).
L'article distal en est toujours dépourvu. La base des deuxièmes
mâchoires (*m II*) est formée de coxosternites tantôt fusionnés,
tantôt indépendants (fig. 182) suivant les groupes. Ici nous nous
bornerons à signaler que c'est à la base interne de chaque coxo-
sternïte que s'ouvrent les orifices des glandes métamériques,
dites aussi glandes salivaires (*o*, fig. 199). Les membres sont
refoulés latéralement ; ils sont de trois articles, un fémoroïde
(c'est-à-dire un complexe de deux ou de trois articles), un tibia
et un tarse ; ce dernier est garni de longues soies et surmonté
d'une griffe ; exceptionnellement la griffe est remplacée par un
tubercule subcylindrique portant de minuscules chevilles.

Segment
forcipu-
laire

Dans le segment forcipulaire, nous avons à envisager un tergite,
des pleurites et les forcipules proprement dites. Le tergite est
un sclérite généralement plus court que large et dont nous
verrons la forme changer suivant les groupes. Parfois son bord
antérieur est un peu échancré et, par l'entrebaillement qui subsiste entre lui et le bord postérieur de la tête, on devine ou même
on voit une plage sclérifiée transversale très courte, la « lamina
basalis » des auteurs anciens (*b*, fig. 226, 292, 314, etc.) ; on
l'interprète comme une pièce tergale appartenant aux mâchoires.
Le tergite forcipulaire est souvent débordé latéralement par le
coxosternum, qui occupe la position ventrale. Mais entre lui et
le coxosternum s'interposent les pleurites. Ceux-ci étant placés
diagonalement à cheval sur les côtés du segment forcipulaire
(*pf*, fig. 226-227), ils recouvrent toujours au moins une partie du
coxosternum, tant sur la face dorsale que sur la face ventrale ;
on peut suivre leur bord antéro-ventral depuis l'angle antéro-
externe du coxosternum jusqu'à l'angle antéro-externe du sternite du premier segment et les dispositions de ce bord sont en
relation avec la forme de la pièce basale des forcipules. Cette
pièce, qui occupe toute la largeur de la face ventrale de la tête,
est un syncoxosternum résultant de la fusion du sternite et des
hanches forcipulaires (fig. 227) ; il est ordinairement un peu plus

---

(10) Les palpes, lorsqu'ils sont de dimensions réduites, ne sont bien visi-.
bles que par la face dorsale, vers laquelle ils sont toujours plus ou moins
repliés.

large que la tête, mais sa longueur apparente varie du tiers aux cinq sixièmes de la largeur; son bord rostral n'est jamais proéminent ni denté, comme dans d'autres ordres, néanmoins on peut y distinguer deux petites saillies dentiformes qui sont les angles internes, prolongés, de la face dorsale des régions coxales; son bord caudal n'est jamais apparent, car il plonge plus ou moins profondément dans le premier segment (*e*, fig. 156), parfois même jusqu'au niveau du bord postérieur de ce dernier. Une particularité de cet organe réside dans l'existence fréquente d'épaississements chitineux longitudinaux (*ch*, fig. 156) situés de part et d'autre de l'organe au niveau des condyles articulaires coxo-fémoraux (*z*); en surface ces épaississements se traduisent par des sillons linéaires plus ou moins foncés, partant des condyles ou d'un point voisin et se perdant dans la partie endosquelettique du syncoxosternum. Suivant qu'elles sont en contact avec les condyles ou non, ces « lignes chitineuses » seront dites complètes (fig. 156) ou abrégées (fig. 227).

Le coxosternum supporte, de part et d'autre, des télopodites de quatre articles plus ou moins écartés l'un de l'autre. Le premier est un fémoroïde auquel le trochanter est intimement soudé; son rebord interne est plus court que l'externe; il est souvent plus court extérieurement que large à la base, mais dans d'autres cas (*Mecistocephalus*) il est deux fois aussi long et son condyle apical atteint alors au niveau de la pointe de l'écusson céphalique (fig. 61-64). Sur son extrémité distale, qui est oblique, se placent deux articles incomplets, le tibia et le tarse, dont les rebords externes, atrophiés, sont remplacés par le condyle apical externe du fémoroïde; celui-ci est ainsi en contact immédiat avec l'article apical (*b*, fig. 45). L'article apical, tronconique, se termine par une griffe puissante. Il existe à la base une nodosité qui peut être dentiforme; la concavité de la griffe s'accompagne presque toujours d'une face plane, le chanfrein longitudinal (*j*, fig. 45), tantôt dorsal, tantôt ventral, et l'arête concave peut être crénelée. Dans de rares cas, la griffe est comprimée dorso-ventralement en lame de sabre et le chanfrein fait défaut. C'est à l'extrémité de cette griffe, sur la face dorsale, que s'ouvre l'orifice de la glande à venin.

Le tronc est formé d'un nombre de segments pédifères variable, même dans les limites de l'espèce; exception est à faire cepen-

Tronc.

dant pour les Mécistocéphaliens, qui ont un nombre fixe de segments. Chaque segment est couvert dorsalement d'un tergite, précédé d'un prétergite un peu moins large que lui et beaucoup plus court. Il est parcouru par deux sillons longitudinaux paramédians, parallèles, peu profonds, qui manquent parfois. Les sternites sont des sclérites subrectangulaires, à surface plus ou moins fortement réticulée, présentant souvent des dépressions longitudinales et des pores (pores ventraux). Le groupement de ces pores est variable et fournit des caractères taxonomiques précieux. Tantôt ils sont groupés sur un champ restreint (fig. 159); ce champ est souvent en contrebas de la surface et, par cela même, il est encerclé d'un fin ressaut et très facile à observer à l'éclairage direct ou oblique; sa forme peut être circulaire, ovale, réniforme, subrectangulaire, ou même en biscuit. Tantôt le champ poreux n'a pas de limites définies, il est diffus et sa forme est très variable (fig. 236); il peut être situé au centre d'un espace qui, par sa réticulation à peine perceptible, se détache nettement des surfaces environnantes; c'est dans la moitié postérieure du sternite qu'il faut alors chercher le champ poreux; il conserve rarement la même forme d'un bout à l'autre du corps, il peut se diviser en deux amas symétriques environ au delà du premier tiers du corps, ou même disparaître entièrement vers l'arrière (série écourtée). Dans ces conditions les amas poreux sont souvent difficiles à découvrir et nécessitent une préparation des téguments pour être vus clairement (Schendylines, par ex.). Enfin tous champs poreux peuvent faire défaut. Il n'est pas rare en outre de rencontrer des pores isolés, épars de ci de là sur le sternite (fig. 216).

Indépendamment des champs poreux, on peut rencontrer des fossettes à parois plus chitinisées que le reste du sternite, qui accumulent les sécrétions suintant des pores ventraux voisins. Leur localisation est différente suivant les groupes ou même les espèces. Chez les Himantariens, par exemple, nous voyons des fossettes circulaires paires creusées dans le bord externe, immédiatement en arrière de l'angle antérieur, auxquelles font suite, en arrière, des gouttières bordant latéralement le sternite (*f.* fig. 46); ce sont les fossettes virguliformes; ou bien ce sont des rainures impaires qui accompagnent le bord caudal des sternites (fig. 51). Très constantes dans le genre *Geophilus* sont des fossettes réniformes impaires, qui occupent un espace plus ou moins large du bord antérieur des sternites sur les premiers segments du corps, et vis-à-vis desquelles est une saillie obtuse du sternite précédent (*c, c'*, fig. 232); nous désignons cet assemblage par le terme de « structure carpophagienne », du nom de l'espèce — *Geophilus carpophagus* — type du genre où on l'observe.

Nous avons dit que c'est chez les Géophilomorphes que l'eupleurium atteint à son plus parfait développement. On peut y distinguer jusqu'à cinq rangées longitudinales de pleurites, comme sur la figure 10 (*Thalthybius microcephalus*, exotique). Nous désignons ces pleurites par les numéros et les indices suivants: La rangée placée au contact du tergite est la rangée 1; celle qui est la plus proche du sternite est la rangée 2; la rangée 3 est située sous la rangée 1, et la rangée 4 au-dessus de la rangée 2; entre

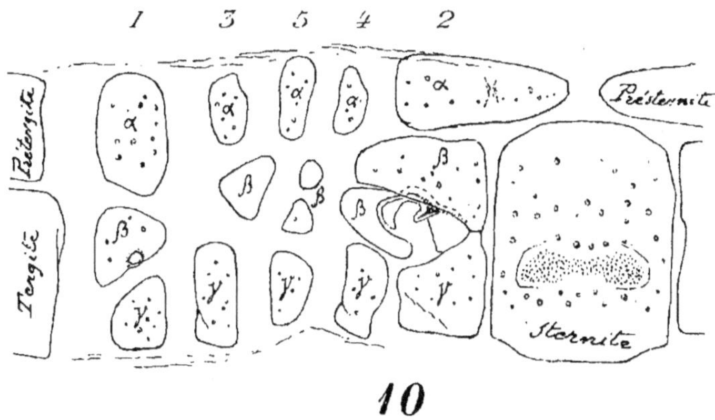

Fig. 10. — Téguments étalés d'un Géophilien exotique (*Thalthybius microcephalus*) à cinq rangées de pleurites (numérotées 1 à 5).

les rangées 3 et 4 apparaissent encore des pleurites qui forment la rangée 5. En outre, dans chaque rangée, les pleurites reçoivent les indices α, β et γ, selon qu'ils occupent une position antérieure, médiane ou postérieure. Suivant les groupes, les genres ou même les espèces, et essentiellement suivant le degré de différenciation de l'animal, les rangées sont toutes représentées ou non et, dans telle ou telle rangée, l'un ou l'autre des pleurites peut manquer. Les pleurites les plus constants, en raison de leur importance fonctionnelle, sont le pleurite 1β, qui porte le stigmate, et les pleurites 2β (procoxa), 2γ (metacoxa) et 4β (catopleure), qui qui encerclent la base des pattes.

Eupleurium.

En outre, chez les Himantariens, il existe, au-dessus des pleurites de la rangée 1, des sclérites qui se sont détachés des tergites et de leurs prétergites et qui sont les « paratergites ». Chalande et Ribaut, qui les ont particulièrement étudiés, appellent « paratergites intercalaires » ceux qui sont au niveau du prétergite, entre celui-ci et le pleurite 1ª, et « paratergites principaux » ceux qui se trouvent au niveau du tergite. Les paratergites intercalaires existent chez tous les Himantariens, au moins en avant; ils peuvent persister d'un bout à l'autre du corps, mais généralement ils disparaissent vers l'arrière; ils peuvent se dédoubler plus ou moins franchement. Les paratergites principaux ne se rencontrent que chez nos *Himantarium Gabrielis* et *Pseudohimantarium mediterraneum* (sans parler des exotiques).

Les stigmates, de forme ronde ou ovale, sont toujours relativement petits. Ils existent à tous les segments pédifères jusqu'à l'avant-dernier; sur ce segment, le pleurite stigmatifère peut être si intimement soudé au tergite correspondant, que le stigmate paraît s'ouvrir en dedans du bord du tergite (fig. 42, 54). Généralement cette structure est d'allure spécifique; il est cependant de rares espèces où le pleurite stigmatifère est soudé chez des individus et libre chez d'autres.

Pattes, La hanche des pattes ambulatoires, à grand axe oblique, est fortement étayée par les pleurites 2ᵝ et 2ᵞ, qui la maintiennent écartée des sternites; elle est de dimensions réduites et est largement ouverte sur sa face postérieure. Elle présente sur sa face antéro-ventrale l'apodème longitudinal déjà signalé, mais n'a pas de condyles articulaires ventral ni dorsal. Le télopodite des pattes est formé de six articles cylindriques, de dimensions variables, dont le dernier représente le tarse et le métatarse; l'article distal est surmonté d'une griffe mue par un tendon, qu'il est aisé de révéler dans les préparations. Fréquemment la paire de membres du premier segment est de dimensions réduites, tandis qu'un certain nombre de paires qui la suivent sont plus épaisses que celles de l'arrière du corps.

Ainsi il existe dans le tronc deux régions non exactement limitées. La région antérieure, un peu moins renflée, plus courte, souvent un peu mieux chitinisée que l'autre, se distingue en outre par des membres plus épais. C'est dans cette région qu'on observe les champs poreux sternaux les plus fournis; la division des champs ou leur disparition, lorsque l'une ou l'autre se produit, précède de peu ou coïncide avec la transition à la région postérieure. C'est également au niveau de cette transition qu'il faut chercher les fossettes sternales spéciales des Himantariens; quant à la structure carpophagienne, elle apparaît avec les tout premiers segments et ne dépasse pas la limite de la région antérieure. Cette division en régions paraît être en rapport avec une division du tube digestif.

Le dernier segment pédifère n'est pas essentiellement différent des autres. Son prétergite est tantôt de largeur normale et alors il est flanqué de sclérifications assimilables aux pleurites 1α (*t*, fig. 48); tantôt les pleurites ne sont pas distincts du prétergite, qui est alors beaucoup plus large que le précédent (fig. 54). Le sternite est plus ou moins large et de forme variable, suivant qu'il est étalé (*Su*, fig. 229) ou resserré entre les hanches des pattes terminales (*S*, fig. 47); il est parfois divisé par un profond sillon en deux pièces triangulaires symétriques. Son présternite est généralement bien apparent, ou entier à bord postérieur plus ou moins rectiligne, ou profondément étranglé par une échancrure anguleuse de ce bord.

Les hanches ont un développement relativement considérable. Ordinairement elles sont boursouflées, débordant le segment qui les précède, et font largement saillie en arrière de la pointe du sternite (fig. 47). Ces hanches sont les seules à présenter des pores glandulaires, les hanches précédentes en sont dépourvues. Chez nos espèces françaises, il existe au moins deux pores dans chaque hanche, mais ce chiffre peut être beaucoup plus élevé [11]. C'est ainsi que, chez *Himantarium Gabrielis*, les pores, très petits, sont extrêmement nombreux et — cas exceptionnel mais non unique — envahissent même le prétergite et le métatergite du segment (fig. 26-27). De même la dimension des pores est très variable. Leur localisation est très importante à connaître pour la détermination des espèces. Tantôt on les voit s'ouvrir isolément et à découvert sur tout ou partie des faces ventrale, latérale et dorsale des hanches. Tantôt ils sont cantonnés le long de la base de la hanche, tout en demeurant isolés (fig. 229, etc.); dans ce cas ils sont presque toujours recouverts par les pièces voisines

---

(11) On connaît des formes exotiques où les pores font défaut dans les hanches terminales.

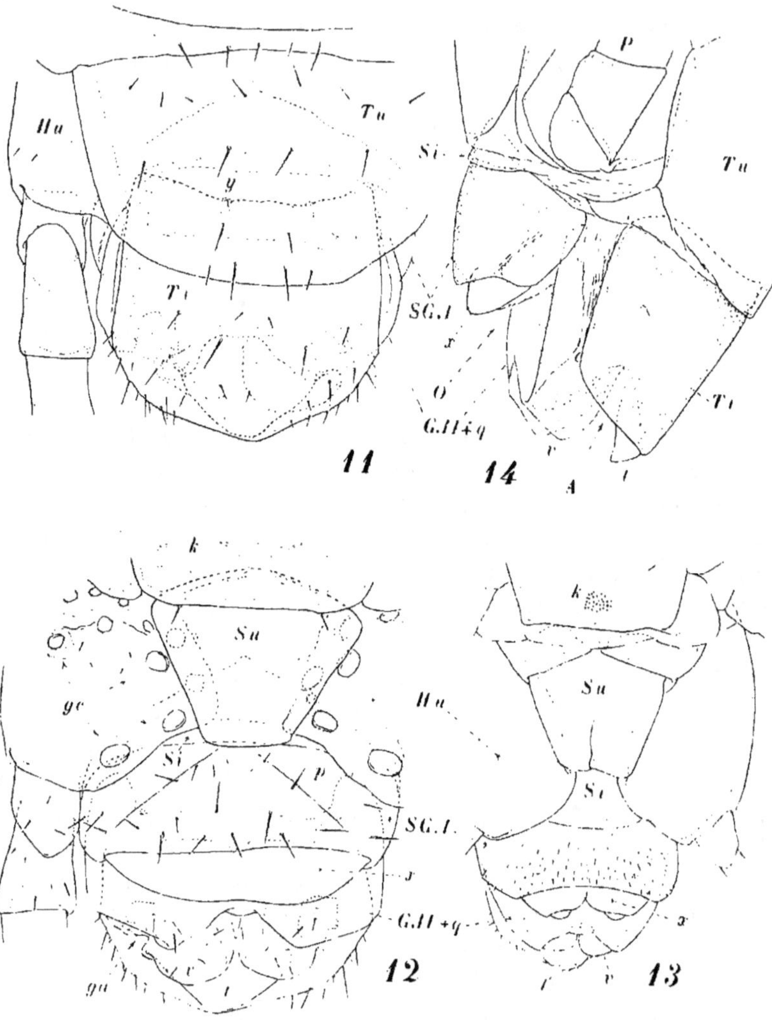

·Fig. 11. — Face dorsale de l'extrémité caudale d'une femelle à 37 paires de
pattes de *Chalandea pinguis* des Hautes-Pyrénées (Lourdes).

Fig. 12. — Face ventrale de la même préparation.

Fig. 13. — Face ventrale de l'extrémité caudale d'une femelle de *Stigmatogaster gracilis provincialis* à 89 p. pattes des Alpes-Maritimes (Le Cannet
de Cannes).

Fig. 14. — Profil de l'extrémité caudale d'une femelle de *Chaetechelyne
vesuviana* à 77 p. pattes des Alpes-Maritimes (Le Cannet de Cannes).

Pour les quatre figures : *A:* anus (fig. 14.); *G.II+q:* région homologuée au
segment génital II (*G.II*) fusionné avec le segment postgénital (*q*);
ga: glandes anales; *gc:* glandes coxales; *Hu:* hanches des pattes du
dernier segment pédifère; *k :* champ poreux du pénultième sternite

du revêtement chitineux, qu'il convient d'éclaircir par une technique appropriée pour voir les pores par transparence. Tantôt enfin les pores sont partiellement ou totalement agglomérés dans des dépressions ou poches, creusées dans le bord basal de la hanche (*g*, fig. 210).

Le télopodite des pattes terminales est très généralement de six articles, le métatarse étant distinct du tarse, contrairement à ce que nous avons vu pour les pattes du tronc; exceptionnellement cependant, l'article apical manque (*Henia*) ou paraît manquer (*Dignathodon*). L'article apical porte ordinairement à son extrémité une griffe normalement constituée et fonctionnelle, mais il ne manque pas de cas (Schendyliens, par ex.) où elle est représentée par une épine très peu apparente, non fonctionnelle et plus ou moins complètement soudée à l'article, et d'autres cas encore où elle fait totalement défaut.

Suivant le sexe, les pattes terminales peuvent présenter quelques différences. Généralement le télopodite est un peu ou beaucoup plus épais chez le mâle que chez la femelle et la face ventrale des articles est souvent couverte d'une pilosité très fine et très dense. D'autre part les hanches peuvent avoir la partie libre de leur bord interne épaissie en bourrelet ou amincie en crête et ordinairement vêtue d'une pilosité dense.

En attendant que soit faite l'étude comparative des segments terminaux chez les Géophilomorphes, nous indiquons ici, dans leurs grandes lignes, les structures observées sur des espèces de notre faune (fig. 11 à 20). On reconnaît, chez la femelle :

Segments terminaux.

Le grand tergite du segment intermédiaire (*Ti*), peut être commun à plusieurs segments; c'est celui dont le bord caudal arrondi termine le corps. Ce tergite présente sur les côtés des lignes épaisses obliques (fig. 19), qui indiquent qu'il est fusionné avec des pièces pleurales; c'est donc un pleuro-tergite. A ce tergite correspond ventralement un bandeau atténué dans les côtés, qui

(diffus sur la fig. 12, condensé sur la fig. 13) ; *O:* orifice de l'oviducte (fig. 14) ; *SG.I:* sternite du segment génital I, dont les parties pleurales, *p*, sont distinctes sur la fig. 12; *Si:* sternite du segment intermédiaire; *Su:* sternite du dernier segment pédifère; *Ti:* tergite du segment intermédiaire, couvrant également les segments génitaux; *Tu:* tergite du dernier segment pédifère; *t:* tergite du telson; *v:* valves anales; *x:* appendices génitaux du segment génital I, uniarticulés et fusionnés (fig. 12 et 14) ou biarticulés et indépendants (fig. 13, 18 à 20); *y:* traces de fusion du tergite intermédiaire avec ses pleurites.

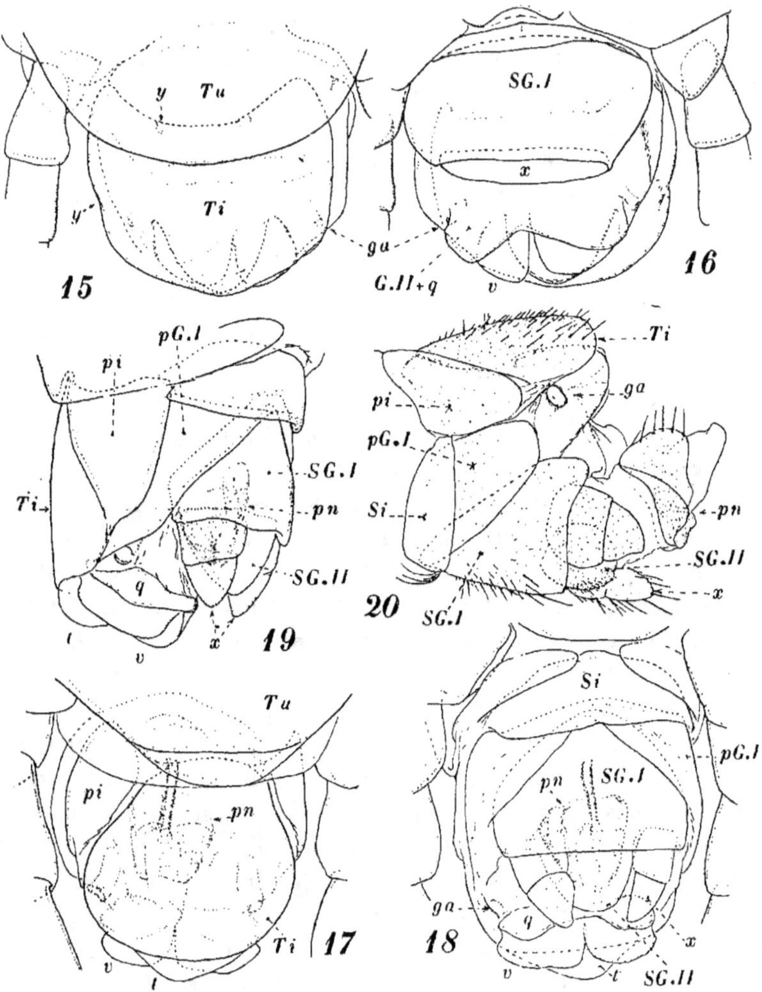

Fɪɢ. 15. — Face dorsale d'une femelle de *Chaetechelyne vesuviana* à 77 p.
pattes des Alpes-Maritimes (Le Cannet de Cannes).

Fɪɢ. 16. — Face ventrale de la même femelle.

Fɪɢ. 17. — Face dorsale d'un mâle de *Chaetechelyne vesuviana* à 77 p. pattes
des Hautes-Pyrénées (Fabian).

Fɪɢ. 18. — Face ventrale du même mâle.

Fɪɢ. 19. — Profil du même mâle.

Fɪɢ. 20. — Profil des segments terminaux d'un mâle de *Geophilus carpophagus* à 47 p. pattes de Grande-Bretagne, dont le pénis, *pn*, est évaginé.

Mêmes indices que pour les figures 11 à 14, avec en plus : *pG.I*: pleurite
du segment génital I; *pi*: pleurite du segment intermédiaire; *q*: région
homologuée au segment postgénital, avec les glandes anales, *ga*;
pn: pénis; *SG.II*: sternite du segment génital II.

serait le sternite du segment intermédiaire (*Si*, fig. 12-13). Dans de rares cas (*Chaetechelyne*) on observe en avant du sternite des plages sclérifiées paires, sans qu'on puisse décider s'il s'agit de présternites ou de simples incrustations de la membrane intersegmentaire.

Au segment génital I, pas de tergite, mais un grand sternite (*SG. I*) deux fois aussi large que long, arrondi dans les côtés, qui est un pleuro-sternite, comme le montrent les lignes obliques (vestiges de soudure) apparentes sur la figure 12. A son bord caudal fait suite une bande homogène très courte, homologue des appendices, et qui est, par conséquent, un syntélopodite gonopodial (*x*, fig. 12). Parfois ce syntélopodite est remplacé par des gonopodes coniques de deux articles (*x*, fig. 13).

L'oviducte débouche en arrière de ce segment, c'est-à-dire dans le segment génital II (*O*, fig. 14). La paroi dorsale de l'oviducte est légèrement sclérifiée et son bord caudal, largement échancré, affleure à la commissure ventrale de l'orifice anal. Il y a lieu de voir dans cette région sclérifiée (*SG II+q*) le résultat de la fusion de vestiges du segment génital II et d'un segment postgénital.

Vient enfin le telson, constitué par un petit tergite en ogive arrondie (*t*) et par les valves anales (*v*); le telson est rétracté sous le syntergite de la région génitale.

Chez le mâle, nous distinguons (fig. 17 à 20):

Au segment intermédiaire, des pleurites complètement distincts du tergite (*pi*).

Au segment génital I, des pleurites indépendants, pièces latérales triangulaires (*pG I*) entre lesquelles proémine le sternite, et des membres gonopodiaux de deux articles (*x*).

Nous considérons comme appartenant au segment génital II la pièce arrondie qui apparaît entre les gonopodes (*SG II*), ainsi que les sclérifications de l'orifice sous-jacent des canaux déférents, sclérifications qu'on désigne comme pénis (*pn*).

Telson comme chez la femelle.

Chez *Chaetechelyne*, toutefois, on trouve immédiatement en avant des valves anales une pièce transversale en biscuit (*q*, fig. 18), qui appartient peut-être à un segment postgénital. D'ailleurs beaucoup de Geophiliens ont des glandes, dites « anales » (*ga*), débouchant latéralement, et qui semblent bien appartenir à ce segment postgénital.

Dans notre faune sont représentées les quatre familles suivantes :

HIMANTARIIDAE, avec les genres *Himantarium, Pseudohimantarium, Himantariella, Haplophilus, Nesoporogaster* et
Stigmatogaster;

MECISTOCEPHALIDAE, avec une espèce importée du genre *Mecistocephalus;*

SCHENDYLIDAE, avec les genres *Hydroschendyla, Schendyla* et
Brachyschendyla;

GEOPHILIDAE, avec les genres *Henia, Dignathodon, Chaetechelyne, Scolioplanes, Gnathomerium, Pachymerium,
Pleurogeophilus, Clinopodes, Galliophilus, Necrophlœophagus, Geophilus, Brachygeophilus, Eurygeophilus* et *Chalandea.*

Clef des espèces françaises de Géophilomorphes.

1. Pattes terminales de 6 articles (hanche comprise)................ 2
   Pattes terminales de 7 articles........................ 3

2. Pas de champs poreux sur les sternites. Griffe forcipulaire armée de
   deux petites épines préapicales dans sa concavité (fig. 163)......
   .... **Dignathodon microcephalum** (Lucas).
   Des grands champs poreux ventraux déprimés, en biscuits, à grand
   axe longitudinal (fig. 159). Griffe forcipulaire inerme...........
   .... **Henia bicarinata** (Meinert).

3. Tergite forcipulaire beaucoup plus étroit que le premier tergite suivant, à bords latéraux parallèles, laissant complètement à découvert les pleures forcipulaires (fig. 61)......................
   .... **Mecistocephalus maxillaris** (Gervais) Silvestri.
   Tergite forcipulaire aussi large que le premier tergite suivant, au
   moins en arrière, et recouvrant en partie les pleures forcipulaires... 4

4. Tergite forcipulaire de 3 1/2 à 4 1/2 fois aussi large que long, à
   bords latéraux subparallèles, arqués ou convergents en arrière, et
   débordant les angles postérieurs de l'écusson céphalique (fig. 41,
   53, 314).. 5
   Tergite forcipulaire moins large et nettement trapézoïdal, plus étroit
   en avant qu'en arrière, à bords latéraux subrectilignes, convergents en avant (fig. 69, 221 etc.)...................... 26

5. Griffe forcipulaire grêle, comprimée en lame de sabre (fig. 307)..... 6
   Griffe forcipulaire normale, à section polygonale............... 7

6. Segments antérieurs présentant des aiguillons très courts et épais
   sur la surface des sternites (fig. 308). 55-57 paires de pattes......
   .... **Eurygeophilus multistyliger velmanyensis** Brol.

Pas d'aiguillons semblables sur les sternites. 35-47 paires de pattes.
.... **Chalandea pinguis** BROL.

7. Dernier pleurite stigmatifère soudé au tergite correspondant (figures 42, 54).. 8
Dernier pleurite stigmatifère séparé du tergite correspondant (fig. 52, 179, 268).. 14

8. Prétergite du dernier segment pédifère flanqué de pleurites (fig. 48) . 9
Pas de pleurites de part et d'autre du prétergite du dernier segment pédifère (fig. 268, etc).. 12

9. Des fossettes virguliformes à certains sternites, soit au milieu du corps, soit à son extrémité postérieure........................ 10
Pas de fossettes virguliformes, ou seulement de faibles dépressions sans contours nets ni parois épaisses........................ 11

10. Les fossettes existent à certains sternites du milieu du corps......
.... **Haplophilus subterraneus** (LEACH) typique.
Les fossettes n'existent qu'aux sternites des derniers segments......
.... **Haplophilus subterraneus Gervaisi** (PLATEAU).

11. Champs poreux manquant dans la moitié postérieure du corps, comme chez le type..
.... **Haplophilus subterraneus** *var.* **complanata** CHAL. et RIB.
Série des champs poreux continuée jusqu'au pénultième sternite par des amas de pores parfois peu apparents........................
.... **Haplophilus subterraneus neglectus** BROL

12. Pores coxaux nombreux, disséminés sur toute la surface des pattes terminales. Pas de fossettes spéciales aux sternites............
.... **Haplophilus dimidiatus**, *var.* **angusta** (LATZEL).
Pores coxaux condensés dans une large fossette sur la face dorsale des hanches terminales, sous les bords latéraux du tergite (fig. 54). Il peut exister éventuellement quelques rares pores isolés sur la face ventrale, qui sont alors très peu apparents. (*Stigmatogaster gracilis* MEINERT, *nec* LATZEL),........................ 13

13. Pas de champ poreux sur le pénultième sternite. 2+2 à 4+4 petits pores sur la face ventrale des hanches terminales..............
.... **Stigmatogaster gracilis occitanica** RIBAUT.
Un champ poreux sur le pénultième sternite. Pas de pores sur la face ventrale des hanches terminales........................
.... **Stigmatogaster gracilis provincialis** RIBAUT.

14. Griffe forcipulaire armée de 2+2 épines préapicales dans sa concavité (fig. 163). Corps fortement atténué en avant jusqu'à être filiforme........................ **Dignathodon microcephalum** (LUCAS).
Griffe forcipulaire sans épines préapicales. Corps pas particulièrement atténué en avant................................ 15

15. Dernier article des pattes terminales surmonté d'une griffe normale, fonctionnelle.. 16
Pas de griffe apicale au dernier article des pattes terminales....... 19

16. Prétergite du dernier segment pédifère étroit, flanqué de pleurites (fig. 179)...................... **Scolioplanes maritimus** (LEACH).
Pas de pleurites de part et d'autre du prétergite du dernier segment pédifère, qui est large (fig. 176)........................ 17

17. Une forte dent à la base de la concavité de la griffe forcipulaire

(fig. 175). Pores ventraux groupés sur deux champs ovales, symétriques, près du bord postérieur du sternite....................
.... **Scolioplanes acuminatus** (Leach).
Base de la griffe forcipulaire inerme.......................... 18

18. Champs poreux ventraux circulaires ou à grand axe transversal
(fig. 171). 61-77 paires de pattes......................
.... **Chaetechelyne vesuviana** (Newport), ♀.
Champs poreux ventraux ovales, à grand axe longitudinal (fig. 172).
45-47 paires de pattes............................
.... **Chaetechelyne montana oblongocribellata** Verhoeff.

19. Prétergite et tergite du dernier segment pédifère sillonnés, à surface
rugueuse et percée de pores très petits et très nombreux, qui ne
manquent que sur une étroite bande médiane (fig. 26)..........
.... **Himantarium Gabrielis** (Linné).
Prétergite et tergite du dernier segment pédifère ni sillonnés, ni
rugueux, ni poreux (sauf parfois dans les bords latéraux réfléchis
du tergite). 20

20. Prétergite du dernier segment pédifère flanqué de pleurites........ 21
Pas de pleurites de part et d'autre du prétergite du dernier segment
pédifère. 22

21. Mandibule pourvue de 11 lames pectinées et d'une lame dentée
formée de 7 dents (fig. 39). Labre à échancrure étroite munie
de 4+4 dents et fissurée au milieu (fig. 37)..................
.... **Himantariella scutellaris** Brol.
Mandibule pourvue de 5 à 6 lames pectinées et d'une lame dentée
formée de 12 dents (fig. 31). Labre à échancrure large, simplement
lobée et non fissurée au milieu (fig. 30)....................
...... **Pseudohimantarium mediterraneum europeum** Chal. et Ribaut.

22. Des fossettes spéciales soit au bord postérieur, soit aux angles antérieurs de certains sternites.......................... 23
Pas de fossettes spéciales aux sternites........................ 24

23. 5 à 7 fossettes sternales impaires, en rainure transverse, au bord
postérieur des sternites 43-54 environ (fig. 51)................
.... **Nesoporogaster souletina** (Brol.).
Une douzaine de fossettes sternales virguliformes paires dans les
angles antérieurs des sternites 54 à 65 environ................
.... **Haplophilus Arcis-Herculis** Brol.

24. Champs poreux ventraux en série complète du premier ou du
deuxième sternite au pénultième.......................... 25
Champs poreux ventraux en série écourtée, ne dépassant pas la
moitié du corps....... **Haplophilus dimidiatus**, *var.* **angusta** (Latzel).

25. Bord rostral du coxosternum forcipulaire fortement échancré
(fig. 170). 61-85 paires de pattes. Pas de paratergites............
.... **Chaetechelyne vesuviana** (Newport) ♂.
Bord rostral du coxosternum forcipulaire subrectiligne (fig. 33). Au
moins 139 paires de pattes. Des paratergites..................
.... **Pseudohimantarium mediterraneum tenue** (Latzel).

26. Pattes terminales munies d'une griffe apicale fonctionnelle, normalement constituée. 27
Pattes terminales totalement dépourvues de griffe apicale, ou pour-

vues seulement d'une petite épine peu apparente et non fonc-
tionnelle.   48

27. Pores ventraux groupés en amas à contours plus ou moins vagues
en des points déterminés des sternites (fig. 209)   28
Pas de pores ventraux, ou, lorsqu'il en existe, ils sont épars, isolés,
sans localisation déterminée et peu apparents (fig. 300)   45

28. Pores coxaux s'ouvrant dans des poches à la base des hanches terminales (fig. 206, 210)   29
Pores coxaux s'ouvrant isolément et non groupés dans des poches. . .   30

29. Pores coxaux s'ouvrant dans une grande poche située sur la face
ventrale des hanches, sous le bord latéral du sternite (fig. 210).
Pores ventraux en bande transverse diffuse (fig. 209) . . . .
. . . . Clinopodes poseidonis (VERHŒFF).
Pores coxaux s'ouvrant dans plusieurs poches réparties en fer-à-
cheval autour de la base de la hanche, visibles en partie sur la
face ventrale (fig. 206), en partie sur la face dorsale (fig. 205).
Pores ventraux en amas subcirculaires définis (fig. 204) . . . .
. . . . Clinopodes linearis C. Koch.

30. Pores coxaux très nombreux s'ouvrant à découvert sur les trois faces,
ventrale, latérale et dorsale, des hanches terminales (fig. 192).
Tête d'un tiers plus longue que large, à ponctuations fortes
(fig. 190) . . . . Pachymerium ferrugineum C. Koch.
Pores coxaux moins nombreux, ne s'ouvrant que sur une ou sur
deux des trois faces de la hanche et généralement à la base. Tête
au plus d'un huitième plus longue que large, à ponctuations
nulles ou faibles.   31

31. Deuxièmes mâchoires terminées par un tubercule, surmonté lui-
même de chevilles (fig. 287). Pas de palpes aux premières mâ-
choires.   32
Deuxièmes mâchoires terminées par une griffe normale. Des palpes
aux premières mâchoires   35

32. Griffe forcipulaire à concavité crénelée (fig. 290). Pas de pores anaux.   33
Griffe forcipulaire à concavité lisse. Des pores anaux   34

33. Sternites 3 à 18 avec une fossette carpophagienne. 39-57 paires de
pattes . . . . Geophilus Gavoyi CHALANDE.
Sternites antérieurs sans structure carpophagienne. 31 à 37 paires
de pattes . . . . Geophilus pusillus MEINERT.

34. Un des pores coxaux est écarté des autres vers l'arrière et s'ouvre
à découvert (fig. 282) . . . . Geophilus insculptus ATTEMS.
Tous les pores coxaux sont réunis côte-à-côte sous le bord du ster-
nite; pas de pore à découvert en arrière (fig. 285) . . . .
. . . . Geophilus insculptus debilis, *n. subsp*

35. Griffe forcipulaire lisse dans sa concavité   36
Griffe forcipulaire crénelée dans sa concavité   39

36. Pores coxaux s'ouvrant le long du bord interne des hanches terminales, aussi bien sur la face dorsale que sur la face ventrale
(fig. 237, 238) . . . . Geophilus electricus (LINNÉ).
Pas de pores coxaux sur la face dorsale des hanches terminales   37

37. Tous les pores coxaux s'ouvrent le long du bord interne des hanches
terminales, sous le bord latéral du sternite (fig. 229, 242, etc.)   38

Quelques pores s'ouvrent à découvert sur la face ventrale des hanches
terminales (fig. 250)............... Geophilus pyrenaicus Chalande.

38. Fossette carpophagienne occupant plus des deux tiers du bord antérieur des sternites (fig. 241)........... Geophilus proximus C. Koch.
Fossette carpophagienne occupant moins de la moitié du bord antérieur des sternites (fig. 232)......... Geophilus carpophagus Leach.

39. Sternites antérieurs dépourvus de structure carpophagienne. Antennes
à articles très longs, à pilosité longue. Tête au moins d'un cinquième plus longue que large (fig. 221)........................
.... Necrophloeophagus longicornis Leach.
Sternites antérieurs pourvus de structure carpophagienne. Tête de
moins d'un cinquième plus longue que large................... 40

40. Pores coxaux s'ouvrant aussi bien à la base des hanches terminales
sur la face dorsale (un pore sous le prétergite), qu'au bord interne
sur la face ventrale (deux ou trois pores) (fig. 268, 270). Halophile.
.... Geophilus algarum Brol.
Pores coxaux s'ouvrant sur la face ventrale des hanches terminales
seulement (pas de pores dorsaux)........................... 41

41. De 9 à 15 pores coxaux de part et d'autre, en majeure partie à découvert (fig. 253)...................... Geophilus Chalandei Brol.
De 3 à 4 pores au bord interne de chaque hanche, en majeure partie
recouverts par le sternite (fig. 258-259, 263)................. 42

42. Concavité de la griffe forcipulaire découpée en petites dentelures par
des incisures rapprochées et nombreuses (environ une trentaine)
(fig. 257). Deux ou trois pores coxaux recouverts par le bord du
métasternite terminal............... Geophilus Osquidatum Brol.
Concavité de la griffe forcipulaire découpée en dents larges par des
incisures espacées et peu nombreuses (environ 10 à 12) (fig. 262,
266). Trois ou quatre pores coxaux........................... 43

43. Un pore coxal, plus petit que les autres, est isolé en arrière, à découvert (fig. 278). Griffe apicale des pattes terminales rudimentaire.
Halophile......................... Geophilus fucorum Brol.
Pas de pore isolé en arrière des autres, qui sont tous dissimulés
sous le sternite (fig. 263, 273)............................ 44

44. Griffe des pattes terminales rudimentaire. Pleurites forcipulaires
convergents sous le ventre.. Geophilus algarum, var. decipiens, n. var.
Griffe des pattes terminales normale. Pleurites forcipulaires refoulés
latéralement................ Geophilus Joyeuxi Léger et Dubosco.

45. Pores coxaux nombreux, distribués sur les faces ventrale et latérale
des hanches terminales (fig. 184).. Gnathomerium inopinatum Ribaut.
Pores coxaux au nombre de 2+2 ou de 4+4 disposés en arrière l'un
de l'autre sous le bord latéral du sternite................... 46

46. Pas de structure carpophagienne au sternite des premiers segments
(fig. 303). Lame prébasale apparente sur toute sa largeur. 31 à
33 paires de pattes.............. Brachygeophilus Richardi (Brol.).
Premiers sternites présentant la structure carpophagienne (fig. 295).
Lame prébasale non ou à peine visible. 37 à 41 paires de pattes.. 47

47. 2+2 pores coxaux aux hanches des pattes terminales (fig. 294)......
.... Brachygeophilus truncorum (Meinert).
4+4 pores coxaux aux hanches des pattes terminales (fig. 301)....
.... Brachygeophilus truncorum Ribauti (Brol.).

48. Pores coxaux nombreux, s'ouvrant isolément sur les faces ventrale et latérale des hanches terminales (fig. 200, 218) 49

Pores coxaux peu nombreux, de 2+2 à 4+4, s'ouvrant l'un en arrière de l'autre le long du bord ventral interne de chaque hanche. 50

49. Des champs poreux sternaux en série complète du deuxième sternite au pénultième. Dernier sternite long et étroit, à bords latéraux faiblement convergents (S u, fig 200) . . . .
. . . . **Pleurogeophilus mediterraneus** (Meinert).

Pas de champs poreux sur les sternites, dont les premiers sont fortement ponctués. Dernier sternite en trapèze court, à bords latéraux fortement convergents (fig. 218) . . . .
. . . . **Galliophilus beatensis** (Ribaut et Brol.

50. Sternites antérieurs pourvus de structure carpophagienne (fig. 277). Généralement 3+3 (ou même 4+4) pores sur la face ventrale des hanches terminales (fig. 278). Halophile. . . . **Geophilus fucorum** Brol.

Pas de structure carpophagienne aux sternites antérieurs. Pas plus de 2+2 pores sur la face ventrale des hanches terminales 51

51. Des champs poreux ventraux au moins sur les sternites antérieurs . . 52

Pas de champs poreux aux sternites 56

52. Griffe forcipulaire à concavité crénelée (fig. 85) 53

Griffe forcipulaire à concavité lisse 54

53. Dernier article des pattes terminales égal environ aux trois quarts de l'article précédent. Préfémur des mêmes pattes gibbeux intérieurement (fig. 89) . . . . **Schendyla mediterranea** Silvestri.

Dernier article des pattes terminales égal environ au quart de l'article précédent. Préfémur des mêmes pattes épais, mais non gibbeux (fig. 74). Halophile . . . . . . **Hydroschendyla submarina** (Grube).

54. Ongle apical des deuxièmes mâchoires à arêtes inermes (fig. 114). (Dernier article des pattes terminales égal environ à la moitié du précédent (fig. 116). 37 à 43 paires de pattes) . . . .
. . . . **Schendyla nemorensis** C. Koch.

Arêtes de l'ongle apical des deuxièmes mâchoires portant une ou deux épines (fig. 92, 93, etc) 55

55. Dernier article des pattes terminales égal environ au précédent (fig. 95). Stigmates ovales. 45 à 51 paires de pattes. Corse . . . .
. . . . **Schendyla Vizzavonae** Léger et Dubosco.

Dernier article des pattes terminales égal environ aux deux tiers du précédent. Stigmates ronds. 41 à 49 paires de pattes. France méridionale . . . . **Schendyla zonalis** Brol. et Ribaut.

56. Griffe forcipulaire à concavité crénelée. Halophile . . . .
. . . . **Hydroschendyla submarina** (Grube).

Griffe forcipulaire à concavité lisse 57

57. Griffe apicale des deuxièmes mâchoires à arêtes épineuses 58

Griffe apicale des deuxièmes mâchoires inerme 60

58. Une dent à la base de la concavité de la griffe forcipulaire (figures 120, 139) 59

Pas de dent à la base de la concavité de la griffe forcipulaire (fig. 130) . . . . **Brachyschendyla montana** (Attems).

59. 43 à 45 paires de pattes. Lame dentée des mandibules non divisée (fig. 135) . . . . **Brachyschendyla montana prominens** Ribaut et Brol.

51 à 57 paires de pattes. Lame dentée des mandibules divisée en deux blocs (fig. 118) . . . . **Brachyschendyla Monoeci** (Brol.).

60. Angle interne du fémur des forcipules prolongé en dent subépineuse,
   longue et robuste (fig. 145, 150)..................................... 61
   Angle interne du fémur et base de la griffe inermes..............
   .... **Brachyschendyla Monodi** Brol.
61. Base de la griffe forcipulaire inerme (fig. 145)...................
   .... **Brachyschendyla armata** (Brol.).
   A la base de la griffe forcipulaire, une dent semblable à celle de
   l'angle interne du fémur (fig. 150)...............................
   .... **Brachyschendyla dentata** Brol. et Ribaut.

1re famille. **HIMANTARIIDAE** Cook, 1895.

(*Himantariini* Attems, 1903. *Himantariinae* Verhœff, 1908; Brolemann, 1909. *Himantariidae* Chalande et Ribaut, 1909; Attems,
1914, 1926.)

Grandes formes, à segments nombreux. Labre homogène, en
bandeau transverse, à bord libre profondément échancré et nettement denté, jamais divisé en trois pièces (fig. 21-24). L'arête
apicale de la mandibule porte plusieurs lames pectinées, accom-

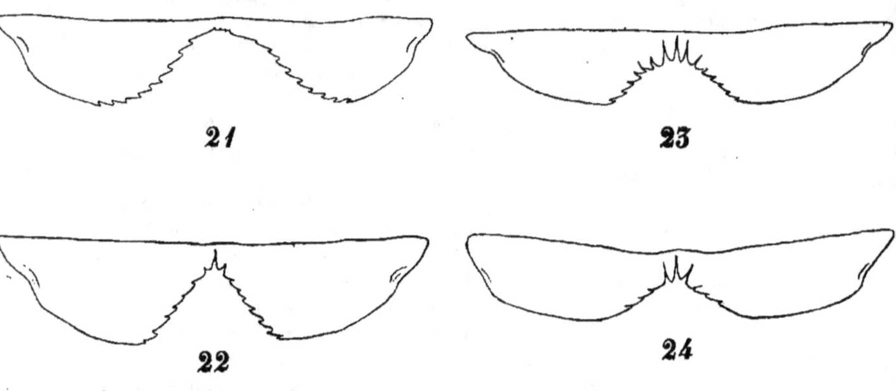

Labres d'Himantariides (d'après Chalande et Ribaut).

Fig. 21. — *Himantarium Gabrielis.*
Fig. 22. — *Haplophilus dimidiatus.*
Fig. 23. — *Haplophilus subterraneus.*
Fig. 24. — *Stigmatogaster gracilis.*

pagnées d'une lame dentée d'un seul bloc et très pigmentée
(fig. 31, 39, etc.). Articles du télopodite des premières mâchoires
soudés ou divisés (fig. 28, 32, 50, etc.). Deuxièmes mâchoires à
coxosternum divisé ou non, à télopodites trapus. Tergite forcipu-

laire très court et très large, à côtés arqués (fig. 25, 41, etc.), parallèles ou convergents en arrière. Paratergites représentés au moins dans une partie du corps par un paratergite intercalaire, mais souvent par plusieurs sclérites. Jamais de pores anaux ni de griffe apicale aux pattes terminales.

Des deux tribus que nous admettons, *Himantariini* et *Bothriogastrini* (12), la première seule doit nous occuper ici, la seconde ne renfermant que des formes de l'Afrique du Nord.

Tribu. HIMANTARIINI Brolemann, 1909.

(Himantariinae + Haplophilinae Verhœff, 1908; *Himantariini + Haplophilini* Attems, 1926.)

Tergites avec deux sillons longitudinaux. Des palpes plus ou moins développés aux télopodites des premières mâchoires. Coxosternum des deuxièmes mâchoires à bord rostral échancré et divisé au moins en partie (fig. 28, 32), exceptionnellement entier (fig. 38). Chanfrein de la griffe forcipulaire en partie visible ventralement. Hanches des pattes terminales développées en longueur, suivies d'un télopodite de six articles.

Genres : *Himantarium, Pseudohimantarium, Himantariella, Haplophilus, Nesoporogaster, Stigmatogaster.*

1er genre. HIMANTARIUM C. Koch, 1847.

Labre à lobes latéraux dentés, mais à échancrure médiane inerme (fig. 21). Mandibule à lame dentée grande, et à lames pectinées peu nombreuses et dont les peignes ont les bords parallèles et la pointe arrondie. Des champs poreux ventraux à tous les sternites, hormis le premier et le dernier. Paratergites très nombreux, en plusieurs rangées. Dernier pleurite stigmatifère non soudé au métatergite correspondant. Pores des hanches terminales très nombreux et très petits, envahissant non seulement toutes les faces des hanches, mais aussi le prétergite et le métatergite du dernier segment pédifère, qui ont tous deux un sillon médian (fig. 26).

Type : *Himantarium Gabrielis* (Linné).

(12) *Bothriogastrini* = *Bothriogastrinae* + *Mesocanthinae* de Verhœff et d'Attems.

Himantarium Gabrielis (Linné, 1766).

[Fig. 21, 25-29.]

(*Scolopendra Gabrielis* Linné, 1766. *Geophilus Walckenaeri* Gervais, 1835. *Geophilus Xanthinus* Newport, 1844. *Himantarium rugulosum* C. Koch, 1847. *Himantarium Hova* Saussure et Zehntner, 1902).

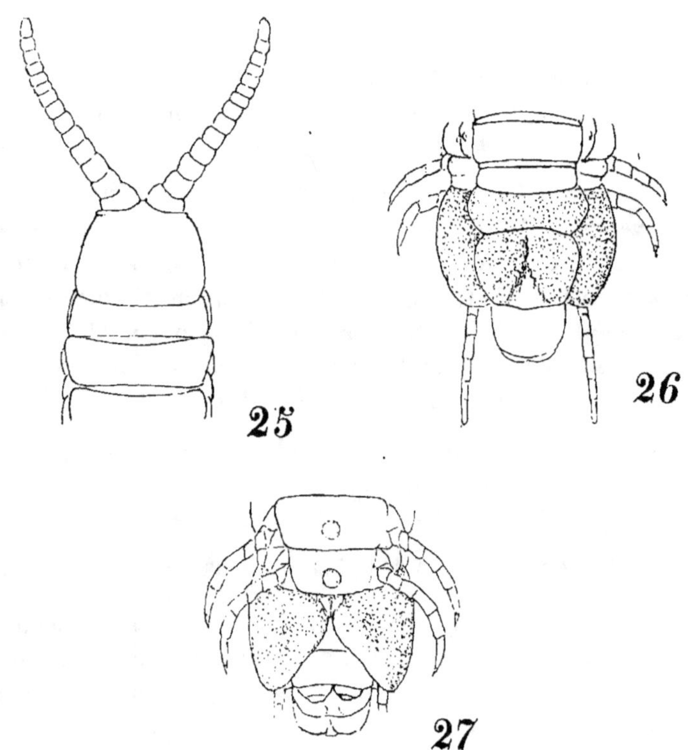

Himantarium Gabrielis (d'après Saussure et Zehntner).

Fig. 25. — Extrémité antérieure, face dorsale.
Fig. 26. — Extrémité caudale, face dorsale.
Fig. 27. — La même, face ventrale.

Longueur jusqu'à 195 mm.

Segments pédifères : 133 à 163 (♂) et 139 à 173 (♀).

Corps très robuste et très long, un peu atténué en avant.

Tête plus étroite que le tronc, plus large que longue, à sillon frontal ordinairement bien marqué. Antennes très courtes, contiguës et épaisses à la base, rapidement atténuées. Zone prélabiale à pilosité abondante, sur une bande transverse. Labre (fig. 21) à échancrure médiane non dentée, égale environ au tiers de sa largeur. Mandibule à angle dorsal non saillant; lame dentée occupant plus de la moitié de la largeur de l'arête apicale; 4 à 6 lames pectinées. Rebord externe du télopodite des premières mâchoires taillé en gradin et portant un petit prolongement conique, qui est le palpe (fig. 28); pas de division distincte en articles. Bord rostral du coxosternum des deuxièmes mâchoires avec un tronçon de sillon médian; ongle apical arrondi en cuilleron, sans épines à la base (fig. 29). Coxosternum forcipulaire très court et très large, presque en croissant; son bord rostral est faiblement échancré, avec deux petites nodosités foncées; les lignes chitineuses, qui sont complètes, et les bords internes des pleures sont fortement convergents. Forcipules courtes, dépassant rarement la pointe de la tête.

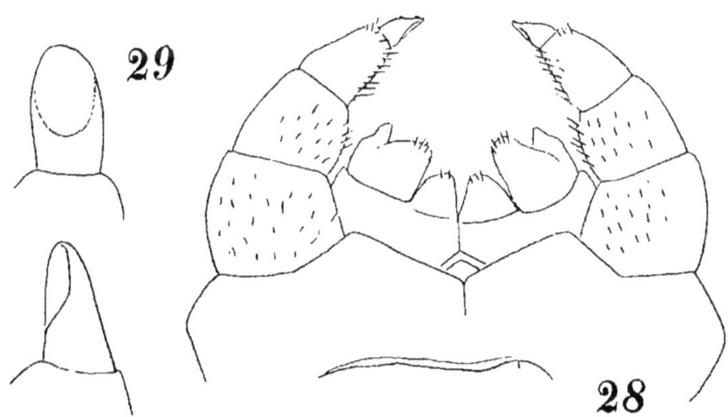

Himantarium Gabrielis.

FIG. 28. — Mâchoires de la première paire et de la deuxième paire, face ventrale. (D'après ATTEMS.)
FIG. 29. — Ongle apical des deuxièmes mâchoires, face et profil. (D'après CHALANDE et RIBAUT.)

Tergites à sillons longitudinaux faibles; surface inégale, surtout entre les sillons et dans la moitié postérieure du corps. Les paratergites augmentent en nombre d'avant en arrière; on compte 1, puis 2 paratergites intercalaires, 1, puis 2, puis 3 para-

tergites principaux. Eupleurium comportant quatre rangées de
sclérites; aux rangées 3 et 4 manque un sclérite. Stigmates ovales. Présternites peu apparents; métasternites unis, subrectangulaires; ceux des segments antérieurs sont sillonnés. Pores ventraux condensés sur un champ circulaire, depuis le 2ᵉ sternite
jusqu'au pénultième.

Prétergite du dernier segment pédifère large, non flanqué de
pleurites; métatergite arrondi, plus large que long; l'un et l'autre
sont sillonnés au milieu et, de chaque côté du sillon, leur surface
est rugueuse et percée de pores très nombreux et très petits
(fig. 26).

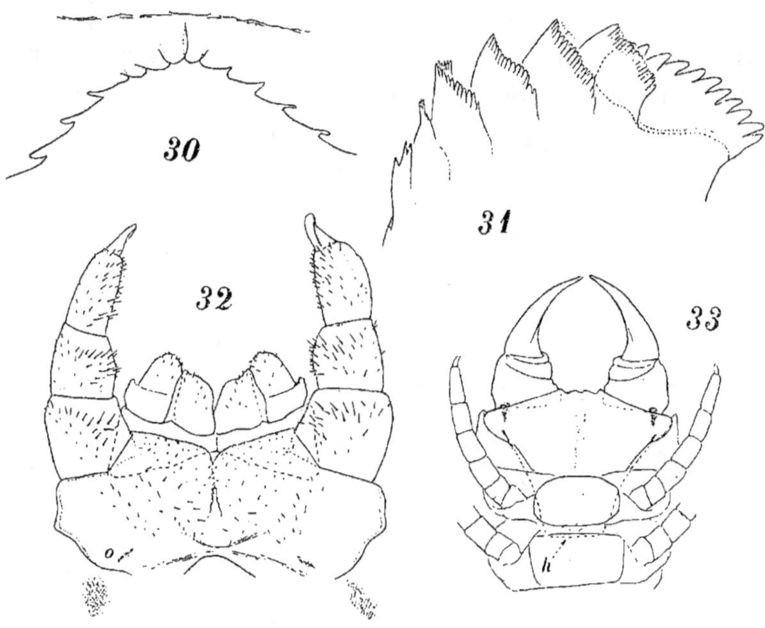

Pseudohimantarium mediterraneum. (RIBAUT del.)

Fig. 30. — Région médiane du labre.
Fig. 31. — Crête apicale de la mandibule.

Pseudohimantarium mediterraneum tenue, femelle à 159 p. pattes
de Tunisie.

Fig. 32. — Mâchoires de la première paire et de la deuxième paire, face
ventrale; malformation de l'article apical de la mâchoire gauche de la
deuxième paire. *o:* orifice de la glande métamérique.
Fig. 33. — Forcipules et sternites des segments 1 et 2, face ventrale.
h: endosternite forcipulaire.

Métasternite triangulaire, divisé par un sillon médian en deux sclérites symétriques (fig. 27). Hanches des pattes terminales boursouflées, rugueuses, percées sur toutes leurs faces de pores très fins.

France; Corse. Europe centrale; Afrique du Nord; Madagascar.

C. Koch, 1847, a donné le nom de *Himantarium rugulosum* à des individus qui ne se distinguent de *H. Gabrielis* que par des détails de sculpture variables et par un nombre moins élevé de segments pédifères ($\male$: 101-129; $\female$: 97-139). *H. rugulosum* est actuellement tenu pour une forme méridionale de *H. Gabrielis*. (Italie; Sardaigne; Afrique du Nord).

(Léger et Dubosco, 1903, ont créé le nom de *Himantarium Brolemanni* pour des individus de Corse, au sujet desquels on n'est pas encore fixé; peut-être s'agit-il d'un *Haplophilus*.)

2ᵉ genre. **PSEUDOHIMANTARIUM** Chalande et Ribaut, 1909.

Comme *Himantarium*, mais sans pores sur le prétergite ou le métatergite du dernier segment pédifère, qui sont unis.

Type: *Pseudohimantarium mediterraneum* (Meinert) [13].

Pseudohimantarium mediterraneum, *subsp.* europœum

Chalande et Ribaut, 1909. [Fig. 30-31, 35-36.]

(? *Himantarium hispanicum* Meinert, 1870.)

Longueur jusqu'à 122 mm.

Segments pédifères: 111 à 133 ($\male$) et 119 à 141 ($\female$).

Voisin de *H. Gabrielis*, mais un peu moins robuste. Labre à échancrure médiane égalant la moitié de sa largeur, avec une faible incisure au centre (fig. 30). Lame dentée de la mandibule occupant un peu moins de la moitié de l'arête apicale (fig. 31). Télopodites des premières mâchoires à articles distincts. Coxo-sternum des deuxièmes mâchoires divisé par un sillon longitu-dinal médian sur plus de la moitié de sa longueur.

[13] Le type semble ne pas exister en France.

Un seul paratergite principal et un paratergite intercalaire primaire sur toute la longueur du corps; un paratergite intercalaire secondaire dans la moitié postérieure du corps. Stigmates ovales. Champs poreux ventraux ovales, en série complète du 2ᵉ sternite au pénultième.

Prétergite du dernier segment pédifère étroit, flanqué de pleurites (il n'en existe pas chez le type, dont le prétergite est large).

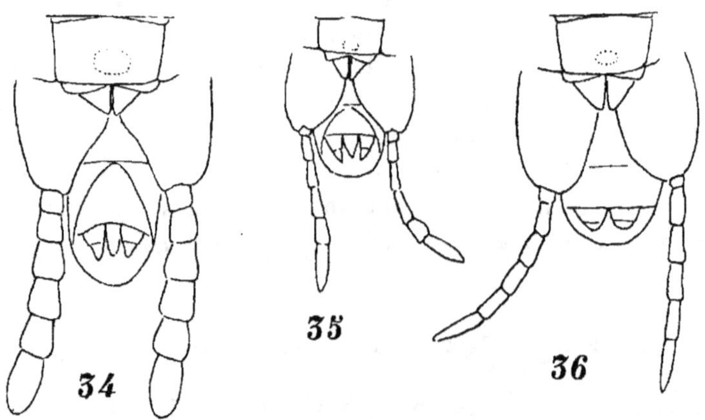

Pseudohimantarium mediterraneum.

Fig. 34. — Extrémité postérieure, face ventrale, d'un mâle de la forme typique.

subsp. *europoeum.*

Fig. 35. — Extrémité postérieure d'un mâle, face ventrale.
Fig. 36. — Extrémité postérieure d'une femelle, face ventrale.
(Les trois figures d'après Chalande et Ribaut.)

Hanches des pattes terminales allongées (fig. 35-36), rugueuses, percées de pores de toutes parts, mais les pores n'empiètent pas sur le métatergite ni sur son prétergite. Pattes relativement grêles dans les deux sexes, alors qu'elles sont épaisses chez le type de Meinert (fig. 34).

Aude; Pyrénées-Orientales. Espagne.

Pseudohimantarium mediterraneum, *subsp.* tenue

(Latzel, 1886). [Fig. 32-33.]

Cette variété a été créée par Latzel (*in* Gadeau de Kerville, 1886) sur des individus plus longs et plus grêles de Tunisie et des environs de Paris (?), atteignant 140 mm. de long et comptant 141 à 161 segments pédifères. Les champs poreux seraient circulaires. Une femelle de 159 segments, de Tunisie, qui nous est passée sous les yeux, n'avait pas de pleurites au segment terminal, dont les pattes étaient du type grêle.

3ᵉ genre. **HIMANTARIELLA** Chalande et Ribaut, 1909.

Labre à échancrure médiane découpée par des incisures déterminant des dents obtuses (fig. 37); l'incisure médiane peut être assez profonde pour diviser l'organe en deux moitiés; lobes latéraux plus ou moins dentés. Lame dentée de la mandibule occupant environ le quart de la largeur de l'arête apicale (fig. 39); elle est débordée par l'angle dorsal; lames pectinées deux fois plus nombreuses que les dents de la lame dentée, à peignes courts, dont les bords sont convergents et la pointe acuminée. Paratergites comme chez *Pseudohimantarium*. Des champs poreux du 2ᵉ sternite au pénultième. Dernier pleurite stigmatifère non soudé au métatergite correspondant. Pores coxaux des pattes terminales fins, distribués sur toute la surface des hanches (fig. 40); pas de pores sur les sclérites tergaux.

Type : *Himantariella maroccana* Chalande et Ribaut.

Himantariella scutellaris Brolemann, 1926.

[Fig. 37-40.]

Longueur jusqu'à 152 mm.

Segments pédifères : 113 (♂).

Corps robuste, à téguments lisses en avant, un peu rugueux en arrière. Tête large. Antennes très courtes, épaisses. Sillon frontal peu marqué. Zone prélabiale à pilosité assez abondante, en bande transverse. Labre à échancrure dentée, l'incisure médiane profonde divisant l'organe (fig. 37); lobes latéraux à peine dentés. Mandibule (fig. 39) à angle dorsal médiocrement saillant; lame dentée de 7 à 8 dents; 11 lames pectinées. Télopodites des premières mâchoires (*m I*, fig. 38) divisés en deux articles; les palpes sont rudimentaires et repliés sous les rebords de l'organe. Coxosternum des deuxièmes mâchoires sans division médiane; les plages pleurales sont développées intérieurement et rejoignent la base du coxosternum en dedans du niveau des pores métamériques; télopodites trapus; ongle apical large, en spatule, avec une épine basale. Tergite forcipulaire de même largeur que la tête.

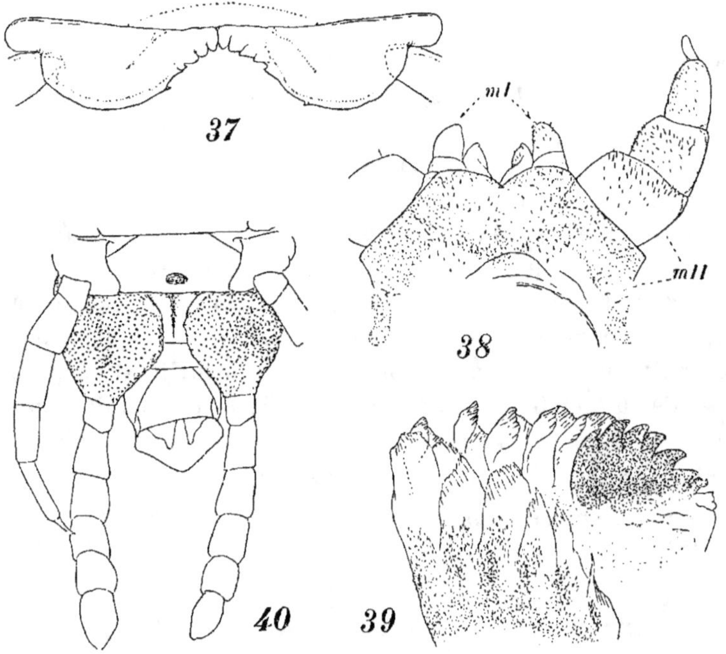

Himantariella scutellaris, mâle à 113 p. pattes des Pyrénées-Orientales (Saint-Martin-du-Canigou).

Fig. 37. — Labre.
Fig. 38. — Mâchoires de la première paire, *m I*, et de la deuxième, *m II*.
Fig. 39. — Arête apicale de la mandibule.
Fig. 40. — Extrémité postérieure, face ventrale.

Métatergites du premier tiers du corps à sillons déterminés par la dépression de l'espace qui les sépare. Un paratergite principal et deux paratergites intercalaires en arrière du corps. Stigmates ovales et obliques en avant, arrondis en arrière. Champs poreux petits, circulaires, devenant un peu transverses dans les derniers segments.

Prétergite du dernier segment pédifère non soudé aux pleurites, qui sont étroits; métatergite subrectangulaire. Métasternite trapézoïdal, sillonné (fig. 40). Hanches des pattes terminales renflées et percées de pores fins très nombreux sur toute leur surface; pattes terminales modérément épaisses chez le mâle. La femelle adulte est inconnue.

Connu jusqu'ici seulement de Vernet-les-Bains (Pyrénées-Orientales.)

4ᵉ genre. **HAPLOPHILUS** Cook, 1896.

(*Haplogaster* Verhœff, 1896. *Meinertophilus* Silvestri, 1898.)

Echancrure du labre entièrement découpée en dents obtuses par des incisures, dont la médiane atteint généralement le bord rostral du labre (fig. 22, 23). Lame dentée de la mandibule occupant moins de la moitié (env. 2/5ᵒˢ) de l'arête apicale (fig. 43); lames pectinées en nombre toujours inférieur au double des dents de la lame dentée; leurs peignes ont les bords convergents et la pointe acuminée. Pas de paratergites principaux; un paratergite intercalaire, plus ou moins bien détaché du prétergite, dans la région antérieure du corps; il manque généralement dans la région postérieure. Stigmates arrondis. Série des champs poreux ventraux parfois complète, mais plus souvent interrompue au milieu du corps; les champs sont nettement circonscrits. Il peut exister sur certains sternites des fossettes en nombre pair, à parois épaissies, localisées diversement suivant les espèces. Pores coxaux des hanches terminales beaucoup moins nombreux et plus grands que chez *Himantarium*, dispersés sur la surface de la hanche (fig. 47, 48); lorsqu'il en existe sur le métatergite, c'est seulement sur les bords latéraux, le reste de la surface demeurant uni (fig. 52).

Type : *Haplophilus dimidiatus* (Meinert).

1. — **Haplophilus dimidiatus** (Meinert, 1870).

[Fig. 22.]

Longueur jusqu'à 120 mm.
Segments pédifères : 111 à 143 (♂) et 133 à 145 (♀).

Corps grêle par rapport à la longueur, à bords parallèles, à téguments unis. Tête aussi large que les segments antérieurs du corps, à sillon frontal indistinct. Labre à échancrure subtriangulaire, n'occupant que le tiers médian de sa largeur; des dents sur les bords de l'échancrure seulement (fig. 22). Lame dentée de la mandibule de 6 à 7 dents, n'occupant pas la moitié de l'arête apicale (environ les 2/5es), débordée par l'angle dorsal de la mandibule; 5 à 6 lames pectinées. Coxosternum des deuxièmes mâchoires à bord rostral en angle rentrant, dont le sommet est continué par un sillon médian incomplet. L'ongle apical est long, étroit, en ovale allongé, avec des épines à la base.

Tergites unis, soyeux en raison de l'orientation longitudinale de la réticulation, à sillons vagues. Un paratergite intercalaire dans le tiers antérieur du corps et deux en arrière. Pleurite préstigmatifère (1^a) très allongé. Stigmates ronds. Pores ventraux condensés sur des champs circulaires déprimés, du 2e sternite ou du 3e au 55e à 72e; les champs manquent dans la moitié postérieure du corps. Le dernier pleurite stigmatifère peut être soit libre, soit soudé entièrement au métatergite correspondant; on connaît des intermédiaires où la soudure est incomplète. La griffe des pattes ambulatoires peut être flanquée à la base d'épines, qui manquent souvent.

Prétergite du dernier segment pédifère beaucoup moins large que le métatergite précédent; pas de pleurites distincts. Métatergite à silhouette rectangulaire, ses bords latéraux tombant perpendiculairement. Sternite subtriangulaire, à sommet arrondi, sans sillon médian accusé. Hanches des pattes terminales très bombées, percées de pores fins sur toutes leurs faces; ces pores peuvent même envahir la région déclive du bord latéral du métatergite. Pattes grêles ou renflées.

Algérie.

Haplophilus dimidiatus, *var.* **angusta** Latzel, 1886, a été trouvée en France (Pyrénées-Orientales); elle diffère du type par ses dimensions : longueur jusqu'à 85 mm.; segments pédifères : en moyenne 115 à 129. Champs poreux jusqu'au 59e sternite environ.

2. — **Haplophilus Arcis-Herculis** (Brolemann, 1904).
[Fig. 41-44.]

(Stigmatogaster Arcis-Herculis Brol., 1904).

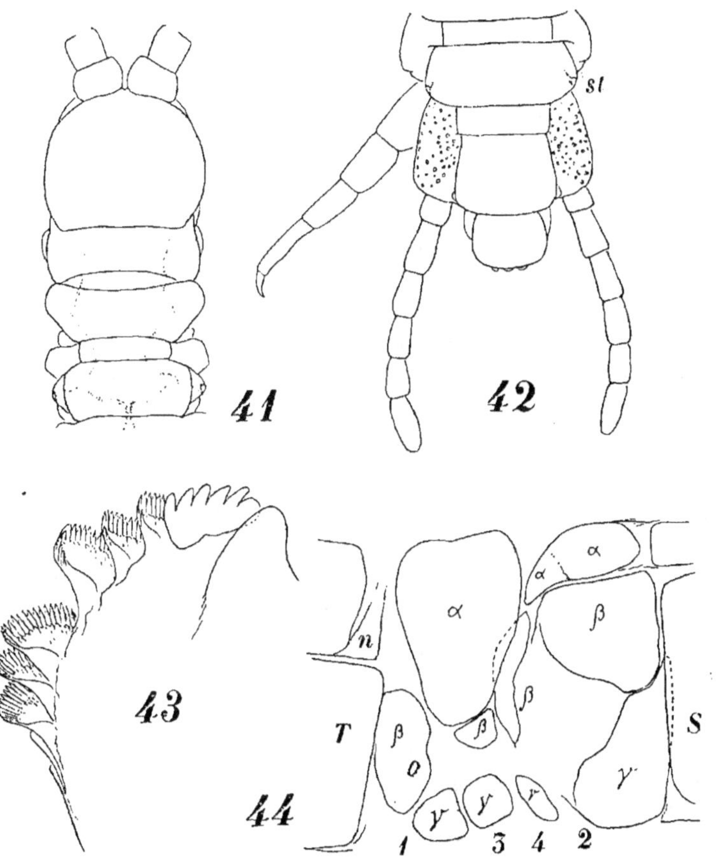

Haplophilus Arcis-Herculis.

Fig. 41. — Extrémité antérieure, face dorsale, d'un mâle de Monaco.
Fig. 42. — Extrémité postérieure, face dorsale, du même mâle. *sl :* stigmate
s'ouvrant dans le pénultième tergite.
Fig. 43. — Arête apicale de la mandibule d'un mâle des Alpes-Maritimes.
Fig. 44. — Eupleurium d'un individu de Menton (Alpes-Maritimes). *S :* sternite; *T :* tergite; *1, 2, 3, 4 :* les quatre rangées de pleurites, à la rangée 3
desquels manque le pleurite *a. n :* paratergite.

Longueur jusqu'à 74 mm.

Segments pédifères : 111 à 113 (♂).

Corps robuste, atténué dans le tiers antérieur. Tête sensiblement plus large que longue, au moins aussi large que les segments antérieurs (fig. 41). Antennes égales environ à trois fois la longueur de la tête, peu épaisses, un peu moniliformes. Labre comme *H. dimidiatus*, à incisures médianes profondes, atteignant presque le bord rostral du labre. Lame dentée de la mandibule de 6 dents, occupant à peine le tiers de l'arête apicale, débordée par l'angle dorsal de la mandibule (fig. 43); six à huit lames pectinées à peignes courts, acuminés. Premières mâchoires de deux articles. Coxosternum des deuxièmes mâchoires à division médiane incomplète, le bord rostral est profondément échancré en angle. Coxosternum forcipulaire court et très large, à pleurites fortement convergents, à bord rostral inerme. Forcipules trapues, écartées l'une de l'autre; griffe lisse dans sa concavité; tous les articles inermes au rebord interne.

Tergites unis; sillons bien marqués. Un seul paratergite intercalaire plus ou moins bien détaché du prétergite (*n*, fig. 44). Stigmates circulaires, punctiformes en arrière. Champs poreux ventraux transversaux, réniformes, du 2e sternite au 53e-55e environ; ils manquent dans la moitié postérieure du corps. En outre, les sternites 50 à 65 environ présentent, dans l'angle antérieur, des fossettes latérales paires, virguliformes, auxquelles font suite des gouttières bordant latéralement le sternite (cf. fig. 46). Dernier pleurite stigmatifère soudé au métatergite correspondant (*st*, fig. 42).

Prétergite et métatergite du dernier segment pédifère étroits; pas de pleurites distincts (fig. 42). Métasternite trapézoïdal, un peu plus long que large à la base, sillonné longitudinalement. Hanches terminales percées d'un grand nombre de petits pores sur toutes leurs faces. Pattes grêles, même chez le mâle.

Littoral des Alpes-Maritimes.

3. — **Haplophilus subterraneus** (Leach, 1817).
[Fig. 23, 45-49.]

(*Geophilus subterraneus* Leach, 1817. *Himantarium subterraneum* Bergsö et Meinert, 1866. *Stigmatogaster subterraneus* Attems, 1903.)

Longueur jusqu'à 75 mm.
Segments pédifères : 69 à 87 (♂) et 73 à 89 (♀).

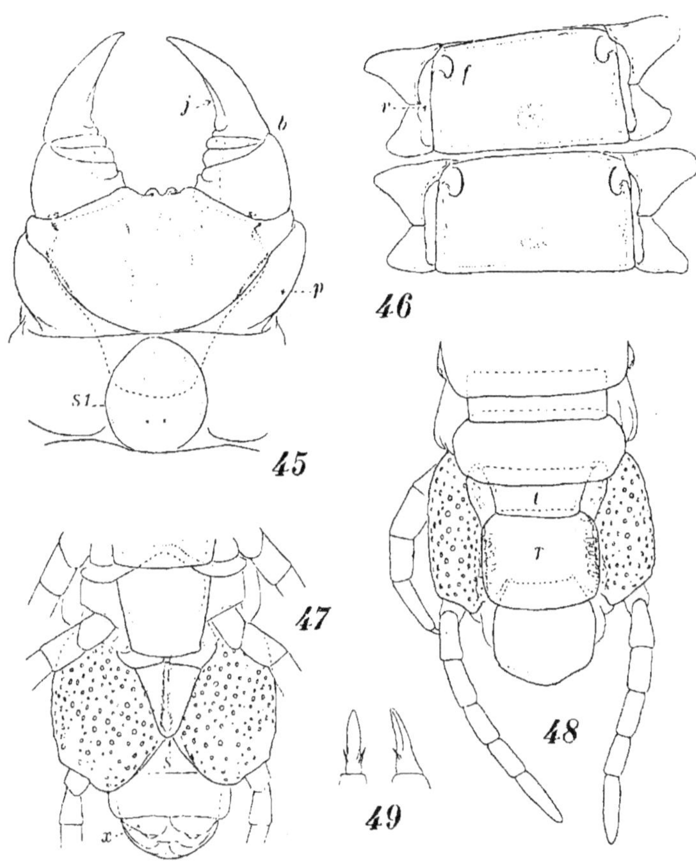

Haplophilus subterraneus, femelle à 97 p. pattes
des Hautes-Pyrénées (Fabian).

Fig. 45. — Forcipules et sternite du 1er segment pédifère. *b:* contact du
fémoroïde avec l'article apical, les deux articles intermédiaires étant
incomplets (voir: *b,* fig. 404); *j:* chanfrein; *p:* pleurite forcipulaire;
S 1: sternite du 1er segment avec un champ poreux de deux pores.

Fig. 46. — Sternites des segments 42 et 43 porteurs de fossettes latérales
virguliformes, *f*; *r:* gouttières latérales leur faisant suite.

Fig. 47. — Extrémité postérieure, face ventrale. Le sternite, *S,* du dernier
segment pédifère est partagé par un sillon médian et le présternite est
divisé en deux sclérites symétriques. Les appendices génitaux, *x,* sont de
deux articles.

Fig. 48. — Extrémité postérieure, face dorsale. Le prétergite, *t,* du dernier
segment pédifère est étroit et flanqué de pleurites; le métatergite, *T,* a
ses bords latéraux repliés et percés de pores. (Voir figure similaire de
N. souletina, fig. 52.)

Fig. 49. — Ongle apical des deuxièmes mâchoires, profil et concavité. (D'après
CHALANDE et RIBAUT.)

Corps élancé, proportionnellement étroit. Tête un peu plus large que les premiers tergites, plus large que longue; sillon frontal obsolète. Antennes épaisses et courtes, environ deux fois la largeur de l'écusson céphalique. Echancrure du labre médiocre, occupant environ le tiers de sa largeur; dents courtes sur les déclivités de l'échancrure, profondément divisées au milieu par des incisures dont la médiane atteint presque le bord rostral (fig. 23). Lame dentée de la mandibule n'occupant pas plus du tiers de l'arête apicale, débordée par un angle dorsal arrondi; 5 à 7 dents en un seul bloc. 6 ou 7 lames pectinées à peignes acuminés. Palpes des premières mâchoires très courts. Coxosternum des deuxièmes mâchoires avec des restes de division médiane au fond de l'échancrure de son bord rostral; ongle apical étroit, allongé, flanqué d'épines à la base. Coxosternum forcipulaire très large (fig. 45), présentant généralement des saillies au bord rostral; télopodites courts; tergite forcipulaire pas plus large que la tête.

Tergites à sillons distincts. Un paratergite intercalaire dans le premier tiers du corps, deux au delà. Stigmates petits. Champs poreux circulaires, en série débutant sur le deuxième sternite et interrompue au delà du 38ᵉ à 43ᵉ. En outre une dizaine de sternites, du 25ᵉ au 38ᵉ, présentent, immédiatement en arrière des angles antérieurs, des fossettes virguliformes à parois épaissies s'ouvrant latéralement et suivies d'une profonde gouttière courant le long du bord externe du sternite (fig. 46). Dernier pleurite stigmatifère complètement soudé au métatergite correspondant, le stigmate s'ouvrant dans le bord du tergite.

Prétergite du dernier segment pédifère étroit, flanqué de grands pleurites (fig. 48). Métatergite aussi large que son prétergite augmenté des pleurites; ses bords latéraux sont rabattus perpendiculairement et sont percés de quelques pores dissimulés; bord caudal tronqué-arrondi. Sternite trapézoïdal, plus long que large à la base (fig. 47). Hanches des pattes terminales renflées, percées sur toutes leurs faces de pores assez grands. Télopodites allongés, un peu plus épais chez le mâle que chez la femelle.

France; ne paraît pas dépasser la vallée du Rhône, à l'Est [14]. Europe septentrionale.

[14] Un individu douteux de Monaco.

Haplophilus subterraneus, *forma* elongata
Chalande et Ribaut, 1909.

Segments pédifères 91 à 95 (♂) et 93 à 97 (♀). Le nombre des champs poreux croît proportionnellement à celui des pattes.

Régions élevées des Pyrénées.

Haplophilus subterraneus, *var.* complanata
Chalande et Ribaut, 1909.

Segments pédifères comme le type, dont cette variété diffère par l'absence de fossettes virguliformes. Sous ce dernier rapport, il existe des passages de la variété au type.

France centrale et occidentale ; Pyréné .

Haplophilus subterraneus, *subsp.* neglectus
Brolemann, 1926.

Segments pédifères : 87 (♂). Diffère du type par l'existence d'une série de champs poreux continue du deuxième sternite à l'antépénultième; jusqu'au 45ᵉ environ, ils sont grands et plutôt transversaux; au delà ils deviennent très petits et parfois diffi- ciles à observer. Pas de fossettes virguliformes. Télopodites des pattes terminales du mâle épaissis.   .

Pyrénées-Orientales.

Haplophilus subterraneus, *subsp.* Gervaisi (Plateau, 1872).
(*Himantarium Gervaisii* Plateau, 1872.)

Longueur jusqu'à 51 mm.
Segments pédifères : 71 à 77 (♂) et 79 à 81 (♀).
L'auteur, comparant son espèce à *H. subterraneus*, la différen- cie par six caractères, dont les seuls à retenir sont : « les impres-

sions latérales [fossettes virguliformes] ne se trouvent que sur les derniers anneaux du corps; régions épisternales et épimériennes [hanches] du dernier anneau pédigère marquées de pores peu nombreux et très gros; pieds de la dernière paire forts, plus longs que les précédents, velus, ceux du mâle deux fois aussi gros que les avant-derniers ».

La localisation des fossettes virguliformes sur les derniers anneaux du corps est un caractère qui est certainement de nature à faire retenir comme race valable cette forme que les auteurs qui ont examiné les types ont mise, jusqu'ici, en synonymie avec l'espèce de LEACH [15].

Belgique (Gand). Doit se retrouver dans le Nord de la France.

5ᵉ genre. **NESOPOROGASTER** VERHŒFF, 1924.

(*Haplophilus, pro p.*, BROLEMANN, 1907.)

Comme *Haplophilus*, mais avec des fossettes ventrales impaires, transversales, au bord caudal de quelques sternites du milieu du corps (fig. 51).

Type : *Nesoporogaster souletina* (BROL.).

Nesoporogaster souletina (BROLEMANN, 1907).

[Fig. 50-52.]

(*Haplophilus souletinus* BROL., 1907.)

Longueur jusqu'à 88 mm.

Segments pédifères : 99 à 101 (♂) et 103 à 107 (♀).

Corps élancé, atténué dans le tiers antérieur. Téguments à léger reflet soyeux. Tête aussi large que les premiers tergites; sillon frontal nul. Antennes non épaissies, trois fois la largeur de la tête. Echancrure du labre occupant environ le tiers de sa largeur, peu profonde, présentant de part et d'autre environ 5 dents; lobes latéraux peu épanouis, inermes; incisure médiane

---

[15] A notre grand regret, il ne nous a pas été donné d'examiner même des cotypes de PLATEAU.

n'atteignant pas le bord rostral du labre. Lame dentée de la mandibule de 5 dents, n'occupant guère que le quart de l'arête apicale; 7 lames pectinées à peignes courts. Palpes des premières mâchoires courts et épais. Coxosternum des deuxièmes mâchoires à bord rostral échancré en angle, dont le sommet se continue par un court sillon (Fig. 50). Bord rostral du coxosternum forcipulaire dépassé par deux saillies arrondies; les articles suivants très courts.

Tergites unis, à sillons peu profonds. Un grand paratergite dans la région postérieure du corps seulement. Sternites unis; champs poreux circulaires du deuxième segment au 44°-48°; au delà ils font défaut et les pattes, d'épaisses qu'elles sont en avant,

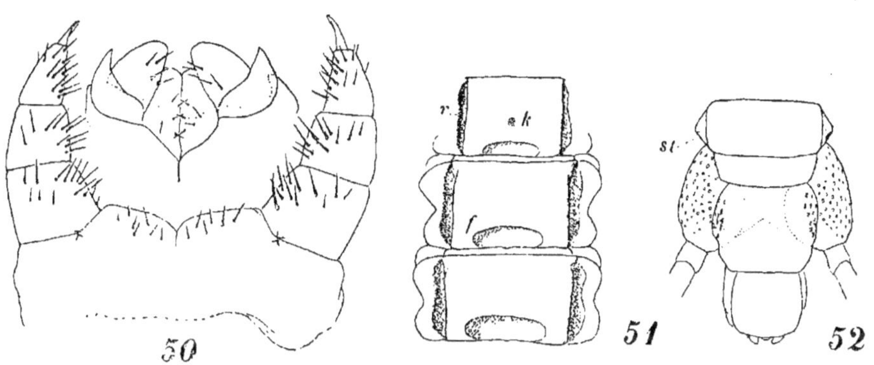

Nesoporogaster souletina, mâle des Basses-Pyrénées (Arudy).

Fig. 50. — Mâchoires de la première paire et de la deuxième paire (dissociées), face ventrale.

Fig. 51. — Sternites des segments 43, 44 et 45, portant les fossettes spéciales du bord caudal du sternite, *f*, et les gouttières latérales, *r*. Le sternite 43 présente le dernier champ poreux de la série, *k*.

Fig. 52. — Extrémité postérieure, face dorsale. Le métatergite du dernier segment pédifère, qui a normalement une silhouette rectangulaire, a ses bords latéraux poreux étalés. *st*: dernier sclérite stigmatifère séparé du pénultième tergite.

deviennent plus grêles. Cette espèce est surtout bien caractérisée par la présence, sur 4 à 6 (♂) ou 4 à 7 (♀) sternites consécutifs, de grandes fossettes elliptiques transversales, situées en avant du bord caudal du sternite (fig. 51); elles se rencontrent sur les segments 44 à 52, le sternite qui précède et celui qui suit la série pouvant également présenter des traces de fossette. En outre il peut exister dans les angles antérieurs des mêmes segments de faibles dépressions paires, mal circonscrites, tenant lieu de fossettes virguliformes, ainsi que des gouttières latérales larges et profondes. Dernier pleurite stigmatifère non soudé au métatergite correspondant (fig. 52).

Prétergite du dernier segment pédifère moins large que le métatergite précédent. Pas de pleurites distincts. Métatergite à silhouette rectangulaire, à bords latéraux tombant perpendiculairement et percés de quelques pores (fig. 52). Métasternite trapézoïdal, aussi long que large à la base. Hanches des pattes terminales boursouflées et percées de nombreux pores sur toutes leurs faces. Télopodites longs, pas particulièrement épais chez le mâle.

Basses-Pyrénées; Hautes-Pyrénées.

Nesoporogaster souletina, *subsp.* excavata (VERHŒFF, 1924).

(*Nesoporogaster excavatus* VERHŒFF, 1924.)

Cette forme des Baléares se présente comme une race du *N. souletina*, de taille plus grande et à segments plus nombreux (jusqu'à 114 mm., et 165 paires de pattes), comme on en connaît à d'autres Géophiliens. Elle se distingue de la race typique par la présence de fossettes virguliformes et de gouttières latérales sur les 9 à 13 derniers sternites, et non aux segments du milieu du corps. (Cf. *Haplophilus subterraneus Gervaisi*.)

Non encore signalé en France.

6° genre. STIGMATOGASTER LATZEL, 1880.

(*Diadenoschisma* VERHŒFF, 1918.)

Diffère de *Haplophilus* en ce que les pores des hanches du dernier segment pédifère sont au moins en partie groupés dans une gouttière dorsale dissimulée sous le tergite terminal (fig. 54); il peut concurremment exister des pores plus ou moins nombreux sur le reste de la surface des hanches.

Type : *Stigmatogaster confossa, nom. nov.* ([16]).

(16) Les individus pour lesquels LATZEL a créé le genre *Stigmatogaster* étant différents de ceux auxquels MEINERT a appliqué le nom de *gracilis*, il convient de les désigner sous un autre nom: *S. confossa*.

Stigmatogaster gracilis (MEINERT, 1870).

[Fig. 24, 53-57.]

(*Himantarium gracile* MEINERT, 1870. ? *Himantarium laevipes* C. KOCH, 1847. — *Nec: Stigmatogaster gracilis* LATZEL, 1880.)

Longueur jusqu'à 69 mm.

Segments pédifères : 85 à 103 (δ) 89 à 109 ($\female$).

Très voisin de *Haplophilus subterraneus*, dont il a les pièces buccales et l'eupleurium. — Forme grêle. Champs poreux en série ininterrompue du deuxième sternite à l'antépénultième; le pénultième en est dépourvu; ces champs sont réniformes en avant, plus arrondis en arrière. Du 45ᵉ au 60ᵉ environ il existe, immédiatement en arrière des angles antérieurs, une fossette virguliforme suivie d'une gouttière bordant latéralement le sternite (cf. fig. 46). Le dernier pleurite stigmatifère est complètement soudé au métatergite correspondant (fig. 54).

Prétergite du dernier segment pédifère large, non flanqué de pleurites; métatergite aussi large que le prétergite, moins long que large, tronqué-arrondi au bord caudal (fig. 54). Métasternite trapézoïdal, moins long que large à la base, avec une dépression longitudinale médiane (fig. 55). Hanches des pattes terminales boursouflées, sans pores, sur les faces latérale et ventrale, mais avec un amas de pores s'ouvrant dans une grande et profonde gouttière subréniforme creusée dans le bord dorsal interne de la hanche et recouverte par le métatergite et son prétergite (fig. 54). Télopodites peu épaissis chez le mâle.

Italie septentrionale et centrale. Paraît manquer en France, où l'espèce est représentée par deux des races suivantes.

Stigmatogaster gracilis, *subsp.* provincialis
CHALANDE et RIBAUT, 1909.

Longueur jusqu'à 102 mm. Forme robuste. Un champ poreux sur le pénultième sternite. Pas de pores sur la face ventrale des hanches terminales (fig. 55); gouttières poreuses dorsales divisées par un soulèvement transversal du fond.

Littoral de Provence; Corse.

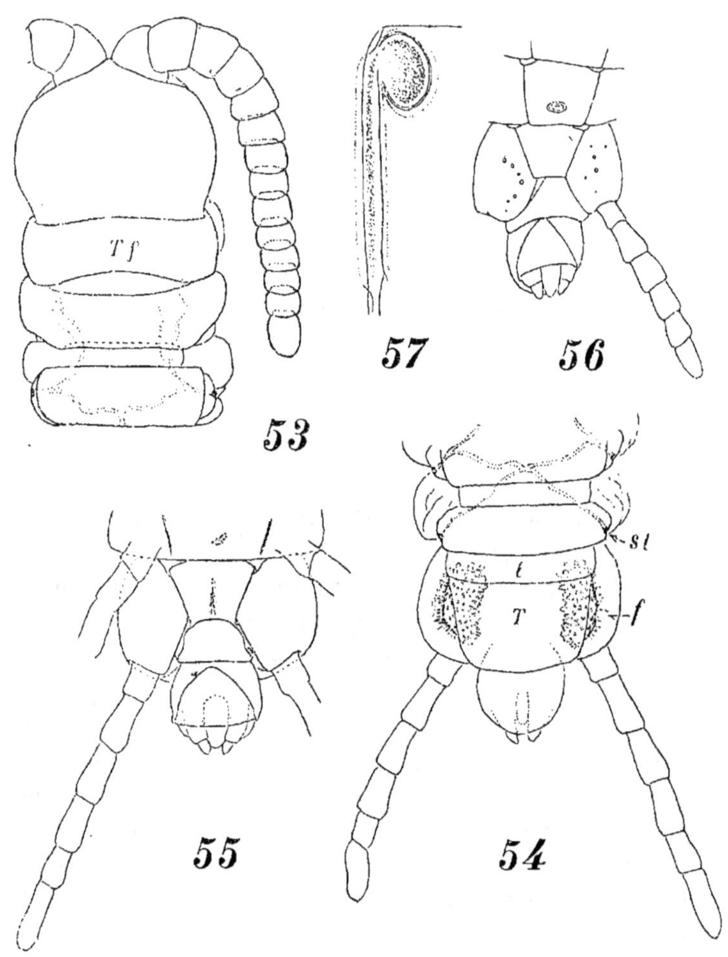

Stigmatogaster gracilis, subsp. *provincialis*, mâle de Monaco.

Fig. 53. — Extrémité antérieure, face dorsale, à tergite forcipulaire, *Tf*, du type large.

Fig. 54. — Extrémité postérieure, face dorsale. Prétergite, *t*, et métatergite, *T*, larges; pas de pleurites. *f*: pores réunis dans une fossette dorsale; *st*, stigmate s'ouvrant dans le pénultième tergite.

Fig. 55. — Extrémité postérieure, face ventrale, à hanches dépourvues de pores.

subsp. *porosa*.

Fig. 56. — Extrémité postérieure, face ventrale, présentant des pores coxaux fins, disséminés. (D'après Chalande et Ribaut.)

Fig. 57. — Fossette virguliforme d'un sternite, très grossie. (D'après Verhœff.)

Stigmatogaster gracilis, *subsp.* occitanica Ribaut, 1910.

Comme le type, mais il existe constamment quelques pores (2+2 à 4+4) sur la face ventrale des hanches terminales, généralement contre le métasternite; ces pores sont toujours petits. Les gouttières poreuses dorsales sont plus ou moins nettement divisées par un soulèvement transversal du fond. Pas de champ poreux sur le pénultième sternite.

Pyrénées-Orientales; littoral languedocien.

Stigmatogaster gracilis, *subsp.* porosa

Chalande et Ribaut, 1909.

Forme trapue. Un champ poreux sur le pénultième sternite. Quelques pores sur la face ventrale des hanches terminales (fig. 56). Gouttières poreuses dorsales non divisées.

Algérie.

2ᵉ *famille.* MECISTOCEPHALIDAE Verhœff, 1901 (17).

(*Mecistocephalinae* Verhœff, 1901; Attems, 1903. *Mecistocephalidae* Verhœff, 1908; Brolemann, 1909; Attems, 1914, 1926. *Dicellophilidae* Cook, 1895. *Dicellophilinae* Silvestri, 1919.)

Genre. MECISTOCEPHALUS Newport, 1842.

(*Lamnonyx* Cook, 1896; Ribaut, 1914; Silvestri, 1919; etc.) (18).

Tête allongée (fig. 61); tergite forcipulaire (*Tf*) plus étroit que la tête, à bords latéraux parallèles, laissant complètement à dé-

(17) Cette famille, qui ne contient que des espèces exotiques, n'est représentée en France que par une forme acclimatée dans les serres du Muséum d'Histoire naturelle de Paris. Nous réunissons les caractères de la famille à ceux du genre, pour éviter les redites.
(18) Newport, en créant le genre *Mecistocephalus*, 1842, n'indique pas de type, mais y range: *M. ferrugineus* (pris par Koch pour type de son genre *Pachymerium*), *M. maxillaris*, *M. punctifrons*, etc. Il y a donc lieu de conserver cette dénomination aux espèces qui, comme *maxillaris*, ont une dent aux pleures céphaliques; un autre nom générique devra être adopté pour *M. carniolensis* et ses congénères, qui ne présentent pas ce caractère.

couvert les pleures forcipulaires (*pf*); le bord interne de ces
pleures s'accompagne d'une fine arête encadrant le tergite et la
base de la tête. Pleurites forcipulaires ne recouvrant pas dorsalement l'angle antéro-externe du coxosternum qui est visible sur
la face dorsale (*co*). Fémoroïde des forcipules très allongé
(fig. 64), son condyle apical externe se trouvant au niveau de la

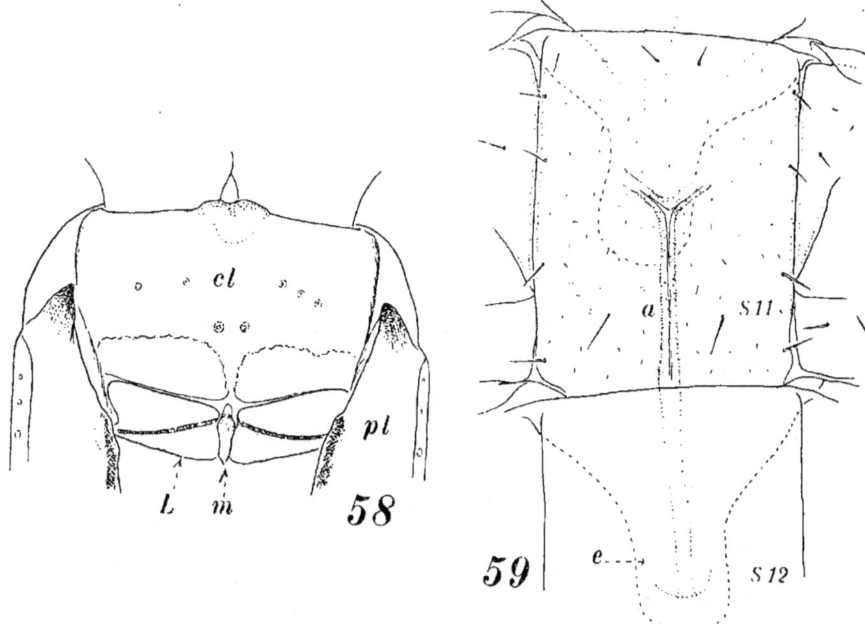

Mecistocephalus maxillaris, femelle des serres du Muséum.

Fig. 58. — Zone prélabiale et labre. *cl:* zone prélabiale; *L:* pièces latérales
du labre, avec lignes chitineuses obliques; *m:* pièce médiane cunéiforme;
pl: pleures céphaliques pourvus d'une dent rostrale chitinisée.

Fig. 59. — Sternite 11 et partie du sternite 12, montrant le développement
de l'apodème médian, *a*, et de l'endosternite, *e*.

pointe de la tête. Labre formé de pièces latérales subrectangulaires (*L*, fig. 58), resserrant entre elles une pièce médiane
réduite (*m*), beaucoup plus longue que large, unidentée. Les
pièces latérales sont parcourues diagonalement par une ligne fortement chitinisée, qui relie l'angle caudal externe de la pièce à
un point variable du bord interne; ces pièces refoulent les fulcres
(qui ne sont pas apparents) et entrent en contact avec les pleurites céphaliques (*pl*). De ces pleurites, l'antérieur se termine en

avant par une dent trapue fortement colorée (fig. 58, 62); le pleurite médian a son bord interne renforcé par une bande sinueuse très chitinisée (*Z*, fig. 62).

Mandibule couronnée de lames pectinées en nombre variable, mais sans lame dentée (fig. 60). Premières mâchoires (*m I*, fig. 65) à coxosternum long, divisé par une fissure médiane, portant au centre une paire de prolongements coxaux encadrés d'une paire de membres rudimentaires. Prolongements et membres sont constitués par une pièce basale portant quelques soies et surmontée d'un lobe en spatule moins chitinisé, hyalin, glabre. Deuxièmes mâchoires (*m II*) à coxosternum non divisé, très profondément échancré en avant; les pores métamériques (*o*) sont repoussés latéralement au niveau de l'angle rostral externe et sont complètement entourés par la surface chitinisée du coxosternum.

Un certain nombre de sternites (antérieurs) présentent un prolongement endosternal de leur bord caudal, qui plonge sous le sternite suivant dans un repli de la membrane intersegmentaire (*e*, fig. 59); ces sternites sont parcourus en partie par un épaississement longitudinal médian sillonné (*a*), qui débute environ au centre du sternite et se poursuit jusqu'au bout de l'endosternite. Le nombre des paires de pattes est fixe dans les limites de l'espèce; la première paire est de dimensions plus ou moins réduites.

Généralement le métasternite du dernier segment pédifère est divisé transversalement par une dépression prémarginale qui isole une étroite bande caudale (fig. 66). Les hanches des pattes terminales sont ordinairement percées de pores isolés, disséminés sur toute leur surface; les télopodites sont allongés, dépourvus de griffe apicale.

Type : *Mecistocephalus maxillaris* (Gervais).

Mecistocephalus maxillaris (Gervais, 1837). Silvestri, 1919.

[Fig. 58-66.]

Geophilus maxillaris Gervais, 1837. *Mecistocephalus Guildingii* Meinert, 1870. *M. Gulliveri* Butler, 1879. *M. punctifrons*, pro p., Haase, 1887; Pocock, 1891; Brolemann, 1897. *Lamnonyx maxillaris*

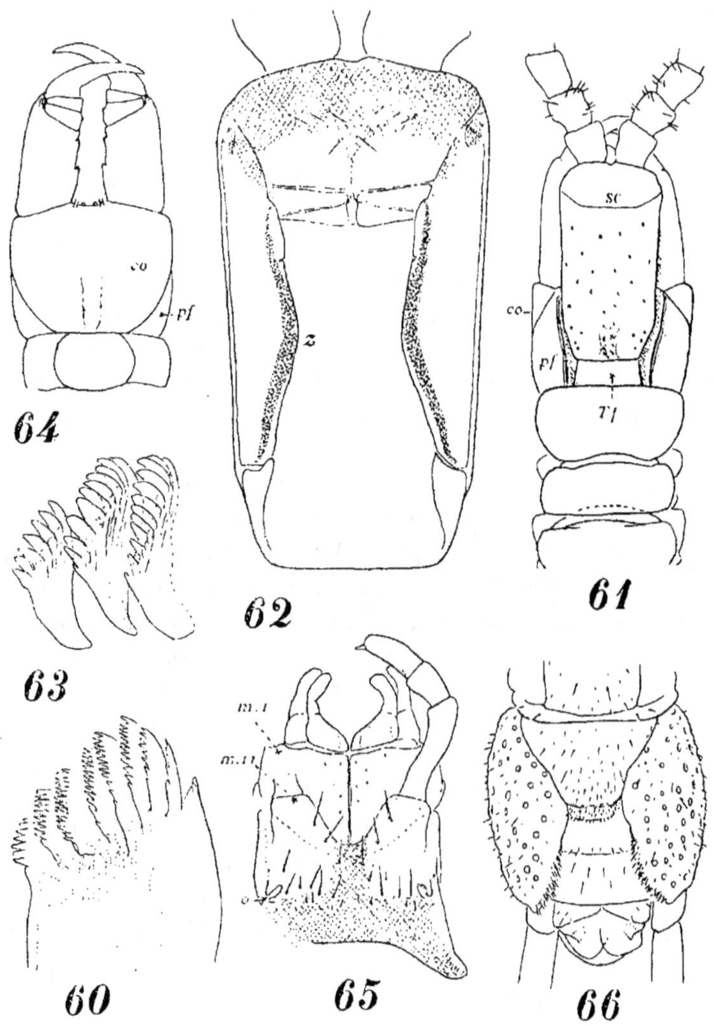

Fig. 60. — Lame pectinée couronnant l'arête d'une mandibule d'un *Mecisto-cephalus* (*punctifrons*), d'après Ribaut.

Mecistocephalus maxillaris, femelle des serres du Muséum.

Fig. 61. — Extrémité antérieure, face dorsale. *co:* angle antéro-dorsal du coxosternum; *pf:* pleures du segment forcipulaire; *sc:* sillon frontal; *Tf:* tergite du même segment.

Fig. 62. — Face ventrale de l'écusson céphalique, après ablation des pièces buccales. *z:* rebord interne renforcé des pleures céphaliques médians.

Fig. 63. — Trois éléments de la lame pectinée mandibulaire, très grossis.

Silvestri, 1919. — *Nec*: *Mecistocephalus punctifrons* Newport, 1842.)

Longueur jusqu'à 40 mm. — 49 segments pédifères.

Tête deux fois aussi longue que large, faiblement atténuée en arrière. Sillon frontal distinct. Ponctuation médiocrement forte, un peu plus accusée dans le tiers postérieur (fig. 61). Zone prélabiale longue, occupant le quart antérieur de la face ventrale (fig. 58, 62), nettement délimitée latéralement, ornée de huit soies, dont six en une rangée et deux plus en arrière. Labre à pièces latérales non ciliées; les lignes chitineuses aboutissent au premier tiers du bord interne des pièces correspondantes (fig. 58). Coxosternum forcipulaire d'un tiers plus large que long, à bord rostral subrectiligne et armé de deux très petites dents (fig. 64); fémoroïde long, son rebord externe égalant deux fois sa largeur; deux nodosités sur le rebord interne. Tergite forcipulaire à peine deux fois et demie aussi large que long (*Tf*, fig. 61).

Tergites lisses. A l'eupleurium manquent les pleurites 3ᵃ et 5ᵃ. Epaississement médian des sternites antérieurs bifurqués en avant (fig. 59), les branches sont courtes et l'angle qu'elles forment est obtus. Pattes de la première paire de moitié moins longues que les suivantes. Dernier pleurite stigmatifère non soudé au métatergite correspondant.

Prétergite du dernier segment pédifère flanqué de pleurites. Métasternite trapézoïdal ou faiblement trilobé, à bord postérieur arrondi et présentant une dénivellation prémarginale qui isole ce bord du reste du sternite (fig. 66). Hanches des pattes terminales assez longues, renflées, densément pileuses au bord interne libre; les pores sont peu nombreux et assez gros (comparativement à la plupart de ses congénères). Télopodites allongés, sans griffe apicale. Des pores anaux.

Serres du Muséum d'Histoire naturelle de Paris. Espèce largement dispersée dans toutes les régions tropicales, d'après Silvestri.

Fig. 64. — Forcipules, face ventrale. *co*: coxosternum; *pf*: pleures forcipulaires.

Fig. 65. — Mâchoires de la première paire, *m I*, et de la deuxième paire, *m II*, face ventrale. Le télopodite droit de la deuxième paire n'est pas figuré. *o*: pore métamérique.

Fig. 66. — Extrémité postérieure, face ventrale.

3ᵉ famille. **SCHENDYLIDAE** Verhœff, 1908.

(*Schendylidae+Ballophilidae* Cook, 1895.   *Schendylini+Ballophilini* Attems, 1903.)

Elle a été divisée en deux sous-familles :

B a l l o p h i l i n a e Verhœff, 1908, à représentants exotiques, et

S c h e n d y l i n a e Brolemann, 1909.

Cette dernière, à son tour, est partagée en deux tribus :

Escaryini (exotique), à pores coxaux nombreux et disséminés sur la surface des hanches terminales, et

Schendylini, qui doit seule nous occuper.

Tribu. SCHENDYLINI Attems, 1903.

(*Schendylina* Brolemann, 1909.)

Formes petites ou très petites, filiformes, de coloration pâle. Zone prélabiale sans aire clypéale, avec une paire de soies post-antennaires, une paire de crins en avant du labre et une rangée ou deux de soies intermédiaires. Labre formé de deux pièces latérales reliées par un arc médian (pièce médiane) divisé en dents (fig. 98) ou en callosités (fig. 78); à ces saillies correspondent des épaississements de l'arc qui, vus par transparence de l'organe, simulent des racines. Mandibule avec un condyle articulaire dorsal (*a*, fig. 79), et portant sur son arête apicale une lame dentée et une seule lame pectinée. Premières mâchoires à télopodites divisés en deux articles (fig. 70), avec deux paires de palpes (*h*, fig. 125). Coxosternum des deuxièmes mâchoires sans traces de division médiane; le point de contact des pleures avec les saillies postérieures du coxosternum est empâté de chitine (ce qui n'est pas toujours le cas chez les formes exotiques); ongle apical des télopodites inerme (fig. 125) ou garni d'épines sur ses arêtes (fig. 71-72, etc.), Tergite forcipulaire trapézoïdal, à bords latéraux convergents en avant, à bord rostral plus étroit que la tête (*Tf*, fig. 69). Pleurites à bords ventraux obliques, recouvrant dorsalement le coxite, dont l'angle rostral externe est invisible. Coxosternum forcipulaire peu allongé, dépourvu de lignes chitineuses (fig. 86), à bord rostral resserré entre les télépodites ; ceux-ci sont de longueur médiocre, les condyles externes de la base de la griffe coïncidant environ au tiers antérieur de l'écusson céphalique.

Jamais de paratergites, ni principaux, ni intercalaires. Eupleurium à rangées 1, 2 et 3 toujours complètes (fig. 68) ; dans la rangée 4, le pleurite α peut manquer, ou, lorsqu'il existe, il est refoulé en avant du pleurite 3 α. Les sternites portent normalement quatre paires de grandes soies marginales, une antérieure et une postérieure au voisinage des angles, et deux intermédiaires situées à peu près l'une en avant, l'autre en arrière du niveau de l'articulation des pattes (fig. 68); ces dernières sont les plus développées et la paire postérieure sert éventuellement de point de repère pour la localisation des champs poreux. Le bord caudal des sternites est souvent anguleux, sans qu'on trouve de fossette correspondante au bord antérieur du sternite suivant; il n'y a donc pas de structure carpophagienne, comme chez certains *Geophilidae*. Dernier pleurite stigmatifère toujours séparé du métatergite correspondant.

Prétergite du dernier segment pédifère plus large que le métatergite précédent, sans pleurites distincts (sauf chez les formes africaines). Métasternite trapézoïdal. précédé d'un présternite large (fig.

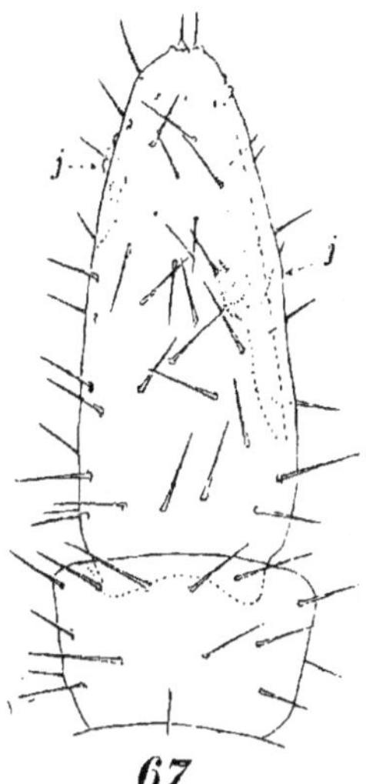

67

Brachyschendyla
(Schizoschendyla)
Monoeci
femelle de 17,50 mm.,
à 57 p. pattes,
de la Principauté
de Monaco.

Fig. 67. — Les deux derniers articles de l'antenne, dont le dernier porte, de part et d'autre de sa moitié distale, des quilles sensorielles vues en partie par transparence.

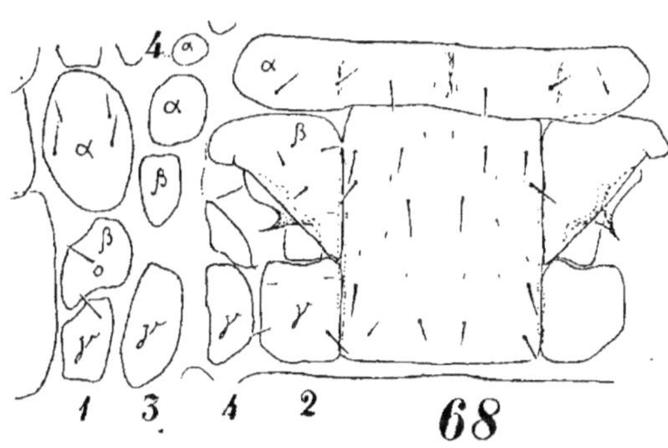

Schendyla (Echinoschendyla) zonalis.
Fig. 68 — Sternite et eupleurium étalés d'une femelle des Alpes-Maritimes (Vallauris).

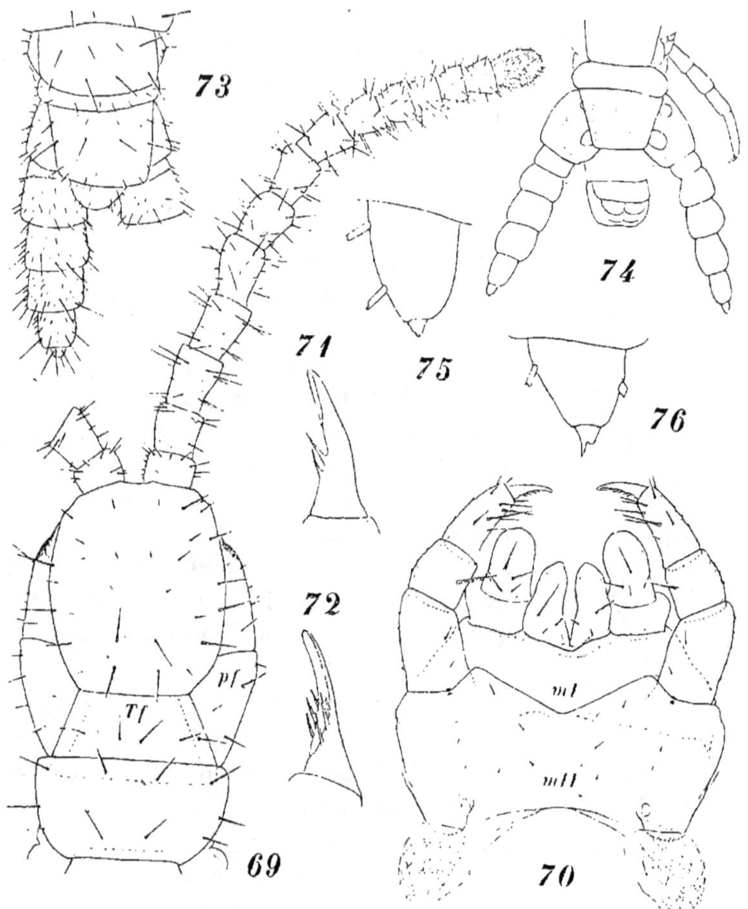

Hydroschendyla submarina.

Fig. 69. — Extrémité antérieure, face dorsale, avec antenne droite, d'un mâle de Tunisie (Seurat leg.). *pf:* pleurite du segment forcipulaire; *Tf:* tergite forcipulaire.

Fig. 70. — Mâchoires de la première paire, *m I*, et de la deuxième paire, *m II*, face ventrale, du même mâle.

Fig. 71. — Ongle apical des deuxièmes mâchoires d'une femelle des Pyrénées-Orientales (Banyuls-sur-Mer). [Ribaut del.].

Fig. 72. — Même organe d'une femelle à 49 p. pattes de Loire-Inférieure (Piriac). [Alluaud, leg.].

Fig. 73. — Extrémité postérieure, face dorsale, du mâle de Tunisie.

Fig. 74. — Extrémité postérieure, face ventrale, de la femelle des Pyrénées-Orientales. [Ribaut del.].

Fig. 75 et 76. — Article apical avec rudiment d'ongle des pattes terminales d'un individu de l'île de Jersey.

74, 89, etc.). Pas de pores anaux. Pattes terminales de 7 articles (de 6 articles dans le genre africain *Nannophilus*) ; jamais plus de 2+2 pores ventraux aux hanches ; la griffe apicale fait totalement défaut, ou est tout au plus représentée par une épine dépourvue de tendon.

Les genres représentés en France sont : *Hydroschendyla*, *Schendyla* (avec deux sous-genres) et *Brachyschendyla* (avec quatre sous-genres).

1er genre. HYDROSCHENDYLA BROLEMANN et RIBAUT, 1911.

Arc médian du labre formé d'une succession de callosités peu nombreuses, larges et à peine saillantes, prolongées à l'intérieur par une racine également large et courte (fig. 78). Arêtes de l'ongle des deuxièmes mâchoires portant deux ou trois épines espacées (fig. 71-72). Sternites dépourvus de champs poreux.

Type : *Hydroschendyle submarina* (GRUBE).

Hydroschendyla submarina (GRUBE, 1869).

[Fig. 69-80.]

(*Geophilus* [*Schendyla*] *submarina* GRUBE, 1869. *Geophilus submaritimus* D. W. T[HOMPSON], 1889. *Geophilus* [*Schendyla*] *submarinus* CAMUS, 1892.)

Longueur jusqu'à 40 mm.

Segments pédifères : 45 à 51 ($\male$) et 47 à 53 ($\female$).

Ecusson céphalique ovalaire, d'un cinquième plus long que large, tronqué en avant et en arrière (fig. 69). Lame prébasale souvent visible sur toute sa largeur. Zone prélabiale circonscrite ; deux soies postantennaires et trois ou quatre autres soies en arrière des premières ; un ou deux crins contre le labre. Pas de plage lisse en avant du labre. Arc médian du labre étroit et fortement arqué, constitué par des callosités courtes et très larges en nombre variable (2 à 7) (fig. 77-78). Pièces latérales subrectangulaires, nettement limitées en avant par une bande claire, portant de 3 à 6 dents triangulaires aiguës sur leur bord

libre. Lame dentée des mandibules avec 8 à 12 dents (fig. 79-80),
généralement réparties en trois blocs de composition variable
(ordinairement : 3, 3, 4) ; angle dorsal de l'arête de la mandibule
effacé. Coxosternum des premières mâchoires glabre; deuxième
article du télopodite long; palpes médiocres, plus ou moins
arrondis. Coxosternum des deuxièmes mâchoires à bord rostral

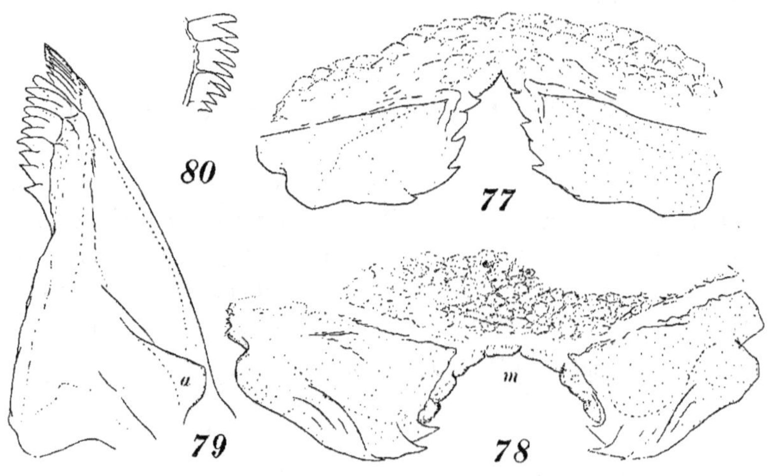

Hydroschendyla submarina.

Fig. 77. — Labre d'un individu du Finistère (Roscoff).
Fig. 78. — Labre d'un mâle de Tunisie. (Seurat leg.). *m :* arc médian formé
de callosités.
Fig. 79. — Mandibule droite, face dorsale, du même mâle. *a :* condyle dorsal.
Fig. 80. — Lame dentée mandibulaire d'une femelle à 49 p. pattes de Loire-
inférieure (Piriac). [Alluaud leg.].

en angle rentrant (fig. 70) ; pilosité courte et dispersée; membres
élancés; ongle garni d'épines non contiguës sur ses deux arêtes,
ou au moins sur l'une d'elles (fig. 71-72), en nombre variable ne
dépassant pas 5 sur chaque arête. Coxosternum forcipulaire
échancré entre les membres; les trois premiers articles sont à
peu près inermes; griffe inerme à la base, crénelée dans sa concavité par des incisures espacées.

Tergites à pilosité assez abondante. Eupleurium à rangées 1 à 3
complètes; rangée 4 représentée par le seul pleurite postérieur.
Sternites sans champs poreux, mais ceux du tiers antérieur du
corps présentent généralement quelques pores isolés, dispersés

principalement au niveau des soies marginales postérieures. Dernier pleurite stigmatifère séparé du métatergite correspondant.

Sternite du dernier segment pédifère trapézoïdal (fig. 74), plus large que long, beaucoup plus pileux au bord postérieur chez le mâle que chez la femelle. Pattes épaisses dans les deux sexes (fig. 73-74), densément pileuses chez le mâle; 2+2 glandes coxales; dernier article quatre fois plus court que le précédent, il se termine par un petit tubercule conique épineux, qui peut parfois être indistinct (fig. 75-76).

Côtes de France (Manche, Atlantique, Méditerranée), dans le gravier humide des grèves, les falaises, les trottoirs à *Lithothamnium* (FAGE), etc. Grande-Bretagne; Scandinavie; Italie; Afrique du Nord.

2° genre. **SCHENDYLA** BERGSÖ et MEINERT, 1886.

Arc médian du labre formé de dents tuberculeuses accolées, franchement saillantes, prolongées par un épaississement interne en forme de racine (fig. 81, 90, etc.). Zone prélabiale avec deux grandes soies postantennaires, deux crins très courts en avant du labre et une rangée intermédiaire variable. Arêtes de l'ongle des deuxièmes mâchoires avec ou sans épines; lorsqu'elles existent, elles sont peu nombreuses (1 à 3) et espacées. Sternites de la région antérieure du corps toujours pourvus de champs poreux sans contours arrêtés (fig. 94, 107-108, etc.); ils font défaut dans la moitié postérieure du corps. Hanches des pattes terminales avec 2+2 glandes.

En raison des variations de structures de la lame dentée, des mandibules et de l'ongle des deuxièmes mâchoires, nous distinguons deux sous-genres :

1ᵉʳ sous-genre : Echinoschendyla BROL. et RIB., 1912. — Lame dentée de la mandibule divisée en plusieurs blocs (figures 82-83, 100, etc.); arêtes de l'ongle des deuxièmes mâchoires avec des épines (fig. 71-72, etc). — Type *S. mediterranea* SILV.;

2ᵉ sous-genre: Schendyla, s. s., BROL. et RIB., 1912. — Lame dentée de la mandibule d'un seul bloc (*d*, fig. 113); arêtes de l'ongle des deuxièmes mâchoires inermes (fig. 114). — Type : *S. nemorensis* (C. KOCH).

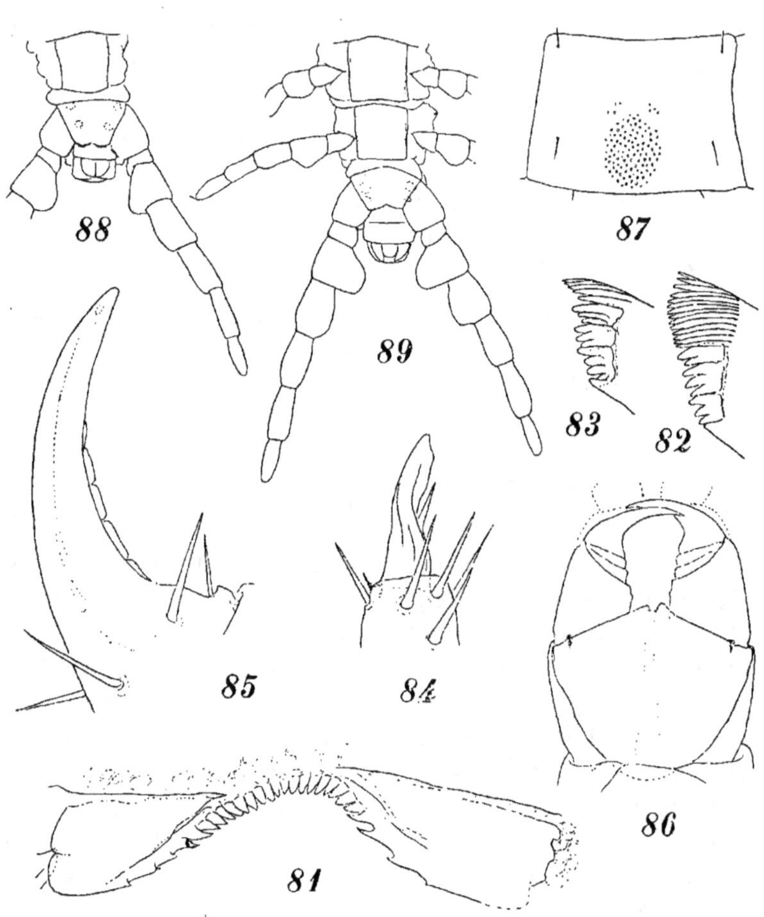

Schendyla (Echinoschendyla) mediterranea.

Fig. 81. — Labre d'une femelle à 47 p. pattes de la Principauté de Monaco.

Fig. 82. — Arête apicale de la mandibule de la même femelle, à lame dentée de 2+3+3 dents.

Fig. 83. — Arête apicale de la mandibule d'un individu des Alpes-Maritimes (Vallauris), à lame dentée de 3+3+4 dents.

Fig. 84. — Ongle apical des deuxièmes mâchoires du même individu.

Fig. 85. — Griffe forcipulaire à crénelures espacées du même individu.

Fig. 86. — Forcipules de la femelle à 47 p. pattes de la Principauté de Monaco.

Fig. 87. — Sternite du 7ᵉ segment de la même femelle.

Fig. 88. — Extrémité postérieure, face ventrale, de la même femelle.

Fig. 89. — Extrémité postérieure, face ventrale, d'un mâle à 49 p. pattes des collections du Musée Océanographique de Monaco.

1. — **Schendyla (Echinoschendyla) mediterranea**
SILVESTRI, 1898. [Fig. 81-89.]

Longueur jusqu'à 19 mm.

Segments pédifères (d'après SILVESTRI) : 47 à 53 (♂) et 52 (19)
à 55 (♀).

Ecusson céphalique un peu plus long que large, tronqué en
avant et en arrière, à bords latéraux faiblement arqués et présentant sa plus grande largeur au quart postérieur. Antennes environ trois fois la largeur de la tête. Zone prélabiale portant huit
soies placées 2 et 6. Arc médian du labre formé de 18 à 27 dents,
tuberculeuses et contiguës au centre, passant latéralement à la
forme de dents épineuses et espacées (fig. 81). Pièces latérales
subtriangulaires, laissant subsister entre elles un espace égal à
peu près au quart de la largeur du labre ; elles sont limitées en
avant par une bande claire. Lame dentée de la mandibule divisée
en trois blocs de 2, 3, 3 à 3, 3, 4 dents (fig. 82-83). Angle dorsal
saillant, appliqué contre la dernière dent de la lame dentée.
Palpes des premières mâchoires courts et larges. Bord rostral du
coxosternum des deuxièmes mâchoires à échancrure large et
arrondie ; écart des pores métamériques égal à deux fois la distance d'un pore au condyle coxofémoral correspondant ; ongle
apical avec 1 ou 2 épines sur son arête ventrale (fig. 84). Tergite
forcipulaire court. Lame prébasale cachée. Bords ventraux des
pleures médiocrement convergents. Bord rostral libre du coxosternum dépassé (fig. 86) ou non par les angles des coxoïdes ;
des nodosités peu prononcées au rebord interne du fémoroïde et
à la base de la griffe, dont la concavité est découpée par quelques
incisures espacées (fig. 85).

Champs poreux du 2ᵉ sternite au 13ᵉ-16ᵉ. Chez les individus
connus de France, les champs poreux (moins grands que chez le
type) sont précédés de deux petits amas symétriques formés chacun de deux à quatre pores (fig. 87) ; ces amas peuvent être reliés
entre eux en une rangée tangente au champ principal.

Métasternite du dernier segment pédifère trapézoïdal, son bord

---

(19) Chiffre pair, inexact.

caudal est de moitié moins large que le bord rostral et plus ou moins distinctement entaillé suivant le sexe (fig. 88-89). Hanches des pattes terminales comprimées et très pileuses au rebord

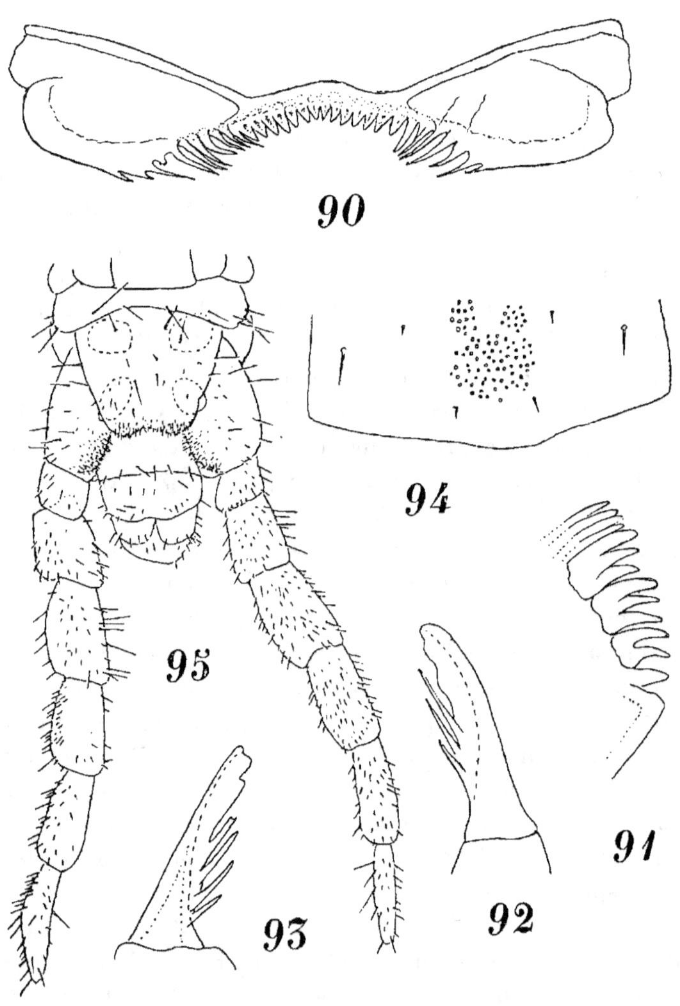

Schendyla (Echinoschendyla) Vizzavonae, type de Léger et Duboscq.
(Ribaut del.).

Fig. 90. — Labre.
Fig. 91. — Arête apicale de la mandibule.
Fig. 92 et 93. — Ongles des deuxièmes mâchoires.
Fig. 94. — Champ poreux d'un sternite.
Fig. 95. — Extrémité postérieure, face ventrale, d'une femelle.

interne libre; premier article du télopodite annulaire, pas plus large que la hanche; second article fortement gibbeux sur sa face dorso-interne dans les deux sexes, moins cependant chez la femelle que chez le mâle; ces boursouflements, qui peuvent se retrouver sur les pattes de la paire pénultième à un degré moindre (fig. 89), paraissent sujets à des variations suivant les régions, notamment chez les femelles; le troisième article peut également être renflé. La longueur du dernier article oscille entre le tiers et les trois quarts de l'article précédent.

Littoral méditerranéen. Sicile; Sardaigne.

2. — **Schendyla (Echinoschendyla) Vizzavonae**

Léger et Dubosco, 1903. [Fig. 90-95.]

(Non syn.: *Schendyla Vizzavonae* Brolemann, 1904.)

Longueur jusqu'à 45 mm.

Segments porifères : 49 (♂) et 45 à 51 (♀).

Ecusson céphalique plus long que large (rapport : 6 :: 5). Antennes longues comme quatre fois et demie la tête. Lame prébasale visible. Zone prélabiale avec une rangée de 6 soies en arrière de la paire postantennaire; pas de plages lisses en avant du labre. Arc médian du labre formé de 25 dents tuberculeuses, à la suite desquelles se placent une dizaine de dents effilées en lanières, occupant à peu près la moitié du bord libre des pièces latérales (fig. 90); celles-ci sont subtrapézoïdales, à angles internes aigus, et bien délimitées en avant par une bande claire. Lame dentée de la mandibule divisée en quatre blocs de 3, 3, 2 et 1 dents [20] (fig. 91); angle dorsal de l'arête mandibulaire débordant la lame dentée. Palpes des premières mâchoires distincts. Coxosternum des deuxièmes mâchoires à pilosité abondante (une trentaine de soies); 3 à 4 épines espacées sur l'arête ventrale de l'ongle apical (fig. 92-93). Forcipules atteignant la pointe de la tête; griffe à concavité lisse, à nodosité basale peu développée. Cul-de-sac poreux de la glande vénimeuse en épi renflé et très allongé.

---

[20] Probablement une variante de la disposition 3, 3, 3 dents.

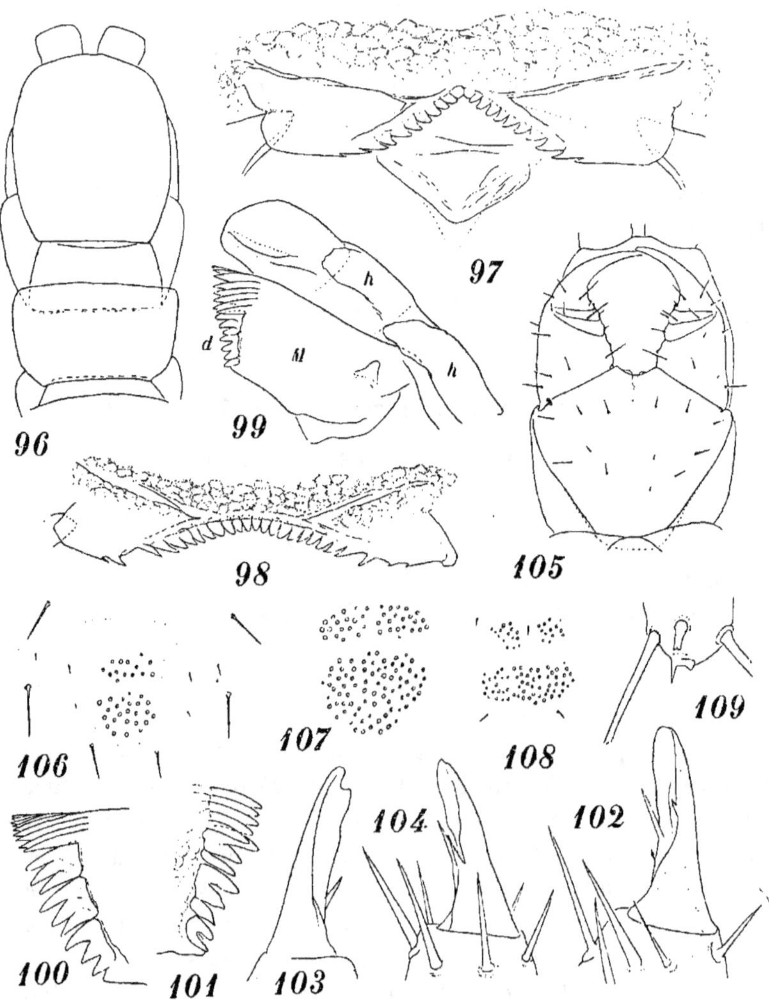

Schendyla (Echinoschendyla) zonalis.

Fig. 96. — Extrémité antérieure, face dorsale d'un mâle du Tarn (Albi). [Ribaut del.].

Fig. 97. — Labre d'une femelle à 45 p. pattes de Roumanie (Comana Vlasca). [Montandon leg.].

Fig. 98. — Labre d'une femelle à 47 p. pattes des Basses-Pyrénées (vallée d'Ossau, Aspeigt).

Fig. 99. — Mandibule droite, *M*, face dorsale, et mâchoire droite de la première paire d'une femelle à 45 p. pattes des Basses-Pyrénées, (bois d'Izeste). *d:* lame dentée mandibulaire de 3+3+1 dents; *h, h:* palpes maxillaires.

Tergites bisillonnés. Eupleurium avec un pleurite 4ᵃ. Sternites
antérieurs avec une fossette médiane vague. Champs poreux du
2ᵉ sternite au 15ᵉ environ; ils sont divisés en trois amas, dont
un amas postérieur impair et deux amas plus petits symétriques
placés immédiatement en avant et un peu en dehors du précédent (fig. 94); il peut y avoir fusion de ces derniers entre eux et
avec l'amas principal.

Prétergite du dernier segment pédifère large, non accompagné
de pleurites. Métasternite en trapèze plus large que long (rapport : 4::3), à bord caudal bilobé et densément pileux (fig. 95).
Bord interne libre des hanches terminales en bourrelet pouvant
faire saillie sur l'extrémité de l'article et très pileux. Télopodite
allongé, à articles un peu épais; le dernier est au moins aussi
long que le précédent et sans trace de griffe apicale.

Corse.

3. — **Schendyla (Echinoschendyla) zonalis**

Brolemann et Ribaut, 1911. [Fig. 68, 96-111.]

(*Schendyla Vizzavonae* Brol., 1904; *nec* : Léger et Dubosco, 1903.)

Longueur jusqu'à 27 mm.

Segments pédifères : 39 à 47 (♂) et 41 à 49 (♀).

Espèce à structures très variables. — Ecusson céphalique ovalaire, à bord caudal tronqué (fig. 96). Antennes deux fois et demie
à trois fois la largeur de la tête. Lame prébasale visible. Zone pré-

Fig. 100. — Lame dentée mandibulaire d'un individu d'Italie (Borgotaro
d'Emilia), à trois blocs de 3 dents.

Fig. 101. — Lame dentée mandibulaire d'un mâle à 43 p. pattes des Basses-
Pyrénées (vallée d'Ossau, Aspeigt), à blocs irréguliers.

Fig. 102. — Ongle apical droit des deuxièmes mâchoires d'un individu des
Basses-Pyrénées (vallée d'Ossau, Aspeigt).

Fig. 103. — Ongle apical gauche des deuxièmes mâchoires du même individu.

Fig. 104. — Ongle apical droit des deuxièmes mâchoires du mâle à 43 p.
pattes des Basses-Pyrénées (vallée d'Ossau, Aspeigt).

Fig. 105. — Forcipules de la femelle à 45 p. pattes des Basses-Pyrénées
(bois d'Izeste).

Fig. 106. — Champ poreux du deuxième sternite du mâle à 43 p. pattes des
Basses-Pyrénées (vallée d'Ossau, Aspeigt).

Fig. 107. — Champ poreux du neuvième sternite du même mâle.

Fig. 108. — Champ poreux du dixième sternite d'une autre femelle de même
provenance.

Fig. 109. — Rudiment épineux de griffe apicale d'une patte terminale d'une
autre femelle à 47 p. pattes des Basses-Pyrénées (vallée d'Ossau, Aspeigt).

labiale large, avec de 2 à 7 soies en arrière de la paire postantennaire, en une ou deux rangées transverses; sa réticulation peut empiéter sur les pièces latérales du labre, ou s'effacer avant de les atteindre. Arc médian du labre formé de dents tuberculeuses passant insensiblement à la forme acuminée ou en lanières, qui est celle des dentelures des pièces latérales (fig. 97); le nombre total de ces dents ou lanières oscille entre 16 et 26. Pièces latérales atténuées intérieurement, nettement limitées en avant par une bande claire, écartées d'environ le quart de la largeur du labre. Lame dentée des mandibules généralement formée de 7 à 9 dents, en blocs de 3, 3 et 2 dents, mais cette disposition est variable, même d'un côté à l'autre des individus (fig. 100-101). Angle dorsal de l'arête apicale débordant largement la lame dentée. Palpes des premières mâchoires bien développés, mais ordinairement rabattus dorsalement (*h*, fig. 99). Ongle des deuxièmes mâchoires (fig. 102-104) pourvu de 1 à 3 épines espa-

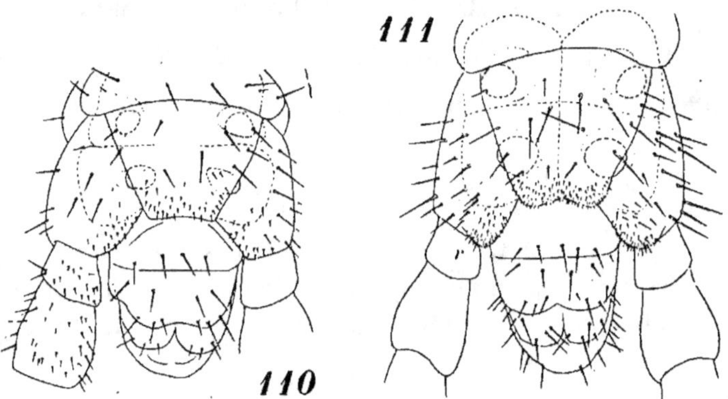

Schendyla (*Echinoschendyla*) *zonalis.*

Fig. 110. — Extrémité postérieure, face ventrale, d'une femelle de Roumanie (Comana Vlasca, MONTADON leg.). [D'après BROLEMANN et RIBAUT.]

Fig. 111. — Extrémité postérieure, face ventrale, d'une femelle d'Italie (Borgotaro d'Emilia) présentant un renflement du bord interne libre des hanches terminales, *r*. [D'après BROLEMANN et RIBAUT.]

cées sur son arête ventrale et parfois d'une épine sur son arête dorsale. Ecart entre les pores métamériques égal en moyenne à deux fois la distance d'un pore au condyle coxofémoral correspondant. Coxosternum forcipulaire à bord rostral assez étroit, un peu échancré, dépassé par les angles arrondis des coxoïdes (fig. 105). Griffe à concavité lisse, ayant à la base une nodosité dentiforme parfois très proéminente. Cul-de-sac poreux de la glande comme *Vizzavonae*.

Sternites antérieurs avec un vague sillon. Des champs poreux du 2ᵉ sternite au 12ᵉ-16ᵉ; les pores (fig. 106-108) sont généralement répartis en trois amas, comme chez *Vizzavonae*, mais, ici aussi, il peut y avoir fusion des trois amas; la division entre l'amas postérieur et les amas antérieurs est au niveau des soies marginales postérieures. Eupleurium comme *Vizzavonae* (fig. 68).

Présternite du dernier segment pédifère très large; métasternite trapézoïdal (fig. 110-111), à bord caudal rectiligne ou un peu sinueux. Bord interne libre des hanches terminales souvent renflé (notamment chez les individus des Alpes-Maritimes); le dernier article du télopodite ne dépasse qu'exceptionnellement les deux tiers de la longueur du précédent et porte à son extrémité un tubercule court, conique, épineux ou non.

France méridionale. Italie; Roumanie. Cette espèce a dû être souvent confondue avec *S. nemorensis*.

4. — **Schendyla** *(s. s.)* **nemorensis** (C. Koch, 1837).

[Fig. 112-116.]

Longueur jusqu'à 28 mm.

Segments pédifères : 37 à 41 (♂) et 39 à 43 (♀) [21].

Corps effilé, délicat, assez fortement pileux surtout vers l'arrière. Tête de peu plus longue que large. Antennes environ trois fois la largeur de l'écusson céphalique. Lame prébasale visible sur toute sa largeur. Zone prélabiale avec une rangée de soies (rarement deux) en arrière de la paire postantennaire, soit : 2+4 (ou 2+2). Arc médian du labre formé d'environ 15 dents, tuberculeuses au centre, aiguës dans les côtés (fig. 112). Pièces latérales mal séparées de l'arc médian, aux extrémités duquel elles paraissent souvent soudées; elles sont refoulées dans les côtés et ne sont délimitées en avant que par la réticulation gros-

[21] Les chiffres fournis par Latzel et par Meinert pour *S. nemorensis* s'appliquent probablement en partie à *S. zonalis*, espèce qui leur était inconnue.

sière de la zone prélabiale. Lame dentée de la mandibule d'environ 6 dents agglomérées en un seul bloc (*d*, fig. 113); angle dorsal plus ou moins saillant, ordinairement triangulaire. Premières mâchoires pourvues de palpes étroits ([22]) repliés dorsalement (*h*, fig. 113). Ongles des deuxièmes mâchoires complètement iner-

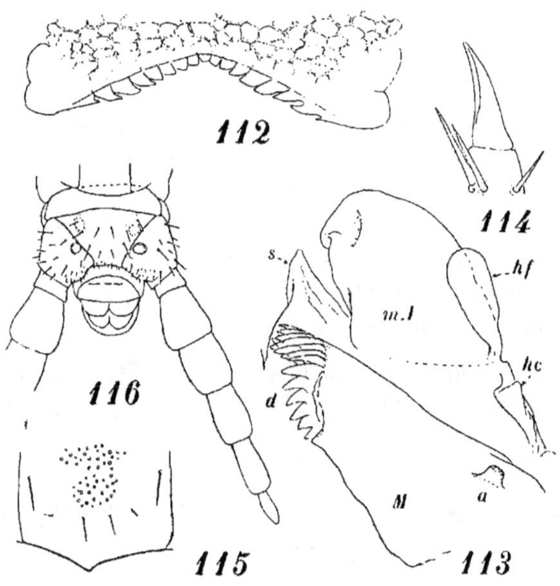

Schendyla (s. s.) *nemorensis.*

Fig. 112. — Labre d'une femelle à 41 p. pattes de Seine-et-Oise (Asnières-sur-Oise).

Fig. 113. — Mandibule, *M*, et appendices droits des premières mâchoires, *ml*, face dorsale, avec la lame dentée mandibulaire d'un seul bloc, *d*, et les palpes, *hc*, *hf*, repliés dorsalement. *a*: condyle dorsal de la mandibule; *s*: prolongement coxal des premières mâchoires. Individu du Puy-de-Dôme (Saint-Martial).

Fig. 114. — Ongle apical inerme des deuxièmes mâchoires du même individu.

Fig. 115. — Champ poreux du sixième sternite de la femelle à 41 p. pattes de Seine-et-Oise (Asnières-sur-Oise).

Fig. 116. — Extrémité postérieure, face ventrale, de la même femelle.

mes, élancés (fig. 114), Coxosternum forcipulaire à bord rostral relativement large et un peu sinueux, inerme; fémoroïde avec une faible saillie en gradin au rebord interne; griffe à concavité lisse, avec une nodosité dentiforme à la base.

([22]) Contrairement à l'opinion émise par d'anciens auteurs.

Tergites bisillonnés. Eupleurium comme *S. Vizzavonae*. Sternites antérieurs avec une dépression longitudinale distincte, parfois accompagnée de vagues fossettes latérales. Des champs poreux du 2ᵉ sternite au 14ᵉ environ; ils ne sont jamais complètement divisés, mais ils sont ordinairement étranglés (parfois même profondément) au niveau des soies de la rangée intermédiaire postérieure (fig. 115); l'amas antérieur forme alors une bande transversale plus ou moins régulière, tangente à l'amas postérieur.

Tergites et sternites du dernier segment pédifère du type large, sans pleurites; métasternite court, à peine deux fois aussi large que long, trapézoïdal (fig. 116), tronqué en arrière (♀) ou un peu sinueux (♂). Hanches des pattes terminales assez courtes, percées chacune de deux pores, un peu épaissies et pileuses au bord interne libre, surtout chez le mâle; télopodite plus ou moins épaissi (plus, semble-t-il, chez les individus méridionaux); longueur du dernier article atteignant la moitié du précédent; son extrémité est inerme.

Toute la France. Europe; Afrique du Nord.

3ᵉ genre. **BRACHYSCHENDYLA** Brolemann et Ribaut, 1911.

Arc médian du labre formé de dents tuberculeuses et pourvues d'une racine. Zone prélabiale comme *Schendyla*. Lame dentée des mandibules divisée en blocs ou non. Arêtes de l'ongle des deuxièmes mâchoires avec ou sans épines; lorsqu'il en existe, elles sont espacées et très peu nombreuses.

Sternites dépourvus de champs poreux (fig. 126), ou ne présentant qu'un très petit nombre de pores sur les tout premiers sternites seulement. Dernier pleurite stigmatifère toujours détaché du métatergite correspondant. Hanches des pattes terminales avec 2+2 pores.

Nous distinguons quatre sous-genres.:

1ᵉʳ sous-genre : S c h i z o s c h e n d y l a Brol. et Rib., 1912. — Lame dentée de la mandibule divisée en plusieurs blocs. Arêtes de l'ongle des deuxièmes mâchoires épineuses. — Type *B. Apenninorum* Brol. et Rib., 1911.

2ᵉ sous-genre : A s t e n o s c h e n d y l a , *n. subgen.* — Lame dentée de la mandibule divisée en plusieurs blocs. Arêtes de l'ongle des deuxièmes mâchoires inermes. — Type : *B. Monodi* Brol., 1924.

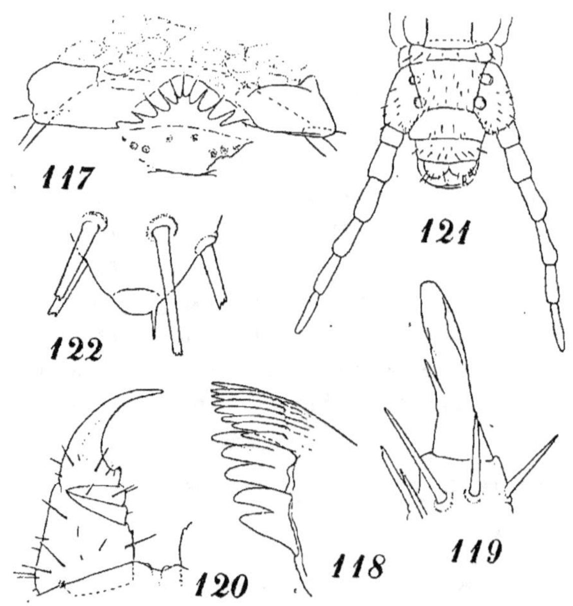

Brachyschendyla (Schizoschendyla) Monoeci.

Fig. 117. — Labre d'une femelle de 17,50 mm., à 57 p. pattes, de la Principauté de Monaco.

Fig. 118. — Arête apicale mandibulaire, à lame dentée de 3+2 dents, d'une femelle de 22 mm., à 51 p. pattes, de Roumanie (Comana Vlasca, Montandon leg.).

Fig. 119. — Ongle de la deuxième mâchoire droite, face dorsale, de la même femelle.

Fig. 120. — Télopodite forcipulaire droit, face ventrale, de la même femelle.

Fig. 121. — Extrémité postérieure, face ventrale, de la femelle type de 20 mm., à 57 p. pattes, de la Principauté de Monaco, des collections du Musée Océanographique.

Fig. 122. — Extrémité de l'article apical d'une patte terminale de la femelle de Roumanie, à ongle rudimentaire.

3ᵉ sous-genre : B r a c h y s c h e n d y l a , *s. s.*, Brol. et Rib., 1912. — Lame dentée de la mandibule non divisée, d'un seul bloc. Arêtes de l'ongle des deuxièmes mâchoires épineuses. — Type : *B. montana* (Attems, 1895).

4ᵉ sous-genre : M i c r o s c h e n d y l a Brol. et Rib., 1912. —

Lame dentée de la mandibule d'un seul bloc. Arêtes de l'ongle des deuxièmes mâchoires inermes. — Type : *B. armata* (BROL., 1901).

1. — **Brachyschendyla (Schizoschendyla) Monoeci**

(BROLEMANN, 1904). [Fig. 117-122.]

(*Schendyla montana Monoeci* BROL., 1904.)

Longueur jusqu'à 22 mm.

Segments pédifères : 51 à 57 (♀).

Petite espèce filiforme à coloration pâle. Tête plus longue que large (rapport : 8 :: 7), tronquée aux deux extrémités, à bords latéraux régulièrement arqués. Lame prébasale invisible. Antennes environ trois fois la largeur de l'écusson céphalique; le dernier article égale les trois précédents ensemble. Soies de la zone prélabiale disposées en trois rangées (2+6+4 ou 2+5+5). Arc médian du labre formé de 9 à 13 dents tuberculeuses, auxquelles font suite, de part et d'autre, une dent aiguë ou deux (fig. 117). Pièces latérales relativement peu larges (égales chacune à un tiers du labre), subovales, séparées par une bande claire de la surface réticulée, qui est à gros éléments. Lame dentée de la mandibule de 7 à 8 dents, réparties en deux blocs très variables (fig. 118); angle dorsal de l'arête non proéminent. Palpes des premières mâchoires peu saillants, arrondis, rabattus dorsalement. Coxosternum des deuxièmes mâchoires large; pores métamériques repoussés latéralement; ongle élancé (fig. 119), muni d'une épine ou de deux sur son arête ventrale. Coxosternum forcipulaire large; bords ventraux des pleurites médiocrement convergents; bord rostral étroit, faiblement échancré, mais laissant voir les angles émoussés des coxoïdes; un tubercule en gradin au rebord interne du fémoroïde; une dent triangulaire à la base de la griffe, dont la concavité est lisse (fig. 120).

Sternites dépourvus de champs poreux, l'emplacement de ceux-ci est envahi par la grosse réticulation.

Prétergite et métatergite du dernier segment pédifère larges tous deux, le second est subarrondi; pas de pleurites distincts. Métasternite en trapèze court; le bord postérieur est égal aux deux tiers du bord rostral (fig. 121); bords latéraux médiocre-

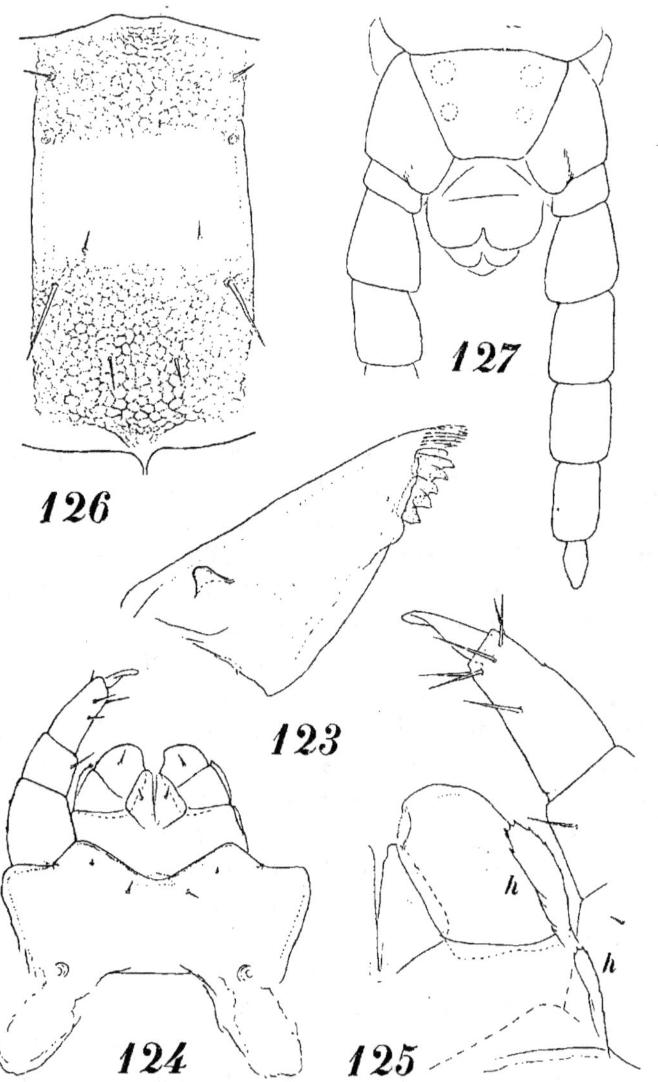

Brachyschendyla (Astenoschendyla) Monodi, type femelle de 21,50 mm.,
à 41 p. pattes, du Finistère (Peuzé).

Fig. 123. — Mandibule gauche, face dorsale.
Fig. 124. — Premières mâchoires, coxosternum et télopodite droit des deuxiè-
mes mâchoires, face ventrale.
Fig. 125. — Région centrale droite de la préparation précédente, face dorsale,
montrant les palpes des premières mâchoires, *h, h,* et l'ongle apical des
deuxièmes mâchoires, plus grossis.
Fig. 126. — Sternite du 7e segment dépourvu de champ poreux.
Fig. 127. — Extrémité postérieure et patte terminale gauche, face ventrale.

ment convergents, refoulant en dehors les hanches des pattes terminales. Celles-ci sont médiocrement développées, divergentes, percées chacune de deux gros pores; leur bord interne libre est un peu épaissi et pileux. Télopodite grêle et allongé; dernier article plus long que le précédent et inerme, ou épineux (fig. 122).

Cette espèce n'est encore connue que du littoral des Alpes-Maritimes (des femelles) et de Roumanie.

2. — Brachyschendyla (Astenoschendyla) Monodi

Brolemann, 1924. [Fig. 123-127.]

Longueur : 21,50 mm.

Segments pédifères : 41 (♀).

Ecusson céphalique plus long que large (rapport : 5 :: 4). Antennes courtes, un peu plus de deux fois la largeur de la tête. Zone prélabiale avec une rangée de trois soies en arrière de la paire postantennaire. Arc médian du labre d'environ 8 dents tuberculeuses, suivies de chaque côté d'une dent épineuse ou de deux; pièces latérales très espacées, très étroites, développées en longueur dans les extrémités seulement, où elles ne sont limitées que par la réticulation. Lame dentée des mandibules de 6 dents (fig. 123), réparties en deux ou trois blocs (3+3 ou 3+2+1); angle dorsal de l'arête peu saillant et arrondi. Palpes des premières mâchoires allongés, rabattus dorsalement (fig. 125). Coxosternum des deuxièmes mâchoires à bord rostral fortement échancré, à pilosité très rare (fig. 124); écart entre les pores métamériques à peine deux fois la distance d'un pore au condyle coxofémoral correspondant; ongle inerme. Bord rostral du coxosternum forcipulaire relativement large, peu proéminent; bords ventraux des pleures convergents depuis l'angle antéro-externe. Pas de nodosité caractérisée au rebord interne du fémoroïde; une nodosité faible à la base de la griffe, dont la concavité est lisse.

Sternites dépourvus de champs poreux, à sillon médian vague, à réticulation forte en avant et en arrière (fig. 126); sur l'emplacement de la fossette carpophagienne est une faible dépression à contours vagues.

Prétergite et métatergite du dernier segment pédifère larges.

le dernier est tronqué en arrière. Pas de pleurites distincts. Métasternite en trapèze d'un tiers plus large que long; bord caudal

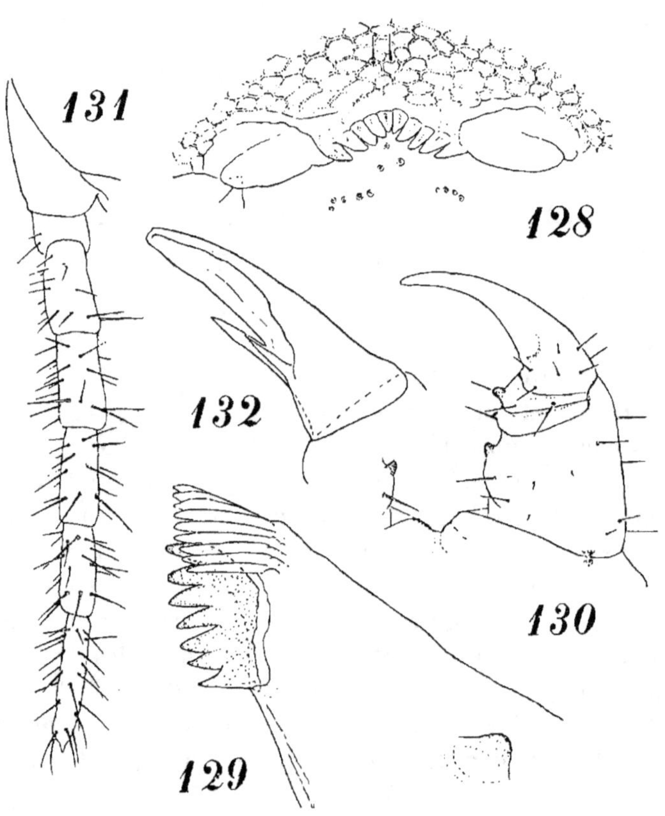

Brachyschendyla (s. s.) montana.

Fig. 128. — Labre d'un mâle du Puy-de-Dôme (Clermont-Ferrand).
Fig. 129. — Mandibule droite à lame dentée d'un seul bloc, face dorsale,
d'une femelle à 45 p. pattes des Apennins (Borgotaro d'Emilia).
Fig. 130. — Télopodite forcipulaire gauche, face ventrale, de la même
femelle.
Fig. 131. — Patte terminale gauche, face dorsale, de la même femelle.
Fig. 132. — Ongle apical des deuxièmes mâchoires d'une autre femelle de
même provenance.

égal à peine à la moitié du bord rostral (fig. 127). Hanches des
pattes terminales courtes et larges, percées de 2+2 pores, avec
le bord interne libre épaissi, mais pas particulièrement pileux

chez la femelle. Télopodite épais; dernier article presque égal aux deux tiers de l'article précédent, inerme à l'extrémité.

Une seule femelle connue du Finistère (Dr Monod).

3. — **Brachyschendyla** *(s. s.)* **montana** (Attems, 1895).

[Fig. 128-132.]

Longueur jusqu'à 27 mm.

Segments pédifères : 43 à 47 (♂) et 45 (♀).

Ecusson céphalique d'au moins un huitième plus long que large. Antennes à articles allongés. Lame prébasale visible ou non. Zone prélabiale avec une rangée de 6 soies en arrière de la paire postantennaire. Arc médian du labre formé de 10 à 12 dents tuberculeuses (fig. 128); les dents des extrémités sont un peu plus acuminées, mais pas plus allongées. Pièces latérales ovalaires, en partie séparées de la surface réticulée par une bande claire; écart entre elles égal environ au tiers de la largeur du labre. Lame dentée de la mandibule de 6 ou 8 dents en un seul bloc (fig. 129). Palpes coxaux des premières mâchoires indistincts; palpes fémoraux très peu développés, arrondis. Coxosternum des deuxièmes mâchoires à bord rostral échancré en angle rentrant; pores métamériques écartés en moyenne de deux fois la distance d'un pore au condyle coxofémoral correspondant; ongle apical élancé, armé d'une épine sur chacune de ses arêtes (fig. 132). Coxosternum forcipulaire large et assez court; bords ventraux des pleurites convergents dès l'angle antéro-externe; un tubercule pigmenté au rebord interne de chacun des trois premiers articles forcipulaires (fig. 130). Griffe atteignant la pointe de la tête, à concavité lisse; la nodosité de la base est peu prononcée.

Sternites des premiers segments avec une dépression médiane longitudinale large. Pas de champs poreux. Prétergite et métatergite du dernier segment pédifère larges; le dernier est arrondi. Métasternite en trapèze à bords latéraux faiblement convergents, le bord caudal égalant presque les trois cinquièmes du bord rostral. Hanches médiocrement boursouflées, à bord interne libre non épaissi et sans pilosité spéciale. Pattes terminales peu ou pas

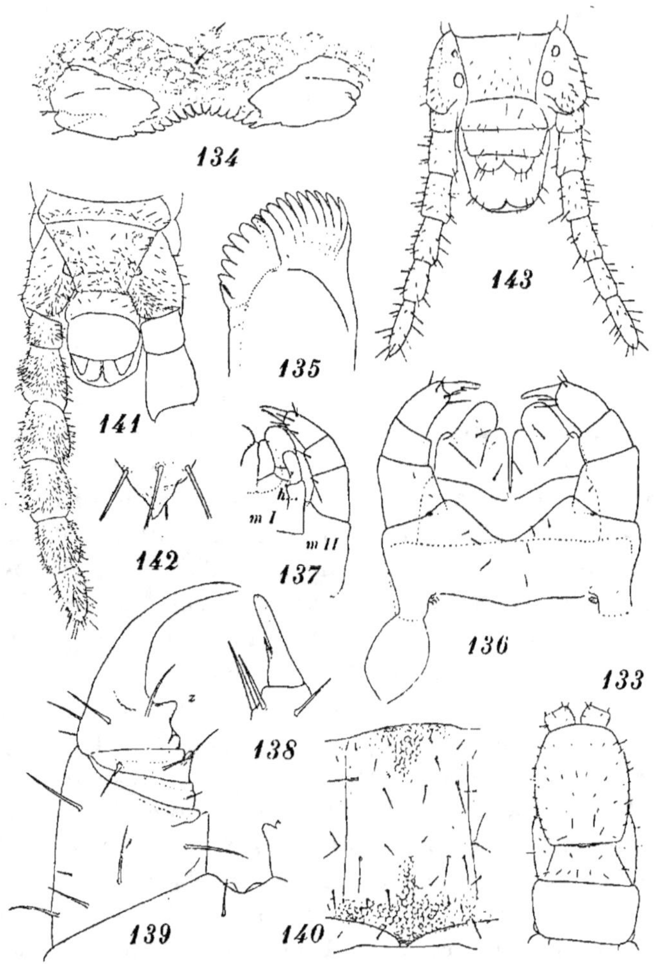

Brachyschendyla (s. s.) *montana prominens*, du Tarn (Arfons).

Fig. 133. — Extrémité antérieure du corps, face dorsale, d'un mâle à 45 p. pattes.

Fig. 134. — Labre du même individu.

Fig. 135. — Mandibule. [Ribaut, del.]

Fig. 136. — Mâchoires de la première paire et de la deuxième paire, face ventrale. [Ribaut del.]

Fig. 137. — Partie droite des mâchoires de la première paire, m I, et de la deuxième paire, m II, face dorsale, montrant les palpes maxillaires, h, d'un autre mâle à 45 p. pattes.

Fig. 138. — Ongle apical d'une mâchoire de la deuxième paire du même individu.

Fig. 139. — Membre forcipulaire droit, face ventrale, du même individu. z : dent de la base de la griffe.

Fig. 140. — Sternite du 4ᵉ segment du même individu.

renflées; dernier article au moins aussi long que le précédent (fig. 131), à extrémité brusquement atténuée en cône surmonté d'une épine.

Forme de montagnes : France centrale; Alpes maritimes. Italie; Autriche.

Dans les forêts de la Montagne Noire (Tarn) vit la forme particulière suivante :

Brachyschendyla (s. s.) montana, *subsp.* prominens

RIBAUT et BROLEMANN, 1927. [Fig. 133-143.]

Longueur jusqu'à 19,50 mm. — Segments pédifères: 45 (♂ et ♀).

Elle diffère essentiellement du type par la présence d'une forte dent à la base de la concavité de la griffe forcipulaire (z, fig. 139).

Arc médian du labre formé de 14 dents (fig. 134). Lame dentée de la mandibule de 7 dents (fig. 135). Une épine sur chacune des arêtes des ongles des deuxièmes mâchoires (fig. 138). Dernier article des pattes terminales au moins égal à l'article précédent (fig. 143). Pattes terminales deux fois plus épaisses chez le mâle que chez la femelle et densément pileuses (fig. 141).

4. — Brachyschendyla (Microschendyla) armata

(BROLEMANN, 1901).

[Fig. 144-148.]

(*Schendyla armata* BROLEMANN, 1901.)

Longueur : 9 mm.

Segments pédifères : 35 à 41 (♂) et 37 à 39 (♀).

Très petite forme, blanchâtre. Tête subrectangulaire, environ d'un cinquième plus longue que large. Antennes courtes, guère plus de deux fois la largeur de la tête. Lame prébasale invisible. Zone prélabiale très large, avec quatre soies en une rangée en

FIG. 141. — Extrémité postérieure, face ventrale, du premier mâle.
FIG. 142. — Griffe rudimentaire d'une patte terminale du même individu.
FIG. 143. — Extrémité postérieure, face ventrale, d'une femelle. [RIBAUT del.]

arrière de la paire postantennaire. Arc médian du labre formé
d'une dizaine de dents tuberculeuses, dont les externes sont un
peu acuminées (fig. 144). Pièces latérales très écartées, occupant
chacune environ un quart du labre, nettement séparées par une

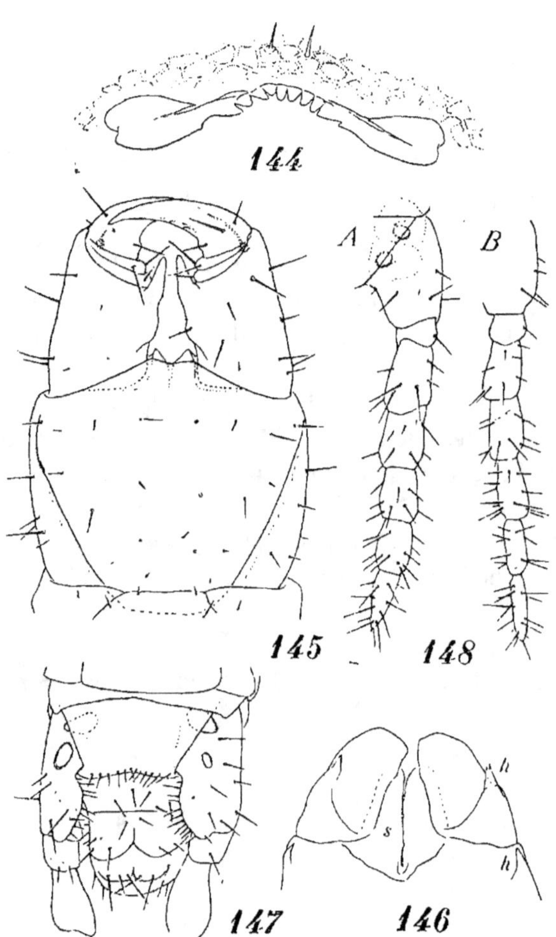

Brachyschendyla (Microschendyla) armata.

FIG. 144. — Labre d'une femelle des Alpes-Maritimes (Cannes).
FIG. 145. — Forcipules de la même femelle.
FIG. 146. — Premières mâchoires, face dorsale, d'un mâle de la Principauté
de Monaco. *h, h:* palpes; *s:* prolongements coxaux.
FIG. 147. — Extrémité postérieure, face ventrale, d'une femelle à 37 p. pattes
des Alpes-Maritimes (Sospel).
FIG. 148. — Pattes terminales gauches, face ventrale, du mâle de Monaco (*A*)
et de la femelle de Cannes (*B*).

bande claire de la réticulation, qui est très grosse. Lame dentée de la mandibule de 6 dents en un seul bloc; angle dorsal de l'arête mandibulaire nul. Palpes latéraux des premières mâchoires grêles, acuminés (fig. 146); prolongements coxaux et membres un peu allongés. Deuxièmes mâchoires comme *B. montana*, à pores métamériques très écartés, à ongles inermes. Coxosternum forcipulaire proportionnellement élancé, d'un cinquième seulement plus large que long (fig. 145); les bords ventraux des pleurites sont faiblement convergents; le bord rostral est étroit et dépassé par les angles des coxoïdes; fémoroïde à rebord interne long et prolongé par une forte dent, dont le sommet atteint au niveau du condyle de la griffe; articles suivants inermes; griffe robuste, avec une faible nodosité à la base; sa concavité est pourvue d'une lame translucide à arête rectiligne, jalonnée de deux faibles incisures.

Sternites allongés, à pilosité longue, typique. Pas de pores ventraux.

Métasternite du dernier segment pédifère en trapèze deux fois plus large que long; son bord caudal porte une rangée de soies (fig. 147). Hanches des pattes terminales très peu bombées, longues, percées de 2+2 gros pores; leur bord interne libre est aminci et cilié de soies robustes (fig. 147). Télopodite grêle chez la femelle, un peu plus épais chez le mâle (fig. 148); dernier article au moins aussi long que le précédent, inerme ou terminé par une petite épine.

Littoral méditerranéen de Cannes à Menton.

5. — **Brachyschendyla (Microschendyla) dentata**

Brolemann et Ribaut, 1911.

[Fig. 149-151.]

Longueur : 12 mm.

Segments pédifères : 39 (♀).

Petite forme, très voisine de la précédente, dont elle diffère par la présence, à la base de la griffe forcipulaire, d'une forte dent épineuse (fig. 150) et par la structure des pattes terminales. Celles-ci sont épaisses chez la femelle (fig. 151); la hanche ne

présente pas d'épanouissement au bord interne libre; le préfémur (*P*) est remarquablement réduit, plus court ventralement
que large; le dernier article, rudimentaire, tronqué à l'extrémité,
sept fois plus court que l'article précédent, est surmonté d'un
tubercule aplati, à peine distinct de l'article et armé d'une épine.

Brachyschendyla (Microschendyla) dentata.

Fig. 149. — Labre de la femelle type de 12 mm., à 39 p. pattes, de la Haute-
Garonne (Saint-Béat). [D'après Brolemann et Ribaut.]

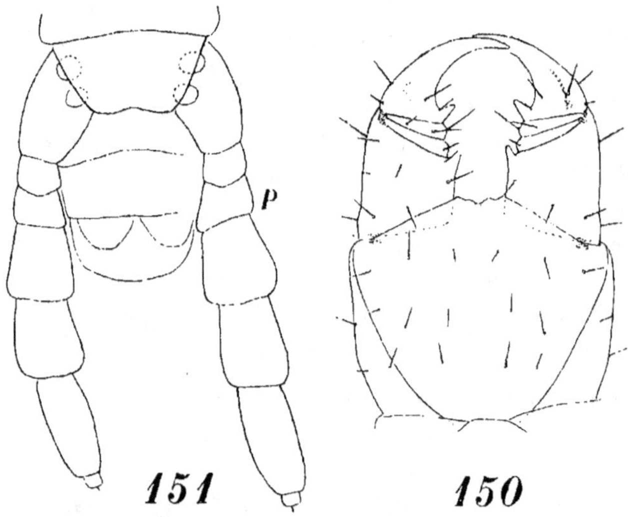

Brachyschendyla (Microschendyla) dentata, femelle type de 12 mm.,
à 39 p. pattes, de la Haute-Garonne (Saint-Béat).

Fig. 150. — Forcipules.
Fig. 151. — Extrémité postérieure, face ventrale. *P:* préfémur.

Arc médian du labre formé d'environ 11 dents, dont les cinq
médianes tuberculeuses et les autres aiguës et un peu arquées en
crochets (fig. 149). Lame dentée de la mandibule de 4 à 6 dents.
Des palpes à l'article fémoral de la première mâchoire seulement;

ceux du coxoïde paraissent manquer. Ongle des deuxièmes mâchoires inerme. Pas de pleurite de part et d'autre du prétergite du dernier segment pédifère.

Haute-Garonne (Saint-Béat); Tarn (Montagne Noire).

4ᵉ famille. **GEOPHILIDAE** (Leach, 1814) Brolemann, 1909.

(Geophilidae + Dignathodontidae Cook, 1895. *Pectinifoliinae + Gonibregmatinae* Attems, 1903. *Geophilidae + Gonibregmatidae + Brasilophilidae* Verhœff, 1908. *Geophilidae, pro p.* Attems, 1926.)

Formes de dimensions variables, généralement médiocres ou petites, à coloration banale [23].

Zone prélabiale avec ou sans aire clypéale (fig. 7, 8, 9) et sans paire de crins en avant du labre. Labre divisé en trois pièces dont la médiane est plus ou moins développée (*m*, fig. 193) et parfois plus grande que les latérales (fig. 152, 174). Mandibule avec un condyle dorsal souvent réduit à une nodosité basse et arrondie, parfois même obsolète, en tous cas jamais développé en crochet (*a*, fig. 194). L'arête apicale de la mandibule ne porte qu'une lame pectinée (*M*, fig. 153), à l'extrémité dorsale de laquelle peut exister une dent pigmentée unique, différente de ses voisines; jamais de lame dentée; son rebord ventral peut être plus ou moins épanoui et couvert de papilles spiniformes (*v*, fig. 202-203, 244, etc.). Premières mâchoires à éléments distincts et à coxosternum pas divisé (fig. 213), sauf chez certains *Dignathodontinae* (fig. 155, 162); les télopodites sont de deux articles; les palpes latéraux existent ou font défaut. Coxites des deuxièmes mâchoires tantôt soudés en une seule pièce (*m II*, fig. 155), tantôt allongés et séparés sur la ligne médiane (fig. 182); dans ce dernier cas, ils présentent des particularités de structure et notamment une bande de chitinisation intense courant obliquement de l'angle caudal jusqu'au pore métamérique [24]. Télopodite de trois articles, surmonté d'un ongle, exceptionnellement d'un tubercule.

---

[23] Les caractères suivants s'appliquent particulièrement aux groupes représentés dans notre faune.

[24] Cette bande chitinisée parait résulter de la soudure par superposition du bord de la hanche et d'un bandeau pleural développé parallèlement à lui, la surface de l'un et de l'autre étant à des niveaux différents.

Coxosternum forcipulaire et télopodites de dimensions variables
(fig. 156, 227, etc.). Griffe crénelée ou non dans sa concavité.
Tergite forcipulaire tantôt large (*Tf*, fig. 154), tantôt trapézoïdal,
c'est-à-dire plus étroit en avant qu'en arrière (fig. 226).

Eupleurium de composition variable, sans paratergites chez les
formes françaises. Sternites pouvant présenter au bord rostral
une fossette transversale, à laquelle correspond une saillie anguleuse au bord caudal du sternite précédent (*e*, *e'*, fig. 232, etc.);
cette structure sera désignée sous le nom de « structure carpophagienne » [25]. Les pores ventraux existent ou font défaut.
Dernier pleurite stigmatifère séparé du métatergite correspondant.

Prétergite du dernier segment pédifère ordinairement large,
exceptionnellement flanqué de pleurites et, dans ce cas, plus
étroit que le métatergite précédent. Pattes terminales généralement de sept articles (hanches comprises), rarement de six articles (fig. 157-158), avec ou sans glandes coxales, avec ou sans
griffe apicale. Il existe souvent, en avant du telson, une paire de
glandes s'ouvrant au dehors par des pores latéraux, dits « pores
anaux », et qui appartiennent au segment postgénital (*ga*, fig. 15,
16, 18).

Des trois sous-familles que nous groupons sous ce chef, *Gonibregmatinae*, *Dignathodontinae* et *Geophilinae*, les deux dernières
ont seules des représentants dans notre faune.

1re sous-famille. DIGNATHODONTINAE (Cook, 1895).

(*Dignathodontidae* Cook, 1895. *Pectinifoliinae*, pro p. Attems, 1903.
Heniini, tribu des *Geophilinae*, Brolemann, 1909. *Scolioplanidae*
Verhœff, 1918.)

La pièce médiane du labre est toujours plus grande que l'une
des pièces latérales; ses dimensions sont telles qu'elle occupe
toute la largeur du plafond buccal, c'est-à-dire tout l'espace compris entre les fulcres, qui sont de structure simple (fig. 152,
167, 174); son bord libre, ventral, est ordinairement tourné vers
l'avant; ce bord est denté ou frangé de lanières. Les pièces laté-

---

[25] Du nom du *Geophilus carpophagus*, type du genre qui présente ce
caractère.

rales sont réduites à des tigelles transverses arquées, refoulées en avant de la pièce médiane, de chaque côté de son bord rostral : elles ne sont jamais en contact. Les contours de la pièce médiane, comme aussi ceux des pièces latérales, peuvent être très vagues.

Les éléments des premières mâchoires sont plus ou moins indépendants (*m I*, fig. 155, 169) ; le coxosternum est généralement divisé. Coxosternum des deuxièmes mâchoires trapu ; membres de trois articles. Coxosternum forcipulaire court et très large. à bord rostral large et plus ou moins échancré (fig. 156, 175).

Formes ordinairement de taille moyenne, mais robustes, à tissu glandulaire condensé, communiquant avec des champs poreux ventraux circonscrits et souvent avec des poches coxales. Sillons des tergites nuls ou peu marqués. Pattes terminales de sept articles ou de six. Appendices sexuels du mâle ordinairement bien développés et de deux articles ; ceux de la femelle ordinairement soudés en un syntélopodite d'un seul article.

Nous connaissons en France les genres : *Henia, Dignathodon, Chaetechelyne* et *Scolioplanes.*

1ᵉʳ genre. **HENIA** C. Koch, 1847.

(*Scolophilus* Meinert, 1870.)

Bord rostral du labre denté (fig. 152) ; pièces latérales en forme de tigelles arquées. Prolongements coxaux des premières mâchoires et article basal des télopodites fusionnés avec le coxosternum (fig. 155) ; pas de palpes latéraux.

Coxosternum forcipulaire très large, prolongé en arrière jusque sous le premier sternite (*e*, fig. 156). Tergite forcipulaire aussi large que la tête, à bords latéraux arqués, non convergents (*Tf*, fig. 154).

Des champs poreux nettement circonscrits, déprimés (fig. 159), en série ininterrompue sur la plupart des sternites. Les glandes coxales sont condensées au moins en partie et s'ouvrent dans des poches à la base des hanches terminales. Pattes terminales de six articles (hanches comprises). Appendices génitaux du mâle biarticulés.

Type : *Henia devia* C. Koch.

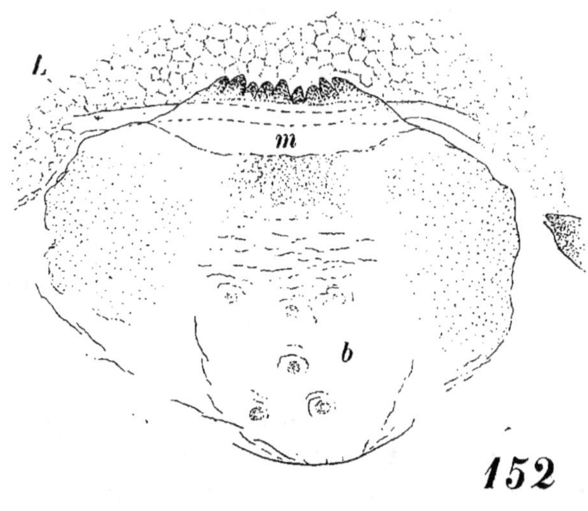

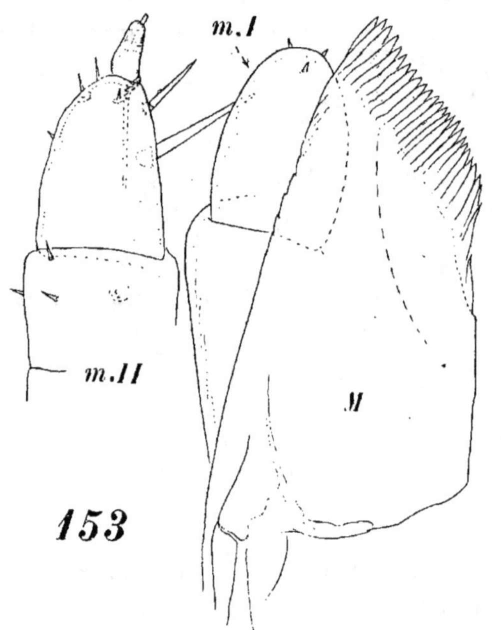

Henia bicarinata, femelle de 48 mm., à 81 p. pattes,
des Alpes-Maritimes (île Saint-Honorat).

Fig. 152. — Labre. *L*: pièces latérales; *m*: pièce médiane; *b*: vestibule
buccal avec six papilles sensorielles.

Fig. 153. — Mandibule gauche, *M*, face dorsale. Au second plan, l'article
distal de la première mâchoire gauche, *m I*, et, en dehors, celui de la
deuxième mâchoire gauche, *m II*, montrant la structure de l'ongle apical.

Henia bicarinata (Meinert, 1870).

[Fig. 152-159.]

(Scotophilus bicarinatus Meinert, 1870.)

Longueur jusqu'à 55 mm.

Segments pédifères : 67 à 75 (♂) et 73 à 85 (♀) [26].

Corps atténué dans son quart antérieur, presque tronqué à son extrémité postérieure. Pilosité très courte, pas apparente. Tête plus large que longue (rapport environ 4 :: 3), recouvrant entièrement les forcipules (fig. 154). Sillon frontal obsolète. Antennes courtes, ne dépassant guère deux fois la largeur de l'écusson céphalique, à pilosité courte, même à la base. Pièce médiane du labre armée d'environ 9 dents obtuses (*m*, fig. 152); son bord denté est incliné vers l'avant; latéralement la pièce est reliée à des sclérifications du plafond buccal symétriques, à contours internes vagues; ces sclérifications débordent latéralement les pièces latérales, qui sont réduites à de très minces bandes. Mandibule large, à surface convexe (externe) glabre (*M*, fig. 153). Coxosternum des premières mâchoires profondément entaillé au milieu, fusionné avec les prolongements coxaux et avec l'article basal du télopodite; le second article est arrondi. Coxosternum des deuxièmes mâchoires court et très large; ses angles postérieurs sont arrondis et peu proéminents; télopodites peu allongés, le dernier article porte une griffe tuberculiforme, dont la pointe arrondie est surmontée d'une quille ou de deux (fig. 153).

Tergite forcipulaire au moins aussi large que la tête, quatre fois aussi large que long, couvrant dorsalement les pleurites (*Tf*, fig. 154). Coxosternum environ deux fois et demie aussi large que long, à bord rostral large et profondément échancré en angle rentrant (fig. 156); lignes chitineuses (*ch*) atteignant le condyle coxofémoral; bords ventraux des pleurites fortement convergents. Les trois articles suivants sont très courts, inermes intérieurement. Griffe longue, arquée, inerme à la base.

Tergites mats; les sillons dorsaux sont vagues et souvent séparés par un troisième sillon médian, encore moins bien marqué.

(26) Il existe aux Canaries une forme « *elongata* » à 97 segments pédifères.

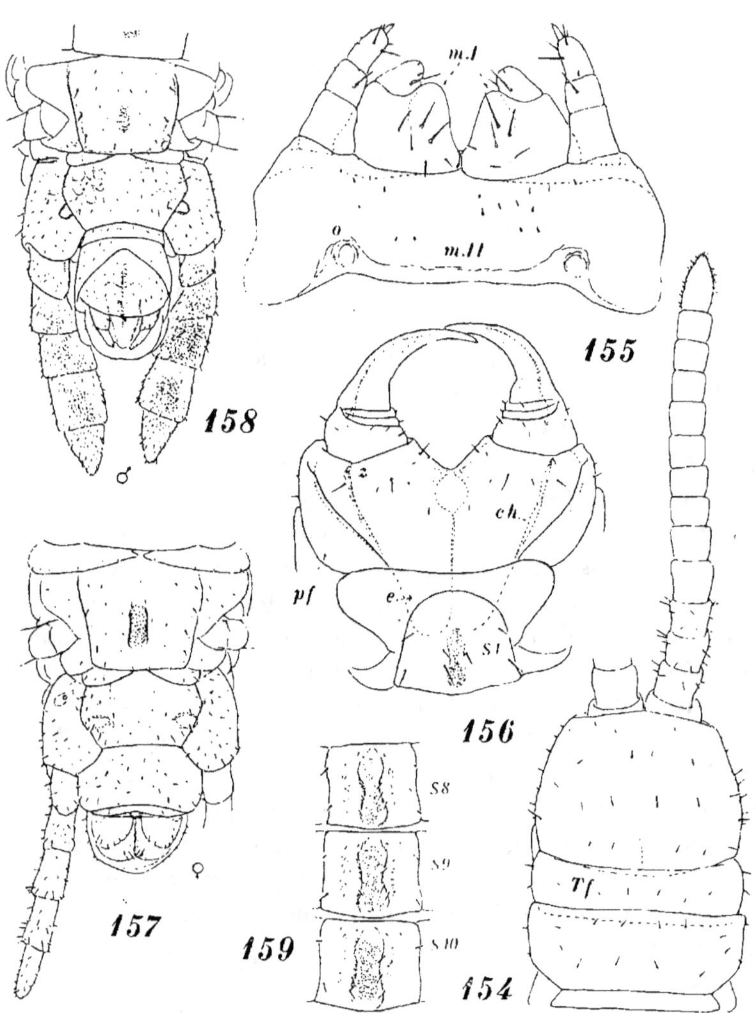

Henia bicarinata.

Fig. 154. — Extrémité antérieure, avec l'antenne droite, face dorsale, d'une
femelle de 40 mm., à 81 p. pattes, des Alpes-Maritimes (île Saint-Honorat).
Tf: tergite forcipulaire large.

Fig. 155. — Mâchoires de la première paire, *m I*, et de la deuxième paire,
m II, face ventrale, de la même femelle. *o:* pore métamérique.

Fig. 156. — Forcipules et sternite, *S 1*, du premier segment pédifère, face
ventrale, de la même femelle. *ch:* lignes chitineuses; *pf:* pleures forcipulaires; *e:* endosternite; *z:* condyle articulaire coxofémoral.

Fig. 157. — Extrémité postérieure du corps, face ventrale, de la même
femelle.

Fig. 158. — Extrémité postérieure, face ventrale, d'un mâle de Tunisie.
[Seurat leg.].

Fig. 159. — Champs poreux ventraux des segments 8, 9 et 10 du même mâle.

Sternites avec un grand champ poreux en boutonnière, à grand axe longitudinal, encadré par deux côtes arrondies, en dehors desquelles le sternite est déprimé (fig. 159); les côtes portent deux ou trois soies longues. Les champs poreux existent du premier sternite à l'antépénultième.

Prétergite du dernier segment pédifère au moins aussi large que le métatergite précédent; pas de pleurites distincts. Métatergite arrondi. Présternite étranglé sur la ligne médiane. Métasternite subhexagonal, court, la longueur étant à la largeur dans le rapport de 4 à 7 (fig. 157-158). Pattes terminales pas plus longues que les précédentes, fortement épaissies chez le mâle; hanches médiocrement développées, percées d'un gros pore ventral isolé, recouvert par le sternite, et de plusieurs pores s'ouvrant dans une poche dissimulée à la base de la hanche. Télopodites de 5 articles, dont le dernier est dépourvu de griffe apicale; la face ventrale des articles est couverte de crins beaucoup plus denses chez le mâle que chez la femelle.

Espèce localisée sur les grèves, notamment dans les cordons littoraux de varech. Littoral méditerranéen. Algérie; Canaries.

2ᵉ genre. **DIGNATHODON** Meinert, 1870.

Bord rostral du labre denté; pièces latérales très réduites. Premières mâchoires comme *Henia*. Ongle des deuxièmes mâchoires tuberculeux. Tergite forcipulaire très court, au moins aussi large que la tête (fig. 160). Coxosternum forcipulaire prolongé sous le premier sternite du tronc; les membres sont très écartés et trapus; la griffe est épineuse dans sa concavité (e, fig. 163).

Sternites dépourvus de champs poreux.

Pattes terminales de 7 articles, fortement épaissies dans les deux sexes (fig. 164). Glandes coxales condensées, débouchant dans un sac commun dissimulé sur la face ventrale des hanches, sous le bord du sternite. Dernier article très réduit portant, en guise de griffe, un tubercule conique séparé de l'article (fig. 165). Pas de pores anaux.

Type : *Dignathodon microcephalum* (Lucas).

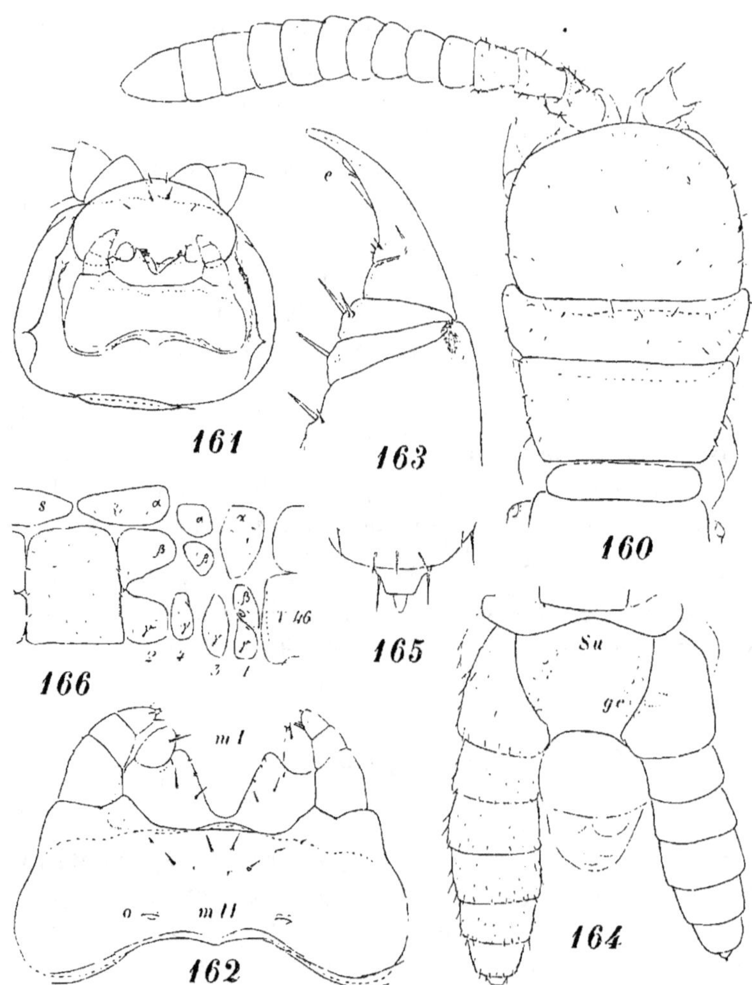

Dignathodon microcephalum.

Fig. 160. — Extrémité antérieure, face dorsale, et antenne gauche d'une femelle à 79 p. pattes de Monaco.

Fig. 161. — Face ventrale de la tête, avec les pièces buccales en place, de la même femelle.

Fig. 162. — Mâchoires de la première paire, m I, et de la deuxième paire, m II, face ventrale, de la même femelle. o: pore métamérique.

Fig. 163. — Griffe forcipulaire gauche, face ventrale, de la même femelle. e: épines de la concavité de la griffe.

Fig. 164. — Extrémité postérieure, face ventrale, de la même femelle. gc: poches où s'ouvrent les glandes coxales sous le sternite du dernier segment pédifère, Su.

Fig. 165. — Article apical d'une patte terminale de la même femelle, très grossi.

Fig. 166. — Eupleurium du 46e segment, de type géophilien, d'un individu des Bouches-du-Rhône (Les Baux). s: présternite.

Dignathodon microcephalum (Lucas, 1846).

[Fig. 160-166.]

(*Geophilus microcephalus* Lucas, 1846).

Longueur jusqu'à 50 mm.

Segments pédifères : 67 à 85 (♂) et 69 à 89 (♀).

Coloration brun-rouge. Corps fortement atténué en avant, presque filiforme dans le tiers antérieur. Téguments granuleux. Tête très petite (rapport de la largeur à la longueur : 4::3), plus large cependant que le tergite du 2ᵉ segment, recouvrant complètement les forcipules (fig. 160). Le sillon frontal est distinct ou non. Antennes environ deux fois la largeur de l'écusson céphalique, claviformes, la différence de diamètre entre le 4ᵉ article et le 11ᵉ étant de l'ordre de 0,02 mm.

Zone prélabiale très nettement circonscrite, avec quatre soies en une rangée en arrière de la paire postantennaire (fig. 161). Pièce médiane du labre armée de quatre dents obtuses; pièces latérales peu développées, un peu plus larges néanmoins que la pièce médiane; plafond buccal entièrement sclérifié, présentant de nombreuses papilles sensorielles subsériées. Mandibule à convexité glabre. Premières mâchoires ressemblant à celles de *Henia* (*m* I, fig. 162). Coxosternum des deuxièmes mâchoires médiocrement élargi, à bord rostral peu échancré (*m II*); les pores métamériques sont très rapprochés, l'écart entre eux n'étant guère supérieur à la distance d'un pore au condyle coxofémoral correspondant (*o*, fig. 162); membres trapus; l'ongle apical est remplacé par un tubercule subcylindrique, surmonté de deux quilles minuscules. Coxosternum forcipulaire très court et large, longuement prolongé sous le premier sternite; bord rostral profondément échancré; membres beaucoup moins courts que chez *Henia*, le rebord interne du fémoroïde étant égal aux trois quarts de la largeur de base et aux deux tiers de rebord externe (²⁷) Dernier article robuste; griffe relativement courte, armée de deux fortes dents épineuses sur son arête dorsale (fig. 163). Tergite forcipulaire plus de trois fois plus large que long, à bords laté-

---

(27) La figure donnée par Latzel, 1880 (pl. IX, fig. 88), ne répond pas à la structure observée sur nos individus français.

raux convergents en arrière (fig. 160), recouvrant le bord postérieur de l'écusson céphalique ainsi qu'un petit bandeau transversal (visible par transparence), qui est la lame prébasale.

Tergite du premier segment en trapèze, à bords latéraux convergents en arrière. Tergites suivants avec deux vagues dépressions paramédianes. Eupleurium du type géophilien (fig. 166),
c'est-à-dire à rangée 4 très réduite; le pleurite 3 α est distinct.
Sternites antérieurs avec un sillon médian; sternites postérieurs
avec trois sillons. Pas de champs poreux.

Prétergite du dernier segment pédifère plus étroit que le métatergite précédent, flanqué de grands pleurites distincts. Métatergite large de base, à bords latéraux fortement convergents. Présternite large, étranglé au milieu; métasternite relativement long,
sa longueur égale les trois quarts de sa largeur de base, qui est
elle-même double de la largeur du bord caudal (*Su*, fig. 164).
Pattes terminales de 7 articles, fortement épaissies dans les deux
sexes. Les pores coxaux sont groupés dans une poche creusée
sous les bords du sternite (*gc*). Articles du télopodite plus larges
que longs; dernier article très petit, parfois même peu apparent,
sa longueur n'est guère supérieure au cinquième de l'article précédent; il est surmonté d'un tubercule très petit (qui peu manquer dans certains cas) (fig. 165).

Forme de terrains secs. Provence; Languedoc; Roussillon. Espagne;
Afrique du Nord; remonte jusqu'à Vienne (Autriche).

3ᵉ genre. **CHAETECHELYNE** Meinert, 1870.

Pièce médiane du labre large, à bord rostral échancré et frangé
latéralement de lanières (fig. 167). Pièces latérales indistinctes.
Prolongements coxaux des premières mâchoires soudés au coxosternum (*s*, fig. 169); les membres sont plus ou moins distinctement divisés en deux articles; pas de palpes latéraux. Coxosternum forcipulaire très large et très court, à bord rostral
profondément échancré (fig. 170), prolongé en arrière jusque
sous le premier sternite du tronc. Tergite forcipulaire très large,
comme chez *Henia*.

Tergites sans sillons longitudinaux. Des champs poreux nettement circonscrits en série ininterrompue sur la plupart des ster-

nites (*k*, fig. 171). Pattes terminales de 7 articles; des glandes coxales agglomérées, comme chez *Henia;* dernier article avec ou sans griffe apicale suivant le sexe. Appendices génitaux du mâle grands, biarticulés (*x*, fig. 18).

Type : *Chaetechelyne vesuviana* (NEWPORT).

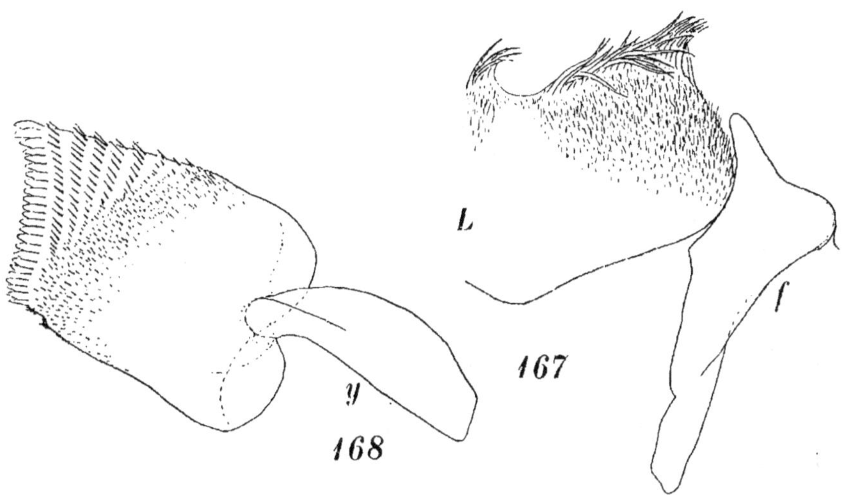

Chaetechelyne vesuviana, mâle à 67 p. pattes du Jura (Salins).

FIG. 167. — Moitié gauche du labre, *L*, et fulcre gauche, *f*, face ventrale.
FIG. 168. — Mandibule droite, face dorsale.

1. — **Chaetechelyne vesuviana** (NEWPORT, 1844).

[Fig. 167-171.]

(*Geophilus vesuvianus* NEWPORT, 1844. *Geophilus Canestrinii*
FEDRIZZI, 1876.)

Longueur jusqu'à 75 mm. (exceptionnellement jusqu'à 95 mm.). Segments pédifères : 61 à 85 (♂) et 63 à 87 (♀).

Corps très robuste, un peu atténué aux deux extrémités. Deux bandes parallèles foncées, verdâtres, sur le dos. Téguments mats. Pilosité peu apparente. Tête couvrant entièrement les forcipules, d'un quart plus large que longue, arrondie en avant. Sillon frontal pas apparent. Antennes médiocres, de deux à trois fois la largeur de la tête, très faiblement claviformes. Lame prébasale pas distincte. Zone prélabiale à contours vagues; quatre soies en arc de cercle en arrière de la paire de soies postantennaires. Pièces latérales du labre obsolètes; pièce médiane très élargie, à bord rostral échancré et garni de part et d'autre de l'échancrure de très nombreuses lanières arquées, retombant sur le vestibule buccal (fig. 167); le plafond buccal est entièrement sclérifié.

Mandibule à tronc subrectangulaire (fig. 168); immédiatement au-dessous de la lame pectinée sont des rangées parallèles de soies rigides, au-dessous desquelles vient une région couverte de crins. Coxosternum des deuxièmes mâchoires comme chez *Dignathodon*, mais les pores métamériques sont écartés d'environ deux fois la distance de l'un d'eux au condyle coxofémoral correspondant; ongle apical du télopodite remplacé par un très petit tubercule subcylindrique surmonté d'une quille minuscule (*m II*, fig. 169). Coxosternum forcipulaire très court et très large; les bords ventraux des pleures convergent fortement en arrière, recouvrant en partie les lignes chitineuses, qui sont complètes (fig. 170); bord rostral très profondément échancré; forcipules courtes et épaisses à la base, à griffe faible, lisse dans sa concavité.

Tergites dépourvus de sillons longitudinaux, unis. Eupleurium comme *Dignathodon*. Sternites divisés par deux côtes longitudinales en trois gouttières larges; dans la gouttière médiane est un grand champ poreux déprimé, nettement circonscrit, circulaire ou ovale transverse, du premier sternite au pénultième (*k*, fig. 171).

Prétergite du dernier segment pédifère plus large que le métatergite précédent, sans pleurites distincts. Métatergite presque en demi-cercle. Présternite à peine plus large que le métasternite précédent, un peu étranglé au milieu; métasternite très court et large (rapport: 2::3,3), arrondi latéralement. Pattes terminales de 7 articles. Hanches courtes, creusées à la base d'une fosse large et profonde dans laquelle s'ouvrent les pores coxaux; en outre, un gros pore isolé débouche à mi-longueur du bord du sternite. Télopodite grêle, avec une robuste griffe apicale chez la femelle; il est au moins deux fois plus épais et inerme chez le mâle. Des pores anaux.

Toute la France. Grande-Bretagne; Europe centrale; Afrique du Nord.

R e m a r q u e . — Nous avons recueilli à Magagnosc (Alpes-Maritimes) un individu femelle identique à ses congénères par ses structures, mais d'une taille tout à fait anormale; il mesure 95 mm. de longueur et 4 mm. de largeur, bien que n'ayant que 81 paires de pattes.

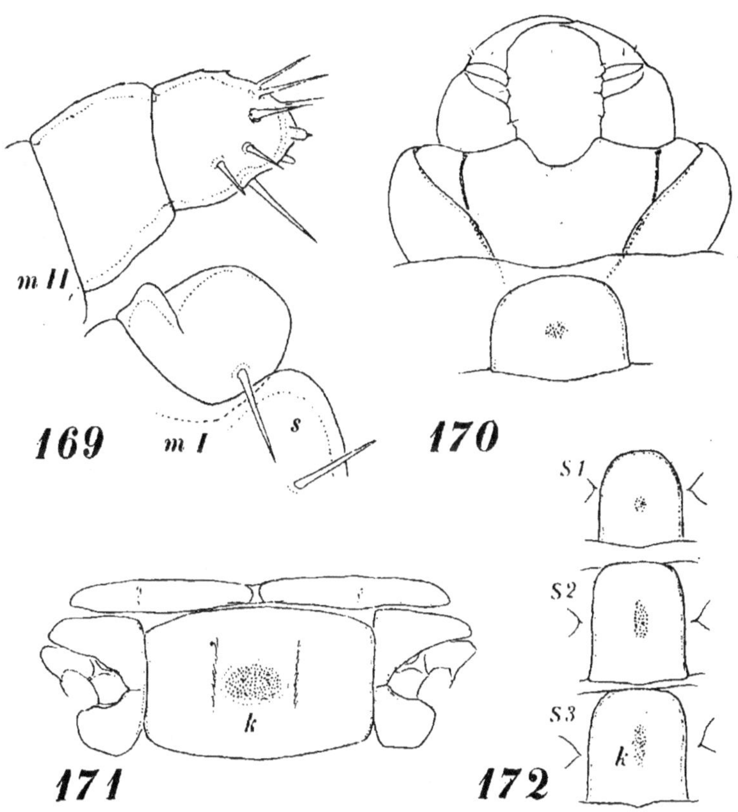

Chaetechelyne vesuviana.

Fig. 169. — Télopodites droits des premières mâchoires, *m I*, et des deuxièmes mâchoires, *m II*, face ventrale, d'une femelle à 83 p. pattes des Hautes-Pyrénées (Lourdes). (Le prolongement coxal, *s*, du coxosternum n'est pas distinct et le membre n'est pas entièrement divisé. L'ongle apical des deuxièmes mâchoires est tuberculeux.)

Fig. 170. — Forcipules et sternite du premier segment pédifère, face ventrale, de la même femelle.

Fig. 171. — Sternite et régions péricoxales du 44e segment d'un mâle à 67 p. pattes du Jura (Salins). *k:* champ poreux en ovale transverse.

Chaetechelyne montana oblongocribellata.

Fig. 172. — Sternites des segments 1, 2 et 3, à champs poreux longitudinaux, *k*, d'un mâle à 45 p. pattes de Monaco.

2. — **Chaetechelyne montana** Meinert, 1870.

D'après l'auteur, cette espèce se distingue de la précédente par les caractères suivants :

Longueur jusqu'à 30 mm.

Segments pédifères : 55 à 59 (♂) et 57 à 61 (♀).

Coloration pâle, à bandes sombres moins accusées. Téguments granuleux, les soies étant montées sur de fines élevures. Tergites à trois sillons, moins distincts à l'arrière du corps. Champs poreux sternaux rectangulaires non transversaux, plutôt développés longitudinalement. Pas de pores anaux.

Tirol. — En France, nous ne connaissons encore que la race suivante :

Chaetechelyne montana, *subsp.* **oblongocribellata**
Verhœff, 1898.

[Fig. 172.]

Longueur jusqu'à 18,50 mm.

Segments pédifères : 45 à 47 (♂) et 45 (♀).

Coloration pâle, sans bandes dorsales. Antennes environ quatre fois la largeur de l'écusson céphalique.

Champs poreux ventraux très étroits et étirés longitudinalement en boutonnière, leur longueur égalant près de quatre fois leur largeur (fig. 172).

Pattes terminales épaissies et armées d'une griffe apicale dans les deux sexes. Des pores anaux.

D'ailleurs comme *C. vesuviana.*

Littoral des Alpes-Maritimes; éventuellement cavernicole. Sud-Tirol.

4⁰ genre. **SCOLIOPLANES** Bergsö et Meinert, 1866.

(*Stenotaenia* C. Koch, 1847, *pro p. Linotaenia* C. Koch, 1847, *pro p.*)

Pièce médiane du labre large, à bord rostral arqué en segment de cercle et denté (*m*, fig. 174). Pièces latérales (*L*) en bandeaux étroits, dont les extrémités internes, très rapprochées, encadrent en avant la pièce médiane. Fulcres (*f*) coudés en équerre. Mandibule étroite, à convexité glabre, mais avec des papilles épineuses au bord dorsal. Prolongements coxaux des premières mâchoires soudés au coxosternum, qui n'est pas divisé; membres de deux articles; l'article basal est replié sur la face dorsale, formant une sorte de palpe rudimentaire; pas de palpe fémoral. Deuxièmes mâchoires comme *Chaetechelyne*, mais avec un ongle normal, robuste. Tergite forcipulaire large, à côtés arrondis (fig. 173). Coxosternum large, sans lignes chitineuses (fig. 175); les bords ventraux des pleurites, très obliques, empiètent largement sur sa face ventrale; membres courts, avec une très robuste dent à la base de la concavité de la griffe.

Des champs poreux circonscrits, pairs ou impairs, en série ininterrompue du premier sternite au pénultième. Pattes terminales de 7 articles ; pores coxaux dispersés sur la surface des hanches et non condensés dans des poches (fig. 177) ; dernier article pourvu d'une griffe fonctionnelle robuste. Des pores anaux petits, peu apparents.

Type : *Scolioplanes maritimus* (LEACH).

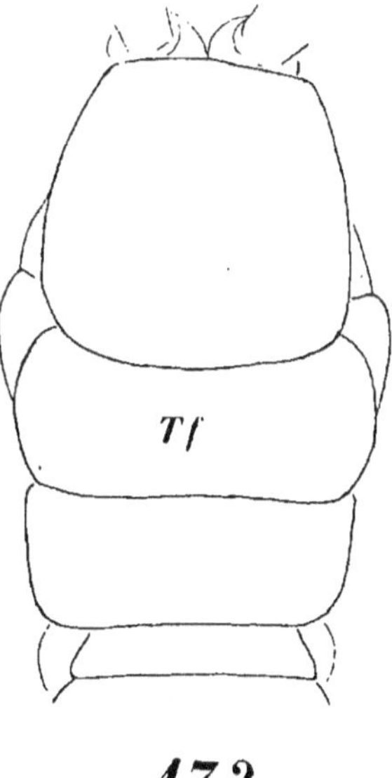

173

Scolioplanes acuminatus,
femelle à 55 p. pattes
des Pyrénées-Orientales
(Mont-Louis).
FIG. 173. — Extrémité antérieure du corps, à tergite forcipulaire large,
Tf, face dorsale.

1. — Scolioplanes acuminatus

(LEACH, 1814).

[Fig. 173-177.]

(*Geophilus crassipes* C. KOCH, 1835. *G. subtilis*
C. KOCH, 1838. *G. breviceps* NEWPORT, 1844.
Linotaenia rosulans C. KOCH, 1847. *Geophilus
sanguineus* GERVAIS, 1847. *G. anauniensis*
FEDRIZZI, 1876).

Longueur jusqu'à 56 mm.

Segments pédifères : (33) 39 à 57 (♂) et 41 à 59 (♀).

Coloration fauve rougeâtre. avec le ventre pâle. Corps robuste, atténué en avant.

Téguments unis, avec ou sans vestiges de sillons longitudinaux. Tête ne dissimulant pas complètement le

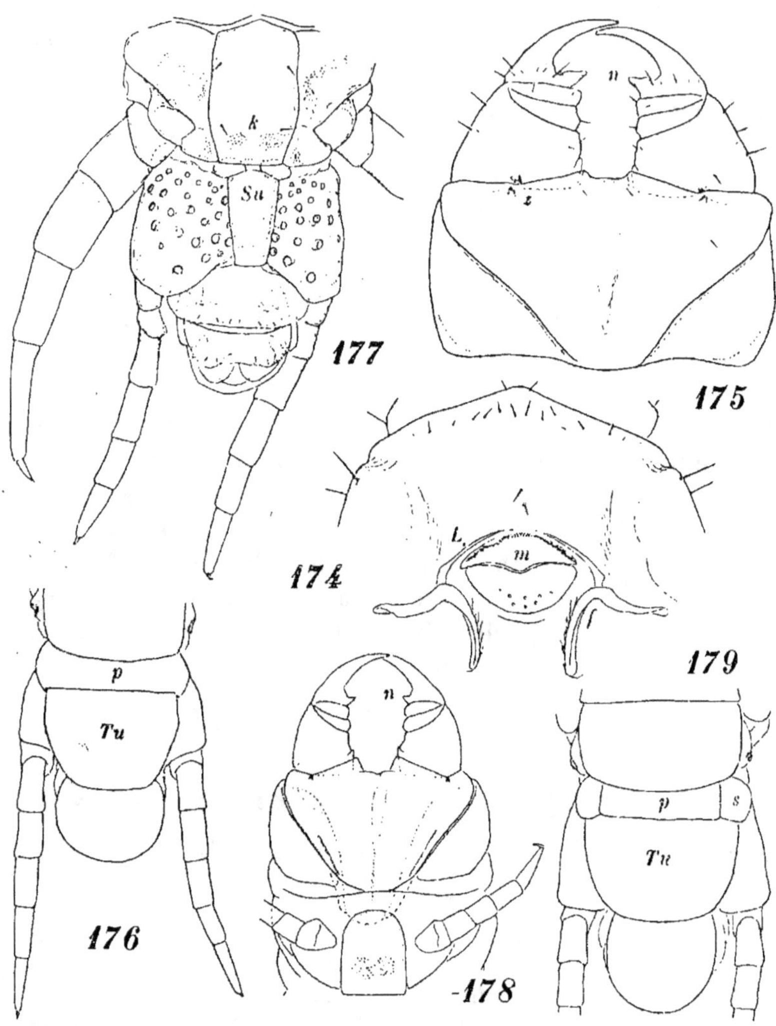

Scolioplanes acuminatus.

Fig. 174. — Zone prélabiale et labre d'une femelle à 55 p. pattes des Pyrénées-
Orientales (Montlouis). *L:* pièces latérales du labre, très réduites; *m:* pièce
médiane; *f:* fulcres.

Fig. 175. — Forcipules, face ventrale, de la même femelle. *z:* condyle articulaire coxofémoral; *n:* dent de la base de la griffe.

Fig. 176. — Extrémité postérieure du corps, face dorsale, de la même femelle.
Tu: tergite du dernier segment pédifère; *p:* son prétergite de type large
et sans pleurites.

Fig. 177. — Extrémité postérieure du corps, face ventrale, d'une femelle à
47 p. pattes des Hautes-Pyrénées (Barèges). *Su:* sternite du dernier segment pédifère, de forme étroite; *k:* champ poreux divisé du pénultième
sternite.

coxosternum forcipulaire, de peu plus large que longue (rapport : 23::20) (fig. 173). Limite frontale parfois visible sous forme de ligne claire. Antennes non claviformes, longues, environ trois fois et demie la largeur de l'écusson céphalique. Lame prébasale pas distincte.

Pièce médiane du labre large, à bord rostral garni de fines dentelures très nombreuses (*m*, fig. 174). Pièces latérales (*L*) très grêles. Coxosternum des premières mâchoires non divisé. Coxosternum des deuxièmes mâchoires large, à pores métamériques rapprochés comme chez *Dignathodon*; ongle apical robuste. Coxosternum forcipulaire environ deux fois aussi large que long, à bord rostral étroit à peine sinueux (fig. 175); pas de lignes chitineuses; bords ventraux des pleurites très obliques. Fémoroïde très trapu, très large de base, plus large que long en dehors (rapport : 7::6). Griffe courte et assez grêle, mais élargie à la base par une dent robuste très saillante (*n*), caractéristique du genre. Tergite plus long et moins large que dans les genres précédents (rapport presque 2::1), néanmoins plus large que la tête et fortement arrondi latéralement (fig. 173).

Eupleurium comme *Dignathodon*. Sternites déprimés dans leur moitié antérieure, divisés par un sillon longitudinal. Champs poreux en série ininterrompue du premier sternite au pénultième, souvent limités en avant par un sillon transverse rectiligne; ils sont constitués par deux amas subcirculaires circonscrits (*k*, fig. 177), mais pas déprimés (plutôt même soulevés), qui ne sont fusionnés que sur le premier sternite.

Prétergite du dernier segment pédifère plus large que le métatergite précédent, sans pleurites latéraux; métatergite grand, arrondi (fig. 176). Présternite divisé en deux sclérites elliptiques, à grand axe transversal, pas en contact sur la ligne médiane. Métasternite allongé, pas plus large que le métatergite du segment précédent, à bords faiblement convergents (rapport : environ 3::2) (fig. 177). Pattes terminales de 7 articles; hanches bom-

Scolioplanes maritimus, femelle à 51 p. pattes du Calvados (Luc-sur-Mer).

Fig. 178. — Forcipules et sternite du premier segment pédifère, face ventrale. *n :* dent de la base de la griffe.

Fig. 179. — Extrémité postérieure du corps, face dorsale. *Tu :* tergite du dernier segment pédifère; *p :* son prétergite, flanqué de pleurites, *s* (cf. fig. 176).

bées, percées de 14 à 40 petits pores isolés, dispersés sur la face
ventrale ; télopodite guère plus long qu'aux pattes précédentes,
grêle chez la femelle, très épais chez le mâle, armé d'une griffe
apicale fonctionnelle dans les deux sexes (celle du mâle est toutefois plus faible et peut même manquer, d'après Latzel). Deux
pores anaux.

Toute la France. Europe ; Afrique du Nord.

Remarque. — On a longtemps séparé, comme espèce distincte sous le nom de *S. crassipes*, ce qui n'est pour nous qu'une
forme moins contractée de *S. acuminatus*.

Forma **crassipes** C. Koch, 1835, ne se distingue du type que
par le nombre des segments pédifères :
acuminatus : (33) 39 à 41 (♂) et 41 à 49 (♀) ;
crassipes : 45 à 57 (♂) et 47 à 59 (♀),   d'après Latzel.

2. — **Scolioplanes maritimus** (Leach, 1817).

[Fig. 178-179.]

(*Geophilus maritimus* Leach, 1817.)

Longueur jusqu'à 31 mm.
Segments pédifères : 47 à 53 (♂ et ♀).
Espèce très voisine de la précédente, remarquable surtout par
son habitat d'élection dans les fissures des falaises battues par
la mer et sous les pierres de la grève.
Elle se reconnaît à ses forcipules (fig. 178) dont le bord rostral
est plus échancré, dont les fémoroïdes sont moins larges, dont la
dent de la base de la griffe (*n*) est plus faible. Elle a en outre des
dents moins caractérisées, parfois même indistinctes, au bord
rostral du labre. Enfin et surtout le prétergite du dernier segment
pédifère est plus étroit que le métatergite précédent et il est
flanqué latéralement de pleurites (fig. 179). La pilosité est aussi
plus longue et plus abondante.

Côtes françaises de la Mer du Nord. Iles Britanniques ; Danemark.

2e sous-famille. — GEOPHILINAE (BROLEMANN, 1909).

(*Geophilinae*, excl. *Heniini*, VERHŒFF, 1908. *Geophilini*, tribu des *Geophilinae*, BROLEMANN, 1909. *Geophilinae* + *Pachymerinae* + *Chilenophilinae* ATTEMS, 1926.)

La pièce médiane du labre est toujours plus petite que l'une des pièces latérales et placée ordinairement au même niveau qu'elles (*in*, fig. 186, 193, etc.); jamais elle n'entre en contact avec les fulcres; son bord libre est denté ou frangé de lanières. Les pièces latérales, bien développées, occupent une position latérale par rapport à la pièce médiane, ce n'est qu'exceptionnellement qu'elles se rejoignent en avant d'elle (fig. 180)); leur bord peut être frangé de lanières ou découpé partiellement en dents épineuses. Les éléments des premières mâchoires ne sont pas soudés entre eux (fig. 181, 234, etc.); le coxosternum n'est pas divisé; les membres sont de deux articles, avec ou sans palpes latéraux. Coxosternum des deuxièmes mâchoires de structure variable; les membres sont de trois articles. Coxosternum forcipulaire jamais aussi large que chez les *Dignathodontinae;* les membres peuvent être élancés (fig. 227, 235, etc.); le tergite forcipulaire est trapézoïdal, à bords latéraux convergents, de sorte que le bord rostral n'est pas plus large que l'écusson céphalique (fig. 226), sauf chez les *Eurygeophilini.*

Eupleurium généralement avec un pleurite 3 ᵃ (type géophilien), exceptionnellement sans ce pleurite (type pachymerien, fig. 185).

Sternites avec ou sans champs poreux. Prétergite du dernier segment pédifère non accompagné de pleurites. Pattes terminales de 7 articles; hanches percées de pores coxaux; dernier article généralement pourvu d'une griffe apicale fonctionnelle.

Nous distinguons trois tribus : *Ribautiini, Geophilini* et *Eurygeophilini.*

1re tribu. RIBAUTIINI (BROLEMANN, 1909).

(*Ribautiina*, sous-tribu des *Geophilini*, BROLEMANN, 1909. *Chilenophilinae*, sous-famille des *Geophilidae*, ATTEMS, 1909, 1926.)

Coxosternum des deuxièmes mâchoires divisé en deux moitiés symétriques, de forme subtriangulaire, qui sont des coxosternites indépendants (fig. 182). Le coxite a un angle caudal aigu (c) dans l'alignement du rebord externe et un angle interne (b) dirigé à la rencontre de celui du coxite opposé; entre ces deux angles le bord postéro-interne, oblique, est accompagné d'une étroite bande à chitinisation intense (e), dont la coloration tranche sur celle des téguments d'alentour et qui ne dépasse guère le niveau du pore métamérique (o). Une étroite région sclérifiée, homologuée au pleurite, suit la bande chitinisée, à la formation de laquelle elle paraît concourir par juxtaposition; cette région pleurale se trouve ainsi située en dedans de l'angle caudal du coxite. La séparation médiane des coxites et l'espace entre les pores métamériques peuvent être partiellement occupés par une plage empâtée à structure réticulée très fine (y), contrastant avec les surfaces voisines. Pores métamériques (o) très rapprochés, l'écart entre eux étant à peine égal à la distance d'un pore à l'articulation coxofémorale correspondante; les pores ne sont pas entièrement encerclés par les sclérifications. Sur l'angle rostral, tronqué, des coxites sont insérés des membres de trois articles. Griffe forcipulaire robuste, à section polygonale; tergite forcipulaire étroit, trapézoïdal.

Cette tribu, constituée principalement par des formes exotiques, n'est représentée en France que par une espèce appartenant au genre *Gnathomerium*.

5e genre. GNATHOMERIUM Ribaut, 1910.

Zone prélabiale sans aire clypéale poreuse. Pièces latérales du labre se rejoignant en avant de la pièce médiane (fig. 180); les trois pièces sont frangées de lanières. Premières mâchoires pourvues de palpes très développés (h, fig. 181). Télopodite des deuxièmes mâchoires de trois articles; pas de prolongement coxal en dedans de l'articulation coxofémorale, ni de prolongement à l'angle distal-externe du tibia. Les coxites sont reliés par un empâtement à réticulation très fine et très irrégulière.

Eupleurium du type pachymerien (cf. fig. 185).

Pas de champs poreux aux sternites, ni de prolongement du

bord caudal. Pattes terminales de 7 articles, dont les hanches présentent des pores coxaux disséminés (fig. 184).

Type : *Gnathomerium inopinatum* Ribaut.

Gnathomerium inopinatum Ribaut, 1910.

[Fig. 180-184.]

Longueur jusqu'à 18 mm.

Segments pédifères : 39 (♂ et ♀).

Corps trapu, parallèle en avant, brusquement atténué en arrière. Tête plus large que longue (rapport : 1,3::1). Antennes égales à trois fois la longueur de l'écusson céphalique. Zone prélabiale avec une rangée de quatre soies en arrière de la paire postantennaire; en avant du labre sont deux plages symétriques lisses, c'est-à-dire à réticulation obsolète (fig. 180).

Pièce médiane du labre relativement large (*m*, fig. 180). refoulée par les pièces latérales (*L*) qui se rejoignent en avant d'elle. Les lanières du bord du labre sont courtes et obtuses. Arête ventrale de la mandibule garnie de papilles sétiformes. Palpes des premières mâchoires grands, épais, écailleux (*h*, fig. 181). Deuxièmes mâchoires sans condyle articulaire coxofémoral ventral (le condyle dorsal est très développé). Fémoroïde très élancé; ongle apical robuste (fig. 182). Coxosternum forcipulaire subrectangulaire (fig. 183), ponctué, très dégagé sur la face ventrale, les bords ventraux des pleurites (*pf*) étant repoussés latéralement et presque parallèles; le bord rostral est un peu saillant et inerme; il existe un tronçon de ligne chitineuse à la base. Télopodites très élancés, avec des nodosités dentiformes au rebord interne de tous les articles et à la base de la griffe, dont la concavité n'est pas crénelée. Tergite forcipulaire étroit, laissant à découvert une bonne partie de la région dorsale des pleurites.

Tergites bisillonnés. Sternites antérieurs creusés d'une gouttière médiane, flanquée latéralement de vagues dépressions. Pas de champs poreux.

Présternite du dernier segment pédifère (*s*, fig. 184) beaucoup plus large que le métasternite (*Su*); celui-ci est trapézoïdal, à bords latéraux peu convergents, de peu plus long que large à la

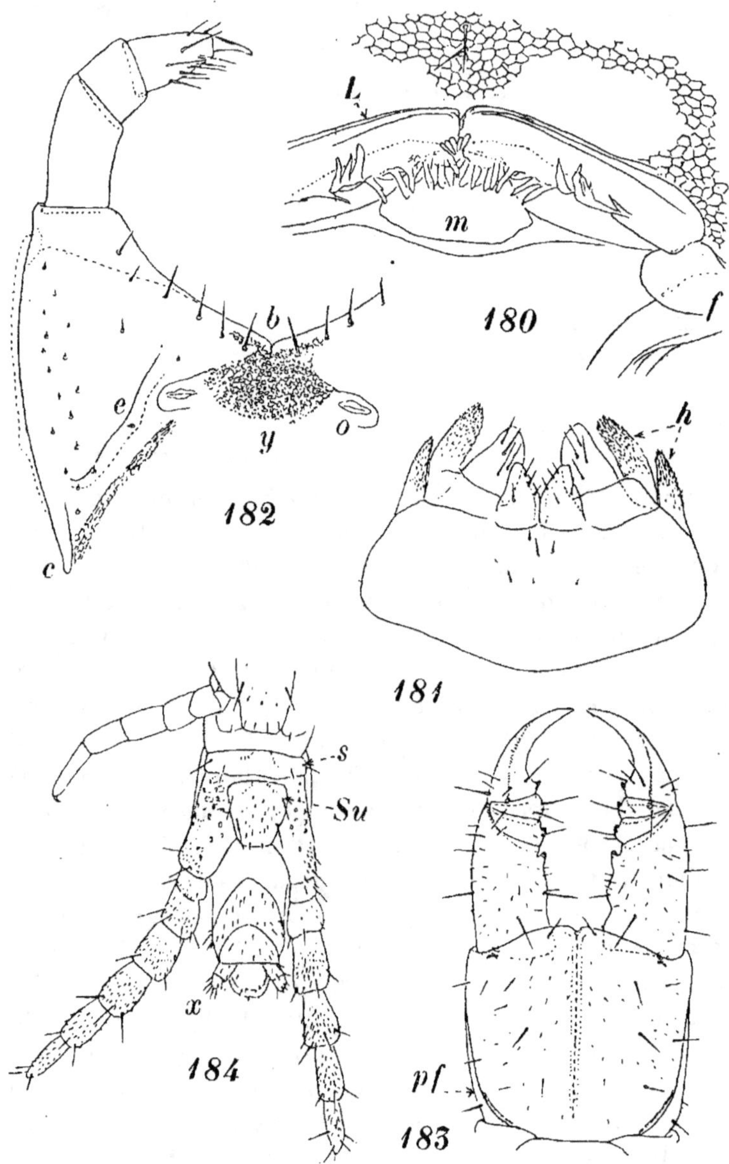

Gnathomerium inopinatum.

Fig. 180. — Labre. *L:* pièces latérales; *m:* pièce médiane; *f:* fulcres.

Fig. 181. — Mâchoires de la première paire, face ventrale. *h:* palpes.

Fig. 182. — Moitié droite et région centrale des mâchoires de la deuxième paire, face ventrale. *b:* angle interne; *c:* angle caudal; *e:* bande chitinisée; *o:* pore métamérique; *y:* empâtement médian.

base, le bord rostral étant moins de deux fois le bord caudal. Pattes terminales allongées; hanches étroites et longues, percées sur leurs faces ventrale et latérale de petits pores disséminés; pas de pores dorsaux. Dernier article au moins aussi long que le précédent, inerme. Des pores anaux. Appendices génitaux du mâle (x) biarticulés.

France septentrionale et centrale.

2ᵉ tribu. GEOPHILINI (Brolemann, 1909).

(*Geophilina*, sous-tribu des *Geophilini*, Brolemann, 1909. *Geophilinae* + *Pachymerinae* Attems, 1926. *Soniphilidae* Chamberlin, 1912.)

Coxosternum des deuxièmes mâchoires non divisé sur la ligne médiane, où la sclérification est continue et homogène. Pas de bande à chitinisation intense (fig. 188, 213, etc.). Les sclérifications pleurales sont très généralement placées dans la continuation (et non en dedans) de l'angle postérieur du coxosternite, auquel elles sont généralement soudées, débordant presque toujours en dehors son rebord externe (sauf chez *Pachymerium*). Pores métamériques espacés, l'écart entre eux étant supérieur à la distance de l'un d'eux à l'articulation coxofémorale correspondante. Griffe et tergite du segment forcipulaire comme dans la tribu précédente.

Formes de dimensions très variables, parfois très petites, rentrant dans les genres : *Pachymerium, Pleurogeophilus, Clinopodes, Galliophilus, Necrophloeophagus, Geophilus, Brachygeophilus.*

6° genre. **PACHYMERIUM** C. Koch, 1847.

(*Polycricus*, sous-genre de *Arthronomalus*, Humbert et Saussure, 1872. *Khroumiriophilus*, sous-genre de *Geophilus*, Attems, 1908.)

Tête étroite, plus longue que large, dépassée par les griffes forcipulaires (fig. 190). Pièce médiane du labre armée de dents

Fig. 183. — Forcipules, face ventrale. *pf:* pleures forcipulaires.
Fig. 184. — Extrémité postérieure du corps d'un mâle, face ventrale. *Su:* sternite du dernier segment pédifère; *s:* son présternite; *x:* appendices génitaux mâles.
(Les cinq figures d'après Ribaut.)

tuberculeuses; pièces latérales frangées de lanières effilées (fig. 186). Arête ventrale de la mandibule un peu épanouie et ciliée (fig. 187). Premières mâchoires pourvues de palpes. Coxosternum des deuxièmes mâchoires long au milieu, à régions coxales allongées, à angles postérieurs arrondis (fig. 188); séparées des angles par une fissure membraneuse, viennent des plages pleurales (*r*) qui ne débordent pas extérieurement les hanches. Tergite forcipulaire laissant à découvert la majeure partie des pleurites sur la face dorsale (*Tf*, fig. 190).

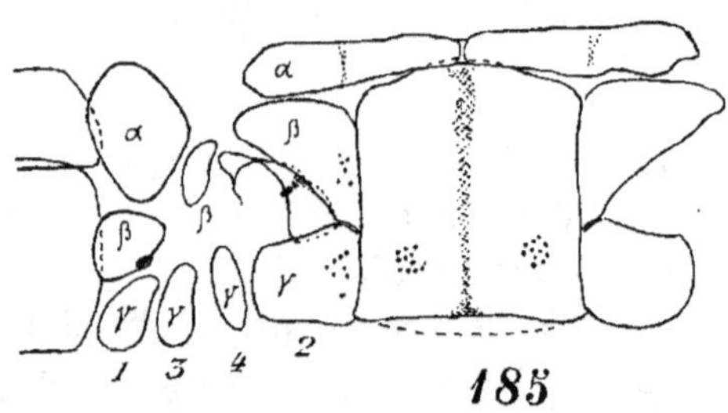

FIG. 185. — Sternite du 33ᵉ segment et eupleurium étalé, de type pachymérien, d'une femelle de *Pachymerium ferrugineum*, à 55 p. pattes, des Alpes-Maritimes (La Bocca).

Pores ventraux groupés en plusieurs amas peu nettement circonscrits (fig. 191). Métasternite du dernier segment pédifère plus large à la base que celui du segment précédent, mais moins large que son présternite et que les hanches (fig. 192). Pattes terminales de 7 articles. Pores coxaux disséminés, s'ouvrant isolément sur toute la surface des hanches. Dernier article surmonté d'une griffe. Des pores anaux.

Type : *Pachymerium ferrugineum* C. KOCH.

Pachymerium ferrugineum (C. KOCH, 1835).

[Fig. 185-192.]

(*Geophilus ferrugineus* C. KOCH, 1835. ? *Geophilus* [*Khroumiriophilus*] *Kervillei* ATTEMS, 1908.)

Longueur jusqu'à 47 mm.
Segments pédifères : 41 à 55 (♂) et 41 à 57 (♀).

Corps élancé, plus atténué en arrière qu'en avant. Téguments ponctués. Pilosité longue. Tête beaucoup plus longue que large (rapport : 10::7), un peu plus large en avant qu'en arrière, à grosses ponctuations sériées (fig. 190). Antennes longues, au moins trois fois la largeur de l'écusson céphalique.

Zone prélabiale avec deux petites aires clypéales non poreuses en arrière des soies postantennaires. Pièce médiane du labre presque égale à la moitié d'une pièce latérale, avec 8 à 10 dents tuberculeuses (fig. 186); les lanières acuminées des pièces latérales sont courtes, fines et nombreuses. Palpes des premières mâchoires longs, mais grêles (*h*, fig. 188). Coxosternum des deuxièmes mâchoires long, surtout au milieu, bien que profondément échancré au bord rostral; les pleurites (*r*) sont subtriangulaires et redressés le long des bords internes des angles postérieurs du coxosternum; ils sont parfois même assez développés pour se rejoindre. L'écart entre les pores métamériques (*o*) est à la distance du condyle coxofémoral correspondant dans le rapport de 4 à 3 environ. Forcipules débordant largement la tête; coxosternum subrectangulaire (largeur et longueur dans le rapport 6::5), à bord rostral peu proéminent et dépassé par les angles internes des coxites (fig. 189); lignes chitineuses (*ch*) très abrégées et très écartées; de même les bords ventraux des pleurites sont refoulés latéralement et subparallèles sur plus des deux tiers de leur longueur. Fémoroïde long, avec une nodosité au rebord interne. Griffe à concavité lisse, avec une dent à la base. Tergite à bords fortement convergents (*Tf*, fig. 190).

Sillons paramédians débutant sur le tergite du premier segment du tronc. Eupleurium à rangées 3 et 4 réduites (fig. 185). Sternites présentant une vague dépression médiane et des amas poreux du premier sternite au pénultième. Les pores sont groupés en amas irréguliers formant, sur les segments antérieurs, une bande prémarginale postérieure et deux groupes en arrière des angles antérieurs (fig. 191); vers l'arrière la bande se divise en deux groupes symétriques et les amas antérieurs tendent à disparaître; on rencontre également de rares pores isolés sur le présternite et de petits groupes sur les pleurites voisins.

Présternite du dernier segment pédifère occupant toute la largeur du corps, divisé par un sillon médian (fig. 192). Métasternite plus large que le métasternite du segment précédent, mais

 Chilopodes

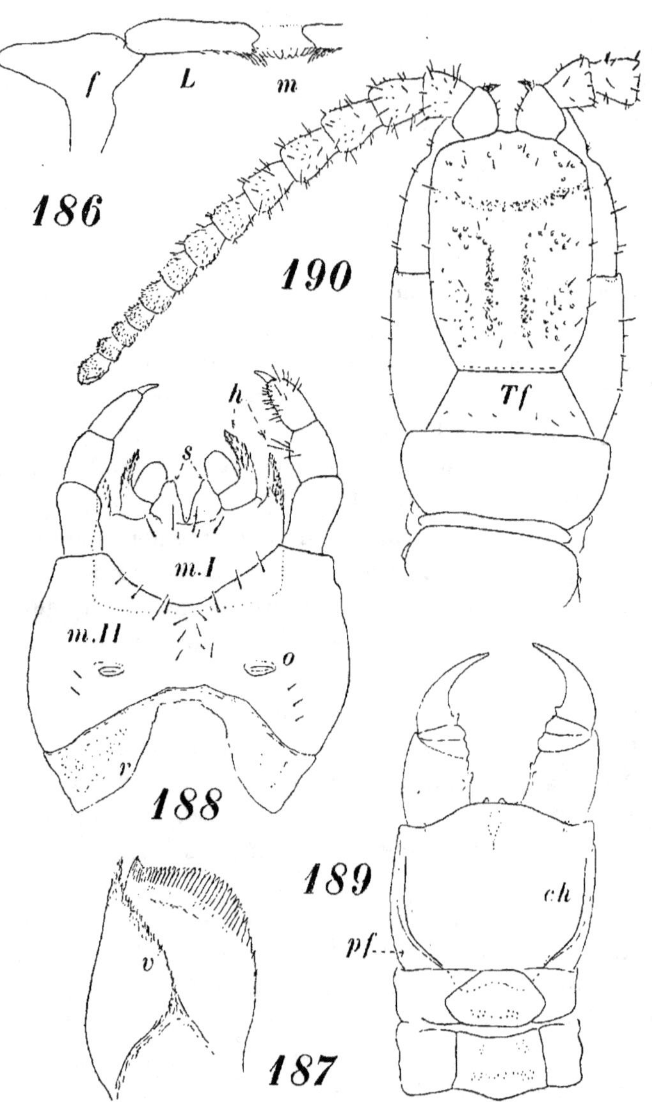

Pachymerium ferrugineum.

Fig. 186. — Labre d'une femelle à 55 p. pattes des Alpes-Maritimes (La Bocca). *L:* pièce latérale; *m:* pièce médiane; *f:* fulcre.

Fig. 187. — Mandibule, vue par la face concave (3/4 ventrale), de la même femelle. *v:* arête ventrale vue en perspective.

Fig. 188. — Mâchoires de la première paire, *m I*, et de la deuxième paire, *m II*, face ventrale, de la même femelle; *h:* palpes maxillaires; *s:* prolongements coxaux; *o:* pore métamérique; *r:* région pleurale.

moins large que son présternite; il est de peu moins long que large et atténué en arrière. Pattes terminales longues, épaissies

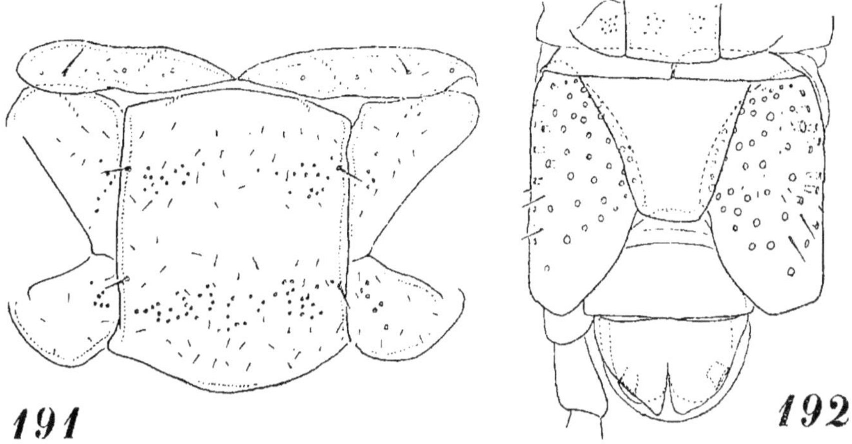

Pachymerium ferrugineum.

Fig. 191. — Distribution des pores ventraux sur le sternite et les sclérites péricoxaux du 9ᵉ segment d'un individu à 51 p. pattes d'Espagne.
Fig. 192. — Extrémité postérieure du corps, face ventrale, d'une femelle à 55 p. pattes des Alpes-Maritimes (La Bocca).

chez le mâle; hanches longues et peu dilatées, percées sur toutes leurs faces de pores nombreux et petits, s'ouvrant isolément; dernier article avec une griffe fonctionnelle.

Toute la France, mais non encore signalé du littoral de l'Atlantique. Europe; Afrique du Nord. Se rencontre souvent sur les grèves en compagnie de *Henia bicarinata*.

7ᵉ genre. **PLEUROGEOPHILUS** Verhœff, 1901.

Tête recouvrant entièrement les forcipules. Pièce médiane du labre frangée de lanières (*m*, fig. 193), comme les pièces latérales. Arête ventrale de la mandibule épanouie et ciliée (*v*, fig. 194). Des palpes aux premières mâchoires (fig. 199). Coxosternum des

Fig. 189. — Forcipules et sternites des deux premiers segments de la même femelle, face ventrale. *ch:* lignes chitineuses; *pf;* pleures forcipulaires.
Fig. 190. — Extrémité antérieure du corps, face dorsale, d'un individu à 51 p. pattes d'Espagne. *Tf:* tergite forcipulaire de type trapézoïdal.

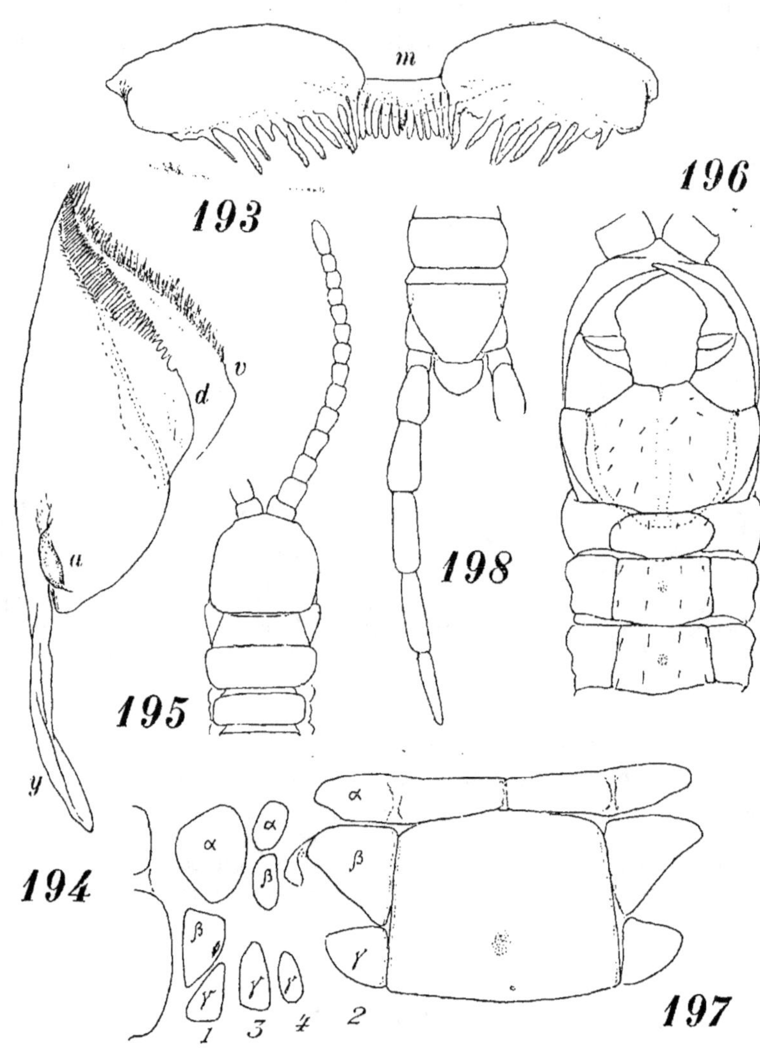

Pleurogeophilus mediterraneus.

Fig. 193. — Labre d'un mâle à 71 p. pattes de Monaco. *m:* pièce médiane
frangée de lanières obtuses.

Fig. 194. — Mandibule gauche, face dorsale, du même mâle. *d:* arête dorsale;
v: arête ventrale; *a:* condyle dorsal; *y:* levier.

Fig. 195. — Extrémité antérieure du corps, face dorsale, d'un jeune mâle
à 73 p. pattes de Monaco.

Fig. 196. — Extrémité antérieure du corps, face ventrale, du même mâle.

Fig. 197. — Téguments étalés, de type géophilien, du 42e segment d'un mâle
à 71 p. pattes des Alpes-Maritimes (Le Cannet de Cannes).

Fig. 198. — Extrémité postérieure du corps du même individu, face dorsale.

deuxièmes mâchoires court au milieu, le bord caudal étant fortement échancré; les pleurites sont soudés aux angles postérieurs
des coxites qu'ils débordent latéralement. Tergite forcipulaire en
trapèze court et large, recouvrant en partie les pleurites (fig. 195).

Pores ventraux groupés sur un champ circonscrit (fig. 197).
Métasternite du dernier segment pédifère étroit, pas plus large à
la base que le métasternite du segment précédent, beaucoup plus
long que large (fig. 200). Pattes terminales de 7 articles; pores
coxaux disséminés, s'ouvrant isolément sur la surface des hanches; dernier article dépourvu de griffe apicale. Des pores anaux.

Type : *Pleurogeophilus mediterraneus* (Meinert).

Pleurogeophilus mediterraneus (Meinert, 1870).

[Fig. 193-200.]

(*Geophilus mediterraneus* Meinert, 1870. *Geophilus aleator*
Pocock, 1890.)

Longueur jusqu'à 75 mm.

Segments pédifères : 61 à 73 (♂) et 63 à 73 (♀).

Corps allongé, un peu plus atténué en arrière qu'en avant, à
téguments unis, luisants, à ponctuations éparses sur le dos, plus
denses sur la tête et surtout sur les sternites. Pilosité assez
longue. Tête aussi longue que large, ou parfois d'un dixième plus
large que longue, arrondie en avant, à bord postérieur rectiligne
(fig. 195); sillon frontal obsolète. Antennes égales à au moins
trois fois la largeur de l'écusson céphalique. Zone prélabiale avec
une rangée d'environ 14 soies en arrière de la paire de soies
postantennaire. Pièce médiane du labre (*m*, fig. 193) égale au
tiers d'une des pièces latérales et, comme elles, frangée de lanières épaisses et obtuses; il existe souvent une dent tuberculeuse
au milieu du bord de la pièce médiane. Mandibule avec un condyle
articulaire dorsal assez saillant (*a*, fig. 194). Palpes des premières
mâchoires grands, hérissés de papilles (*h*, fig. 199); le coxosternum est long au milieu (*m I*). Coxosternum des deuxièmes
mâchoires court et large (*m II*); l'écart entre les pores métamériques (*o*) est presque double de la distance d'un pore au condyle
coxofémoral correspondant; ongle apical robuste. Coxosternum

forcipulaire court et large (rapport : environ 2,5::4), bombé (fig. 196) ; bord rostral de peu moins large que l'un des fémoroïdes et assez proéminent, pas ou à peine dépassé par les angles internes des coxites ; lignes chitineuses complètes, rejoignant les condyles ; bords ventraux des pleurites refoulés latéralement en avant, obliques néanmoins en arrière. Forcipules trapues ; articles courts et sans nodosités au rebord interne ; griffe à concavité lisse et sans dent basale. Tergite forcipulaire en trapèze large, laissant parfois entrevoir une lame prébasale (fig. 195).

Tergites à sillons peu marqués, encadrant parfois une dépression vague. Eupleurium (fig. 197) à rangée 3 complète et rangée 4 réduite (type géophilien). Sternites, du premier au pénultième, pourvus de champs poreux, qui sont submédians et nettement circulaires sur la grande majorité des segments, mais rapprochés du bord caudal sur les cinq ou six derniers et évasés « en cloche » en arrière (k, fig 200). Pattes de la première paire plus courtes que les suivantes.

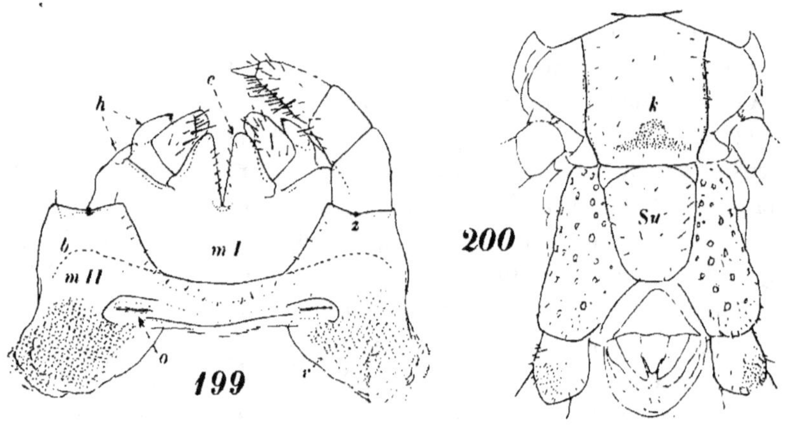

Pleurogeophilus mediterraneus, mâle à 71 p. pattes de Monaco.

Fig. 199. — Mâchoires de la première paire, *m I*, et de la deuxième paire, *m II*, (télopodite droit non figuré), face ventrale. *c :* prolongements coxaux ; *h :* palpes maxillaires ; *r :* région pleurale des deuxièmes mâchoires ; *o :* pore métamérique ; *z :* condyle articulaire coxofémoral ; *b :* bord dorsal des régions coxales, auquel adhère le bord proximal du coxosternum des premières mâchoires.

Fig. 200. — Extrémité postérieure du corps, face ventrale. *Su :* sternite du dernier segment pédifère, plus étroit que les hanches terminales ; *k :* champ poreux en cloche.

Présternite et métasternite du dernier segment pédifère pas plus larges que le métasternite précédent; le présternite, fortement étranglé au milieu, se présente sous la forme de plages triangulaires coiffant les angles antérieurs du métasternite (fig. 200). Celui-ci est très long (rapport largeur×longueur: 3::4). Pattes terminales très longues, grêles chez la femelle, un peu moins chez le mâle (fig. 198); hanches allongées et peu bombées, percées latéralement et ventralement de pores nombreux (jusqu'à 40) et espacés. Faces ventrale et latérales des articles du télopodite vêtues de soies très fines et très courtes; dernier article dépourvu de griffe apicale. Appendices génitaux du mâle longs, de deux articles. Des pores anaux.

Alpes-Maritimes. Littoral circumméditerranéen; remontant jusqu'au Tirol; Afrique du Nord.

8ᵉ genre. **CLINOPODES** C. Koch, 1847.

(*Scnipoeus* Bergsö et Meinert, 1866. *Onychopodogaster* Verhœff, 1902.)

Tête ne couvrant qu'en partie les forcipules. Pièce médiane du labre frangée de lanières (fig. 201), comme les pièces latérales, ou pourvue de dents. Arête ventrale de la mandibule largement épanouie et ciliée (fig. 202-203). Premières mâchoires munies de palpes plus ou moins développés. Coxosternum des deuxièmes mâchoires comme *Pleurogeophilus*, débordé latéralement par les plages pleurales mal délimitées. Tergite forcipulaire en trapèze large; bords ventraux des pleurites très convergents.

Pores ventraux rassemblés en amas, avec ou sans contours nets (fig. 204, 209).

Présternite et métasternite du dernier segment pédifère plus larges que le métasternite du segment précédent (fig. 206); présternite plus ou moins étranglé; métasternite plus large que long. Pattes terminales de 7 articles; pores des hanches groupés et s'ouvrant dans des poches au moins en partie dissimulées (fig. 206, 210); dernier article avec une griffe apicale. Des pores anaux.

Type : *Clinopodes flavidus* (C. Koch).

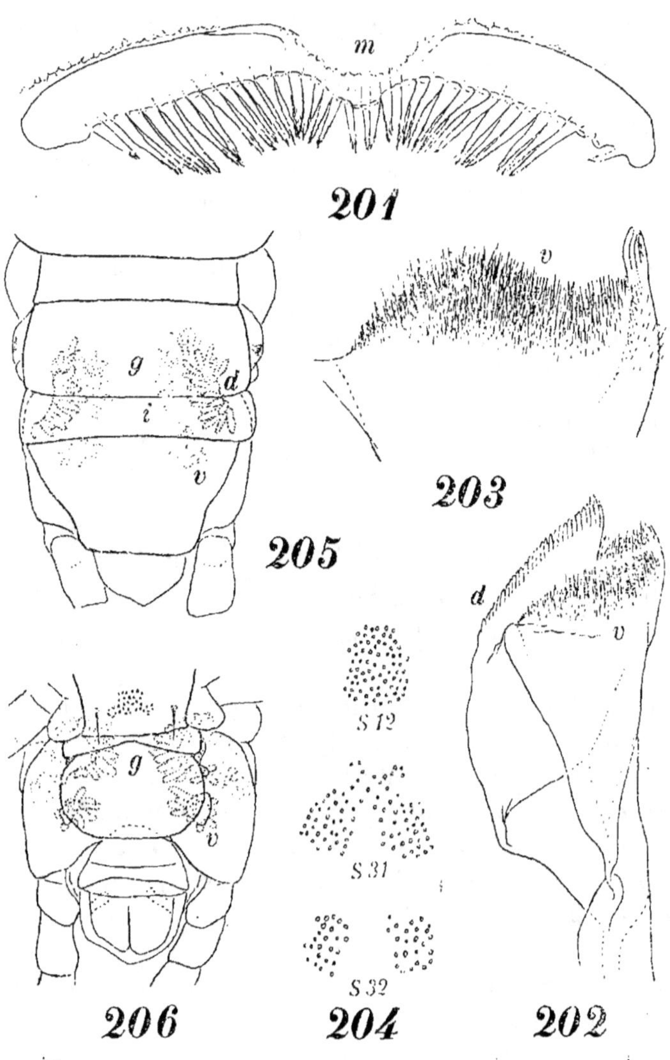

Clinopodes linearis.

Fig. 201. — Labre d'un individu du Rhône (Saint-Clair près Lyon). *m :* pièce médiane frangée de lanières ciliées.

Fig. 202. — Mandibule gauche, face ventrale (3/4 interne), d'une femelle à 71 p. pattes des Alpes-Maritimes (Le Cannet de Cannes). *d :* arête dorsale avec sa lame pectinée; *v :* arête ventrale frangée.

Fig. 203. — Arête ventrale de la même préparation, *v,* étalée pour montrer son développement.

Fig. 204. — Champs poreux du 12e sternite, du 31e et du 32e de la même femelle.

Fig. 205. — Extrémité postérieure du corps, face dorsale, de la même

1. — **Clinopodes linearis** (C. Koch, 1835).

[Fig. 201-207.]

(*Geophilus brevicornis* C. Koch, 1837. *Stenotaenia linearis* C. Koch, 1847. *Scnipoeus foveolatus* Bergsö et Meinert, 1866. *Geophilus naxius* Verhœff, 1901.)

Longueur jusqu'à 50 mm.

Segments pédifères : 63 à 75 (♂) et 67 à 79 (♀).

Tête aussi large ou un peu plus large que longue, à bords latéraux arqués; sillon frontal peu distinct. Antennes courtes, environ deux fois la largeur de l'écusson céphalique. Zone prélabiale avec de nombreuses soies subsériées transversalement, à contours distincts. Pièces du labre frangées de lanières longues, ciliées à la pointe, dont 7 ou 8 pour la pièce médiane et une douzaine pour chacune des pièces latérales (fig. 201). Arête ventrale de la mandibule fortement épanouie et densément ciliée, mais ne formant pas de saillie au sommet (fig. 202-203). Premières mâchoires à coxosternum court au milieu, bien échancré; des palpes grêles. Deuxièmes mâchoires à membres trapus, armés d'une griffe robuste. Coxosternum forcipulaire (fig. 207) court et large (rapport : 4::7 environ); bord rostral inerme; lignes chitineuses non abrégées; bords ventraux des pleurites convergents. Télopodites très courts; le fémoroïde est moins long en dehors que large et presque globuleux; griffe longue, à concavité lisse. sans dent caractérisée à la base.

Sillons des tergites peu profonds. Sternites antérieurs faiblement ponctués. Les champs poreux des sternites antérieurs sont circonscrits et un peu déprimés, de forme circulaire ou en ellipse tronquée; un peu avant la moitié du corps, ils se divisent en deux amas symétriques, qui ne se rejoignent que dans les derniers segments (fig. 204). Eupleurium comme *Pleurogeophilus* (type géophilien).

Prétergite du dernier segment pédifère plus large que le méta-

femelle. *g:* glandes coxales disposées en fer-à-cheval; *d:* faisceau dorsal de glandes; *i:* faisceau ventral vu par transparence; *v:* groupe ventral isolé.

Fig. 206. — Extrémité postérieure du corps, face ventrale, de la même femelle. *g:* groupe des glandes en fer-à-cheval; *v:* groupe ventral isolé.

tergite précédent, sans pleurites latéraux (fig. 205). Présternite
étranglé au milieu. Métasternite beaucoup plus large que long
(rapport : 3::2), arrondi (fig. 206). Pattes terminales médiocrement longues; hanches assez courtes, un peu renflées; les glandes
(*g*, fig. 205-206), qui sont nombreuses, s'ouvrent dans des dépressions en fer-à-cheval qui bordent la base des hanches, de sorte
qu'elles ne sont visibles que par transparence et en partie sur
la face dorsale (*d*), en partie sur la ventrale (*i*); en outre, un
groupe de glandes débouche dans une poche isolée, sous chacun
des bords latéraux du sternite (*v*). Dernier article avec une griffe
fonctionnelle. Des pores anaux.

Languedoc, remontant jusqu'à Lyon; Provence; Roussillon; pénètre
à l'Ouest jusque dans la Haute-Garonne. Littoral méditerranéen
d'Europe.

2. — **Clinopodes poseidonis** Verhœff, 1901.

[Fig. 208-210.]

Longueur jusqu'à 32 mm.

Segments pédifères : 49 à 53 (♂) et 49 à 55 (♀).

Voisin du précédent. Zone prélabiale avec une seule rangée de
soies en arrière de la paire postantennaire. Lanières du labre
moins nombreuses, environ une quinzaine en tout (fig. 208). Coxosternum des premières mâchoires long au milieu; les palpes sont
rudimentaires. Forcipules avec une faible nodosité à la base de
la griffe, dont la concavité est lisse; le bord rostral du coxosternum est inerme.

Dès le second segment, les pores ventraux sont réunis en bande
transversale à contours vagues, près du bord postérieur du sternite (fig. 209); comme chez *C. linearis*, les bandes poreuses se
divisent avant le milieu du corps en deux amas, qui restent séparés jusque sur le pénultième sternite. Les sternites antérieurs
présentent en outre la structure carpophagienne, c'est-à-dire une
fossette transversale, égale environ aux deux tiers du bord rostral, à laquelle correspond une saillie anguleuse du bord caudal
du sternite précédent.

Prétergite du dernier segment pédifère beaucoup plus large
que le métatergite précédent, sans pleurites latéraux. Présternite

un peu étranglé au milieu. Métasternite en trapèze deux fois aussi large que long, à bords latéraux subrectilignes (fig. 210). Dans les hanches des pattes terminales, on n'observe qu'un seul amas de

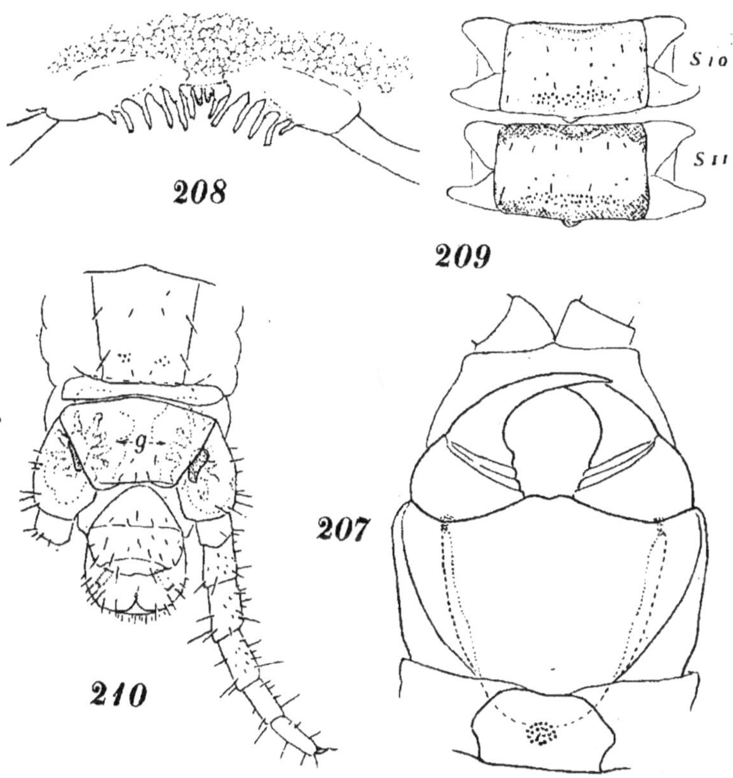

Fig. 207. — Forcipules d'une femelle de *Clinopodes linearis* à 71 p. pattes des Alpes-Maritimes (Le Cannet de Cannes).

Clinopodes poseidonis, femelle à 53 p. pattes des Alpes-Maritimes (île Saint-Honorat).

Fig. 208. — Labre. (Les deux lanières médianes se présentent en perspective par la pointe.)

Fig. 209. — Sternites des segments 10e et 11e, montrant les champs poreux.

Fig. 210. — Extrémité postérieure du corps, face ventrale. g: glandes groupées dans des poches ventrales.

glandes, débouchant dans la poche de la face ventrale, sous les bords latéraux du sternite (g). Une griffe à l'article apical. Des pores anaux.

Sur les grèves et dans les cordons littoraux de varech du littoral méditerranéen de France. Circumméditerranéen et Nord-africain.

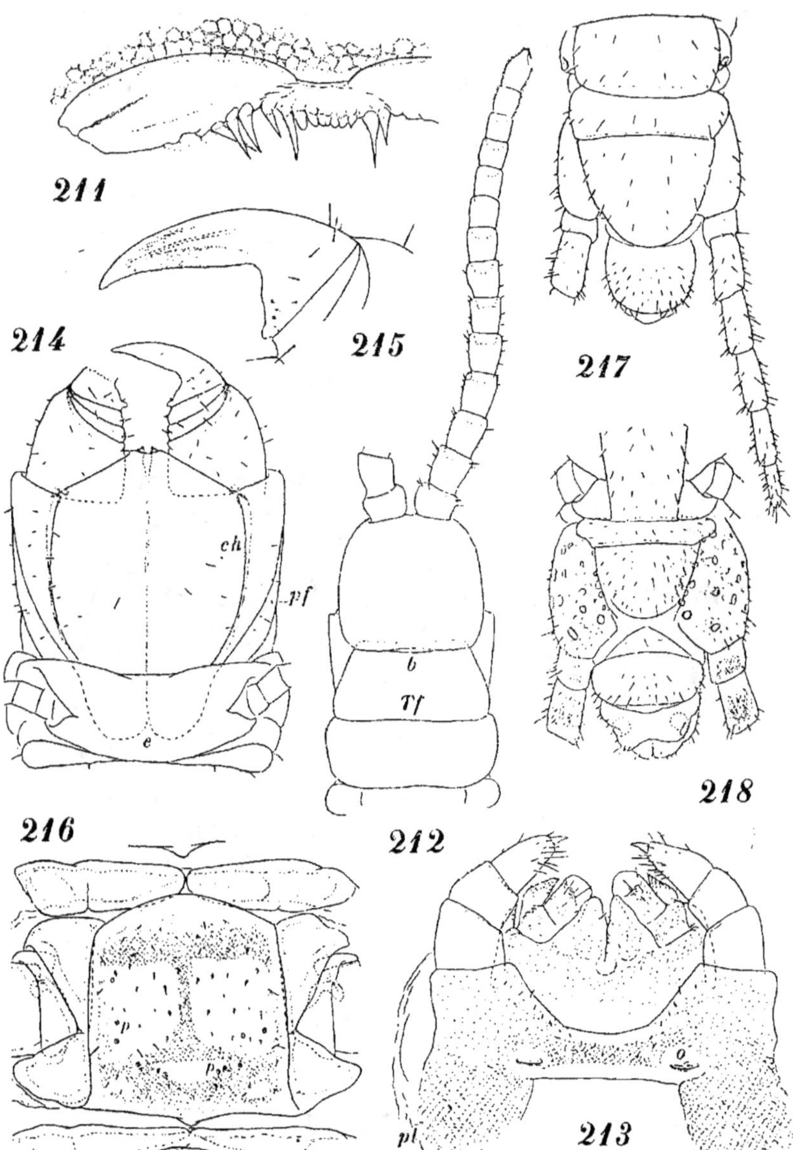

Galliophilus beatensis, femelle de 51 mm., à 85 p. pattes, de Haute-Garonne
(Saint-Béat).

Fig. 211. — Labre.
Fig. 212. — Extrémité antérieure du corps, face dorsale, avec antenne droite.
 b: lame prébasale; *Tf:* tergite forcipulaire.
Fig. 213. — Mâchoires de la première paire et de la deuxième paire. *o:* pore
métamérique; *pl:* région pleurale.

9ᵉ genre. **GALLIOPHILUS** RIBAUT et BROLEMANN, 1927.

Tête couvrant en grande partie les forcipules (fig. 212). Pièce médiane du labre avec des dents tuberculeuses, dont les extrêmes, effilées, font le passage aux lanières (fig. 211); pièces latérales frangées de lanières acuminées. Arête ventrale de la mandibule sans épanouissement notable, mais avec des cils courts. Premières mâchoires pourvues de palpes robustes. Coxosternum des deuxièmes mâchoires du type géophilien, débordé latéralement par des plages pleurales mal délimitées (fig. 213). Tergite forcipulaire en trapèze (fig. 212); coxosternum proéminent et bien dégagé des pleurites, dont les bords ventraux sont presque parallèles en avant (fig. 216).

Sternites dépourvus de champs poreux et de fossettes carpophagiennes.

Présternite du dernier segment pédifère très large; métasternite plus large que le métasternite précédent, plus large que long (fig. 218). Pattes terminales de 7 articles; pores coxaux s'ouvrant isolément, disséminés sur la face ventrale des hanches; dernier article inerme.

Type : *Galliophilus beatensis* RIBAUT et BROLEMANN.

Galliophilus beatensis RIBAUT et BROLEMANN, 1927.
[Fig. 211-218.]

Longueur jusqu'à 51 mm.
Segments pédifères : 85 (♀).
Corps étroit, élancé. Téguments ponctués, surtout sur les sternites où les ponctuations sont régulièrement espacées. Pilosité peu apparente. Tête d'un huitième environ plus large que longue (fig. 212), à bord caudal un peu échancré, laissant entrevoir une

---

FIG. 214. — Forcipules. *ch:* lignes chitineuses; *e:* endosternite; *pf:* pleures forcipulaires.
FIG. 215. — Griffe forcipulaire, à concavité finement crénelée.
FIG. 216. — Sternite du 11ᵉ segment, avec quelques pores disséminés, *p.*
FIG. 217. — Extrémité postérieure du corps, face dorsale.
FIG. 218. — La même, face ventrale.

lame prébasale (*b*). Antennes ayant trois fois la largeur de l'écusson céphalique. Zone prélabiale portant trois paires de soies l'une en arrière de l'autre et une soie très écartée de chaque côté.

Labre avec 6 à 8 dents tuberculeuses au centre et autant de lanières acuminées de chaque côté (fig. 211). Arête ventrale de la mandibule non épanouie, à ciliation très courte; le condyle articulaire dorsal est bas, réduit. Coxosternum des premières mâchoires long au milieu; palpes longs et robustes (fig. 213). Coxosternum des deuxièmes mâchoires fortement échancré en avant, très court entre les pores métamériques (*o*), qui sont assez rapprochés; rebord externe des coxites court et se confondant avec les régions pleurales (*pl*); celles-ci sont larges, débordant les coxites extérieurement et, intérieurement, atteignant les pores métamériques (*o*). Un ongle triangulaire au sommet du troisième article. Coxosternum forcipulaire subrectangulaire (largeur et longueur dans le rapport 5::4), à bord rostral très étroit, proéminent et dépassé par les angles dorsaux aigus des coxites (fig. 216); lignes chitineuses (*ch*) complètes; bords ventraux des pleurites (*pl*) repoussés latéralement, presque parallèles en avant. Membres trapus; fémoroïde aussi large que long en dehors; griffe épaisse, à concavité finement crénelée, avec une petite dent à la base (fig. 215).

Tergites bisillonnés. Eupleurium comme *Pleurogeophilus*. Sternites avec une vague rainure médiane et de rares pores isolés, disséminés, mais pas de champs poreux, ni de structure carpophienne (fig. 216).

Présternite non étranglé au milieu; métasternite presque en segment de cercle (fig. 218). Pattes terminales longues (fig. 217); hanches percées d'environ 18 pores, s'ouvrant isolément, en partie sous le bord du sternite, en partie à découvert sur la face ventrale; pas de pores dorsaux; face ventrale des articles couverte de poils très courts et denses; dernier article un peu plus court que le précédent, inerme au sommet. Des pores anaux.

Connu seulement de la Haute-Garonne (Saint-Béat).

10ᵉ genre: **NECROPHLOEOPHAGUS** Newport, 1842.

(Geophilus, pro p., Leach et auct. *Arthronomalus* Newport, 1844, *pro p.)*

Très voisin de *Geophilus* avec lequel il est ordinairement confondu.

Tête allongée (fig. 221). Antennes très longues (fig. 222). Zone prélabiale avec une aire clypéale petite, poreuse, située en arrière

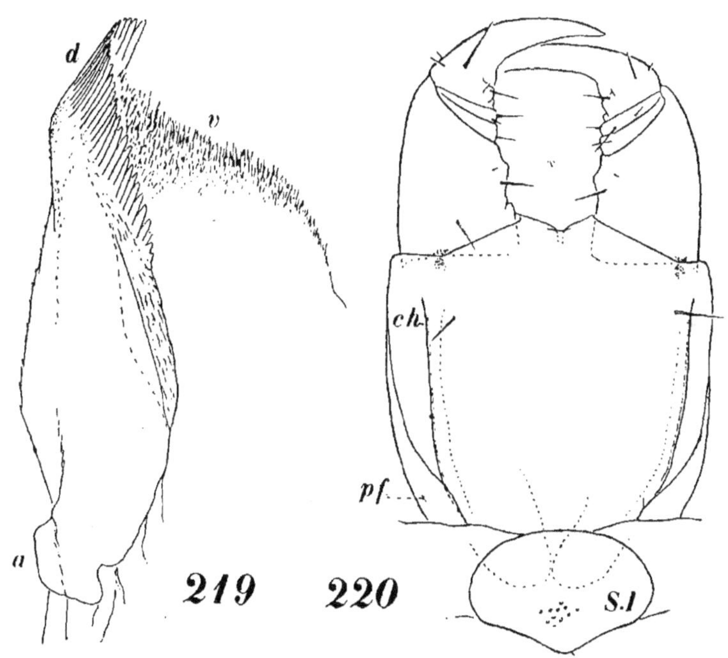

Necrophloeophagus longicornis, femelle de 39 mm., à 55 p. pattes, du Jura (Salins).

Fig. 219. — Mandibule gauche, face dorsale. *a:* condyle; *d:* lame pectinée de l'arête dorsale; *v:* arête ventrale.
Fig. 220. — Forcipules. *ch:* lignes chitineuses; *pf:* pleures forcipulaires; *S.I:* sternite du premier segment.

de la paire de soies postantennaires (fig. 8). Arête ventrale de la mandibule épanouie (fig. 219), ciliée; un condyle articulaire dorsal bas (*a*). Pores métamériques des deuxièmes mâchoires très rapprochés. Tergite forcipulaire en trapèze allongé, ne recouvrant

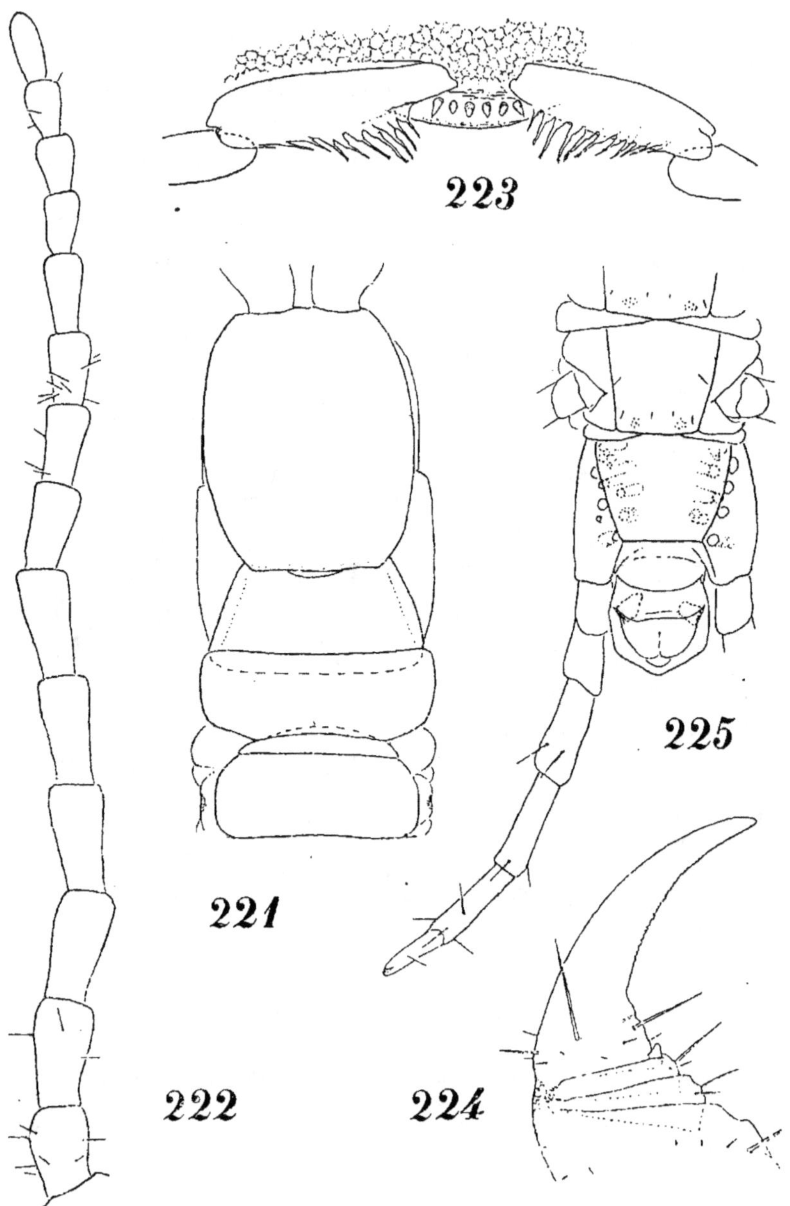

Necrophloeophagus longicornis, femelle de 39 mm., à 55 p. pattes,
du Jura (Salins).

Fig. 221. — Extrémité antérieure du corps, face dorsale.
Fig. 222. — Antenne (au même grossissement que la figure précédente).
Fig. 223. — Labre.

que peu les pleurites (fig. 221). Les bords ventraux des pleurites sont refoulés latéralement et sont presque parallèles en avant (*pf*, fig. 220).

Pas de structure carpophagienne aux sternites antérieurs.

Ce genre forme un passage des genres précédents au genre *Geophilus*, dont il a d'ailleurs tous les autres caractères.

Type : *Necrophloeophagus longicornis* (LEACH).

Necrophloeophagus longicornis (LEACH, 1814).

[Fig. 7-8, 219-225.]

(*Geophilus longicornis* LEACH, 1814. ? *Scolopendra flava* DE GEER, 1778. *Arthronomalus longicornis* NEWPORT, 1844. *Geophilus flavus* STUXBERG, 1871 et auct. succic; JEANNEL, 1926.)

Longueur jusqu'à 44 mm.

Segments pédifères : 41 à 53 (♂) et 43 à 57 (♀).

Corps élancé, atténué en arrière, à téguments ponctués, notamment sur la tête et sur le coxosternum forcipulaire. Tête au moins d'un cinquième plus longue que large (fig. 221). Antennes très longues (fig. 222), environ cinq fois la largeur de l'écusson céphalique, à articles deux fois aussi longs que larges, portant une pilosité longue. Zone prélabiale avec une aire clypéale petite, circulaire (fig. 7-8), percée de quelques pores; en arrière de la paire de soies postantennaires sont deux paires de soies (dont l'une sur l'aire clypéale) et une soie très écartée de chaque côté. Pas de plages lisses en avant du labre.

Pièce médiane du labre avec une rangée de 6 à 8 dents, dont les médianes sont tuberculeuses et la dent de chaque extrémité est effilée; pièces latérales nettement circonscrites (fig. 223), portant chacune une dizaine de lanières larges à la base et brusquement rétrécies au premier tiers. Arête ventrale de la mandibule fortement épanouie et garnie de cils (*v*, fig. 219); un condyle articulaire dorsal large et bas (*a*). Premières et deuxièmes mâchoires comme *Galliophilus*. Palpes coxaux des premières

FIG. 224. — Griffe forcipulaire, à concavité crénelée.
FIG. 225. — Extrémité postérieure du corps, face ventrale, avec la patte terminale droite.

mâchoires grêles, palpes fémoraux plus épais. Coxosternum des deuxièmes mâchoires très échancré au bord rostral; écart entre les pores métamériques une fois et demie la distance de l'un d'eux au condyle coxofémoral correspondant; ongle apical long et robuste. Tergite forcipulaire en trapèze de deux et demie à trois fois aussi large à la base que long (fig. 221); bord caudal environ une fois et demie le bord rostral; ce dernier est faiblement échancré et laisse subsister une fissure entre lui et l'écusson céphalique. Coxosternum subrectangulaire (fig. 220), presque aussi long que large, à lignes chitineuses incomplètes (*ch*), à bord rostral un peu proéminent, inerme. Les bords ventraux des pleurites (*pf*) sont refoulés latéralement et n'empiètent sur la face ventrale du coxosternum que dans ses angles postérieurs. Fémoroïdes longs, le rebord externe représente au moins une fois et demie la largeur de la base qui, elle-même, est égale au rebord interne; ce dernier est anguleux. La griffe est forte; son articulation externe se trouve presque au niveau du sommet de la tête; sa concavité est finement crénelée, avec une petite nodosité à la base (fig. 224).

Tergites bisillonnés. Sternites avec une gouttière médiane. Pores ventraux rassemblés en amas, ni déprimés, ni circonscrits, en avant du bord postérieur de tous les sternites; sur les premiers segments, ils forment une bande transversale qui, entre le 15ᵉ et le 20ᵉ, se divise en deux groupes symétriques, subovales d'abord, puis subcirculaires. Eupleurium à rangée 3 entière et rangée 4 abrégée.

Prétergite et métatergite du dernier segment pédifère plus larges que le métatergite précédent; métatergite long, tronqué-arrondi. Présternite étranglé au milieu; métasternite en trapèze très large de base et peu atténué en arrière, sa longueur égalant les deux tiers de son bord rostral. Pattes terminales longues et grêles, à pilosité longue; hanches très peu bombées, abritant 8 à 10 glandes, dont les pores débouchent isolément en une rangée recouverte par le bord du métasternite; pas de pore écarté vers l'arrière. Griffe apicale fonctionnelle. Des pores anaux.

Toute la France. Europe. Eventuellement dans les grottes.

11ᵉ genre. **GEOPHILUS** Leach, 1814.

(*Arthronomalus* Newport, 1844; *pro p. Orinomus* Attems, 1895. *Orino-philus* Cook, 1895. *Soniphilus* Chamberlin, 1912.)

Tête peu allongée, souvent large et couvrant en majeure partie les forcipules (fig. 226). Zone prélabiale sans aire clypéale (fig. 9). Pièce médiane du labre avec une rangée de dents tuberculeuses (*m*, fig. 230), à chaque extrémité de laquelle est parfois une dent effilée; pièces latérales frangées de lanières. Arête ventrale de la mandibule généralement pas ou peu épanouie (fig. 244); le condyle articulaire dorsal est très bas. Premières mâchoires à coxosternum long au milieu, avec ou sans palpes latéraux. Coxosternum des deuxièmes mâchoires à pleurites débordant latéralement le rebord externe des coxites (fig. 280); l'ongle est tantôt normal, tantôt tuberculeux. Tergite forcipulaire en trapèze plus ou moins large (*Tf*, fig. 226). Pleurites (*pf*) à bords ventraux plus ou moins obliques, recouvrant l'angle dorsal du coxosternum forcipulaire. Griffe forcipulaire normale, à trois faces, avec un chanfrein le long de l'arête interne.

Tergites du tronc plus ou moins nettement bisillonnés. Pores ventraux rassemblés en amas mal circonscrits, non déprimés, de forme transversale, généralement divisés en arrière du 20ᵉ segment (fig. 236). Un certain nombre de sternites antérieurs présentent, en arrière du bord rostral, une fossette transversale bien chitinisée (*e*, fig. 232), à laquelle correspond une saillie (*e'*) du bord caudal du sternite qui précède (structure carpophagienne); cette structure ne manque que chez une espèce, *G. pusillus*, dont la présence en France est encore douteuse. Eupleurium à rangée 3 complète et rangée 4 réduite (fig. 249), comme chez *Pleurogeophilus*. Dernier pleurite stigmatifère toujours séparé du métatergite correspondant.

Prétergite du dernier segment pédifère au moins aussi large que le métatergite précédent, jamais flanqué de pleurites (fig. 237); son métatergite est de forme ogivale, plus ou moins tronquée-arrondie. Présternite aussi large que les hanches des pattes terminales; métasternite plus large que long (fig. 228-229, 238, etc.). Pattes terminales de 7 articles; hanches percées de

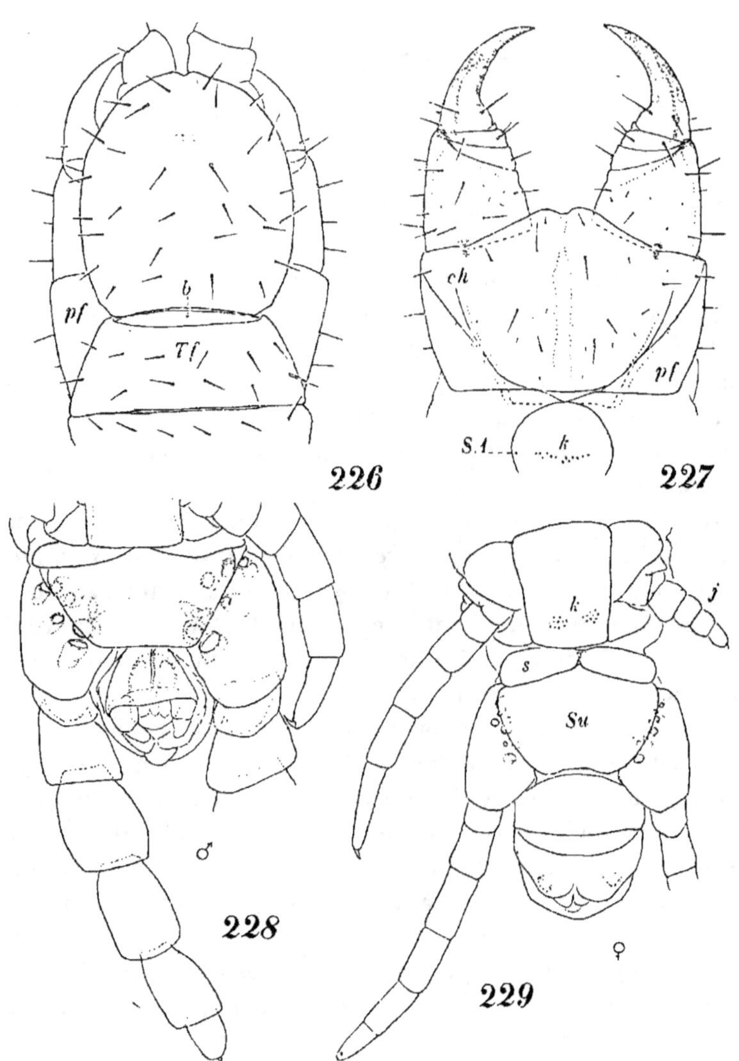

Geophilus carpophagus.

Fig. 226. — Extrémité antérieure du corps, face dorsale, d'une femelle à 49 p. pattes des Basses-Pyrénées (Pau). *b:* lame prébasale; *Tf:* tergite forcipulaire; *pf:* pleures forcipulaires.

Fig. 227. — Forcipules de la même femelle, face ventrale. *ch:* lignes chitineuses; *pf:* pleures forcipulaires; *S.1:* sternite du premier segment; *k:* son champ poreux.

Fig. 228. — Extrémité postérieure, face ventrale, d'un mâle à 47 p. pattes de Grande-Bretagne.

Fig. 229. — Extrémité postérieure, face ventrale, d'une femelle des Bouches-

pores isolés, jamais condensés dans des poches, en nombre variable jamais inférieur à 2+2; une griffe apicale. Généralement des
pores anaux.

Type : *Geophilus carpophagus* LEACH.

R e m a r q u e . — ATTEMS, 1895, a créé le genre *Orinomus*
pour une espèce (*O. oligopus* = *G. pusillus*) à laquelle manquent
les palpes des premières mâchoires et l'ongle des deuxièmes
mâchoires. Le second caractère n'est qu'apparent, l'ongle étant
remplacé par un tubercule. Au nom créé par ATTEMS, déjà pré-
occupé, O. F. COOK, 1895, a substitué celui d'*Orinophilus*. Cette
coupe n'a pas été conservée dans notre système.

1. — **Geophilus carpophagus** LEACH, 1814.

[Fig. 226-232.]

(*Geophilus sodalis* BERGSÖ et MEINERT, 1868. ? *G. luridus*, MEINERT, 1870.
G. condylogaster LATZEL, 1880. ? *G. sedunensis* FAËS, 1902.)

Longueur jusqu'à 70 mm.
Segments pédifères : 47 à 57 (♂) et 49 à 59 (♀).
Forme robuste, atténuée aux deux extrémités. Téguments unis
dorsalement, finement ponctués ventralement. Tête aussi longue
que large, à bords latéraux arqués, à bord postérieur échancré,
couvrant en majeure partie les forcipules (fig. 226). Antennes
plus de trois fois la largeur de l'écusson céphalique, mais courtes par rapport à la longueur du corps. Zone prélabiale bien
délimitée; pilosité assez abondante, en bande transverse, en
arrière des soies postantennaires.
Pièce médiane du labre avec (3) 6 à 8 dents tuberculeuses
(*m*, fig. 230); environ dix lanières acuminées, divergentes dès la
base, aux pièces latérales. Sur l'arête ventrale de la mandibule,
qui n'est ni épanouie ni ciliée, la lame pectinée se termine par
quelques dents de plus en plus petites (fig. 231); le condyle

du-Rhône (Abbaye de Ferigoulet), dont la pénultième patte gauche, *j*,
est anormale. *k:* champ poreux divisé du pénultième sternite; *Su:* sternite du dernier segment pédifère, aussi large que les hanches (cf. fig. 200);
s: son présternite.

dorsal (*a*) n'est pas particulièrement chitinisé. Palpes des premières mâchoires bien développés. Deuxièmes mâchoires à coxosternum fortement échancré au bord rostral; pilosité des membres abondante et longue; ongle robuste; pores métamériques très rapprochés, l'écart entre eux étant à la distance de l'un d'eux au condyle coxofémoral correspondant dans le rapport de 9::7. Coxosternum forcipulaire (fig. 227) très large (rapport longueur × largeur : environ 5::8); bord rostral peu proéminent, étroit, inerme; lignes chitineuses très écourtées (*ch*). Griffe à concavité lisse, avec une faible nodosité à la base; bords ventraux des pleurites (*pf*) très obliques. Tergite forcipulaire (*Tf*, fig. 226) très large à la base (trois fois la longueur), à bord rostral échancré, laissant entrevoir la lame prébasale (*b*).

Tergites bisillonnés. Eupleurium dépourvu de sclérite 3 ᵃ. Sternites avec une très faible gouttière longitudinale médiane. Pores ventraux groupés sur une bande parallèle au bord caudal (fig. 232); la bande est divisée vers l'arrière du corps; il peut également exister quelques pores sur les pleurites voisins (procoxa et metacoxa). Fossette carpophagienne (*e*) étroite, n'occupant pas plus du tiers du bord antérieur du sternite; elle disparait entre le 15ᵉ et le 20ᵉ segment.

Présternite du dernier segment pédifère large, étranglé au milieu, souvent peu découvert (*s*, fig. 229); métasternite en trapèze plus large que long (rapport : environ 5::3), à bords latéraux un peu arqués (fig. 228-229). Pattes terminales médiocrement longues, généralement contractées dans la mort; hanches peu bombées, plus divergentes chez le mâle que chez la femelle, abritant de 3 à 9 glandes, dont les pores s'ouvrent en une rangée sous le bord du sternite; pas de pore isolé en arrière ni de pores dorsaux. Griffe apicale fonctionnelle, forte. Des pores anaux petits.

Toute la France; Corse. Europe; Afrique du Nord.

R e m a r q u e . — On admet comme synonyme le *G. sodalis* Bergsö et Meinert, redécrit par Latzel sous le nom de *G. condylogaster*, bien que ces auteurs s'accordent pour nier l'existence de pores anaux à leurs individus.

De même Faës a décrit, sous le nom de :
Geophilus sedunensis Faës, 1902, une espèce qui paraît iden-

tique à celle de LEACH, mais qui n'aurait que 4 pores (dont 3 petits) aux hanches terminales et pas de pores anaux. Nos individus des Alpes-Maritimes, qui ont constamment un nombre de pores coxaux peu élevé (3 à 5), ont cependant de petits pores anaux. — Ces divergences d'opinion résultent évidemment de ce que ces pores sont parfois peu distincts.

2. — **Geophilus electricus** (LINNÉ, 1758).

[Fig. 233-238.]

(*Scolopendra electrica* LINNÉ, 1758. *Geophilus sudeticus* HAASE, 1880.)

Longueur jusqu'à 45 mm..

Segments pédifères : 65 à 69 (♂) et 67 à 71 (♀).

Corps étroit, à bords presque parallèles. Téguments unis; pilosité assez courte. Tête un peu plus longue que large (rapport : 15::13), en ellipse tronquée aux deux extrémités; bord caudal rectiligne. Antennes assez longues, quatre fois la largeur de l'écusson céphalique. Zone prélabiale à pilosité rare, soit une paire de soies et une rangée de 6 soies en arrière de la paire postantennaire. Pas d'aire clypéale, ni de plages lisses en avant du labre.

Labre avec au moins deux dents tuberculeuses au milieu et, de chaque côté, environ 10 à 12 lanières acuminées, divergentes dès la base; les pièces latérales ne paraissent être limitées en avant que par la réticulation de la zone prélabiale. Arête ventrale de la mandibule un peu épanouie et ciliée (*v*, fig. 233); condyle dorsal peu saillant et pas particulièrement chitinisé. Palpes des premières mâchoires longs (fig. 234). Ongle apical des deuxièmes mâchoires robuste, aigu; l'écart entre les pores métamériques est environ une fois et demie la distance d'un pore au condyle coxofémoral correspondant. Coxosternum forcipulaire plus large que long (rapport : 4::3); bord rostral assez large, inerme (fig. 235); lignes chitineuses (*ch*) rejoignant les condyles; les bords ventraux des pleurites sont médiocrement convergents, mais nulle part parallèles. Les trois premiers articles des télopodites sont inermes intérieurement; la griffe a sa concavité lisse et une petite dent aiguë à la base. Tergite forcipulaire large et assez court; la lame prébasale n'est pas visible.

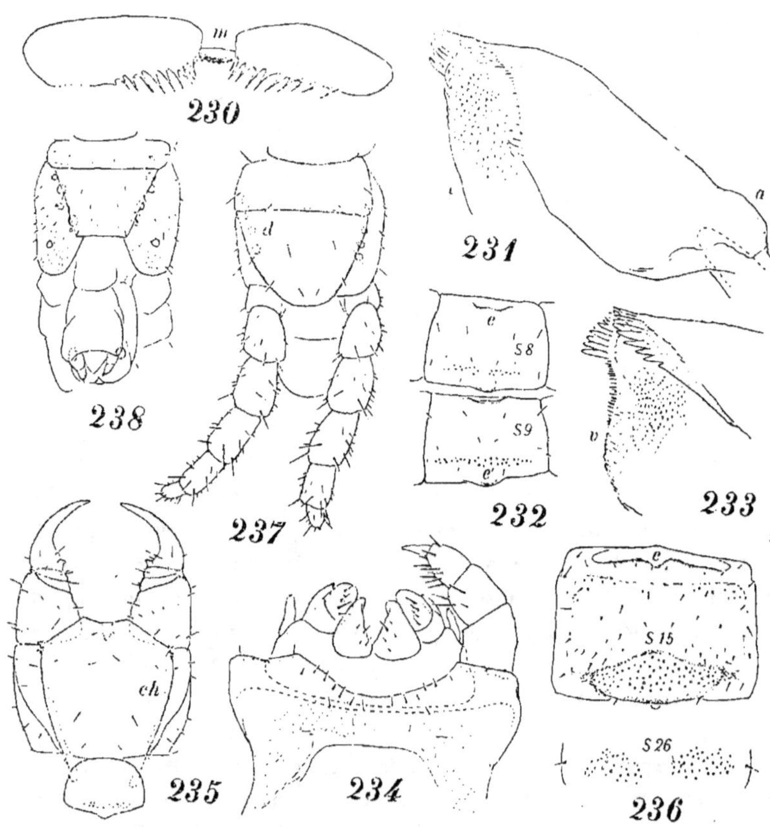

Geophilus carpophagus.

Fig. 230. — Labre d'un mâle à 53 p. pattes de Monaco. *m:* pièce médiane.

Fig. 231. — Mandibule d'une femelle du Vaucluse (Avignon), face dorsale. *a:* condyle; *v:* arête ventrale.

Fig. 232. — Sternites des segments 8e et 9e d'une femelle à 49 p. pattes des Basses-Pyrénées (Pau). *e:* fossette carpophagienne; *e':* tubercule du bord caudal.

Geophilus electricus, mâle à 69 p. pattes de Seine-et-Oise
(forêt de Carnelle).

Fig. 233. — Mandibule. *v:* arête ventrale.

Fig. 234. — Mâchoires de la première paire et de la deuxième, face ventrale,

Fig. 235. — Forcipules. *ch:* lignes chitineuses complètes.

Fig. 236. — Sternite du 15e segment, avec sa fossette carpophagienne, *e*, et champ poreux du 26e sternite divisé.

Fig. 237. — Extrémité postérieure du corps et pattes terminales, face dorsale. *d:* pores dorsaux.

Fig. 238. — Extrémité postérieure du corps, face ventrale. (Les segments terminaux sont évaginés accidentellement.)

Tergites du tronc bisillonnés. Sternites avec trois impressions longitudinales en avant, et une seule en arrière du corps. Les pores ventraux, nombreux, sont groupés en ellipses ou en losanges transversaux, occupant une plage lisse, en dehors et en arrière de laquelle sont deux plages arrondies, symétriques, plus petites et non poreuses; les amas se divisent aux environs du 25 sternite (fig. 236). On observe parfois aussi de rares pores isolés, disséminés sur le pourtour du sternite. Une douzaine des sternites antérieurs (du 8° au 20° environ) ont près du bord antérieur une fossette carpophagienne très large (*e*), occupant les cinq septièmes de la largeur du sternite [28].

Métasternite du segment terminal en trapèze, dont la longueur égale les deux tiers de la largeur de base, qui est elle-même double de la largeur au bord caudal. Pattes terminales assez longues, épaissies chez le mâle (fig. 237); hanches médiocrement bombées, ayant une rangée de pores en fer-à-cheval sur le pourtour de sa base; environ quatre pores s'ouvrent dorsalement (*d*, fig. 237) et 6 ou 8 ventralement (fig. 238); le dernier de ceux-ci est écarté des autres vers l'arrière et entièrement à découvert, les autres étant plus ou moins recouverts par le sternite. Une griffe apicale fonctionnelle. Des pores anaux.

Forme des forêts de la France septentrionale, atteignant le plateau central et même la Montagne Noire ; signalée dans les Pyrénées ariégeoises. Grande-Bretagne; Europe septentrionale.

3. — **Geophilus proximus** C. Koch, 1847.
[Fig. 239-242.]

(? *Geophilus impressus* C. Koch, 1847. ? *Geophilus palustris* C. Koch, 1863. ? *Geophilus alpinus* Meinert, 1870 [29].)

Longueur jusqu'à 35 mm.
Segments pédifères : 45 à 51 (♂) et 45 à 55 (♀).

[28] Une var. *alpestris* Verhœff, 1895, de Salzbourg, a des amas poreux plus larges et des fossettes carpophagiennes occupant toute la largeur du sternite.

[29] Il règne encore un peu d'incertitude au sujet de cette espèce que Verhœff a cru devoir confondre avec *G. insculptus* Attems. Nous avons adopté comme type de *proximus* celui décrit par Chalande, 1909, sur un individu de Brandebourg, et dont nous reproduisons les indications.

Comme *pyrenaicus*, dont il diffère sur les points suivants :

La pièce médiane du labre est unidentée (fig. 239). Les franges latérales sont espacées à la base et rétrécies brusquement à mi-hauteur (fig. 240).

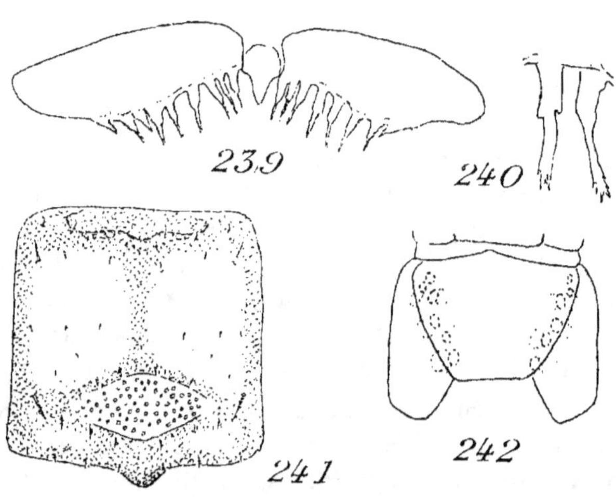

Geophilus proximus, du Brandebourg (d'après Chalande).

Fig. 239. — Labre.
. Fig. 240. — Lanières du labre, très grossies.
Fig. 241. — Sternite.
Fig. 242. — Dernier segment pédifère, face ventrale.

Les champs poreux sont losangiques et mal délimités aux angles latéraux, qui restent plus éloignés des côtés du sternite (fig. 241).

Les champs poreux disparaissent brusquement sans se dédoubler. Le 16ᵉ segment porte un champ poreux de la dimension des précédents; le 17ᵉ ne porte plus qu'un très petit champ de 4 à 5 pores situé sur la partie médiane; les segments suivants ne présentent plus trace de pores.

Le champ poreux du premier sternite est formé d'un nombre de pores beaucoup plus élevé (une vingtaine) que chez *G. pyrenaicus*. Il est complètement entouré de forte réticulation.

Le champ poreux du deuxième sternite est ovale, il n'a donc pas la forme de ceux des segments suivants.

La partie médiane des sternites est parcourue par une large bande longitudinale de forte réticulation.

Les pores des hanches des pattes terminales sont localisés sous les bords latéraux du sternite (fig. 242).

France septentrionale (trouvé en Seine-Inférieure par M. H. Gadeau de Kerville). Europe septentrionale.

4. — **Geophilus pyrenaicus** Chalande, 1909.

[Fig. 243-250.]

(*Geophilus pyrenaeus* Jeannel, 1926.)

Longueur jusqu'à 30 mm.

Segments pédifères : 45 à 49 (♂) et 49 à 69 (♀).

Corps peu atténué en avant. Téguments unis, sans ponctuations, à pilosité éparse. Tête à peine plus longue que large. Antennes courtes, environ deux fois et demie aussi longues que la tête, à articles plus longs que larges. Zone prélabiale avec deux paires de soies en arrière de la paire postantennaire; à la base de la paire intermédiaire est un petit espace circulaire pâle, à réticulation obsolète, qu'on peut interpréter comme une aire clypéale rudimentaire.

Trois dents tuberculeuses à la pièce médiane du labre et une douzaine de lanières aux pièces latérales (fig. 243); ces lanières, larges et contiguës à la base, sont graduellement atténuées à partir du 2ᵉ tiers et grêles dans le tiers apical. Arête ventrale de la mandibule peu saillante, largement arrondie, ciliée au voisinage du sommet (fig. 244); condyle dorsal en forme de crête chitinisée allongée (*a*). Palpes des premières mâchoires (*h*, fig. 245) bien développés, surtout les palpes fémoraux, et hérissés de papilles à l'extrémité. Pores métamériques des deuxièmes mâchoires assez rapprochés, l'écart entre eux est à la distance du condyle correspondant dans le rapport de 10::7; ongle long et droit. Coxosternum forcipulaire large et court (rapport : 3::2); son bord rostral est étroit, inerme (fig. 246); les lignes chitineuses sont peu abrégées. Les bords ventraux des pleurites, refoulés latéralement, sont néanmoins convergents. Premier article court et large, son rebord interne est inerme, comme aussi celui des deux articles suivants; griffe à concavité lisse, avec une dent rudimentaire à la base (fig. 247). Tergite forcipulaire très large, à bords latéraux arqués.

Tergites bisillonnés. La rangée 3 de l'eupleurium est complète. Sternites antérieurs avec trois rainures vagues; premier sternite à grosse réticulation limitée au tiers postérieur. Tous les sternites

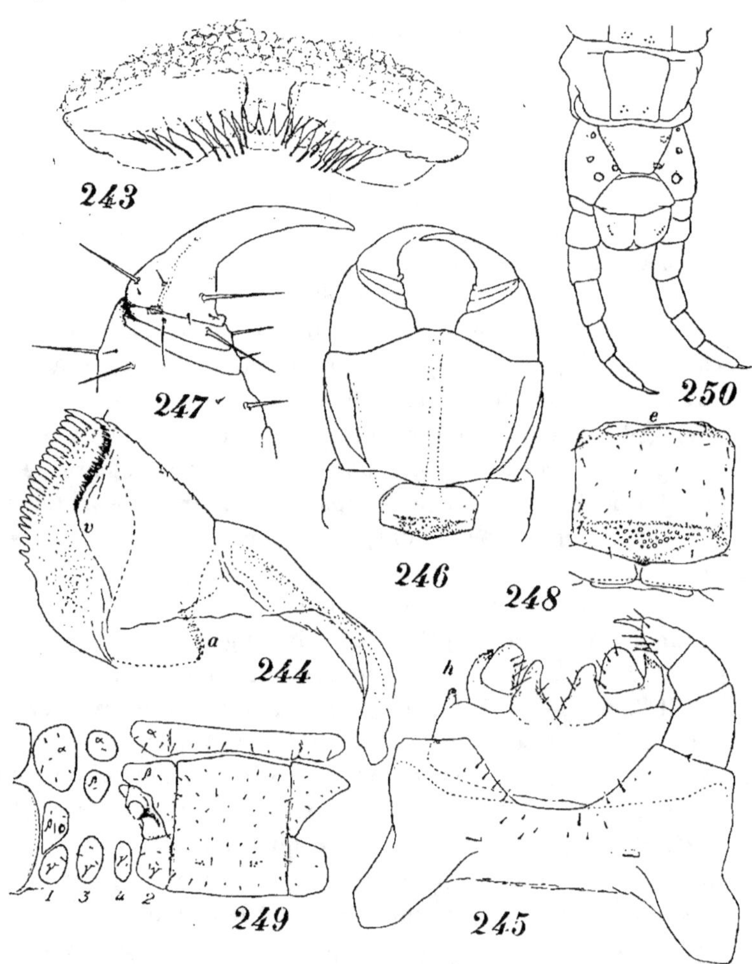

Geophilus pyrenaicus, femelle à 47 p. pattes de la Haute-Garonne
(forêt de la Scoubo).

Fig. 243. — Labre.
Fig. 244. — Mandibule gauche, face ventrale. *a:* condyle vu par transparence; *v:* arête ventrale.
Fig. 245. — Mâchoires de la première paire et de la deuxième paire, face ventrale. *h:* palpes.
Fig. 246. — Forcipules.
Fig. 247. — Griffe forcipulaire à concavité inerme, face ventrale.
Fig. 248. — Sternite du 8e segment. *c:* fossette carpophagienne.
Fig. 249. — Sternite du 31e segment, avec son eupleurium de type géophilien.
Fig. 250. — Extrémité postérieure du corps, face ventrale.

sauf le dernier, présentent des amas de pores; au premier segment, l'amas est de 3 ou 4 pores, groupés à la limite d'un espace
lisse qui occupe presque toute la largeur du sternite, ou bien
englobés dans la réticulation (fig. 246); dès le deuxième, cet
espace lisse est partagé en trois plages, comme chez *G. electricus;*
la plage antérieure est limitée par la réticulation (fig. 248) et
l'amas de pores qu'elle porte est subtriangulaire à pointe postérieure; au delà du 17ᵉ environ, la plage poreuse n'est plus circonscrite, puis l'amas se divise et, sur le pénultième sternite (fig. 250),
chaque amas ne compte plus que 2 ou 3 pores [30]. Fossette
carpophagienne large, occupant les deux tiers du bord antérieur
des sternites (*e*, fig. 248); elle disparaît aux environs du 17ᵉ segment.

Métasternite du dernier segment pédifère en trapèze à bords
très convergents, sa longueur étant un peu plus de la moitié de
la largeur de base qui, elle-même, est plus du double de la tron-
cature caudale (fig. 250). Pattes terminales assez longues, épaissies chez le mâle. Hanches relativement courtes et médiocrement
bombées, percées sur leur face ventrale seulement de 5 à 7 pores,
dont trois, disposés sur une ligne courbe, s'ouvrent à découvert
à une certaine distance en dehors des autres, qui sont recouverts
par les bords du sternite; le pore postérieur, qui est le plus gros,
est rapproché de la pointe de la hanche. Griffe apicale fonctionnelle, longue et fine. Des pores anaux.

Pyrénées; Montagne Noire; Puy-de-Dôme.

5. — **Geophilus Chalandei** BROLEMANN, 1909.

[Fig. 251-254.]

Longueur jusqu'à 44 mm.

Segments pédifères : 59 (♂) et 61 à 71 (♀).

Forme très voisine de *G. pyrenaicus*, dont elle se différencie
par les structures suivantes :

Corps de dimensions plus grandes, formé d'un plus grand nom-

---

[30] La forme de l'amas poreux et le nombre des pores qui le composent
sont sujets à variations individuelles, mais la disposition des plages se
retrouve semblable chez les espèces suivantes du genre *Geophilus*.

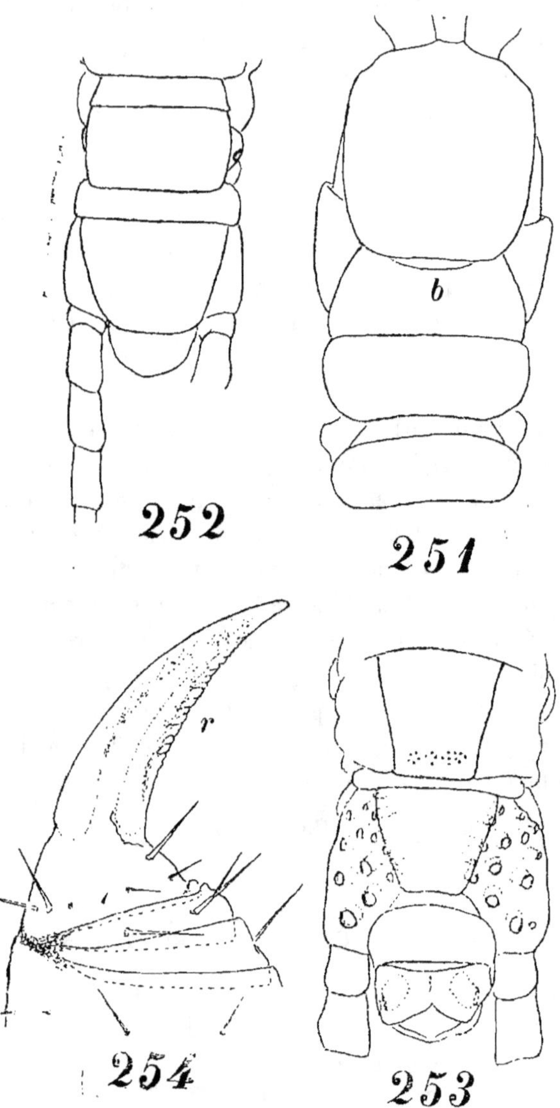

Geophilus Chalandei, femelle de 44 mm., à 61 p. pattes,
des Basses-Pyrénées (Laruns).

Fıg. 251. — Extrémité antérieure du corps, face dorsale. *b:* lame prébasale.
Fıg. 252. — Extrémité postérieure du corps, face dorsale.
Fıg. 253. — La même préparation, face ventrale.
Fıg. 254. — Griffe forcipulaire à concavité crénelée, *r*.

bre de segments, atténué en arrière seulement. Ecusson céphalique un peu plus allongé, laissant parfois la lame prébasale à découvert (fig. 251).

La concavité de la griffe forcipulaire est finement crénelée (fig. 254), les incisures étant nombreuses (une vingtaine au moins) et rapprochées, et les dentelures petites (*r*).

La réticulation du premier sternite est ordinairement l'inverse de ce que nous avons vu chez *G. pyrenaicus*, c'est-à-dire qu'elle envahit les deux tiers antérieurs du sternite. Les amas poreux sont plus grands et plus fournis.

Les hanches des pattes terminales (fig. 253) ont un nombre de pores généralement plus élevé (11 à 15); de ce nombre, 5 ou 6 sont dissimulés sous le bord du sternite, tous les autres s'ouvrant à découvert sur la face ventrale de la hanche, subsériés en deux files longitudinales plus ou moins régulières.

Les autres organes, notamment les pièces buccales, sont semblables dans les deux formes.

Forêts de hêtres de la chaîne pyrénéenne; Cantal.

6. — Geophilus Osquidatum BROLEMANN, 1909.

[Fig. 255-260.]

Longueur jusqu'à 27 mm.

Segments pédifères : 51 à 53 (♂) et 53 à 59 (♀).

Corps à bords parallèles, atténué seulement en arrière. Tête à ponctuations clairsemées, un peu plus longue que large (rapport: 7::6). Zone prélabiale avec ou sans plages claires en arrière des soies postantennaires.

Pièce médiane du labre avec quatre dents (fig. 255); elles peuvent être toutes tuberculeuses, ou bien les deux externes peuvent être effilées en lanières; exceptionnellement (Puy-de-Dôme) 7 dents. Pièces latérales avec 7 à 10 lanières en contact à la base seulement, rapidement atténuées dans le tiers basal et grêles au delà. Mandibule comme *G. pyrenaicus*. Palpes coxaux des premières mâchoires grêles, plus ou moins réduits; palpes fémoraux larges, en demi croissant (fig. 256). Coxosternum des deuxièmes mâchoires à bord rostral profondément échancré; pores

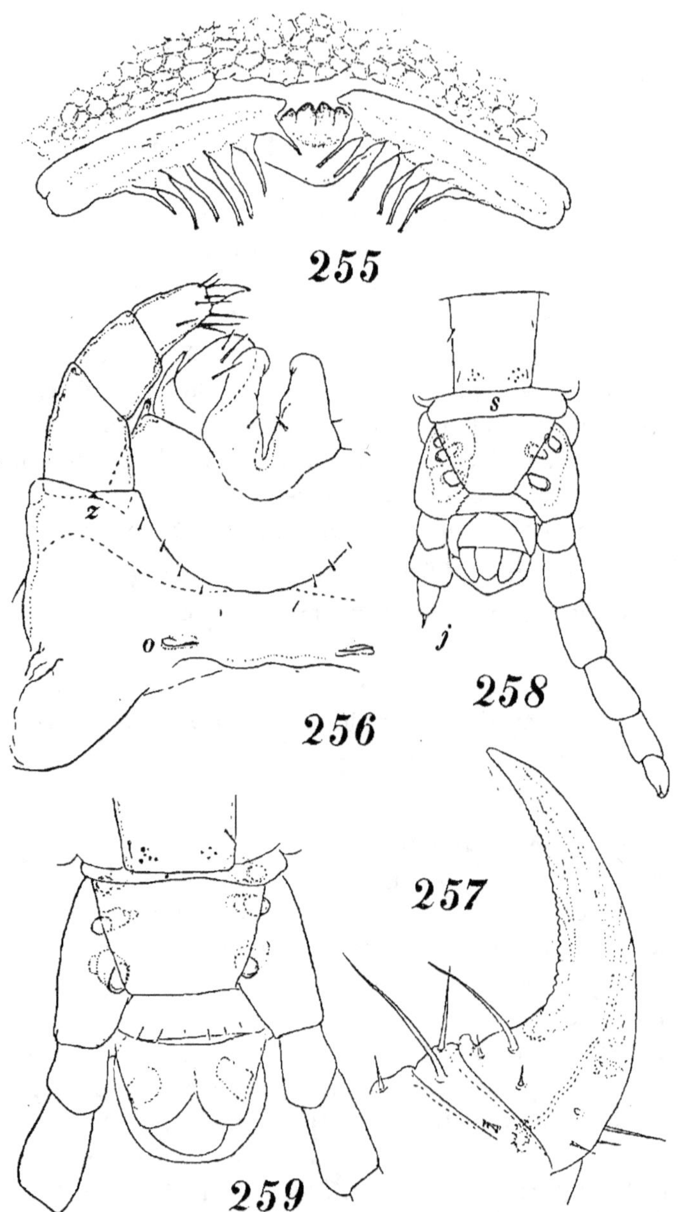

Geophilus Osquidatum.

Fig. 255. — Labre d'une femelle de 18 mm., à 53 p. pattes, du Cantal (Lioran).

Fig. 256. — Mâchoires de la première paire et de la deuxième paire, face ven-

métamériques (*o*) rapprochés, l'écart étant environ une fois et quart la distance d'un pore au condyle coxofémoral correspondant (*z*); ongle apical long et fort. Coxosternum forcipulaire à bord rostral peu proéminent, inerme; lignes chitineuses abrégées; bords ventraux des pleurites faiblement convergents; articles inermes au rebord interne; griffe avec une petite nodosité à la base; la concavité est crénelée, les incisures étant rapprochées et les dentelures irrégulières et nombreuses (une trentaine) (*r*, fig. 257).

Sternites comme *pyrenaicus*, avec des amas poreux peu fournis et des fossettes carpophagiennes n'occupant guère que les deux tiers du bord antérieur (fig. 260).

Présternite du dernier segment pédifère très large (*s*, fig. 258); métasternite trapézoïdal, la longueur est à la largeur de base environ comme 4::7 chez la femelle (un peu plus long chez le mâle) (fig. 258-259). Hanches des pattes terminales percées de 2+2 ou 3+3 gros pores, tous dissimulés sous le bord du métasternite; pas de pore isolé en arrière; pas de pores dorsaux. Griffe apicale normale, relativement longue et grêle. Deux gros pores anaux.

Pyrénées occidentales, de préférence dans les parties peu élevées (Pau, Arudy, Lourdes); Tarn; Cantal; Puy-de-Dôme; Seine-Inférieure.

7. — Geophilus Joyeuxi Léger et Duboscq, 1903.

[Fig. 261-263.]

Longueur jusqu'à 22 mm.

Segments pédifères : 49 à 51 [67] (♂) et 57 (♀).

Espèce voisine de la précédente, de taille plus réduite, tête un peu plus large que longue (rapport : 10::9). Antennes longues au moins quatre fois la tête.

trale. de la même femelle. *o:* pore métamérique; *z:* condyle articulaire coxofémoral.

Fig. 257. — Griffe forcipulaire gauche à concavité crénelée, *r*, face ventrale, de la femelle type à 57 p. pattes des Basses-Pyrénées (Arudy).

Fig. 258. — Extrémité postérieure, face ventrale, d'un mâle à 53 p. pattes des Hautes-Pyrénées (Calypso), dont la patte terminale droite, *j*, est anormale. *s:* présternite du dernier segment pédifère.

Fig. 259. — Extrémité postérieure, face ventrale, d'une femelle de 19 mm., à 59 p. pattes, de Seine-Inférieure (Gadeau de Kerville leg.).

Labre avec 9 à 10 dents tuberculeuses au centre et 6 à 7 lanières de part et d'autre. Palpes des premières mâchoires plutôt
grêles, à papilles allongées; palpe coxal très réduit. Ongle des

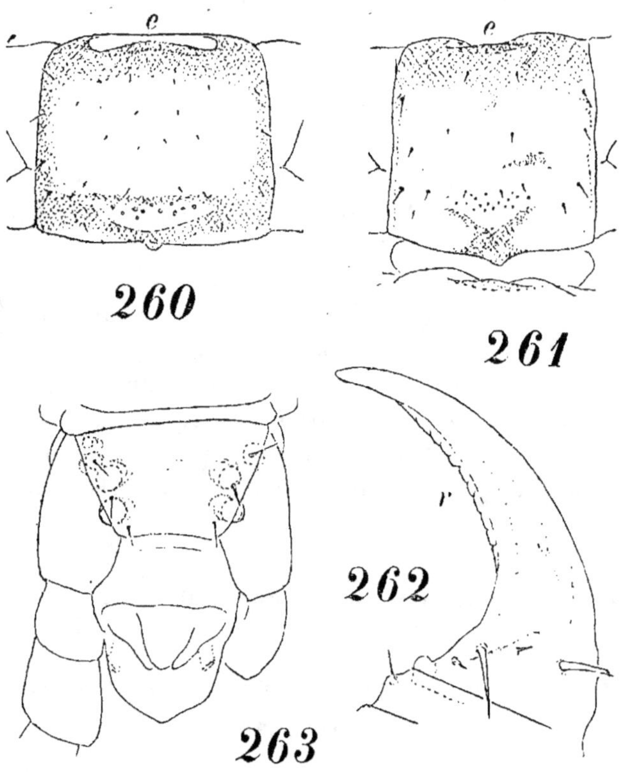

Geophilus Osquidatum.

Fig. 260. — Sternite du 7ᵉ segment du mâle de 18 mm., à 53 p. pattes, du
Cantal (Lioran). e : fossette carpophagienne.
 . *Geophilus Joyeuxi,* mâle type de Corse (Vizzavona).
Fig. 261. — Sternite du 5ᵉ segment et bord rostral du 6ᵉ sternite. e : fossette
carpophagienne.
Fig. 262. — Griffe forcipulaire à concavité crénelée, r, face ventrale.
Fig. 263. — Extrémité postérieure du corps, face ventrale.

deuxièmes mâchoires long et fort. Forcipules comme G. *Osquidatum*, à lignes chitineuses abrégées et pleurites repoussés latéralement; la griffe est crénelée dans sa concavité, contrairement
au dire des auteurs, mais les incisures sont très peu nombreuses

(une dizaine) et espacées (*r*, fig. 262), ce qui permet de reconnaître aisément cette espèce de la précédente.

Sternites antérieurs (fig. 261) avec un champ poreux entier jusqu'au 19ᵉ segment et une fosette carpophagienne (*e*) plutôt

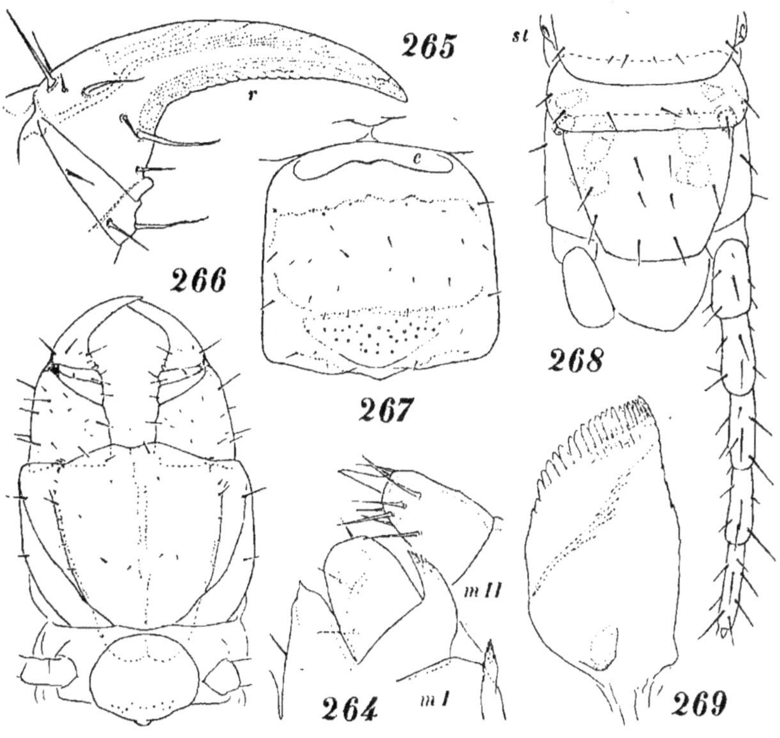

Geophilus algarum.

Fig. 264 à 268 empruntées à la femelle type à 57 p. pattes de la Manche (grande-île Chausey). [Gadeau de Kerville leg.].

Fig. 264. — Moitié droite des mâchoires de la première paire, *mI*, et article terminal de la deuxième mâchoire droite, *m II*, face dorsale.

Fig. 265. — Griffe forcipulaire droite à concavité crénelée, *r*, face ventrale.

Fig. 266. — Forcipules à lignes chitineuses abrégées.

Fig. 267. — Sternite du 8ᵉ segment. *e:* fossette carpophagienne.

Fig. 268. — Extrémité postérieure du corps, face dorsale. *st:* dernier sclérite stigmatifère séparé du pénultième tergite.

Fig. 269. — Mandibule droite, face dorsale, d'une femelle de 23 mm., à 57 p. pattes, de Loire-Inférieure (Piriac) [Alluaud leg.].

étroite, n'occupant guère que la moitié de la largeur du sternite.

Dernier segment pédifère comme G. *Osquidatum.* Hanches des pattes terminales avec 4+4 (ou 3+4) pores dissimulés sous les

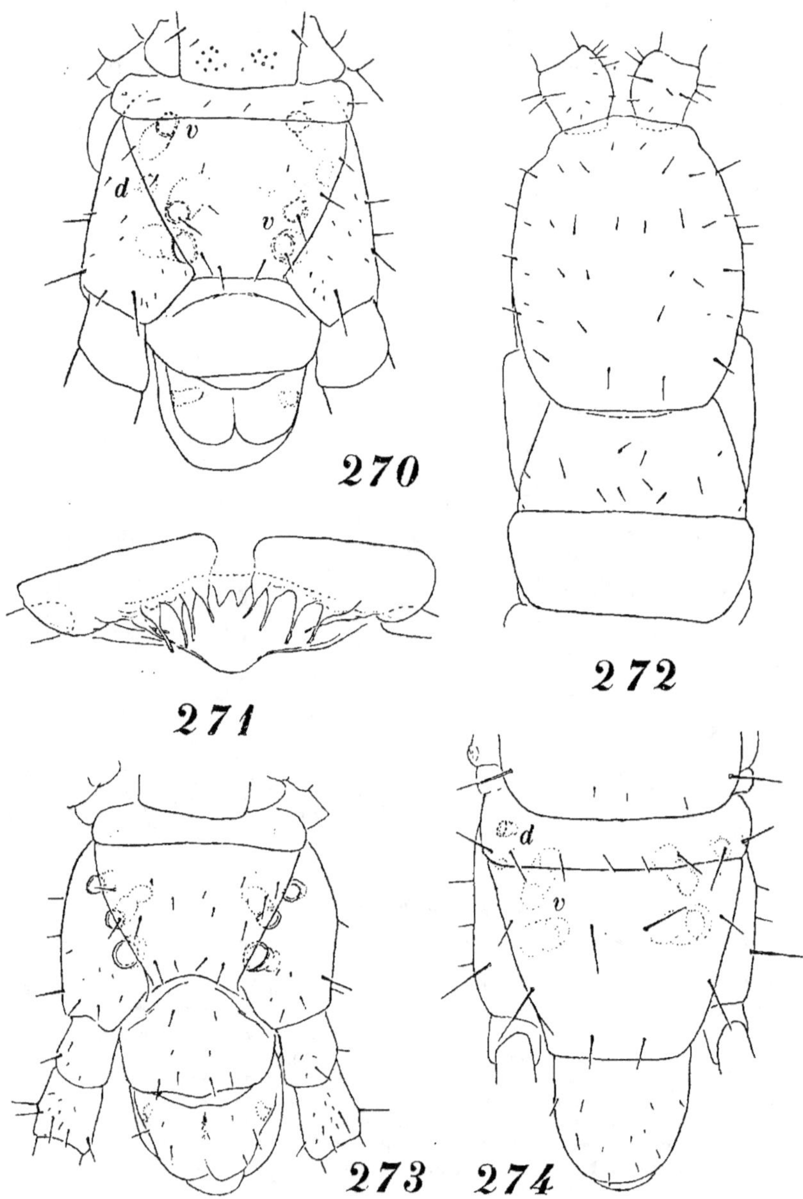

Geophilus algarum.

Fig. 270. — Extrémité postérieure du corps, face ventrale, d'une femelle de
23 mm., à 57 p. pattes, de Loire-Inférieure (Piriac). *v, v:* pores ventraux;
d: pore dorsal vu par transparence.

bords du métasternite (fig. 263); pas de pores dorsaux; télopodites épaissis et densément velus chez le mâle; ongle apical fort. Deux gros pores anaux.

Corse; Alpes-Maritimes (Cap d'Antibes). Nous possédons d'Arles-sur-Tech (Pyrénées-Orientales) un petit mâle qui présente les mêmes caractères, mais qui compte 67 paires de pattes.

8. — **Geophilus algarum** BROLEMANN, 1909.

[Fig. 264-270.]

Longueur jusqu'à 35 mm.

Segments pédifères : 53 (♂) et 53 à 59 (♀).

Corps grêle à bords parallèles, faiblement atténué en arrière. Tête de peu plus longue que large (rapport : 13::11); la lame prébasale n'est généralement pas visible. Antennes longues, au moins quatre fois la largeur de l'écusson céphalique, à articles allongés. Zone prélabiale avec deux paires de soies en arrière de la paire postantennaire et deux espaces clairs géminés à la base de la paire intermédiaire.

Labre avec deux dents tuberculeuses au centre et, de part et d'autre, 6 à 7 lanières semblables à celles de *G. Osquidatum*. Palpes des premières mâchoires comme chez cette même espèce (*m I*, fig. 264). Coxosternum des deuxièmes mâchoires peu profondément échancré au bord rostral; l'écart des pores métamériques est presque double de la distance d'un pore au condyle coxofémoral correspondant; ongle apical long et acéré (*m II*, fig. 264). Coxosternum forcipulaire court et large (rapport : 5::6,5), à bord rostral peu proéminent, inerme (fig. 266); lignes chitineuses abrégées; bords ventraux des pleurites bien convergents. Griffe à concavité crénelée, découpée par des incisures peu nombreuses (8 à 12) et espacées (*r*, fig. 265).

Geophilus algarum, var. *decipiens*, de la Manche (Coutances).

FIG. 271. — Labre d'une femelle de 17 mm., à 57 p. pattes.
FIG. 272. — Extrémité antérieure, face dorsale, de la même femelle.
FIG. 273. — Extrémité postérieure, face ventrale, de la même femelle. (Tous les pores sont ventraux.)
FIG. 274. — Extrémité postérieure, face dorsale, d'une autre femelle de 17 mm., à 55 p. pattes, de même provenance. *d:* pore dorsal asymétrique; *v:* pores ventraux vus par transparence.

Tergites bisillonnés. Sternites à champs poreux comme *G. pyrenaicus*, divisés à partir du 18ᵉ segment environ. Fossette carpophagienne jusqu'au 17ᵉ segment environ, occupant à peu près les
deux tiers du bord rostral du sternite (*c*, fig. 267).

Métasternite du dernier segment pédifère en trapèze plus ou
moins long, très large de base (rapport : 3::5 ou 3::5,6), à bords
latéraux fortement convergents, le bord caudal étant au bord
rostral dans le rapport de 1::2,7. Pattes terminales médiocres.
Hanches peu bombées (♀), percées de 4+4 pores; l'un des pores
est situé dorsalement sous l'angle rostral du métatergite (fig. 268);
un autre pore, le plus petit, s'ouvre à la base antérieure de la
hanche et n'est visible que par transparence, mais est plus apparent sur la face ventrale; les deux autres s'ouvrent à côté l'un de
l'autre sous le bord du métasternite et non loin de son angle
caudal (*v*, fig. 270). Dernier article long, pourvu d'une griffe
courte et large de base, conique. Des pores anaux petits.

Manche (grande île Chausey [type], Pont de la Roque); Loire-
Inférieure (Piriac); Charente-Inférieure (Fouras).

Remarque. — Des deux individus recueillis au Pont-de-
la-Roque (Manche) par M. le professeur O. Dubosco, l'un n'a de
pore coxal dorsal que d'un côté, l'autre n'en a d'aucun côté
(fig. 273-274). Ils se rattachent pourtant incontestablement au
G. algarum par la conformation de leur griffe forcipulaire et de
la griffe apicale des pattes terminales. Ils constitueront la variété
decipiens, *n. var.* [Fig. 271-274.]

9. — **Geophilus fucorum** Brolemann, 1909.

[Fig. 275-278.]

Longueur jusqu'à 29 mm.

Segments pédifères : 49 à 53 (♂) et 53 à 55 (♀).

Corps élancé, à bords parallèles, atténué seulement en arrière.
Tête aussi longue ou de peu plus longue que large (rapport :
9::8 ou 7::6), à bords latéraux subrectilignes et convergents en
avant. Antennes longues, de quatre à cinq fois la largeur de
l'écusson céphalique, à articles allongés. Zone prélabiale avec

deux paires de soies en arrière de la paire postantennaire et sans plages claires caractérisées.

Pièce médiane du labre avec 5 à 7 dents, dont au moins les

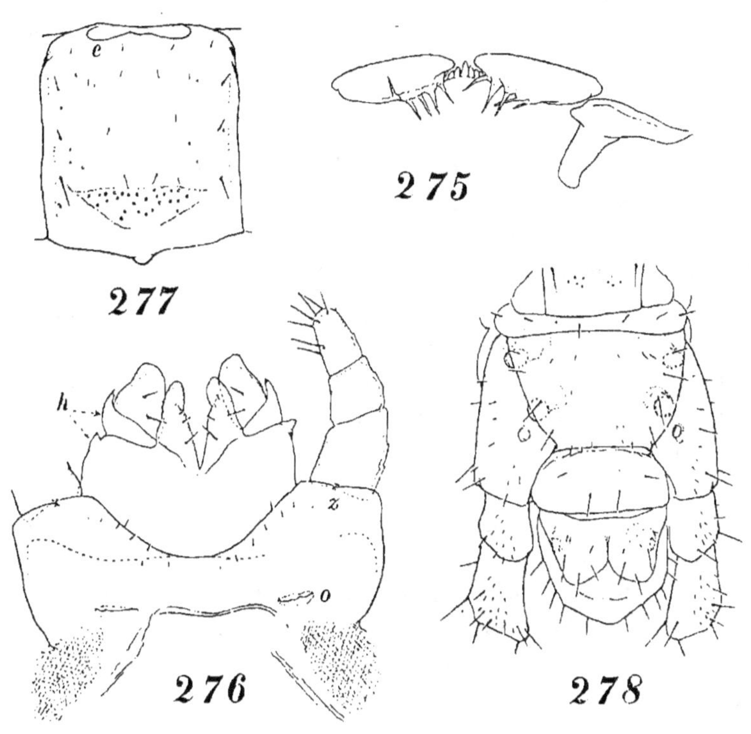

Geophilus fucorum.

Fig. 275. — Labre d'une femelle à 55 p. pattes des Alpes-Maritimes (île Saint-Honorat).

Fig. 276. — Mâchoires de la première paire et de la deuxième, face ventrale, d'une femelle de 22 mm., à 53 p. pattes, des Alpes-Maritimes (Cannes-Croisette). *h:* palpes maxillaires; *o:* pore métamérique; *z:* condyle articulaire coxofémoral.

Fig. 277. — Sternite du 9e segment de la même femelle. *e:* fossette carpophagienne.

Fig. 278. — Extrémité postérieure du corps, face ventrale, de la même femelle.

trois médianes sont tuberculeuses (fig. 275), la dent externe pouvant être effilée; pièces latérales portant environ 5 lanières non contiguës à la base, mais conformées comme chez *G. Osquidatum.* Arête ventrale de la mandibule non épanouie. Palpes coxaux des premières mâchoires très réduits; palpes fémoraux grands (*h*, fig. 276). Coxosternum des deuxièmes mâchoires échancré peu profondément mais largement au bord rostral; l'écart des pores métamériques (*o*) est à la distance de l'un d'eux au condyle correspondant (*z*) dans le rapport de 5::3; ongle grêle, long et acéré. Coxosternum forcipulaire large par rapport à sa longueur (comme 5: :4); bord rostral peu proéminent, inerme; lignes chitineuses abrégées; bords ventraux des pleurites fortement repoussés latéralement et presque parallèles dans les deux tiers antérieurs; rebord interne des trois premiers articles inerme; griffe avec une petite dent à la base et avec la concavité découpée par 12 ou 14 incisures assez espacées.

Sternites avec des champs poreux conformés comme chez *G. pyrenaicus*, entiers jusqu'au 15e segment environ (fig. 277), divisés ensuite. La fossette carpophagienne (*e*) n'est pas bien caractérisée; elle est plutôt étroite, n'occupant généralement guère plus de la moitié, parfois pourtant les deux tiers du bord du sternite.

Prétergite et métatergite du dernier segment pédifère assez larges; ce dernier est arrondi en arrière. Métasternite large et court (rapport : 3::2, ou même plus court), à bords latéraux peu convergents (fig. 278). Hanches des pattes terminales peu bombées, avec 3+3 pores, dont deux gros sous les bords du sternite et un petit isolé en arrière des autres et à découvert. Griffe apicale rudimentaire.

Littoral des Alpes-Maritimes; Banyuls-sur-Mer. Vit sur les grèves et dans les cordons de varech battus par les vagues.

En Algérie (La Pérouse), M. le Professeur SEURAT a trouvé une race du *G. fucorum* (subsp. *Seurati* BROL., 1924) qui diffère principalement par le nombre des pores des hanches terminales; on en trouve 4+4 gros sous les bords latéraux du sternite et parfois un très petit en avant, mais pas de pore isolé en arrière. Le coxosternum forcipulaire est un peu plus large et les pleurites un peu plus convergents. L'ongle apical des pattes terminales est nul chez le mâle, rudimentaire chez la femelle. Les autres structures comme chez le type.

10. — **Geophilus insculptus** ATTEMS, 1895.

[Fig. 279-283.]

Longueur jusqu'à 30 mm.

Segments pédifères : 43 à 47 (♂) et 47 à 63 (♀).

Corps grêle, un peu atténué en avant. Téguments unis, sans ponctuations. Pilosité abondante, longue surtout sur les derniers segments. Tête petite, aussi longue ou de peu plus longue que large, subrectangulaire, un peu plus étroite en arrière qu'en avant, à bord caudal rectiligne. Antennes trois fois et demie à quatre fois la largeur de l'écusson céphalique, faiblement moniliformes. Zone prélabiale bien délimitée, sans trace d'aire clypéale; en arrière des soies postantennaires est une paire de grandes soies, suivie d'une paire de soies plus petites.

Labre avec 5 dents tuberculeuses à la pièce médiane et environ 7 lanières à chacune des pièces latérales (fig. 279); ces lanières sont longues, non contiguës et graduellement rétrécies depuis la base. Arête ventrale des mandibules non épanouie, tombant presque parallèlement à l'arête dorsale; condyle articulaire peu développé, comme chez les autres espèces du genre. Coxosternum des premières mâchoires long au milieu; les palpes font défaut, le rebord externe des articles étant simplement rabattu dorsalement (*m I*, fig. 283); l'article basal du membre (fémoroïde) est très long en dehors, ce qui a pour effet de faire verser en dedans l'article apical (fig. 280), dont l'axe se trouve converger fortement avec celui de l'article opposé ([31]). Coxosternum des deuxièmes mâchoires à bord rostral large, échancré en angle rentrant; l'ongle apical fait place à un tubercule un peu plus long que large, surmonté d'une quille sensorielle minuscule (*y*, fig. 283). L'écart des pores métamériques est environ deux fois la distance de l'un d'eux au condyle coxofémoral correspondant. Coxosternum forcipulaire large et court (rapport : environ 3::2), à bord rostral inerme; lignes chitineuses abrégées; les pleurites sont repoussés latéralement, leurs bords ventraux étant néanmoins bien convergents. Membres trapus; fémoroïde court et très large, inerme intérieurement, comme aussi les deux articles suivants; griffe à

---

(31) C'est par erreur que ATTEMS attribue des palpes à son type.

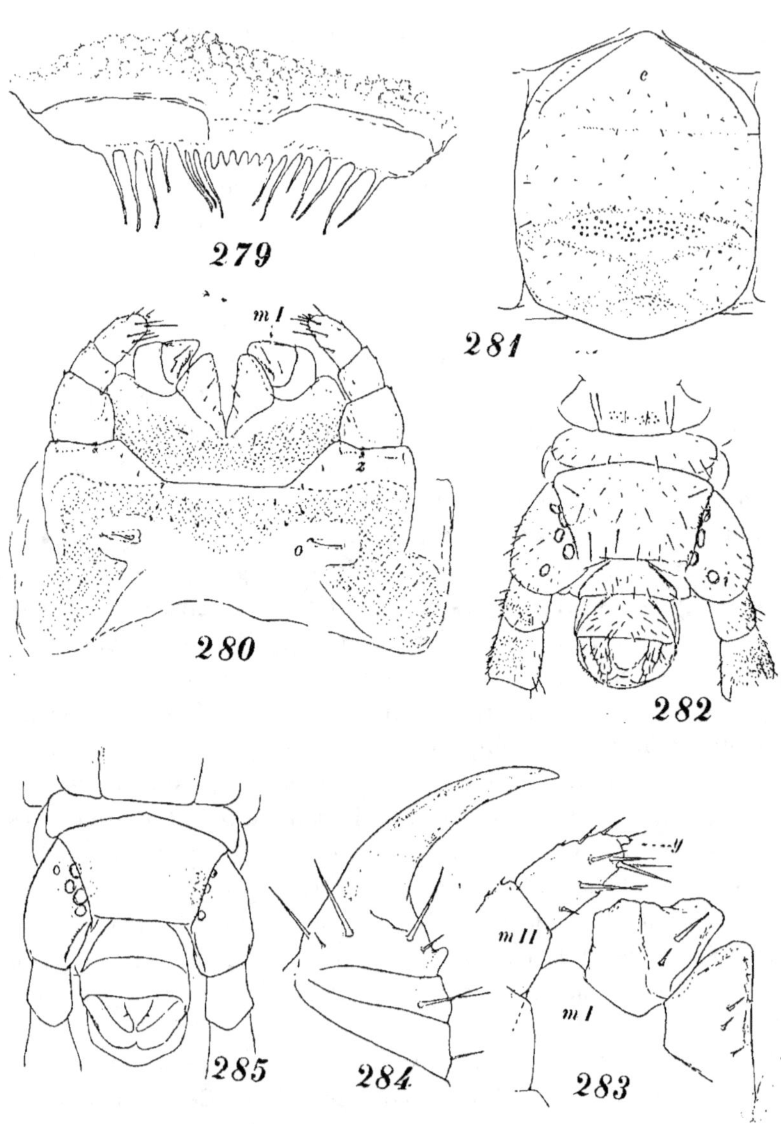

Geophilus insculptus, mâle de 26 mm., à 47 p. pattes,
du Tarn (Arfons).

Fig. 279. — Labre.
Fig. 280. — Mâchoires de la première paire, *m I*, et de la deuxième paire,
face ventrale. *o:* pore métamérique; *z:* condyle articulaire coxofémoral.
Fig. 281. — Sternite du 15ᵉ segment. *e:* fossette carpophagienne.
Fig. 282. — Extrémité postérieure du corps, face ventrale. *i:* pore coxal
écarté du groupe.

concavité lisse et avec une petite dent à la base. Tergite forcipulaire large, à bords faiblement arqués; lame prébasale peu ou pas
apparente.

Tergites bisillonnés. Eupleurium avec un pleurite 3 ª. Sternites
avec 1 à 3 rainures, comme chez *G. electricus*. Les pores sont
réunis en amas, occupant le centre d'un espace lisse en fuseau
transverse, jusqu'au 19ᵉ ou 20ᵉ segment (fig. 281); à partir de ce
point il se divise en deux groupes symétriques de plus en plus
petits vers l'arrière; en même temps les soies principales deviennent de plus en plus longues. La fossette carpophagienne (*e*) est
à peu près aussi large que le sternite; elle disparaît à partir du
18ᵉ ou 20ᵉ segment.

Métatergite du dernier segment pédifère en ogive. Métasternite
en trapèze près de deux fois aussi large à la base que long (rapport : 9::5) chez le mâle (fig. 282), plus allongé chez la femelle.
Pattes terminales longues, épaissies chez le mâle. Les pores des
hanches, au nombre de 5 à 7 tous ventraux, s'ouvrent en une
rangée et rapprochés les uns des autres, sous le bord latéral du
métasternite; un autre pore (*i*, fig. 282), écarté des autres vers
l'arrière, s'ouvre à découvert non loin de la pointe de la hanche.
L'article apical est muni d'une griffe fonctionnelle. La face ventrale des articles 2 à 5 ou 6 est couverte de crins très courts et
très nombreux. Des pores anaux.

Toute la France, mais beaucoup plus commun dans l'Est et le Midi,
où il remplace le *G. proximus*. Europe, surtout méridionale.

Geophilus insculptus, *subsp.* debilis, *nov.* [Fig. 284-285.]

Dans les Alpes-Maritimes (Cannes; Cap d'Antibes), on trouve
des individus grêles, pâles, de taille moindre (jusqu'à 21,50 mm.),
ayant 49 (♂) et 51 à 53 (♀) segments pédifères, auxquels manque

Geophilus insculptus.

Fig. 283. — Moitié droite des mâchoires de la première paire, *m I*, et article
terminal de la mâchoire de la deuxième paire, *m II*, face ventrale, du
mâle à 47 p. pattes du Tarn (Arfons).

Geophilus insculptus debilis, mâle de 19,50 mm., à 49 p. pattes,
des Alpes-Maritimes (Le Cannet de Cannes).

Fig. 284. — Griffe forcipulaire à concavité unie.
Fig. 285. — Extrémité postérieure du corps, face ventrale, sans pore isolé.

constamment le pore isolé des hanches terminales qu'on connaît au type (fig. 285) ; les 4+4 ou 5+5 pores coxaux sont tous rapprochés les uns des autres sous le bord latéral du sternite.

11 — **Geophilus Gavoyi** CHALANDE, 1910.
[Fig. 286-290.]

(*Geophilus truncorum* CHALANDE, 1888, *nec* : MEINERT. *Geophilus gracilis* CHALANDE, 1888, *pro p.* et 1892, *nec* : MEINERT.)

Longueur jusqu'à 30 mm.

Segments pédifères : 39 à 43 (♂) et **41** à 45 (♀) [voir *f. elongata*].

Forme voisine de la précédente, élancée. Téguments lisses, brillants, à pilosité médiocre et clairsemée. Tête subrectangulaire aussi large ou à peine plus large que longue, à bords latéraux faiblement arqués, tronquée en arrière (fig. 286). Antennes environ trois fois et demie aussi longues que la tête, à articles plus longs que larges, dont le dernier est plus court que les deux précédents réunis. Zone prélabiale comme *G. insculptus*, sans trace d'aire clypéale et avec deux paires de soies en arrière de la paire postantennaire.

Pièce médiane du labre large, armée de 7 à 9 dents ; pièces latérales garnies de 5 lanières longues, non contiguës à la base et graduellement effilées. Mandibules sans épanouissement de l'arête ventrale et avec un condyle dorsal très peu saillant. Premières mâchoires sans palpes latéraux. Deuxièmes mâchoires larges et courtes ; le bord antérieur du coxosternum est largement échancré ; l'écart entre les pores métamériques est environ deux fois

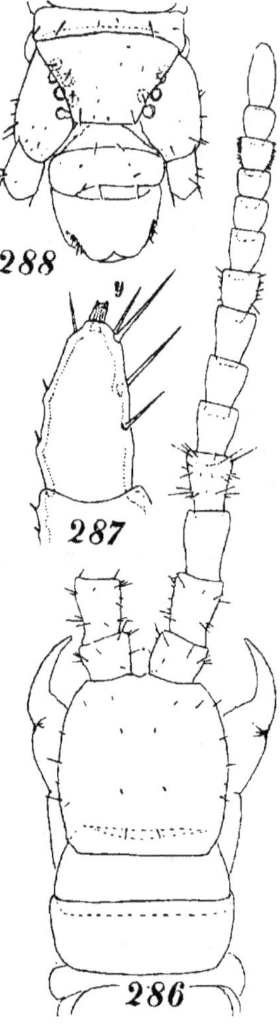

Geophilus Gavoyi, femelle de 27 mm., à 51 p. pattes, des Pyrénées-Orientales (Arles-sur-Tech).

FIG. 286. — Extrémité antérieure du corps et antenne droite, face dorsale.

FIG. 287. — Article apical et ongle tuberculeux, *y*, d'une mâchoire de la deuxième paire.

FIG. 288. — Extrémité postérieure du corps, face ventrale.

la distance d'un pore au condyle coxofémoral correspondant;
l'ongle apical est remplacé par un tubercule subcylindrique trapu,
surmonté de deux quilles sensorielles minuscules (fig. 287). Tergite forcipulaire grand, à côtés un peu arqués et faiblement convergents (fig. 286). Coxosternum forcipulaire court et large (rapport : 10::7), à bord rostral inerme; lignes chitineuses abrégées;
bords ventraux des pleurites convergents. Les trois premiers arti-

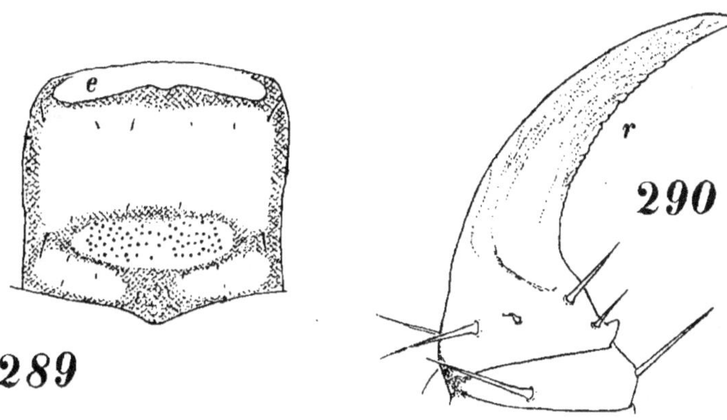

Geophilus Gavoyi.

Fig. 289. — Sternite du 8ᵉ segment (d'après Chalande). e: fossette carpophagienne.
Fig. 290. — Griffe forcipulaire droite, face ventrale, de la femelle de 27 mm.,
à 51 p. pattes, des Pyrénées-Orientales (Arles-sur-Tech). r: concavité
crénelée.

cles sont inermes; la griffe a une très petite dent à la base et sa
concavité, découpée par une trentaine d'incisures peu profondes,
est finement denticulée (r, fig. 290).

Tergites peu profondément bisillonnés. Sternites antérieurs à
trois sillons longitudinaux. Fossette carpophagienne occupant
presque toute la largeur du sternite (e, fig. 289); elle disparaît
du 14ᵉ au 18ᵉ segment. Amas poreux en ovale transverse; celui
du premier sternite est nul ou rudimentaire; ces amas disparaissent soit brusquement vers le 18ᵉ sternite sans se diviser, soit
vers le 23ᵉ après s'être partagés en deux groupes.

Prétergite du dernier segment pédifère aussi large que le corps.
Métatergite long, en ogive arrondie. Métasternite en trapèze large
et assez long (rapport : environ 3::2), à bords latéraux bien con-

vergents, le bord caudal étant au bord rostral dans le rapport de 1 à 2,5 (fig. 288). Pattes terminales grêles chez la femelle, un peu plus épaisses chez le mâle. Hanches peu développées, percées chacune de 4 à 7 pores ventraux, tous dissimulés sous le bord du sternite; pas de pore isolé en arrière ni de pores dorsaux. Dernier article avec une griffe fonctionnelle normale, longue. Pas de pores anaux.

Puy-de-Dôme; Tarn; partie orientale des Pyrénées (rare à Pau). Grande-Bretagne.

Remarque. — Sous le nom de ; *forma* **elongata** CHALANDE, 1910, l'auteur toulousain distingue des individus qui ne diffèrent que par un nombre plus élevé de segments pédifères : 49 à 55 (♂) et 51 à 57 (♀). Avec le type.

12. — **Geophilus pusillus** MEINERT, 1870.

(*Orinomus oligopus* ATTEMS, 1895; *Orinophilus oligopus* COOK, 1895.)

Nous mentionnons ici cette espèce de l'Europe centrale et méridionale, parce qu'elle a été signalée d'Italie; ce serait, d'après VERHŒFF, le *Geophilus cispadanus* de SILVESTRI. Elle nous est inconnue. Elle doit être voisine de *G. Gavoyi* CHAL., dont elle ne différerait que par l'absence de fossette carpophagienne et par le nombre de segments pédifères (31 à 37). Les autres structures sont encore à vérifier.

Geophilus pygmaeus LATZEL, 1880, qui a été mis par VERHŒFF en synonymie avec l'espèce de MEINERT, a la concavité de la griffe forcipulaire lisse et des pores anaux; il semble donc bien qu'il s'agisse d'une espèce distincte. Autriche.

*
**

RISSO, 1826, a donné le nom de :

Geophilus longissimus à une forme des Alpes-Maritimes trop sommairement décrite pour pouvoir être identifiée. Elle n'appartient probablement pas au genre *Geophilus,* tel qu'il est défini ici.

12ᵉ genre. **BRACHYGEOPHILUS** Brolemann, 1909.

Comme *Geophilus*, mais les espèces sont petites, à nombre de segments pédifères peu élevé et, par cela même, moins variable.

Les amas poreux ventraux font complètement défaut, même aux segments antérieurs (fig. 295), où l'on peut toutefois rencontrer de très rares pores isolés, dispersés sur le pourtour des sternites. La fossette carpophagienne peut faire défaut. Pas plus de 4+4 pores aux hanches terminales.

Type : *Brachygeophilus truncorum* (Bergsö et Meinert, 1886).

1. — **Brachygeophilus truncorum** (Bergsö et Meinert, 1866).
[Fig. 291-296.]

(Geophilus truncorum Bergsö et Meinert, 1866.)

Longueur jusqu'à 18 mm.

Segments pédifères : 33 à 39 (♂) et 33 à 41 (♀).

Petite espèce grêle. Téguments luisants. Pilosité peu apparente.

Tête aussi large que longue, subrectangulaire ou faiblement atténuée en avant, à bord caudal rectiligne (fig. 292). Antennes environ trois fois la longueur de la tête, à pilosité relativement courte, même à la base; dernier article au moins égal aux deux précédents réunis. Zone prélabiale nettement limitée, large et longue (rapport: environ 5: :3), avec deux paires de soies en arrière de la paire postantennaire et sans trace d'aire clypéale. Pièce médiane du labre égalant un cinquième de la largeur totale de l'organe, munie de 5 à 6 dentelures triangulaires trapues, aiguës (fig. 291); pièces latérales développées transversalement, de quatre à cinq fois aussi larges que longues, frangées de 5 à 6 lanières non contiguës. Arête ventrale de la mandibule non épanouie; condyle dorsal rudimentaire. Premières mâchoires à coxosternum long, pourvues de palpes fémoraux et parfois de petits palpes coxaux, tous courts et acuminés. Deuxièmes mâchoires à coxosternum profondément échancré au bord rostral; les pores métamériques sont rapprochés, l'écart entre eux n'étant qu'un peu supérieur à la distance d'un pore au condyle correspondant.

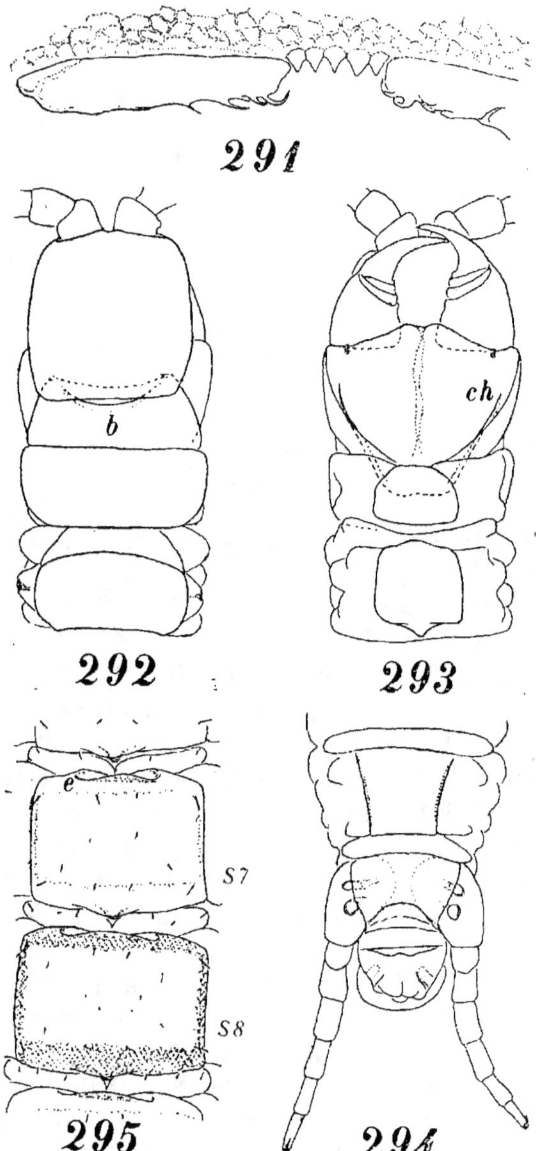

Brachygeophilus truncorum.

Fig. 291. — Labre d'une femelle de l'Aisne (La Ferté-Milon).
Fig. 292. — Extrémité antérieure du corps, face dorsale, de la même femelle.
  b : échancrure du bord rostral du tergite forcipulaire laissant voir la
lame prébasale,

Ongle apical robuste, présentant une faible dentelure à moitié de son arête ventrale (fig. 296).

Tergite forcipulaire large, à bords latéraux faiblement arqués; son bord rostral, un peu échancré, laisse entrevoir la lame pré-basale (plus ou moins, suivant l'âge de l'animal) (*b*, fig. 292). Coxosternum forcipulaire relativement long (rapport largeur × longueur : 4: :2,7), à bord rostral inerme (fig. 293); lignes chiti-neuses (*ch*) fortement abrégées, ne dépassant que peu le bord ventral des pleures, qui sont très obliques. Membres trapus, inermes intérieurement; griffe longue, très robuste, non crénelée dans sa concavité et avec une petite nodosité aiguë à la base.

Tergites bisillonnés. Sternites à trois sillons longitudinaux, accusés dans les premiers segments. Fossette carpophagienne n'occupant guère plus de la moitié du bord antérieur du ster-nite (*e*, fig. 295); elle disparaît en arrière du 11ᵉ segment. Pas de champs poreux; les préparations montrent quelques rares pores isolés, disséminés sur le pourtour de la plage centrale rectangu-laire à réticulation obsolète (cf. fig. 300).

Prétergite du dernier segment pédifère aussi large que le corps; métatergite arrondi, en demi-cercle. Présternite en bandeau plus ou moins étranglé, rarement nettement divisé (Maroc) sur la ligne médiane; métasternite trapézoïdal, court et large (rapport: environ 1: :2), à bords latéraux peu convergents, le bord caudal égalant un peu moins des deux tiers du bord rostral (fig. 294). Hanches des pattes terminales peu proéminentes, assez longues, percées typiquement chacune de deux gros pores (MEINERT dit 2 ou 3), en partie dissimulés sous le bord du sternite. Télopodite de peu plus long que celui des pattes précédentes, assez grêle chez la femelle, nettement renflé chez le mâle, où la face ventrale des articles est vêtue de pilosité très courte et très dense. Griffe apicale normale, fonctionnelle. Deux gros pores anaux.

Toute la France. Grande-Bretagne; Scandinavie; Europe centrale; Espagne; Afrique mineure.

Fig. 293. — Même préparation, face ventrale. *ch:* lignes chitineuses très abrégées.

Fig. 294. — Extrémité postérieure du corps, face ventrale, de la même femelle.

Fig. 295. — Sternites des segments 7ᵉ et 8ᵉ d'une femelle de 9 mm., à 37 p. pattes, du Maroc (Dj. Tachdirt). *e:* fossette carpophagienne.

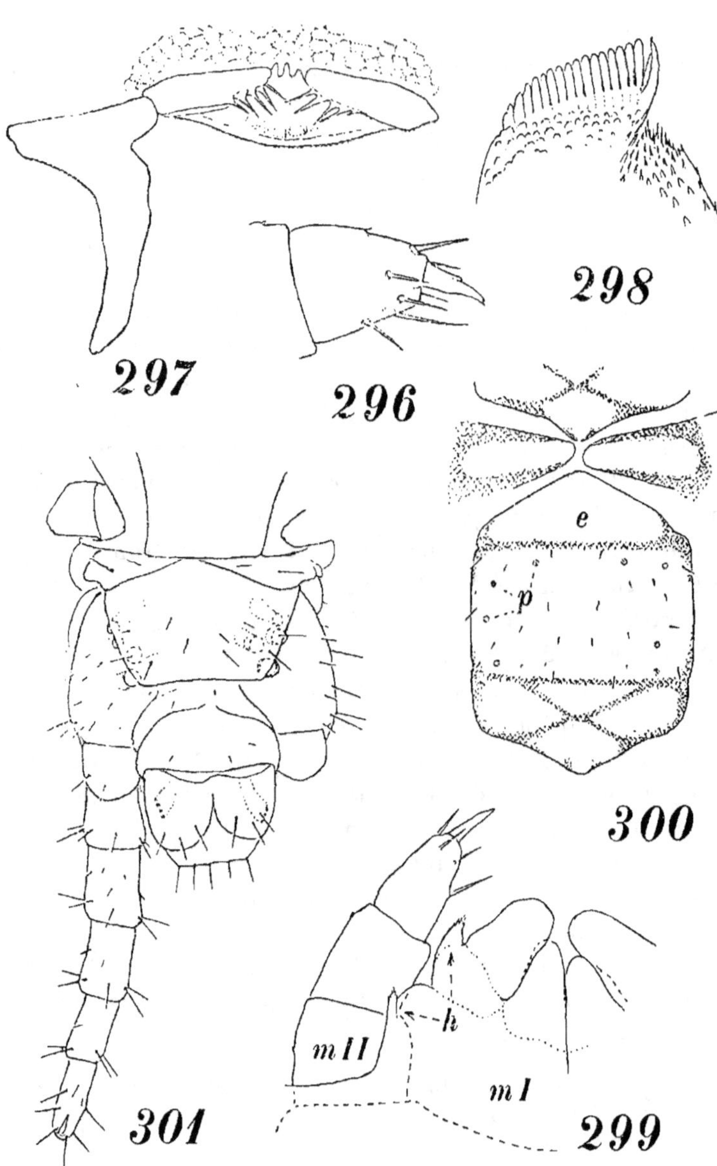

Brachygeophilus truncorum.

Fig. 296. — Ongle apical de la deuxième mâchoire d'un individu de Grande-Bretagne.

Brachygeophilus truncorum Ribauti.

Fig. 297. — Labre d'un mâle des Hautes-Pyrénées (Fabian).
Fig. 298. — Arête apicale de la mandibule du même mâle, face dorsale.

Brachygeophilus truncorum (BERGSÖ et MEINERT),

subsp. Ribauti (BROLEMANN, 1908).

[Fig. 297-301.]

(*Geophilus truncorum Ribauti* BROL., 1908.)

Comme le type, mais présentant constamment 4+4 pores à chacune des hanches des pattes terminales (fig. 301). Le nombre des dents du labre paraît aussi moins élevé, 2 ou 3 (fig. 297).

Pyrénées; Tarn; France centrale.

2. — Brachygeophilus Richardi (BROLEMANN, 1904).

[Fig. 302-304.]

(*Geophilus Richardi* BROL., 1904.)

Longueur jusqu'à 8,50 mm.

Segments pédifères : 31 ($\vec{\jmath}$) et 33 ($\mathcal{Q}$).

Espèce très voisine de la précédente. Pièce médiane du labre égale à peine au tiers de la largeur totale de l'organe, armée de quatre dents, dont les externes sont épineuses (fig. 302). Pièces latérales plus ramassées, guère plus de trois fois aussi larges que longues, mal délimitées en avant. Un seul palpe (fémoral) aux premières mâchoires.

Lame prébasale visible. Pas de champs poreux aux sternites, ni de structure carpophagienne (fig. 303).

Présternite du dernier segment pédifère non étranglé au milieu. Métasternite très court et très large (rapport : 1::2,2). Hanches des pattes terminales avec chacune deux gros pores en

FIG. 299. — Moitié gauche, face dorsale, des mâchoires de la première paire, *m I*, et de la deuxième paire, *m II*, du même mâle. *h:* palpes maxillaires.

FIG. 300. — Sternite étalé du 9ᵉ segment d'une femelle à 41 p. pattes d'Espagne (vallée d'Arazas) [D. CHOUARD leg.]. *e:* fossette carpophagienne; *p:* pores isolés, disséminés.

FIG. 301. — Extrémité postérieure du corps, face ventrale, d'une femelle à 37 p. pattes de la Haute-Garonne (forêt de la Seoubo).

partie recouverts par le sternite (fig. 304). Pattes très courtes, très épaisses chez le mâle, avec une griffe apicale normale.

Deux pores anaux petits, peu distincts.

Alpes-Maritimes (Monaco; Villeneuve-Loubet).

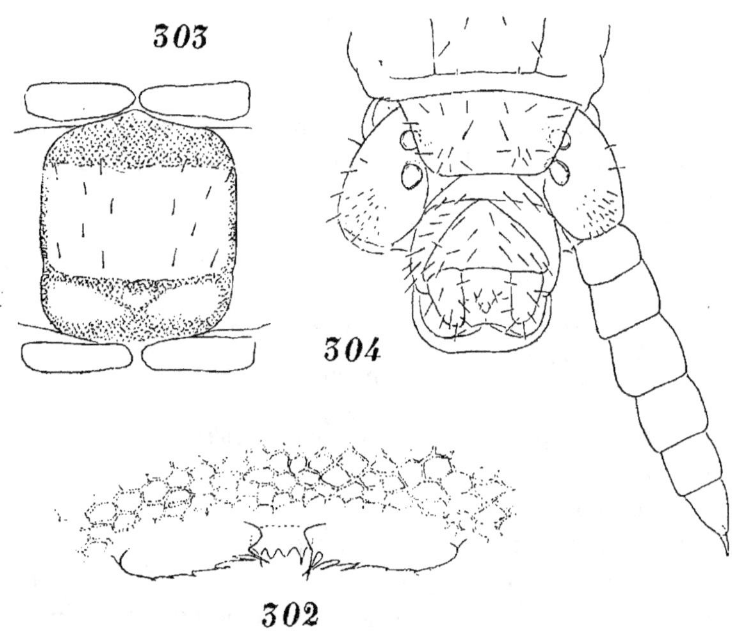

Brachygeophilus Richardi.

Fig. 302. — Labre d'une femelle à 33 p. pattes de Monaco.
Fig. 303. — Sternite d'un segment antérieur (entre le 5e et le 8e) de la même femelle.
Fig. 304. — Extrémité postérieure du corps, face ventrale, d'un mâle à 31 p. pattes de Monaco.

3e tribu. EURYGEOPHILINI, *nov. trib.*

Deuxièmes mâchoires comme chez les *Geophilini.*

Tergite forcipulaire très court et très large, à bords faiblement convergents, débordant la tête (fig. 314) et rappelant celui des *Dignathodontinae*; coxosternum très condensé (fig. 317); griffe grêle depuis la base, comprimée en lame de sabre.

Formes plus ou moins courtes et relativement larges.

Genres : *Eurygeophilus, Chalandea.*

13ᵉ genre. **EURYGEOPHILUS** (Verhœff, 1899).

(Geophilus, sous-genre *Eurygeophilus*, Verhœff, 1899.)

Pièces buccales comme *Geophilus;* mandibule sans condyle dorsal (an semper ?). Champs poreux sternaux en amas transversaux ou en rangées transversales (fig. 309). Certains sternites sont plus ou moins envahis par de minuscules aiguillons coniques aigus, qui peuvent même se retrouver sur la base des pattes (fig. 307-308). Dernier pleurite stigmatifère non soudé au métatergite correspondant. Dernier prétergite large, non flanqué de pleurites. Métasternite du dernier segment pédifère plus large que long. Pores coxaux disséminés. Pattes terminales de 7 articles, armées d'une griffe apicale.

Type : *Eurygeophilus multistyliger* Verhœff.

Eurygeophilus multistyliger (Verhœff, 1899),

subsp. **velmanyensis** Brolemann, 1926.

[Fig. 305-311.]

Longueur jusqu'à 28 mm. Largeur jusqu'à 1,50 mm.
Segments pédifères : 55 (♂) et 57 (♀).
Forme peu élancée. Téguments unis. Tête subtrapézoïdale, atténuée en avant; la longueur est à la plus grande largeur dans le rapport de 7 à 8,5; bord caudal rectiligne, laissant entrevoir la lame prébasale. Antennes trois fois et demie la longueur de la tête, à pilosité courte; dernier article moins long que les deux précédents réunis. Zone prélabiale non limitée latéralement, sans aire clypéale; une paire de soies immédiatement en arrière des soies postantennaires et une rangée latérale prémarginale de cinq soies de chaque côté. En avant du labre sont deux plages symétriques lisses, arrondies. Pièce médiane du labre égale à peine à un sixième de la largeur de l'organe, en râteau formé de huit dents tuberculeuses (fig. 305). Pièces latérales ovalaires, trois fois et demie aussi larges que longues, frangées d'une douzaine de lanières effilées et non contiguës à la base. Mandibule (fig. 306)

sans dents à l'extrémité de l'arête dorsale; l'arête ventrale n'est
pas épanouie. Deux paires de palpes allongés et velus aux premières mâchoires. Coxosternum des deuxièmes mâchoires court

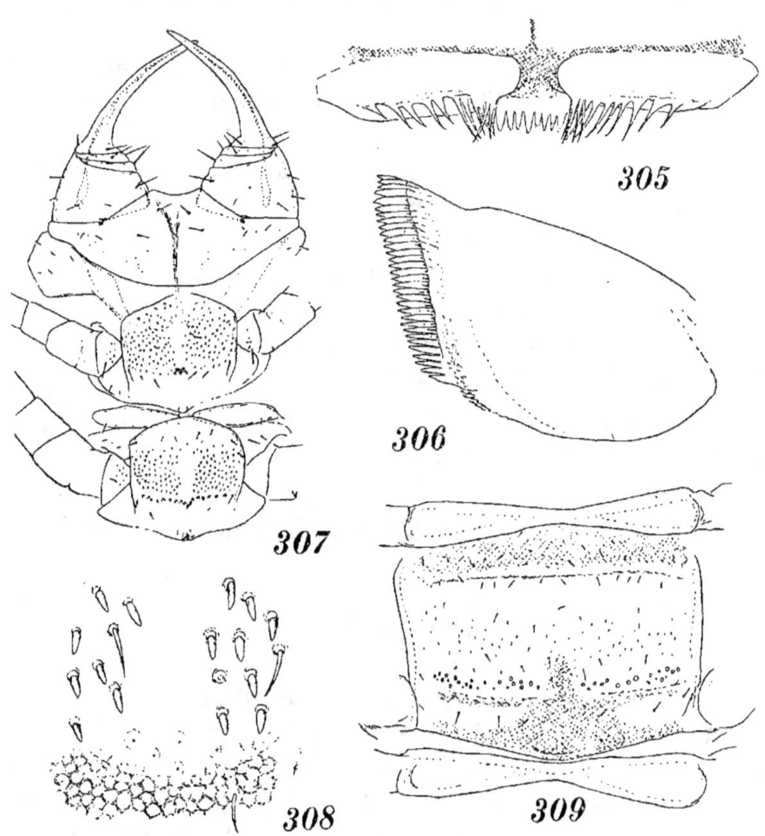

Eurygeophilus multistyliger velmanyensis, mâle de 28 mm.,
à 55 p. pattes, des Pyrénées-Orientales (Velmanya).

Fig. 305. — Labre.
Fig. 306. — Mandibule.
Fig. 307. — Forcipules et sternites des segments 1 et 2.
Fig. 308. — Fragment de la surface du sternite I, montrant les aiguillons et
les pores très grossis.
Fig. 309. — Sternite du 26ᵉ segment, avec champ poreux et sans aiguillons.

au milieu, le bord rostral étant très échancré; pores métamériques rapprochés; ongle apical robuste subconique.

Tergite forcipulaire au moins aussi large que la tête, presque
cinq fois aussi large que long, à bords latéraux faiblement con-

vergents. Coxosternum fortement condensé (fig. 307), extrêmement court (rapport longueur×largeur : 1::3), sans lignes chitineuses apparentes, à bord rostral inerme; les pleures se rejoignent en avant du premier sternite, leurs bords internes s'unis-
sant en une ligne largement arquée. Articles suivants extrêmement courts, inermes; le premier article est environ d'un tiers

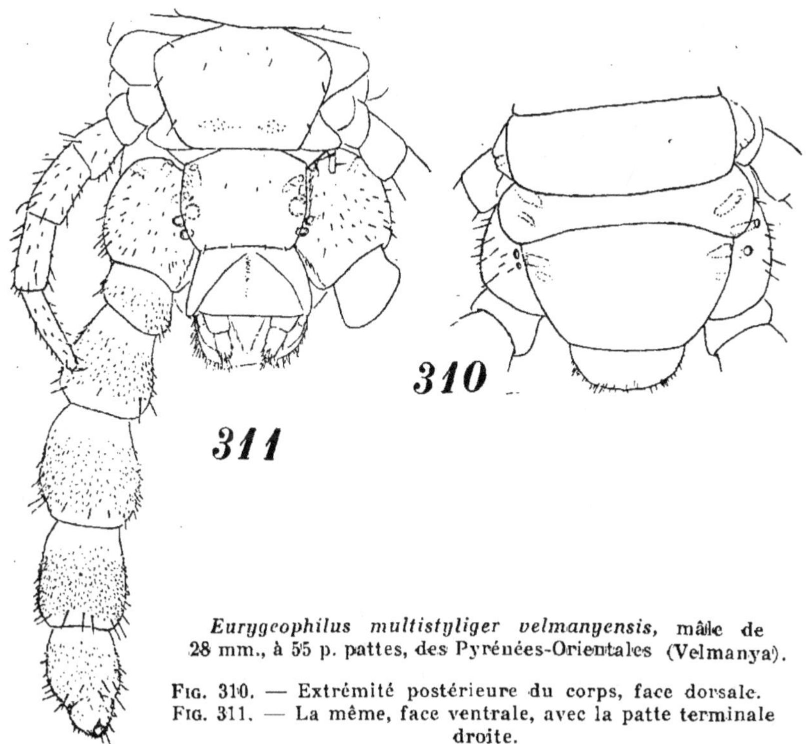

Eurygeophilus multistyliger velmanyensis, mâle de
28 mm., à 55 p. pattes, des Pyrénées-Orientales (Velmanya).

Fig. 310. — Extrémité postérieure du corps, face dorsale.
Fig. 311. — La même, face ventrale, avec la patte terminale
droite.

plus large à la base que long en dehors; griffe très peu arquée,
rétrécie dès la base et comprimée dorso-ventralement; pas de
nodosité à la base.

Tergites du tronc sans sillons. Pleurite préstigmatifère (1 ᵃ)
très grand, triangulaire. Sternites subquadrangulaires dans les
segments antérieurs, subrectangulaires transversaux ensuite; une
région médiane est surélevée en plateau limité en avant et en
arrière par des déclivités abruptes; ce plateau est plus ou moins
fortement mamelonné et présente, en avant de la déclivité cau-

dale, une bande unie occupant toute la largeur du sternite et percée d'une série de pores disposés sur une rangée ou sur deux (fig. 309) ; cette disposition se retrouve jusqu'au pénultième segment, la série de pores tendant à se diviser vers l'arrière. En outre les sternites de la moitié antérieure du corps sont en majeure partie envahis par des cônes minuscules, qui débordent même latéralement sur les sclérites péricoxaux (fig. 307-308).

Dernier segment pédifère à prétergite plus large que le métatergite précédent ; métatergite plus court que large, arrondi en segment de cercle. Présternite étranglé au milieu et peu visible de part et d'autre. Métasternite subrectangulaire (chez le mâle), à bords latéraux subparallèles (rapport longueur × largeur : 2::3). Hanches des pattes terminales très courtes et globuleuses, percées chacune d'une douzaine de pores isolés, disposés en fer-à-cheval le long de ses bords internes dorsaux et ventraux et qui sont tous dissimulés (fig. 311). Télopodite épaissi et pileux ventralement chez le mâle (la femelle est encore inconnue) ; l'ongle apical est fonctionnel.

Pores anaux peu apparents.

Pyrénées-Orientales.

Remarque. — Le type a été décrit par Verhœff (1899) sur une femelle du Portugal qui, avec 32 mm. de long, n'a que 51 paires de pattes. De sa description ressort que les pores ventraux sont réunis en amas et qu'il existe des glandes coxales groupées en un gros bouquet dans l'intérieur (c'est-à-dire à la base) de chaque hanche de la paire terminale. Le type n'a pas encore été trouvé en France.

14e genre. CHALANDEA Brolemann, 1909.

Comme *Eurygeophilus*, mais les sternites sont dépourvus de cônes sur leur surface. Corps extrêmement ramassé ; segments très peu nombreux.

Type : *Chalandea pinguis* (Brol.).

Chalandea pinguis (Brolemann, 1898).

[Fig. 312-318.]

(*Geophilus pinguis* Brol., 1898.)

Longueur jusqu'à 20 mm. Largeur jusqu'à 1,60 mm.

Segments pédifères : ordinairement 35 (δ) et 37 ($\female$). Les rares individus connus de Corse et des Alpes-Maritimes, tous femelles, ont 45 et 47 segments pédifères, chiffres qui peuvent éventuellement s'observer dans les Basses-Pyrénées.

Forme remarquablement trapue pour un géophilien. Téguments unis, peu luisants ou mats. Pilosité abondante.

Tête subpiriforme (fig. 314), à peine plus large que longue, à bord postérieur rectiligne ou faiblement bisinueux, laissant entrevoir la lame prébasale (*b*) Antennes relativement robustes, de trois à quatre fois la longueur de la tête; dernier article presque égal aux trois précédents réunis. La zone prélabiale n'est pas limitée latéralement et se confond avec les pleures antérieurs; une paire de soies en arrière de la paire postantennaire et quelques crins irrégulièrement distribués; pas d'aire clypéale, mais deux plages lisses symétriques au contact du labre. Pièce médiane du labre très étroite, occupant un neuvième de la largeur totale de l'organe, formée de trois longues dents tuberculeuses (fig. 312). Pièces latérales frangées de 8 à 10 lanières grêles, rassemblées dans la moitié interne de l'arête postérieure. Mandibule du type géophilien, mais sans épanouissement ventral, ni apophyse dorsale. Premières mâchoires à éléments peu distinctement séparés; deux paires de palpes longs, grêles et rugueux (*h*, fig. 313). Coxosternum des deuxièmes mâchoires très ramassé, à prolongements pleuraux (*r*) écourtés, arrondis, débordant latéralement le rebord des coxites; bord rostral profondément échancré; pores métamériques rapprochés, l'écart entre eux est à la distance du condyle correspondant dans le rapport de 2::1,25. Ongle large, robuste, émoussé (fig. 318).

Tergite forcipulaire court, de trois à quatre fois aussi large que long, à bords latéraux convergents. Coxosternum très court, près de deux fois et demie aussi large que long (fig. 317); bord rostral inerme; lignes chitineuses (*ch*) rejoignant les condyles;

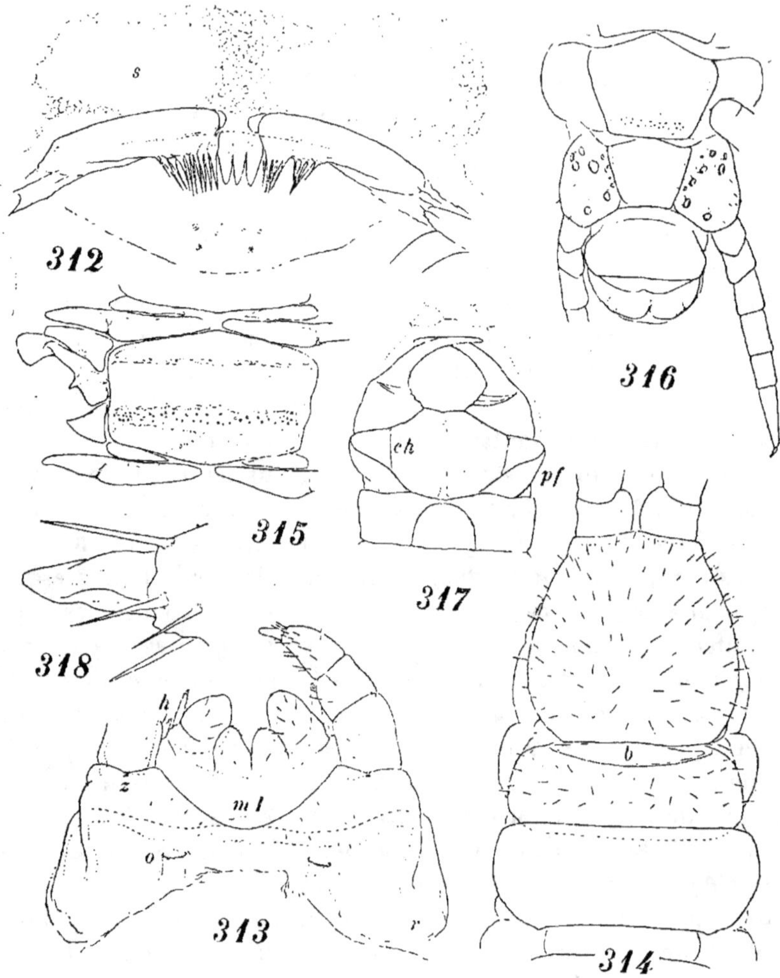

Chalandea pinguis.

Fig. 312. — Labre d'une femelle à 37 p. pattes de la Haute-Garonne (Saint-Béat). *s:* plage lisse prélabiale.

Fig. 313. — Mâchoires de la première paire, *m 1*, et deuxièmes mâchoires, face ventrale, de la même femelle. *h:* palpes maxillaires; *o:* pore métamérique; *r:* région pleurale des deuxièmes mâchoires; *z:* condyle articulaire coxofémoral.

Fig. 314. — Extrémité antérieure du corps, face dorsale, de la même femelle. *b:* lame prébasale, découverte par extension de la tête.

Fig. 315. — Sternite du 25e segment de la même femelle.

Fig. 316. — Extrémité postérieure du corps, face ventrale, de la même femelle.

Fig. 317. — Forcipules d'un mâle des Basses-Pyrénées (Ahusquy). *ch:* lignes chitineuses complètes; *pf:* pleures forcipulaires.

Fig. 318. — Ongle apical des deuxièmes mâchoires d'un individu des Hautes-Pyrénées (Lourdes).

pleures fortement obliques (*pf*). Articles des membres très courts, télescopés; longueur du premier article en dehors ne dépassant pas les trois quarts de sa largeur de base; tous les articles sont inermes intérieurement; la griffe, rétrécie depuis la base, est longue, très graduellement atténuée et comprimée en lame de sabre; sa concavité est lisse.

Tergites non sillonnés. Sternites comme dans l'espèce précédente, mais le plateau médian est dépourvu de cônes et plus ou moins nettement mamelonné (fig. 315). Des bandes poreuses transversales jusqu'au pénultième segment. Les deux derniers sternites sont atténués en arrière, trapézoïdaux.

Prétergite et métatergite du dernier segment pédifère aussi larges que le métatergite précédent; métatergite en segment de cercle. Présternite étranglé, se présentant comme deux petits triangles symétriques, ou même pas apparents. Métasternite trapézoïdal (largeur×longueur environ comme 5 est à 4), à bords latéraux peu convergents, le bord caudal étant moitié du bord rostral (fig. 316). Hanches des pattes terminales courtes et bombées (même globuleuses chez le mâle), percées chacune, sur la face ventrale seulement, de 6 à 10 pores, la plupart à découvert, un d'eux étant isolé et non loin de la pointe de la hanche. Pattes pas plus longues que les précédentes, grêles chez la femelle, très épaisses et très velues chez le mâle, armées d'une griffe apicale longue et grêle, fonctionnelle dans les deux sexes.

Deux pores anaux médiocres, refoulés vers l'arrière. Appendices sexuels du mâle longs, biarticulés.

Pyrénées; Alpes-Maritimes (Peira Cava); Corse.

2ᵉ Ordre. **SCOLOPENDROMORPHA** Pocock, 1895.

Coloration soit uniforme, jaune fauve, soit variée de vert olive et de brun ([32]).

Corps aplati, relativement plus contracté que les Géophiliens, tantôt étroit et élancé, tantôt plus trapu et beaucoup plus large. En arrière de la tête et du segment forcipulaire, on ne compte jamais que 21 segments pédifères, chiffre fixe dans toutes nos espèces françaises ([33]).

Tête
Tête lenticulaire, moins large que le corps. Pas de bourrelet marginal ni de sillon frontal distincts, mais parfois des sillons (ou fissures) longitudinaux paramédians. Les yeux manquent, ou, lorsqu'ils existent, se composent de quatre ocelles disposés en quinconce. Les antennes, rapprochées l'une de l'autre, sont encore relativement courtes, bien que plus longues que chez les Géophiliens; elles sont ordinairement moniliformes et composées d'articles graduellement plus petits en nombre variable, guère inférieur à 17, chiffre moyen. La zone prélabiale est courte, bien délimitée, bombée, avec ou sans pilosité et sans aire clypéale (fig. 319, 330); son bord caudal échancré reçoit le labre. Elle est continuée latéralement par les pleurites céphaliques usuels (*pl*), de dimensions variables, sans être fusionnée avec eux. De chaque côté de l'échancrure médiane du bord caudal les angles de la zone prélabiale sont arrondis et adhèrent à des sclérites paralabiaux en croissants à convexité postérieure (*r*); leur bord rostral, qui est chevauché par l'angle de la zone prélabiale, prend, par suite de la superposition des surfaces, une coloration foncée qui attire le regard. C'est en arrière et en dessus de ce sclérite que se placent les fulcres.

Pièces buccales
Labre nettement circonscrit (fig. 319, 330). La pièce médiane est toujours très petite, en forme de coin monodenté, coincé entre les pièces latérales. Celles-ci sont plus ou moins trapues, obliques, parfois avec une incisure à l'angle caudal interne (fig. 356); le labre a alors une apparence tridentée au centre; pas d'épines en surface. Mandibule robuste (fig. 322); le tronc est franchement découpé en quatre régions par des fissures en croix. La région

([32]) Les jeunes Scolopendres ont même les extrémités d'une vive couleur orange.
([33]) Chez quelques rares espèces exotiques on en compte 23.

antéro-dorsale, le « Zapfenstück » de VERHŒFF, porte un condyle très développé (*a*), un peu arqué, à pointe arrondie qui, dans sa position normale, prend appui dans une sinuosité des fulcres. Les arêtes apicales des mandibules sont asymétriques; elles présentent une forte lame dentée, formée de dents tricuspides au nombre de cinq sur l'une des mandibules et de quatre sur l'autre (fig. 323-324); ces dents sont soudées en un bloc, cependant la première dent ventrale peut être séparée des autres. L'angle dorsal de la mandibule est cilié; l'angle ventral porte une lame pectinée formée d'éléments plus ou moins nombreux.

Premières mâchoires divisées jusqu'à la base (*m I,* fig. 320-321); les prolongements coxaux (*s*), médiocres, ne dépassent pas la moitié de l'article apical des membres et sont plus ou moins bien séparés du coxosternum. Les membres, de deux articles, sont dépourvus de palpes latéraux; l'article basal est un anneau très court; l'article distal est beaucoup plus volumineux; il est terminé par un coussinet renflé et envahi par des soies souvent différenciées.

Les coxites des deuxièmes mâchoires sont soudés en un syncoxosternum large et très court (*m II*), échancré sur la ligne médiane, plus fortement au bord caudal qu'au bord rostral. L'échancrure du bord caudal est encadrée par les angles postérieurs des coxites, qui sont médiocrement saillants et bien circonscrits, parfois même duplicaturés. Les régions pleurales forment des plages distinctes en arrière et en dehors des angles des coxites. Les pores métamériques sont dissimulés. L'article basal des membres (fémoroïde) est long, relativement grêle et arqué intérieurement; il paraît constitué par la fusion de trois articles, trochanter, préfémur et fémur. L'article distal, aussi long que l'article intermédiaire, peut-être plus ou moins excavé en cuilleron et porte une griffe large, divisée ou non (fig. 325-326).

Les forcipules sont fortement développées (fig. 327, 332). elles débordent la tête dans les côtés. Il n'y a pas de tergite forcipulaire apparent, ce tergite ayant fusionné avec le suivant; par contre il existe, entre la tête et le premier tergite et dissimulé sous les bords de l'un et de l'autre, un sclérite transversal désigné par les auteurs par le terme de « lamina basalis », par analogie avec ce qui se voit chez les Géophiliens. De chaque côté de la base des forcipules sont de petits pleurites visibles dorsalement et

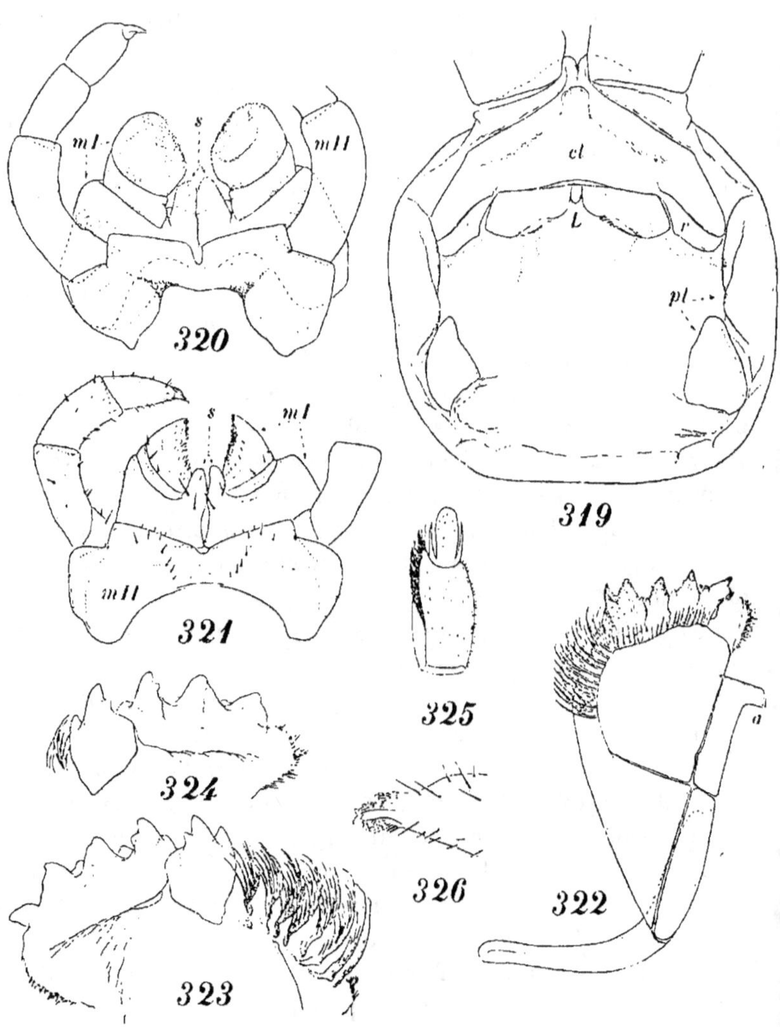

Scolopendra et Cryptops.

Fig. 319. — Face ventrale de la tête, après ablation des pièces buccales, de *Scolopendra cingulata*. *cl:* zone prélabiale. *L:* labre; *pl:* pleures céphaliques; *r:* plage paralabiale.

Fig. 320. — Mâchoires de la première paire, *m I*, et de la deuxième paire, *m II*, face ventrale, de *Scolopendra cingulata*. *s:* prolongements coxaux des premières mâchoires.

Fig. 321. — Mâchoires de la première paire, *m I*, et de la deuxième paire, *m II*, face ventrale, de *Cryptops trisulcatus*. *s:* prolongements coxaux des premières mâchoires.

Fig. 322. — Mandibule étalée de *Scolopendra cingulata*, d'après Verhœff (figure simplifiée). *a:* condyle dorsal.

Fig. 323. — Lame dentée de la mandibule droite de *Cryptops hortensis*.

latéralement, mais qui s'atténuent sous le ventre et n'apparaissent pas en dedans du niveau de la première patte (*pf*, fig. 357). Le coxosternum est une pièce large et courte, sans sillon médian et sans lignes chitineuses; tantôt le bord rostral est inerme (fig. 332, 366), tantôt il est continué par deux plaques dentées contiguës, séparées ou non du reste de l'organe par un sillon transversal (fig. 327). La partie dorsale, endosquelettique, des hanches est peu prolongée en arrière. Les membres sont très trapus; l'article basal est large, plus court en dedans qu'en dehors, son rebord interne peut être muni d'un prolongement dentiforme lobé. Les deux articles suivants sont des anneaux incomplets très courts, ouverts en dehors. L'article apical, subconique, est surmonté d'une griffe longue, arquée, acérée; il existe souvent une nodosité à la base interne de cet article; extérieurement, il est en contact avec le fémoroïde, en raison de la lacune des articles intermédiaires. Concavité de la griffe lisse.

Le tronc est constitué par 21 segments pédifères. Les tergites sont semblables entre eux, sauf parfois le 2ᵉ et le 4ᵉ, qui peuvent être un peu plus courts que les autres, et le dernier qui est un peu différent de forme. Il n'existe pas de prétergite indépendant recouvrant le bord antérieur du métatergite; mais chaque tergite présente dans sa partie rostrale, emboîtée, des fissures transversales qui isolent une courte bande, assimilable à un prétergite (*T 2*, *T 3*, fig. 358). En outre, dès les premiers segments, les tergites sont parcourus par deux sillons symétriques encadrant une région médiane plus étroite que les régions latérales. Enfin certaines formes présentent sur ces régions latérales des sillons arqués à concavités affrontées; d'autres ont des sillons prémarginaux dans les côtés.

Les sternites sont des plages d'aspect rectangulaire ou trapézoïdal (fig. 334-335, 348-349, etc) ; dans ce dernier cas, ils sont un peu plus étroits en arrière qu'en avant et leur bord caudal peut être prolongé sous le sternite suivant (endosternite). Nous retrouvons ici des présternites libres, semblables à ceux des Géophiliens. L'endosternite emboîté, lorsqu'il existe, est par-

FIG. 324. — Lame dentée de la mandibule gauche du même individu.
FIG. 325. — Ongle de la deuxième mâchoire de *Scolopendra cingulata*, vu par sa concavité, d'après LATZEL.
FIG. 326. — Ongle de la deuxième mâchoire de *Cryptops Parisi*, face ventrale.

fois délimité en avant par des fissures plus ou moins complètes (*x*, fig. 335). Jamais on ne voit de groupes de pores ventraux ni de fossettes spéciales. Il existe par contre des rainures (sillons) longitudinales et, parfois, des apodèmes transversaux.

L'eupleurium est moins développé et beaucoup plus irrégulier que dans l'ordre précédent et il est parfois impossible d'homologuer les pleurites de ces deux groupes; nous ne retiendrons ici que les principaux. La rangée 2 est ordinairement complète, les pleurites importants — procoxa et métacoxa — étant toujours représentés; le pleurite 2 *a* est moins constant. Le catopleure (4 *β*) ne manque jamais; il prend la forme d'un croissant à concavité ventrale, qui encadre dorsalement l'articulation coxale (*n*, fig. 352); il est divisé ou entier. Enfin les pleurites de la rangée 1 peuvent être tous représentés, ou bien le pleurite stigmatifère n'existe qu'autant que le stigmate est présent. Les stigmates ne se rencontrent qu'aux segments 3, 5, 8, 10, 12, 14, 16, 18 et 20 [34], et le pleurite 1 *β* peut alors manquer aux autres segments. La forme des stigmates est tantôt allongée, en fente subtriangulaire, tantôt circulaire et plus petite.

Pattes — La hanche est toujours ouverte dorsalement. L'apodème longitudinal peut prendre un grand développement et former, avec la partie ventrale de la hanche, un fort prolongement arqué et élargi en spatule, qui plonge profondément sous le sternite correspondant; ce prolongement s'atténue vers l'arrière du corps. Le télopodite des pattes, de 5 articles ou de 6, suivant que le métatarse est indépendant ou non, est robuste et encore assez court; il peut présenter de très fines épines ventrales à l'extrémité du tarse ou à celle du métatarse de chaque côté de la griffe apicale, ainsi que quelques épines ou de nombreux aiguillons sous les premiers articles des pattes terminales, notamment sous le préfémur.

Dernier segment pédifère — Le dernier segment du tronc, le 21ᵉ, a un tergite à bord caudal saillant en angle émoussé; il ne porte ni sillons prémarginaux, ni sillons arqués, ni sillons paramédians pairs, mais parfois un fin sillon impair dorso-médian et des bourrelets latéraux dus à l'accolement des pièces coxopleurales. Le sternite est trapézoïdal, plus étroit que les précédents, à bord caudal arrondi ou tronqué

[34] Dans certains cas on trouve, en outre, des stigmates sur le 7ᵉ segment et exceptionnellement sur tous les segments du 2ᵉ au 20ᵉ (*Plutonium*).

(fig. 328, 369). Entre lui et le tergite se place, de part et d'autre, une pièce désignée comme « coxopleure » (terme utilisé par LATZEL), qui est une hanche modifiée. Ces hanches ont une direction parallèle au plan sagittal; elles sont rapprochées l'une de l'autre au point d'entrer en contact et émergent de sous le bord caudal du tergite, continuant ainsi la silhouette du corps. Elles sont divisées en deux régions par un sillon longitudinal, qui sépare une partie dorsale unie d'une partie ventrale criblée de pores (pores coxaux). La partie dorsale est étroitement accolée au bord latéral du tergite qu'elle dépasse, constituant une petite arête saillante émoussée. La partie ventrale criblée a son bord interne chevauché par le bord latéral du sternite; son bord caudal est tronqué-sinueux; il peut présenter une protubérance subconique (parfois fortement allongée chez des formes exotiques), dont la pointe porte de petites épines noires utilisées en systématique (fig. 328). Le télopodite des pattes terminales est de 5 articles, le trochanter faisant défaut. Ces articles sont beaucoup plus épais que ceux des pattes précédentes; les articles de la base peuvent être déprimés dorsalement, ou présenter à leur extrémité des saillies dentiformes ou coniques qui, elles-mêmes, portent des épines. Il existe constamment soit des aiguillons, soit de petites épines noires sur certains articles. Le dernier peut être comprimé en lame de couteau; il est toujours surmonté d'une griffe apicale robuste. Enfin, sous le tibia et le tarse de certaines formes sont des arêtes dentées en scie (fig. 350, 371-372).

Les segments terminaux sont fortement rétractés sous le 21ᵉ tergite et complètement invisibles dorsalement (fig. 328); leurs éléments sont d'ailleurs à peine sclérifiés. Ventralement ils font très peu saillie en arrière du bord caudal du dernier sternite pédifère (en état de contraction usuelle) et ce n'est qu'à l'aide d'une préparation qu'on peut les étudier. Chez la femelle, on distingue sur la face ventrale une paire de lobes sternaux, qui appartiennent au segment génital I, deux replis longitudinaux accolés qui représentent le segment génital II et des valves anales; dorsalement, il n'existe qu'un petit tergite en ogive qui est celui du telson. Chez le mâle, nous voyons un sternite génital I portant des styles très courts dans ses angles postérieurs, suivi d'un pénis et de valves anales.

Verhœff (1907) a divisé les Scolopendromorphes en trois superfamilles : *Cryptopsina, Theatopsina, Scolopendrina*. Nous n'avons à retenir ici de la première que la seule famille des *Cryptopsidae*, et de la troisième que la seule famille des *Scolopendridae* [35].

Clef des espèces françaises de Scolopendromorpha.

1. Pas d'arête dentée en scie sous le tibia ni sous le tarse des pattes terminales. Quatre ocelles de part et d'autre de la tête. Deux fins sillons paramédians sur les tergites du tronc. Formes robustes, relativement trapues, de coloration plus ou moins variée d'olive. (Genre *Scolopendra*.). 2

   Une arête dentée en scie sur la face ventrale du tibia et du tarse des pattes terminales (fig. 350). Pas d'ocelles. Quatre sillons sur les tergites du tronc, dont les externes sont arqués. Petites formes, relativement grêles, d'un fauve uniforme. (Genre *Cryptops*.) 3

2. Dernier tergite avec un sillon médian fin mais complet. Au moins 7 épines au prolongement coxal des pattes terminales, dont quelques-unes dorsales; au moins 20 épines au préfémur et 2 épines au sommet du cône apical. (Corse.). . . . . **Scolopendra canidens oraniensis** (Lucas).

   Dernier tergite sans sillon médian. Au plus 5 épines au prolongement coxal des pattes terminales; au plus 10 épines au préfémur et généralement 4 à 5 épines au sommet du cône apical. (Littoral méditerranéen.) . . . . **Scolopendra cingulata** Latreille.

3. Un sillon transversal et des sillons longitudinaux sur le premier tergite; des sillons longitudinaux sur le second (fig. 333) 4

   Pas de sillons sur le premier tergite ni sur le second (fig. 358) 6

4. Ecusson céphalique avec des sillons longitudinaux complets depuis la base des antennes jusqu'au bord caudal (fig. 329). Pilosité constituée par des crins extrêmement courts et très nombreux, sans poils allongés, même sur les trois derniers articles des pattes terminales, qui ont un revêtement dense de ces crins (fig. 338). Endosternites limités en avant par des fissures en croix, au moins dans les premiers segments (*x*, fig. 335). Ponctuation forte, notamment dans la partie antérieure du corps. . . . . **Cryptops Savignyi** Leach.

   Sillons longitudinaux de l'écusson céphalique largement interrompus, manquant au moins sur le tiers médian de la tête (fig. 339, 344, 355). Pilosité essentiellement composée de soies longues, même sur les trois derniers articles des pattes terminales qui n'ont pas de revêtement de crins (fig. 342, 350, etc.). Endosternites non limités par des fissures en croix (fig. 351-352). Ponctuation plus faible. . . . 5

5. Sillons longitudinaux du premier tergite croisés avant d'atteindre le sillon transverse (fig. 333, 340). Extrémité dorso-apicale des ar-

---

[35] La superfamille des *Theatopsina* renferme des espèces européennes localisées dans le bassin méditerranéen, mais inconnues dans notre faune.

ticles des pattes terminales tronquée, sans prolongements épineux.
. . . . **Cryptops Savignyi hirtitarsis** Brol.
Sillons longitudinaux du premier tergite non croisés, se rencontrant
dans le sillon transverse (*j*, fig. 346-347). Extrémité dorso-apicale
de certains articles des pattes terminales avec des saillies épi-
neuses (*u*, fig. 350). . . . . **Cryptops trisulcatus** (Brol.).

6. Labre formé d'une dent flanquée de lobes entiers, arrondis (*L*, fig. 365).
   Ecusson céphalique sans sillons longitudinaux au bord postérieur.
   Bord rostral du coxosternum forcipulaire peu saillant (rapport :
   24,6 à 31,3 %). Un endosternite jusqu'au 3ᵉ segment. Coxopleures
   du segment terminal avec une soie isolée à l'extrémité du champ
   poreux (fig. 369). Scie tarsale des pattes terminales formée de 2 à
   3 dents (fig. 372). . . . . **Cryptops hortensis** Leach.
   Labre formé d'une dent flanquée de lobes incisés (tridenté) (*k*, fig. 356).
   Deux tronçons de sillons paramédians parallèles au bord postérieur de l'écusson céphalique. Bord antérieur du coxosternum forcipulaire très saillant (rapport: 33,3 à 40,6 %). Un endosternite
   jusqu'au 5ᵉ segment. Hanches du segment terminal avec de nombreuses soies (une douzaine) subsériées, réparties sur tout le
   champ poreux (fig. 359). Scie tarsale formée de 4-5 dents (fig. 361,
   363-364). . . . . **Cryptops Parisi** Brol.

1ʳᵉ famille. SCOLOPENDRIDAE Kraepelin, 1903.

Famille représentée dans notre faune par deux espèces du
genre *Scolopendra*; deux autres espèces du même genre se rencontrent accidentellement en France, importées avec des marchandises exotiques.

Genre. SCOLOPENDRA (Linné, 1758) Newport, 1844.

(*Rhadinoscytalis* Attems, 1926.)

Quatre ocelles en quinconce de part et d'autre de la tête.
Antennes jamais très allongées; 6 à 8 articles de la base ordinairement glabres, suivis d'articles pubescents. Zone prélabiale
médiocrement circonscrite, sans pilosité entre le groupe de soies
postantennaires et la rangée prélabiale (fig. 319). Pleures céphaliques relativement courts et larges.

Pièces latérales du labre trapues, sans fissures aux angles
internes (*L*). Griffe des deuxièmes mâchoires élargie en spatule
arrondie, flanquée d'épines grêles (fig. 325). Bord rostral du coxosternum forcipulaire prolongé par une paire de plaques dentées,
séparées ou non du coxosternum par un sillon transversal
(fig. 327). Rebord interne du fémoroïde forcipulaire avec un prolongement lobé, dirigé en avant.

Premier tergite recouvert antérieurement par le bord caudal de l'écusson céphalique, ayant parfois un sillon transversal, mais pas de sillons longitudinaux. Tergites du tronc avec deux sillons paramédians symétriques, mais sans sillons arqués latéraux; un certain nombre très variable de tergites ont des sillons longitudinaux prémarginaux déterminant un rebord latéral en bourrelet arrondi. Sternites plus larges que longs, subrectangulaires, sans endosternite postérieur ni suprasternites et sans épaississements ni sillons transversaux entre les pattes. Catopleure entier ou divisé. Neuf paires de stigmates. Apodème longitudinal de la hanche parfois prolongé sous le sternite en spatule arquée. Métatarse séparé du tarse par une articulation fonctionnelle.

Tergite du segment terminal avec ou sans sillon longitudinal médian. Région ventrale des hanches terminales percée de pores nombreux et fins (fig. 328); son bord caudal présente un prolongement conique, épineux au sommet. Pattes terminales relativement longues, ou trapues et épaisses; préfémur très généralement armé de petites épines disposées en rangées longitudinales et d'un cône apical dorsal-interne à sommet divisé en petites épines. Pas de protubérances unciformes aux autres articles. Pas d'arête dentée sous le tibia ni sous le tarse. Pas d'aiguillons aux articles. Une griffe apicale robuste.

Régions tropicales et subtropicales.

1. — **Scolopendra cingulata** LATREILLE, 1829.

[Fig. 319-320, 322, 325, 327-328.]

(*Scolopendra italica* C. KOCH, 1835. *S. fulva, morsicans* GERVAIS, 1837. *S. graeca* BRANDT, 1840. *S. cingulatoides, hispanica, Savignyi, viridifrons* NEWPORT, 1844. *S. bannatica, obscura, penetrans, zonata, Zwickiana* C. KOCH, 1847. *S. venefica* L. KOCH, 1856. *S. Doriae, violantis* PIROTTA, 1878. *Rhombocephalus parvus* NEWPORT, 1844.)

Longueur environ 60 à 80 mm. (jusqu'à 130 et même 170 mm. chez les individus orientaux).

Coloration très variable, allant du brun jaune au brun olive, avec parfois le bord caudal des tergites de teinte différente.

Tête ponctuée; pas de sillons longitudinaux. Antennes de 17 à 21 articles, dont les 6 premiers sont glabres et brillants. Lames

dentées du coxosternum forcipulaire armées chacune de 4 à
5 dents (fig. 327). Premier tergite sans sillons. Sillons paramédians des tergites suivants débutant dès le 2ᵉ ou le 3ᵉ segment;
sillons prémarginaux très variables, apparaissant parfois dès le
5ᵉ segment ou parfois seulement sur le 15ᵉ, mais débutant généralement entre le 7ᵉ et le 12ᵉ. Dernier tergite sans sillon médian.
Sternites des segments 2 à 20 bisillonnés; dernier sternite généralement plus large que long, à bords convergents, subtronqué-
arrondi à l'extrémité, sans sillon (fig. 328), mais avec une vague
dépression médiane.

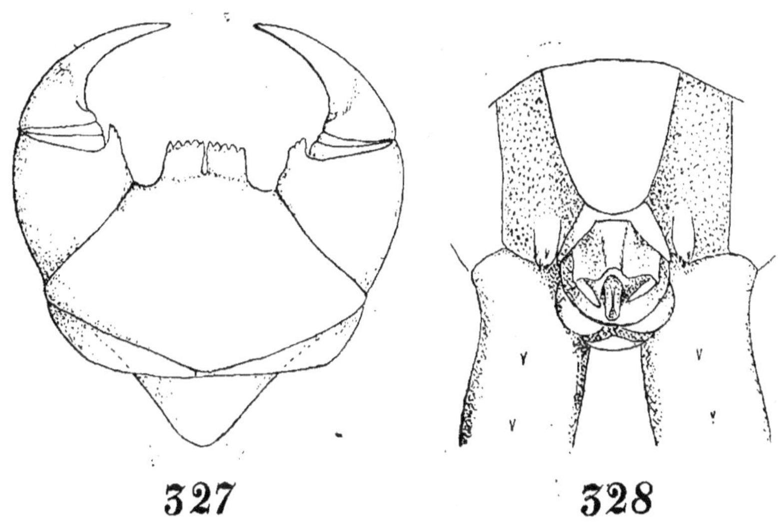

Scolopendra cingulata.

Fig. 327. — Forcipules.
Fig. 328. — Extrémité postérieure, face ventrale, d'une femelle.
(Les deux figures d'après Latzel.)

Pattes des paires 1 à 19 avec une épine ventrale au tarse; tarse
de la 20ᵉ paire inerme. Prolongements coxaux des pattes terminales courts, portant généralement 3 épines au sommet (on peut
cependant en rencontrer 1 à 2 ou 4 à 5); télopodites assez courts,
la longueur du préfémur n'égalant qu'une fois et demie à deux
fois son diamètre; le préfémur et le fémur sont un peu aplanis
dorsalement et avec une dépression articulaire à l'extrémité, mais
sans traces de rebords marginaux. Spinulation du préfémur :

rebord ventral-externe avec 1-3 épines en une rangée; face ventrale nue; rebord dorsal-interne avec deux rangées rapprochées,
chacune de 1, 2 ou 3 petites épines; cône apical avec généralement 4 à 5 épines (exceptionnellement 3 ou 10).

Roussillon; littoral des Bouches-du-Rhône, remontant la vallée du
Rhône jusqu'à Avignon; très rare (CAZIOT, une capture) au Cap d'Antibes (Alpes-Maritimes). Bords de la Méditerranée jusqu'en Syrie; Nord
de l'Afrique.

2. – **Scolopendra canidens**, *subsp.* **oraniensis** (LUCAS, 1846).

(*Scolopendra oraniensis* LUCAS, 1846; KRAEPELIN, 1903. *S. mediterranea,*
var. *lusitana* VERHŒFF, 1893. *S. clavipes* SILVESTRI, 1897 [*nec* :
C. KOCH]. *S. oraniensis lusitanica,* var. *siciliana* ATTEMS, 1902.
S. oraniensis lusitanica LÉGER et DUBOSCQ, 1903. *Rhadinoscytalis*
canidens oraniensis ATTEMS, 1926 [36].)

Longueur jusqu'à 55 mm.

Coloration vert pâle, jaunâtre ou olivâtre. Pattes concolores.

Tête sans ponctuations ni sillons longitudineux. Antennes de
18 à 22 articles, dont les 5 premiers et une partie du 6e sont
glabres et brillants. Lames dentées du coxosternum forcipulaire
armées chacune de 3 à 5 dents, dont l'externe est isolée et les
autres plus ou moins fusionnées; dent du rebord interne du
fémoroïde sans nodosité.

Premier tergite sans sillons. Sillons paramédians du 2e tergite
au 20e; bourrelets marginaux débutant environ sur le 13e. Tergite terminal avec un sillon médian complet. Sternites 2 à 20
bisillonnés ; dernier sternite en trapèze, subtronqué au bord
caudal.

Pattes de la première paire avec deux épines tarsales; pattes
suivantes jusqu'à la 18e-19e paire avec une épine tarsale; les
dernières sans épines tarsales. Griffe apicale des pattes terminales flanquée de petites épines. Prolongements coxaux des pattes
terminales longs, grêles, subcylindriques, portant 7 à 11 épines,
dont quelques-unes sont dorsales; une épine au bord caudal des
coxites, éloignée du prolongement. Préfémur et fémur des mêmes
pattes un peu aplanis dorsalement, mais sans sillon articulaire ni
rebords marginaux. Spinulation du préfémur : 9 à 12 épines en

(36) Voyage zoologique de M. H. Gadeau de Kerville en Syrie; I. Rouen, 1926.

deux rangées ventrales externes; face ventrale nue; 12 à 15 épines réparties en 3-4 rangées entre le rebord ventral interne et le rebord dorsal interne; cône apical avec deux épines accolées. Derniers articles non étranglés à la base.

Corse. Littoral de l'Afrique du Nord.

2ᵉ famille. CRYPTOPSIDAE Verhœff, 1907.

Notre faune ne comprend que des espèces du genre *Cryptops*.

Genre. CRYPTOPS Leach, 1814.

Coloration uniforme jaune, plus ou moins fauve. Antennes normalement de 17 articles, graduellement atténuées. Pas d'ocelles. Zone prélabiale nettement circonscrite au moins latéralement (fig. 330, 365), avec quelques soies (normalement 3 paires) entre les postantennaires et la rangée prélabiale, qui est formée de 10 à 12 soies. Pleurites céphaliques ordinairement étroits, allongés. Antennes relativement longues, grêles, moniliformes.

Pièces latérales du labre fissurées (fig. 356) ou non à l'angle interne. Ongle des deuxièmes mâchoires en crochet flanqué d'un lobe plus ou moins arrondi et émergeant d'un bouquet de soies différenciées (fig. 326). Le coxosternum forcipulaire, près de deux fois aussi large que long, porte à son bord rostral des soies ou des aiguillons, mais n'est jamais prolongé par des plaques dentées (fig. 332, 345, etc.). Fémoroïdes forcipulaire environ deux fois aussi long au rebord externe qu'au rebord interne; ce dernier est simple, sans prolongement dentiforme. La griffe est lisse dans sa concavité.

Le premier tergite est tantôt dépourvu de sillons (fig. 358), tantôt découpé par un sillon transversal et par des sillons longitudinaux (fig. 333, 346). Tergites du tronc avec des sillons paramédians accompagnés, en dehors, de sillons arqués à concavité interne; les sillons prémarginaux, tels qu'on en voit chez les Scolopendres, font défaut; on voit cependant dans les préparations des téguments de fines fissures prémarginales. Sternites (fig. 334-335, 351-354, etc.) plus longs que larges, prolongés en arrière par un endosternite plus ou moins développé, séparé ou non du sternite par des fissures; dans certains segments antérieurs, ces fissures isolent plus ou moins complètement des plages subrectangulaires obliques, dites « sclérites suprasternaux » (ou « suprasternites », *y*), qui demeurent accolées de chaque côté de l'endosternite et qui tendent à disparaître vers l'arrière du corps (fig. 352, 354); les suprasternites sont toujours reconnaissables à la présence d'une rangée de crins minuscules. L'endosternite est toujours plus réduit ou manque dans les derniers segments.

Les sternites sont, en outre, divisés, dès le 2° segment, par un apodème endosquelettique transversal arqué, à concavité antérieure, situé au niveau de la base des pattes; cet épaississement se traduit en surface par un sillon coloré; de plus il existe généralement une rainure longitudinale médiane superficielle, parfois doublée d'un épaississement endosquelettique, qui peut être bifurqué en avant.

Catopleure non divisé (*n*, fig. 352). Neuf paires de stigmates, le 7° segment en étant dépourvu. Apodème coxal des pattes du tronc ne formant pas de saillie prolongée sous le sternite. Le métatarse n'est séparé du tarse que sur les pattes des deux ou trois dernières paires; sur les segments 1 à 18/19, les deux tarses sont soudés ou se font suite sans interposition d'articulation fonctionnelle.

Hanches des pattes terminales avec des champs poreux plus ou moins développés et sans prolongement ventral au bord caudal (fig. 337, 359, 369). Télopodite généralement parsémé d'aiguillons noirs (fig. 338, etc.); le préfémur peut présenter sur sa face ventrale une rainure longitudinale glabre; on trouve parfois à son extrémité dorsale une petite protubérance unciforme (*u*, fig. 350), mais pas de cône épineux; des crochets semblables peuvent exister à l'extrémité dorsale des articles suivants, d'un côté du membre ou des deux côtés. La face ventrale du tibia et du tarse ont des arêtes longitudinales dentées en scie; la scie du tibia, la plus longue, compte plus de dents que celle du tarse, qui d'ailleurs est limitée à la moitié basale de l'article (fig. 350, etc.). Métatarse comprimé en lame de couteau, à tranchant ventral. Les pattes des deux ou trois dernières paires peuvent être glabres ou vêtues d'une pilosité plus ou moins dense, caractère probablement en relation avec le sexe.

Genre répandu sur tout le globe; en France on en distingue cinq formes.

1. — **Cryptops Savignyi** Leach, 1817.

[Fig. 329-338.]

(*Scolopendra germanica* C. Koch, 1840. *Cryptops anomalans* Newport,
1844 et auct. *C. punctatus* L. Koch, 1863; Latzel, 1880. *C. agilis*
Meinert, 1868 [*nec* : Plateau, 1872]. *C. caucasicus* Kessler, 1874.
C. breviunguis Costa, 1882. *C. numidicus* Meinert, 1886 [*nec* :
Lucas, 1846].)

Longueur atteignant 40 mm.

Tête, tergites et sternites parsemés de ponctuations fortes, d'où
émergent des soies très courtes et peu apparentes.

Ecusson céphalique arrondi, parcouru par deux sillons parallèles complets, reliant le bord caudal à la base des antennes
(fig. 329). Zone prélabiale à contours nets, près de trois fois aussi
large que longue (fig. 330). Pièces latérales du labre non incisées
à l'angle interne (*L*). Coxosternum forcipulaire peu proéminent,
sa longueur, en avant d'une ligne qui relierait les condyles articulaires coxofémoraux, est à l'écart des condyles environ dans le
rapport de 31 % (fig. 332). Fémoroïde trapu ; rapport de sa largeur à la longueur du rebord externe environ 2::3.

Premier tergite à bord rostral ordinairement recouvert par le
bord caudal de l'écusson céphalique, coupé transversalement par
un profond sillon arqué à concavité antérieure, parfois accompagné d'une petite fossette en son milieu ; en arrière sont deux
sillons obliques croisés, plus fins, qui se recoupent environ à
moitié de leur longueur (fig. 333), encadrant la fossette médiane ;
dans certains cas on observe un tronçon de sillon reliant le milieu
du sillon transverse au point de jonction des sillons croisés. Des
sillons paramédians du 2° segment au pénultième ; sillons arqués
débutant sur le 3° segment. Dernier tergite sans sillon, mais avec
une dépression longitudinale atteignant le bord caudal, qui est
subaigu. Sternites relativement courts (rapport de la longueur à
la largeur entre les pattes environ 6,5::5) endosternites bien développés dès le premier segment et jusqu'au 6° (*c*, fig. 334-335), rectangulaire à angles proéminents sur les segments 1 et 2 ; à partir
du 3°, l'endosternite est isolé par des fissures diagonales croi-
sées (*x*) et devient plus large, subpentagonal ; à partir du 7° seg-

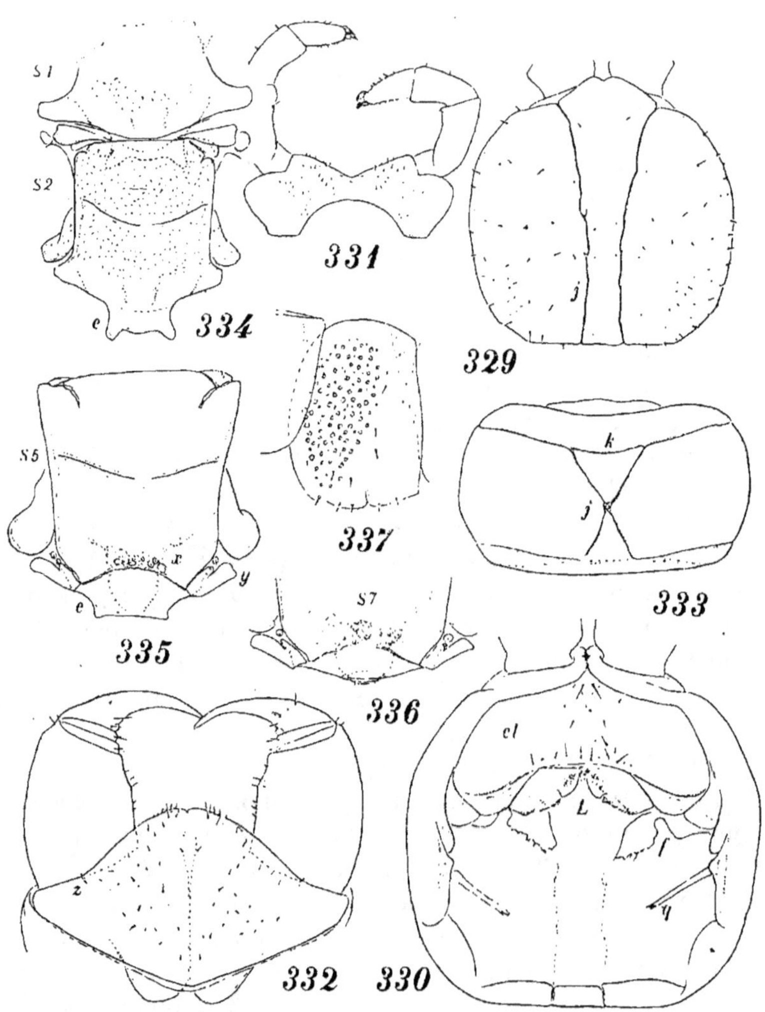

Cryptops Savignyi, individu de Roumanie.

Fig. 329. — Ecusson céphalique, face dorsale. *j:* fissures longitudinales.

Fig. 330. — Tête, face ventrale, après ablation des pièces buccales. *cl:* zone prélabiale; *L:* labre; *f:* fulcres; *q:* tendon du levier mandibulaire.

Fig. 331. — Mâchoires de la deuxième paire, face ventrale.

Fig. 332. — Forcipules, face ventrale. *z:* condyle articulaire coxofémoral.

Fig. 333. — Tergite du premier segment. *j:* fissures longitudinales; *k:* sillon transversal.

Fig. 334. — Sternite du premier segment et du deuxième. *e:* endosternite.

Fig. 335. — Sternite du 5ᵉ segment. *e:* endosternite; *x:* fissures en croix; *y:* suprasternite.

Fig. 336. — Sternite du 7ᵉ segment (bord caudal).

Fig. 337. — Coxopleure de la patte terminale gauche.

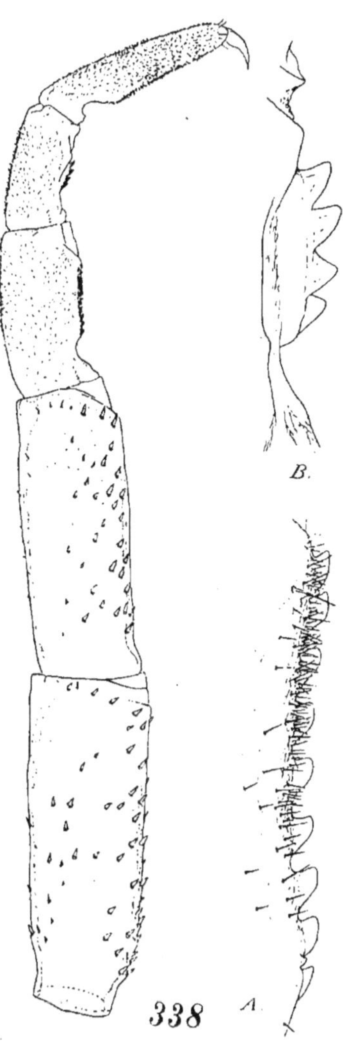

Cryptops Savignyi.

Fig. 338. — Patte terminale droite, profil interne, d'un individu de Roumanie. *A :* scie du tibia et *B :* scie du tarse, plus grossies.

ment, les fissures disparaissent graduellement et l'endosternite est de plus en plus réduit. Au premier segment, métacoxa, suprasternites et sternites sont soudés ; dès le 3ᵉ segment les suprasternites (*y*) sont libres et le sternite présente entre les pattes un sillon arqué doublé d'un apodème et recoupé par une rainure longitudinale médiane non bifurquée en avant. Dernier sternite arrondi au bord caudal, sans particularités de structure.

Pas d'articulation tarso-métatarsienne aux pattes, sauf aux trois dernières paires. Champ poreux des coxopleures du segment terminal atteignant le bord caudal et parsemé de soies très courtes (fig. 337). Pattes terminales (fig. 338) ayant le préfémur et le fémur garnis d'aiguillons très courts et épais sur leurs faces ventrale et latérales, avec ou sans gouttière ventrale glabre. Tibia avec une scie formée de 7 à 10 dents tuberculeuses, courtes et espacées, en dehors de laquelle est une brosse de soies courtes ; tarse avec une scie de 3 à 5 dents crochues et saillantes ; pas de dent à la base du métatarse, dont le profil ventral est rectiligne dans ses trois quarts apicaux. Les trois derniers articles des pattes terminales ne portent aucune soie longue, mais sont envahis par un revêtement dense de crins minuscules.

France septentrionale et centrale jusqu'à Avignon ; paraît manquer dans les Pyrénées et sur le littoral méditerranéen. Espagne ; Europe centrale.

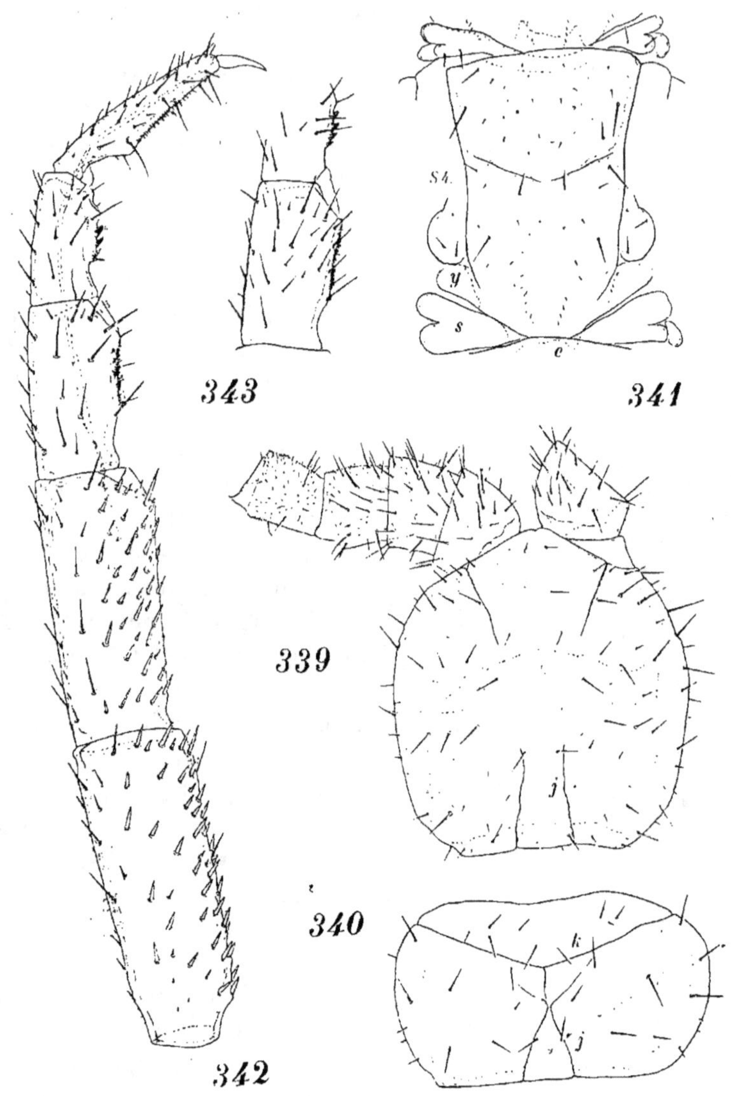

Cryptops Savignyi hirtitarsis, individu de Pau (Basses-Pyrénées).

Fig. 339. — Ecusson céphalique, face dorsale, et base de l'antenne gauche. *j:* amorces des fissures longitudinales.

Fig. 340. — Premier tergite, face dorsale. *j:* fissures longitudinales; *k:* sillon transversal.

Fig. 341. — Sternite du 4ᵉ segment. *e:* endosternite; *y:* suprasternite; *s:* présternite du segment suivant.

Fig. 342. — Patte terminale droite, profil interne.

Fig. 343. — Tibia et tarse de la patte gauche, profil externe.

2. — **Cryptops Savignyi**, *subsp.* **hirtitarsis** BROLEMANN, 1928.

[Fig. 339-343.]

(*Cryptops hyalinus* BROLEMANN, 1920, *nec* : SAY.)

Il diffère du type sur les points suivants :

Les sillons céphaliques sont largement interrompus et manquent sur le tiers médian de la tête. Sternites très longs, au 4° segment la largeur entre les pattes est à la longueur dans le rapport de 6::11. Les endosternites, distincts jusqu'au 6° segment, ne sont pas limités par des fissures en croix. Les aiguillons des deux premiers articles des pattes terminales sont un peu plus longs et moins trapus que chez le type; les trois derniers articles sont plantés de soies longues, mais n'ont pas de revêtement de crins courts.

Cette forme particulière a été trouvée dans un jardin de Pau (Basses-Pyrénées).

3. — **Cryptops trisulcatus** BROLEMANN, 1902).

[Fig. 344-350.]

(*Cryptops biscarensis trisulcatus* BROLEMANN, 1902.)

Longueur jusqu'à 35 mm.

Ponctuation peu apparente et irrégulière, à points gros et petits.

Ecusson céphalique plus long que large (parfois d'un sixième), recouvrant normalement le bord rostral du premier tergite, avec deux tronçons de sillons longitudinaux ne dépassant pas le cinquième de la longueur de la tête (*j*, fig. 344). Antennes au moins trois fois la longueur de la tête.

Zone prélabiale uniformément bombée et sans région centrale soulevée, au moins deux fois aussi large que longue, bien échancrée en arrière; trois paires de soies entre les postantennaires et la rangée prélabiale, qui compte 10 soies. Pleures céphaliques très étroits. Pièces latérales du labre comme chez *C. Savignyi.* Coxosternum forcipulaire prolongé en arrière par un endosternite à deux pointes (*e*, fig. 345), peu proéminent en avant (lon-

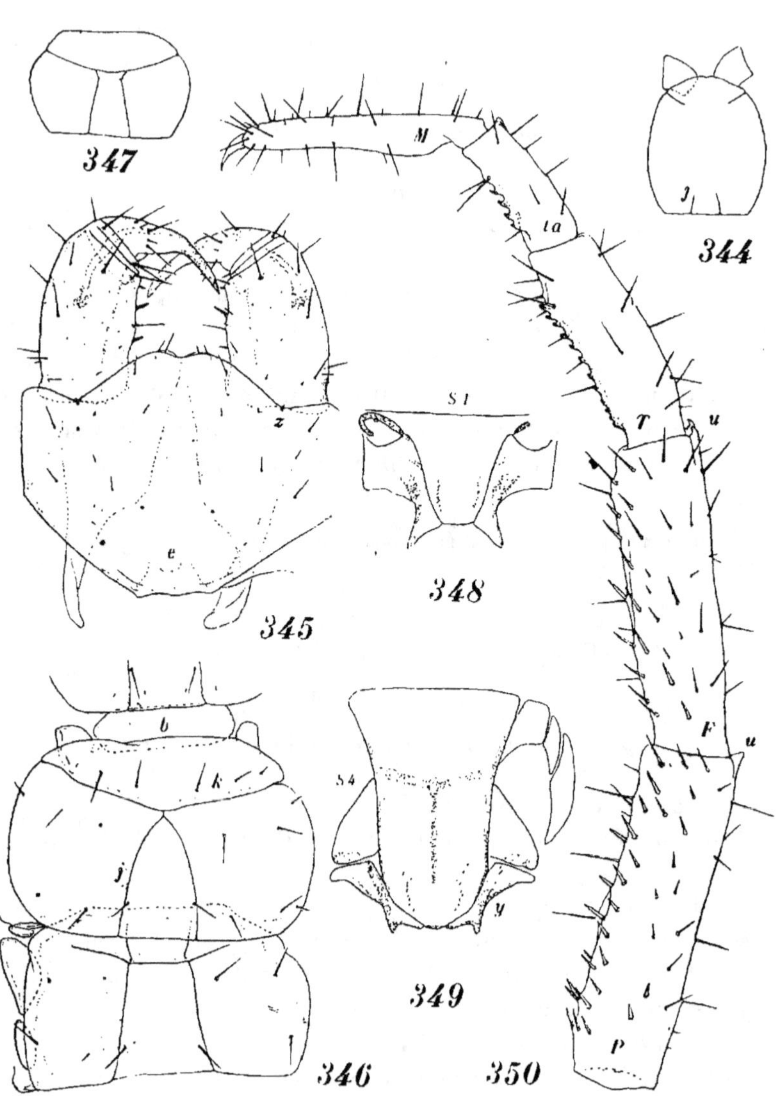

Cryptops trisulcatus.

Fɪɢ. 344. — Ecusson céphalique, face dorsale. *j:* tronçons de sillons.

Fɪɢ. 345. — Forcipules, face ventrale. *e:* endosternite replié dorsalement; *z:* condyle articulaire coxofémoral.

Fɪɢ. 346. — Lame prébasale, b, et tergites des segments 1 et 2. *j:* sillons longitudinaux; *k:* sillon transversal.

gueur en avant de la ligne des condyles dans le rapport de 23 %).
Bord rostral arrondi, divisé par une petite encoche, de chaque
côté de laquelle sont deux soies. Fémoroïde élancé (rapport de
sa largeur au rebord externe 58 %); rebord. interne avec trois
aiguillons et deux soies.

Premier tergite avec un sillon transverse au centre duquel
aboutissent deux sillons longitudinaux convergents un peu arqués
(*j*, fig. 346, 347). Sillons paramédians à partir du 2ᵉ segment,
sillons arqués à partir du 3ᵉ. Même sur les premiers segments,
les endosternites ne sont pas séparés des sternites, dont le bord
caudal est plus ou moins ogival ou arrondi. Aux deux premiers,
la métacoxa est soudée au suprasternite correspondant en une
pièce qui est distincte du sternite (fig. 348). Dès le 3ᵉ, le suprasternite est libre et affecte une forme en équerre ou celle juste-
ment comparée par RIBAUT à une botte (*y*, fig. 349). A partir du
2ᵉ segment existe entre les pattes un apodème arqué, du milieu
duquel se détache vers l'arrière un long épaississement longitudinal correspondant à la rainure de la surface. Dernier sternite
à bords faiblement convergents, arrondi en arrière.

Champ poreux des coxopleures des pattes terminales n'atteignant pas le bord caudal, avec 6 à 8 aiguillons, dont un certain
nombre entre les pores et 1 ou 2 entre le champ poreux et le
bord caudal; celui-ci porte également les aiguillons usuels. Préfémur et fémur parsemés d'aiguillons peu nombreux sur leurs
faces ventrale et latérales; pilosité rare et longue (fig. 350).
Préfémur et fémur avec des tubercules unciformes à leur extrémité dorsale-externe (*u*). Scie ventrale du tibia formée de 9 à 13
dents; scie du tarse de 4 à 5 dents.

Tout le littoral méditerranéen (Pyrénées-Orientales; Alpes-Maritimes); Corse. Afrique du Nord; Canaries.

FIG. 347. — Tergite du premier segment d'un autre individu, chez lequel les
sillons longitudinaux ne se rejoignent pas.
FIG. 348. — Sternite du premier segment.
FIG. 349. — Sternite du 4ᵉ segment. *y*: suprasternite.
FIG. 350. — Patte terminale gauche, profil interne. *u*: tubercules unciformes
des articles proximaux.
(Figures 345, 346 et 350 empruntées à un individu de Monaco; les autres
figures d'après RIBAUT.)

4. — **Cryptops Parisi** BROLEMANN, 1920.

[Fig. 351-364.]

(*Cryptops hortensis* LATZEL, 1880, *nec* : LEACH. *Cryptops agilis*
PLATEAU, 1872, *nec* : MEINERT.)

Longueur jusqu'à 21 mm., généralement de 14 à 16 mm.

Les ponctuations sont obsolètes ou peu apparentes. La pilosité
est assez abondante, mais médiocrement longue, plus sur la tête
et les premiers segments qu'en arrière du corps.

Ecusson céphalique à bord caudal recouvert ou non par le premier tergite, à peine plus long que large, présentant au bord
caudal deux sillons longitudinaux parallèles ne dépassant pas le
tiers postérieurs de la tête (*j*, fig. 355) ; à la base des antennes sont
deux tronçons de sillons convergents, très courts, qui, prolongés,
se recouperaient au milieu de la tête sous un angle aigu. Zone
prélabiale bombée, sans contours nets en avant. L'angle interne
des pièces latérales du labre est incisé de telle sorte que l'échancrure médiane du labre paraît comblée par trois ou même cinq
dents (*k*, fig. 356). Bord rostral du coxosternum forcipulaire proéminent et resserré entre les membres (fig. 357), la région antérieure étant à l'écart entre les condyles (*z*) dans le rapport 33,3
à 40,6 % ; le bord porte 4+4 à 5+5 petites soies courtes et rigides et 2 + 2 soies longues en retrait. Fémoroïde trapu (ou très
trapu chez les grands individus) ; le rebord interne est toujours
sensiblement plus court que la largeur, qui arrive à 85 % de la
longueur de condyle à condyle.

Premier tergite sans sillons, ni transversal ni longitudinaux
(*T 1*, fig. 358). Sillons paramédians débutant sur le 2ᵉ ou le
3ᵉ tergite et sillons arqués sur le 3ᵉ ou le 4ᵉ. Sternites allongés,
à bords convergents en arrière (fig. 351-354). A partir du 2ᵉ segment, la métacoxa est indépendante et il existe entre les pattes
un apodème transversal arqué, recoupé par une rainure longitudinale médiane ; du premier segment au 5ᵉ, on trouve un endosternite (*e*), mais il n'est pas limité en avant (pas de fissures en
croix ni de rides) et il fait suite à la surface du sternite.

Pas d'articulation tarso-métatarsienne jusqu'à la 18ᵉ paire de
pattes. Pattes de la 20ᵉ paire généralement garnies ventralement

de soies abondantes et assez longues. Champ poreux des coxopleures des pattes terminales n'atteignant pas le bord caudal, planté de 15-20 soies entre les pores (fig. 359). Préfémur et fémur avec des aiguillons plus longs et plus grêles que chez *C. Savignyi*, parfois presque sétiformes (fig. 360). Tibia avec une scie de (5) 7 à 9 dents (fig. 362); tarse avec une scie de (3) 4 à 5 dents souvent agglomérées en crête saillante (fig. 361, 363-364). Méta-

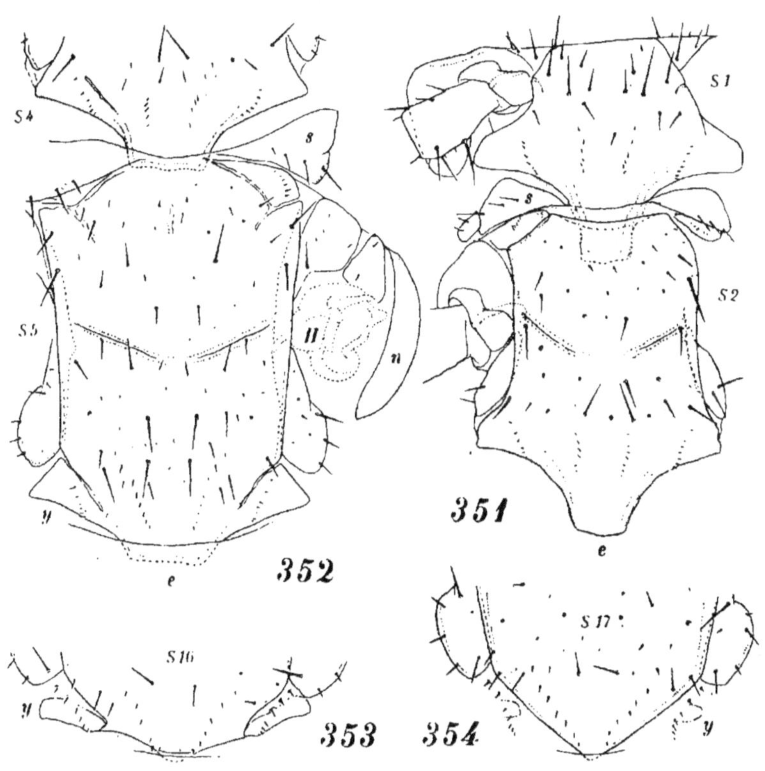

Cryptops Parisi, individu de la Côte-d'Or.

Fig. 351. — Sternite des segments 1 et 2.
Fig. 352. — Bord caudal du sternite du 4ᵉ segment et sternite du 5ᵉ.
Fig. 353. — Bord caudal du sternite du 16ᵉ segment.
Fig. 354. — Bord caudal du sternite du 17ᵉ segment.
Pour les quatre figures: *e:* endosternite; *H:* hanche; *n:* catopleure; *s:* présternite; *y:* suprasternite.

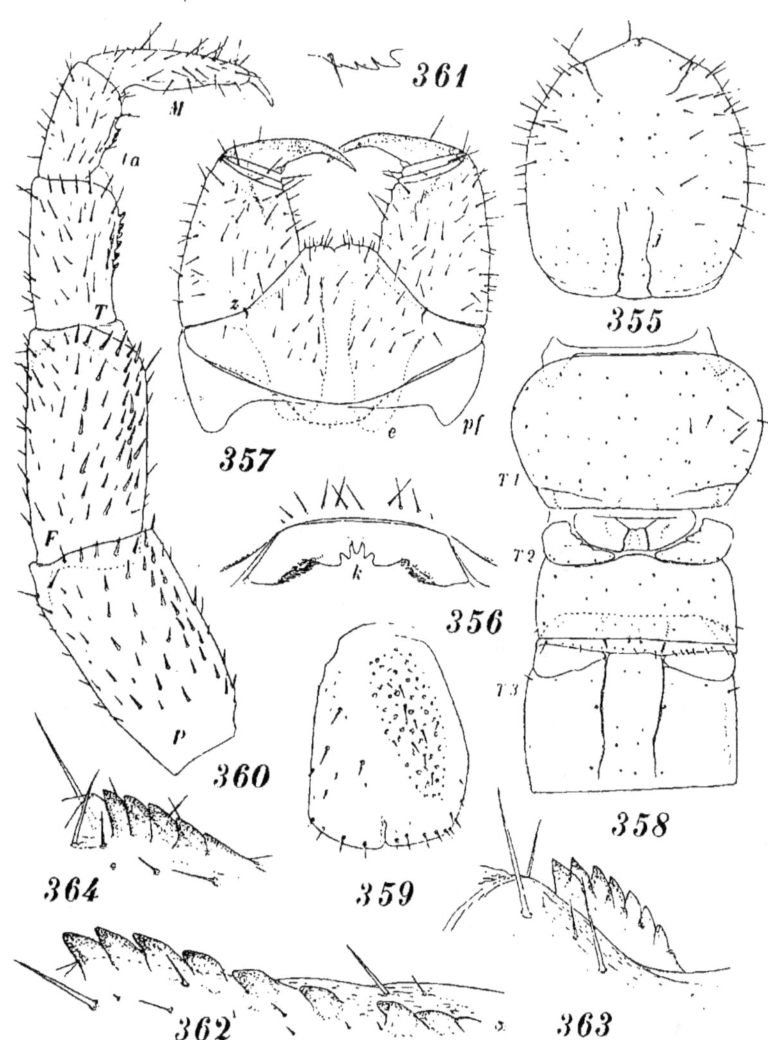

Cryptops Parisi et var. *cristata*.

Fig. 355. — Ecusson céphalique du type de la Côte-d'Or. *j:* tronçons de sillons longitudinaux.

Fig. 356. — Labre tridenté d'un individu des Bouches-du-Rhône. *k:* incisures des pièces latérales.

Fig. 357. — Forcipules, face ventrale. *e:* endosternite; *pf:* pleures forcipulaires; *z:* condyle articulaire coxofémoral.

Fig. 358. — Tergites des segments 1, 2 et 3 du type de la Côte-d'Or. (Prolongement de la figure 355.)

Fig. 359. — Coxopleure de la patte terminale droite du même individu.

Fig. 360. — Patte terminale droite de l'individu des Bouches-du-Rhône (Abbaye de Ferigoulet).

tarse à pilosité longue et pas particulièrement abondante. Pas de saillie dorsale dentiforme à l'extrémité des articles.

Est de la France; n'a pas encore été signalé à l'Ouest de Paris; Clermont-Ferrand; Banyuls-sur-Mer. Belgique; Scandinavie.

Les grands individus à scies formées de dents nombreuses ont reçu le nom de var. **cristata** RIBAUT, 1925. [Fig. 362-364.]

5. — **Cryptops hortensis** LEACH, 1814.

[Fig. 365-372.]

(*Cryptops ochraceus, C. sylvaticus, C. pallens* C. KOCH, 1863. *Cryptops hortensis*, var. *paucidens* LATZEL, 1884. — Non syn. : *Cryptops hortensis* LATZEL, 1880.)

Longueur jusqu'à 30 mm.

Espèce très voisine de la précédente, avec laquelle elle a été longtemps confondue.

Ecusson céphalique arrondi, aussi large que long, sans sillons dans le tiers postérieur, à bord caudal tantôt découvert, tantôt dissimulé sous le premier tergite. Zone prélabiale bombée, sans contours nets en avant (fig. 365). L'angle interne des pièces latérales du labre (*L*) n'est pas fissuré et l'échancrure ne présente qu'une dent (pièce médiane) flanquée de lobes arrondis. Bord rostral du coxosternum forcipulaire peu proéminent (fig. 366), la région antérieure étant à l'écart des condyles (*z*) dans le rapport 24,6 à 31,3 %. Le fémoroïde forcipulaire est moins large que dans l'espèce précédente et le rebord interne est plus long, le rapport de la largeur à la longueur de condyle à condyle, en tant que connu, ne dépassant pas 75 %.

Premier tergite sans sillons, ni transversal ni longitudinaux. Sternites (fig. 367-368) un peu moins longs que chez *C. Parisi* et à bords moins convergents. L'endosternite n'est caractérisé que jusqu'au 3ᵉ segment; à partir du 4ᵉ, il est de plus en plus réduit; il n'est pas limité en avant et se confond avec le sternite.

FIG. 361. — Scie tarsale de la même patte, plus grossie, profil interne.
FIG. 362. — Scie du tibia de la patte terminale d'un *cristatus* des Pyrénées-Orientales (Banyuls-sur-Mer).
FIG. 363. — Scie du tarse de la même patte.
FIG. 364. — Scie du tarse d'un individu de *cristatus* du Puy-de-Dôme (Durtol).

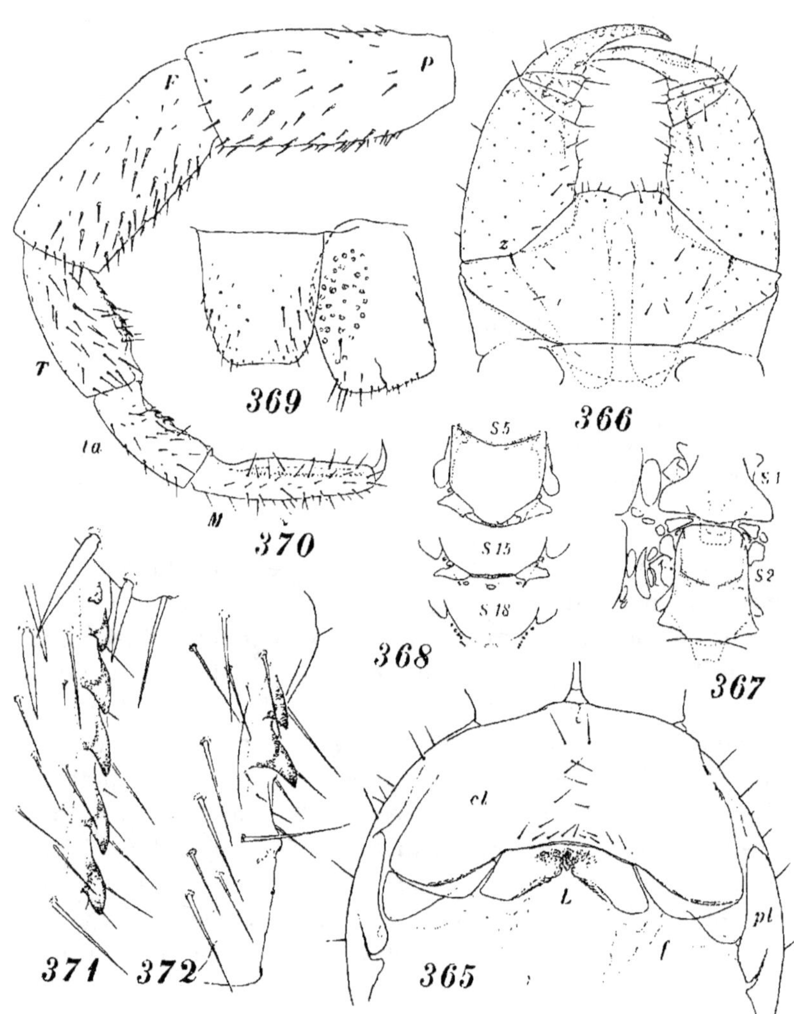

Cryptops hortensis.

Fig. 365. — Zone prélabiale et labre d'un individu de la Mayenne. *cl:* zone
prélabiale; *L:* labre; *f:* fulcres; *pl:* pleures forcipulaires.

Fig. 366. — Forcipules, face ventrale, d'un individu de Grande-Bretagne (Lancashire). *z:* condyle articulaire coxofémoral.

Fig. 367. — Sternites des segments 1 et 2, avec les pleurites droits correspondants (d'après Ribaut).

Fig. 368. — Bord caudal des sternites 5ᵉ, 15ᵉ et 18ᵉ (d'après Ribaut).

Fig. 369. — Sternite du segment terminal et coxopleure gauche d'un individu
des Basses-Pyrénées.

Fig. 370. — Patte terminale gauche, profil interne, de l'individu de Grande-
Bretagne.

Fig. 371. — Scie du tibia de la même patte, très grossie.

Fig. 372. — Scie du tarse de la même patte, très grossie.

Pattes comme chez l'espèce précédente. Hanches terminales à champ poreux atteignant presque le bord caudal des coxopleures, avec une soie entre les pores postérieurs du champ (fig. 369). Aiguillons des deux premiers articles des P. 21 plutôt grêles et longs, presque sétiformes (fig. 370). Généralement la scie du tibia est formée de 5 dents et celle du tarse de 2 dents (fig. 371-372); on rencontre toutefois fréquemment une, ou plus rarement, deux dents de plus à la scie du tibia et une de plus à celle du tarse. Pilosité des derniers articles longue et abondante. Pas de saillies dorsales à l'extrémité des articles.

Toute la France, mais plus commun dans le Centre et le Nord. Grande-Bretagne (type); Belgique; Europe septentrionale.

La variété *paucidens* de Latzel est certainement typique.

Dans les Pyrénées, le Tarn, les Landes et le Puy-de-Dôme, il existe une forme plus petite, plus pâle, dont le champ poreux des coxopleures des P. 21 ne dépasse pas la soie isolée de l'extrémité postérieure, s'arrêtant ainsi loin du bord caudal; c'est le **Cryptops hortensis,** *subsp.* **pauciporus** Brolemann, 1908.

3e Ordre. — **LITHOBIOMORPHA** Pocock, 1895.

Coloration allant du jaune pâle au brun-rouge très foncé, parfois avec des ombres foncées sur la tête, sur la ligne médiane du corps et sur la marge des tergites; pattes ordinairement plus claires que le dos, passant au jaune vers l'extrémité.

Corps rappelant celui des Scolopendres, mais de dimensions beaucoup plus faibles (fig. 3), et formé seulement de 15 segments pédifères, chiffre fixe.

Tête — Capsule céphalique subcirculaire ou un peu cordiforme (fig. 393, 413, 440). Le bord caudal, rectiligne ou faiblement émarginé, s'accompagne d'un bourrelet étroit, aplati, dont les extrémités latérales remontent de chaque côté jusqu'à environ la moitié de la tête. Au tiers antérieur, la surface de la capsule céphalique est coupée par un fin sillon arqué à concavité antérieure (*s*), plus ou moins apparent, qui s'incurve pour atteindre la base interne de la fosse antennaire ou pour rejoindre latéralement des sillons obliques moins bien marqués; ceux-ci délimitent dorsalement le champ ocellaire. Sur ce champ sont les yeux formés d'un ocelle ou de plusieurs ocelles indépendants, généralement bombés et bien pigmentés (*O*, fig. 373). Lorsqu'il y en a plusieurs, ils sont disposés en rangées horizontales ou arquées et en nombre très variable et, en arrière de ces rangées, est un ocelle plus gros que les autres, qui ne rentre pas dans l'alignement des rangées; de là la formule adoptée pour indiquer la composition d'un groupe — 1+4,3,2, par exemple — le premier chiffre, isolé des autres par le signe de l'addition, étant le gros ocelle postérieur, les chiffres suivants se rapportant au nombre d'ocelles entrant dans la composition des rangées, en commençant par la rangée dorsale, qui renferme les plus gros ocelles. Les ocelles peuvent manquer totalement, notamment chez les cavernicoles vrais.

Entre la base des antennes et les yeux, et assez près de ceux-ci pour pouvoir être pris pour un ocelle, est l'organe sensoriel dit « organe de Tömösváry », petite fossette circulaire, délimitée par un péritrème annulaire en margelle, et dont la fonction est encore incertaine (*Tö*, fig. 373, 433).

Sur les déclivités latérales du bord rostral de la tête sont implantées les antennes, organes allongés, ne dépassant généralement pas la moitié du corps, mais pouvant cependant arriver à égaler sa longueur. Elles sont composées d'articles irréguliers, un article court pouvant être intercalé entre deux longs ou inversement; le dernier article, ordinairement plus long que le précédent, présente normalement des plages plantées de minuscules chevilles sensorielles. En outre tous les articles portent des soies nombreuses; sur les articles de la base ces soies, longues et clairsemées, sont disposées en verticilles plus ou moins réguliers; peu à peu la longueur des soies diminue vers la pointe de l'organe, les articles situés au delà du 6ᵉ environ étant vêtus d'une pilosité serrée et très courte. Le nombre des articles est variable, même dans les limites de l'espèce; les variations sont d'autant plus amples que le chiffre moyen des articles est plus élevé chez l'adulte, ou que les individus sont plus développés. Les nombres extrêmes observés chez nos espèces françaises sont 17 (*Lithobius crassiques*) et 72 (*L. Fagniezi*) [37].

La zone prélabiale présente une région triangulaire soulevée, à sommet arrondi mais sans limites latérales bien nettes, qui porte des soies sur son pourtour (*cl*, fig. 418). Les angles postérieurs de la zone prélabiale s'appuient sur des sclérites paralabiaux, comme chez les Scolopendromorphes (*r*, fig. 373).

Les pièces latérales du labre, subrectangulaires, obliques, coincent entre leurs extrémités internes la petite pièce médiane en losange ou en fer de lance, dont les contours ne sont distincts qu'en partie (*m*, fig. 374). A l'angle interne des pièces latérales on remarque ordinairement une petite fissure qui est en correspondance avec une dépression de la surface; sur l'arête de cette dépression est implantée une épine longue (*q*), dirigée horizontalement à la rencontre de son homologue du côté opposé, par dessus la pièce impaire.

Le tronc de la mandibule n'est découpé que par une fissure parallèle à son axe principal (fig. 377). On y retrouve, bien développé, le condyle (*a*) existant dans l'ordre précédent. Les différenciations de l'arête apicale sont une lame dentée de 4 dents à trois pointes, faites pour s'engrener entre celles de la mandibule

---

[37] Ce chiffre dépasse la centaine chez certaines formes cavernicoles (*L. Matulicii* Verh., de Trebinje).

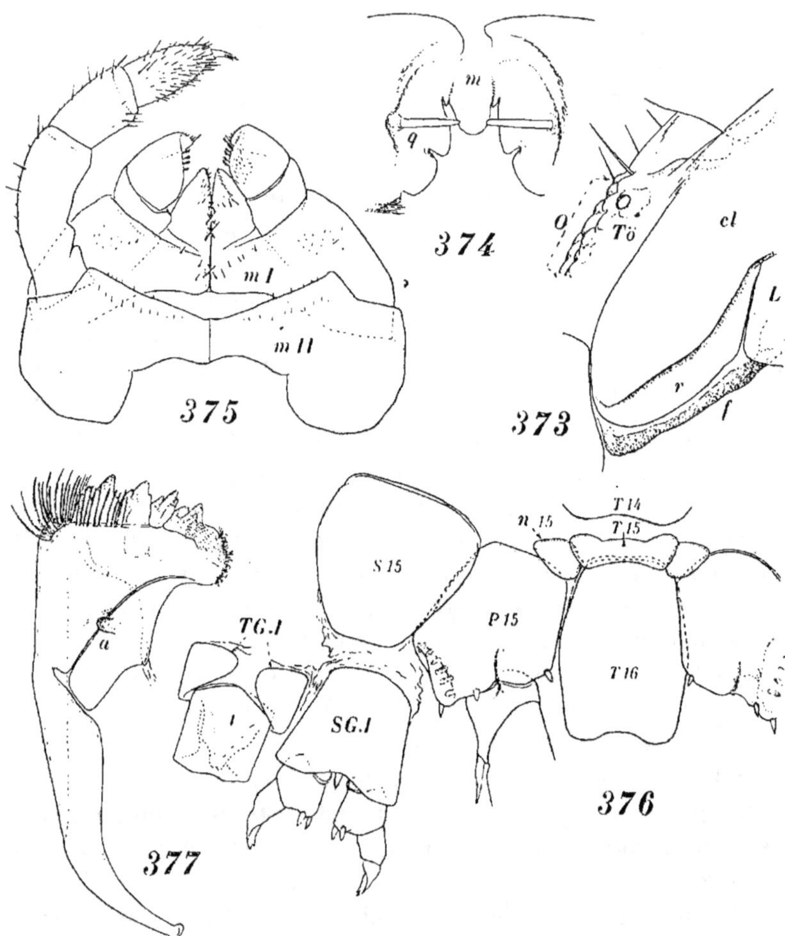

Fig. 373. — Angle postérieur droit de la zone prélabiale, *cl*, et bord droit de la tête, avec une partie du champ ocellaire, *O*, vu en perspective et l'organe de Tömösváry, *Tö*, face ventrale, de *Lithobius pilicornis* des Hautes-Pyrénées (Gèdre). *L :* labre ; *f :* fulcre ; *r :* plage paralabiale.

Fig. 374. — Région médiane du labre d'une femelle de *Lithobius melanops* des Hautes-Pyrénées (Lourdes), montrant les stylets des pièces latérales, *q*. *m :* pièce médiane du labre.

Fig. 375. — Mâchoires de la première paire, *m I*, coxosternum et membre droit des deuxièmes mâchoires, *m II*, face ventrale, d'une femelle de *Lithobius pilicornis* des Basses-Pyrénées (Arudy).

Fig. 376. — Téguments étalés de l'extrémité postérieure du corps de la même femelle. *T 15 :* tergite du 15ᵉ segment mis à nu (normalement il est recouvert par le tergite *T 14*) ; *S 15 :* sternite ; *P 15 :* hanche de la patte et *n 15 :* catopleure du 15ᵉ segment ; *T 16 :* tergite du segment intermédiaire ; *TG.1 :* pleurotergite divisé et *SG.1 :* sternite du premier segment génital, ce dernier pourvu de ses appendices génitaux ; *t :* telson.

Fig. 377. — Mandibule étalée de *Lithobius piceus* (d'après Verhœff, figure simplifiée). *a :* condyle dorsal.

opposée; à son extrémité dorsale est une protubérance plantée d'un bouquet de soies; à son extrémité ventrale est une lame pectinée, dont les peignes, longs et arqués, sont en nombre plus ou moins élevé.

Les premières mâchoires forment un ensemble triangulaire, concave dorsalement (*m I*, fig. 375). Leur base est constituée par des coxosternites trapézoïdaux en contact sur la ligne médiane. Ces pièces supportent, intérieurement, un prolongement coxal conique, élancé, d'une seule pièce et, extérieurement, des membres de deux ou de trois articles. L'article basal est court, beaucoup plus large que long, et l'article distal, plus volumineux, est garni à son sommet de franges de soies modifiées.

Les deuxièmes mâchoires (*m II*) ont un syncoxosternum en bandeau très court, dont les extrémités, dilatées, sont arrondies latéralement et en arrière; cette pièce présente une trace très apparente de division médiane sous forme de sillon. Sur les extrémités dilatées du bandeau coxosternal, et par conséquent très écartés l'un de l'autre, se dressent les membres de trois articles, proportionnellement longs et étroits; l'article basal, le plus long, est un peu arqué; nous trouvons le long de son rebord concave, interne, des encoches, vestiges de divisions disparues. Le troisième article, à peu près de même longueur que le second, est couvert d'une abondante pilosité, notamment sur sa face interne, et porte une griffe apicale dont les arêtes sont armées d'épines aiguës. On ne voit pas de traces du tergite de ces membres sur la face dorsale du corps.

Les mâchoires sont recouvertes par les forcipules, qui sont les pattes de la première paire modifiées en vue de la nutrition (fig. 385, 404). Les forcipules comportent dorsalement un tergite ayant la forme d'un bourrelet, environ aussi large que la tête (fig. 393). Latéralement sont des pleurites repliés ventralement sur la base des forcipules, où ils peuvent parfois se rejoindre (*pf*, fig. 461). Ventralement on trouve un syncoxosternum polygonal, au moins aussi large que la tête; il est coupé par un sillon longitudinal médian; son bord rostral est plus ou moins proéminent, plus ou moins large suivant les espèces, rectiligne ou découpé en deux lobes par une encoche correspondant au sillon médian; le bord apical est normalement armé de dents en nombre variable, placées symétriquement de part et d'autre de l'encoche, d'où les formules 2+2, 3+3, etc., qui indiquent le nombre de dents existant de chaque côté, le signe + correspondant à l'encoche; en outre, dans la très grande majorité des cas, on observe, un peu en retrait et en dehors de la dernière dent externe, une petite épine translucide peu apparente, mais qui peut prendre un développement particulier, notamment chez les espèces à dents atrophiées (*Lithobius Ribauti*, par exemple, *n*, fig. 432). Les condyles coxofémoraux son bien apparents (*z*, fig. 394, 398, etc.); le rapport entre leur écartement et la longueur de la région antérieure du coxosternum, en tant que connu, oscille entre 37,6 et 48,2 % chez les *Lithobius;* il paraît être plus faible chez les *Bothropolys* (34,1 %).

Les membres forcipulaires sont de 4 articles; ils sont surmontés d'une griffe puissante; ils sont arqués en tenaille à la rencontre l'un de l'autre. L'article basal est formé de deux articles fusionnés, le trochanter et le préfémur, comme l'indique un tronçon de sillon oblique sur son rebord interne; c'est le plus long et le plus large, les suivants sont graduellement plus étroits. Les deux articles intermédiaires, fémur et tibia, sont des anneaux courts, mais complets (*b*, fig. 404), à peine un peu moins longs extérieurement qu'intérieurement. L'article apical (tarsal) est approximativement conique; il est continué par la griffe, longue, graduellement atténuée, acérée; elle est séparée de sa base tarsale par un petit ressaut. Le canal de la glande à venin est ici sensiblement plus court que chez les Géophiliens.

Tronc. A la suite du segment forcipulaire se placent 15 segments comportant chacun un tergite et un sternite réunis par des membranes pleurales souples, et une paire de membres.

Les tergites sont de dimensions inégales; ceux des segments 1, 3, 5, 7, 8, 10, 12 et 14 sont grands, presque aussi longs que larges; ceux des segments 2, 4, 6, 9, 11 et 13 sont aussi larges que les autres, mais beaucoup plus courts, leur longueur étant environ le tiers de leur largeur. La dimension des grands tergites va en augmentant du premier au 10ᵉ et décroît ensuite vers l'arrière; leurs bords latéraux sont faiblement arqués; leur bord caudal est rectiligne ou plus ou moins échancré; les angles postérieurs sont arrondis dans les premiers segments et parfois aussi dans les derniers; cependant, chez certaines espèces, ceux du 7ᵉ peuvent présenter des prolongements triangulaires (*T* 7, fig. 386, 389).

Leurs bords s'accompagnent d'un sillon qui, sur les deux ou trois premiers segments, se poursuit ininterrompu le long du bord caudal et, sur les suivants, disparaît à peu près dans les angles postérieurs; latéralement et éventuellement en arrière, le sillon est assez rapproché de l'arête latérale pour déterminer un étroit bourrelet, mais, au voisinage de l'angle antérieur du tergite, le sillon s'écarte brusquement du bord et délimite une zone antérieure transversale très courte qui n'est visible qu'en soulevant le bord caudal du tergite précédent. Les petits tergites ont les angles toujours arrondis sur les segments 2 et 4, rarement prolongés sur le 6ᵉ mais souvent sur les 9ᵉ, 11ᵉ et 13ᵉ (fig. 391, 395, etc.); ces prolongements sont variables suivant les espèces. Les petits tergites sont constitués comme les grands, mais n'ont jamais de bourrelet au bord caudal.

Entre le tergite terminal et le 14ᵉ, dissimulé sous ce dernier, existe un tergite court et large qui, bien que plus étroit que les petits tergites précédents, leur est strictement comparable. C'est donc le tergite du 15ᵉ segment, c'est-à-dire de celui qui porte les pattes terminales (*T 15*, fig. 376, 381 *A*). Il a longtemps passé inaperçu; nous le voyons figuré pour la première fois par ATTEMS en 1926 (*in* KÜKENTHAL); avant lui on admettait comme tergite du 15ᵉ segment le grand tergite terminal suivant, qui est le 16ᵉ et qui appartient en réalité aux segments terminaux. Il n'existe pas de prétergites distincts.

Les sternites, de forme approximativement trapézoïdale, sont atténués en arrière, leurs angles sont arrondis et leur bord caudal est tronqué ou subarrondi. Le dernier sternite (*S 15*, fig. 376) correspond au petit tergite 15ᵉ. Pas de présternites.

Les membranes pleurales sont amples, mais les pleurites sclérifiés y sont peu nombreux. Indépendamment de la procoxa et de la métacoxa déjà vues dans les autres ordres, nous avons à mentionner comme pleurites, par ordre de fréquence:

1° Le catopleure encadrant le condyle dorsal de la hanche, auquel il fournit un point d'appui (*n*, fig. 378-379). Il se retrouve sur tous les segments, mais, à partir du 13ᵉ, il perd peu à peu sa forme de croissant, devient plus court et, sur le 15ᵉ (*n 15*, fig. 380), il est subarrondi et accolé au tergite.

2° Un pleurite subréniforme ou polygonal placé en avant de la hanche de P. 1 à P. 12 (manque en avant de P. 13 à P. 15).

3° Un pleurite stigmatifère (*st*, fig. 378), correspondant au sclérite 1 β des Géophiliens, et qui se rencontre sur les segments stigmatifères 3, 5, 8, 10, 12 et 14. Dans certains cas (*Lamyctes*), il existe un stigmate au premier segment.

4° Un pleurite en ovale allongé que nous désignons par l'indice 1 γ en raison de sa position en arrière du pleurite stigmatifère. On le trouve au 1ᵉʳ segment (lorsqu'il n'a pas de stigmate), au 3ᵉ, au 5ᵉ au 8ᵉ et au 10ᵉ; il manque à tous les autres (même aux 12ᵉ et au 14ᵉ, qui ont des stigmates).

5° Enfin aux segments 2, 4, 6, 9 et 11 (à petits tergites) on trouve un petit pleurite subcirculaire au niveau du bord antérieur du tergite (fig. 379).

Pattes.   Les pattes ambulatoires sont formées d'une hanche, d'un télopodite de 5 ou de 6 articles et d'une griffe apicale.

La hanche (fig. 378-380) est un cylindre trapu présentant une large solution de continuité sur toute la hauteur de sa face postérieure (ou postéro-dorsale, le grand axe de la hanche étant un peu oblique). Elle est munie d'un petit condyle ventral, qui s'appuie sur la duplicature du sternite (*u'*, fig. 379), et d'un grand renflement dorsal arrondi (*u*), qui fonctionne comme condyle opposé au premier et disparaît à partir de la 13ᵉ paire de hanches. Le cylindre coxal est en outre parcouru sur toute la hauteur de sa face antérieure par un apodème (*a*), dont l'extrémité distale est repliée en crochet dans la lumière de l'article et qui se fait remarquer par sa chitinisation intense. En ce point se raccordent deux brides en demi-cercle, l'une dorsale, l'autre ventrale, séparées ou réunies par leurs extrémités postérieures, constituant une sorte d'anneau complémentaire relié au bord distal de la hanche par d'amples membranes articulaires souples (*b*); c'est entre cet anneau et l'article suivant que se produit la rupture du membre par autotomie, lorsqu'elle a lieu. Sur le condyle apical antérieur de la hanche s'articule le condyle proximal correspondant du premier article du télopodite, le trochanter, qui est, lui aussi, parcouru dans sa longueur par un apodème faisant suite à celui de la hanche. Le trochanter, comme tous les articles suivants, est un cylindre fermé; il est relativement très court, plus long ventralement que dorsalement. A sa suite se placent 5 articles, dont le dernier est armé de la griffe apicale. L'articulation tarsométatarsienne peut être à peine différenciée ou même être immo-

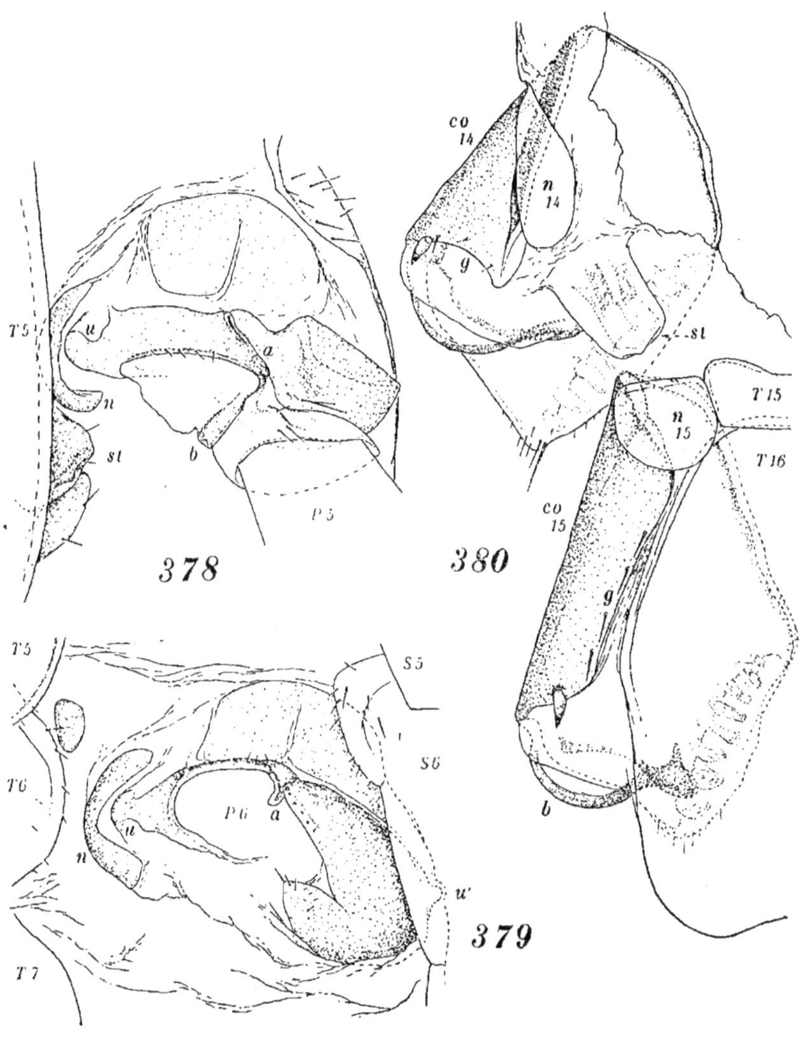

Lithobius forficatus, de Roumanie.

Fig. 378. — Hanche de la 5ᵉ paire et pleurites droits du 5ᵉ segment.

Fig. 379. — Hanche de la 6ᵉ paire (dont la patte est enlevée), vue en raccourci, et pleurites droits du 6ᵉ segment.

Fig. 380. — Hanche des pattes 14ᵉ et 15ᵉ (co 14, co 15), face dorsale, avec une partie du tergite 15 (T 15) et du tergite intermédiaire (T 16) et les catopleures des mêmes segments (n 14, n 15). (Les pores coxaux de la face ventrale sont vus par transparence.)

Pour les trois figures: *a:* apodème coxal; *b:* anneau complémentaire; *g:* bord distal des hanches 14 et 15; *n:* catopleure; P 5, P 6: pattes des paires 5ᵉ et 6ᵉ; S 5, S 6: sternites 5ᵉ et 6ᵉ; *st:* stigmates; T 5, T 6, etc.: tergites 5ᵉ, 6ᵉ, etc.; *u, u':* condyles de la hanche.

bilisée (*x*, fig. 454); le télopodite ne comptera alors que 5 articles. La longueur des articles est variable suivant le degré de croissance et aussi, mais à un degré moindre, chez les adultes suivant le sexe.

Vers l'arrière du corps la hanche se développe peu à peu, le bord distal (*g*, fig. 380) demeurant vertical jusqu'à la 14e paire. La hanche de la 15e paire est plus longue et la région dorsale de son bord distal (*g*) prend une direction horizontale, parallèle à l'axe de l'article. En même temps les articles du télopodite s'allongent graduellement et ceux de la base s'épaississent; les membres de la paire terminale sont ainsi plus longs (parfois même considérablement) et plus épais que les précédents. La griffe apicale des P. 15 est tantôt simple, tantôt accompagnée d'une griffe latérale postérieure plus courte, ou même de deux griffes latérales symétriques.

Les hanches des quatre dernières paires présentent une dépression en gouttière de la face ventrale, dans laquelle s'ouvrent les pores de glandes coxales (pores coxaux) [38]. Ces pores peuvent être en nombre relativement restreint et alignés en une seule rangée (fig. 381 *B*) parallèle à l'axe de la hanche (*Lithobius, Lamyctes*); ou bien ils sont nombreux et sont alors disposés en plusieurs rangées irrégulières (*Bothropolys*) (*gc*, fig. 383).

Chez les mâles, certains articles des P. 15 et même des P. 14, notamment le préfémur, le fémur et le tibia, sont plus renflés que chez la femelle et peuvent présenter des structures sexuelles propres à chaque espèce. C'est ainsi qu'on observe des rainures longitudinales sur la face dorsale, des verrues pilifères, des tubercules, etc., toutes structures utilisées en systématique.

Spinulation

Tous les articles de la patte, hanche comprise, peuvent porter des épines sur le pourtour de leur extrémité distale. Théoriquement on devrait en trouver six, soit une antérieure, une médiane et une postérieure, sur chacune des deux faces dorsale et ventrale du membre [39]; mais, en fait, il en manque toujours quelqu'une et la répartition de celles qui subsistent a une valeur utilisée en

(38) Dans un genre américain, *Pseudolithobius*, on trouve des pores sur les cinq dernières paires de hanches.

(39) Ces six épines seraient le reste d'un verticille apical de huit épines (soies différenciées), auquel manqueraient l'épine de la face antérieure et celle de la face postérieure. Exceptionnellement on trouve cette dernière aux P. 15 de *Lithobius lapidicola*.

systématique. Les premiers auteurs qui ont fait état de la spinulation des pattes de façon méthodique ont été MEINERT (1868-1872) et LATZEL (1880); mais ils se sont limités à celle des pattes 1, 14 et 15, la cristallisant dans une formule disposée en fraction de cinq chiffres; ces chiffres indiquaient le *nombre* des épines dorsales et ventrales des cinq articles proximaux du membre, mais non leur *position*. RIBAUT (1921) a montré l'intérêt

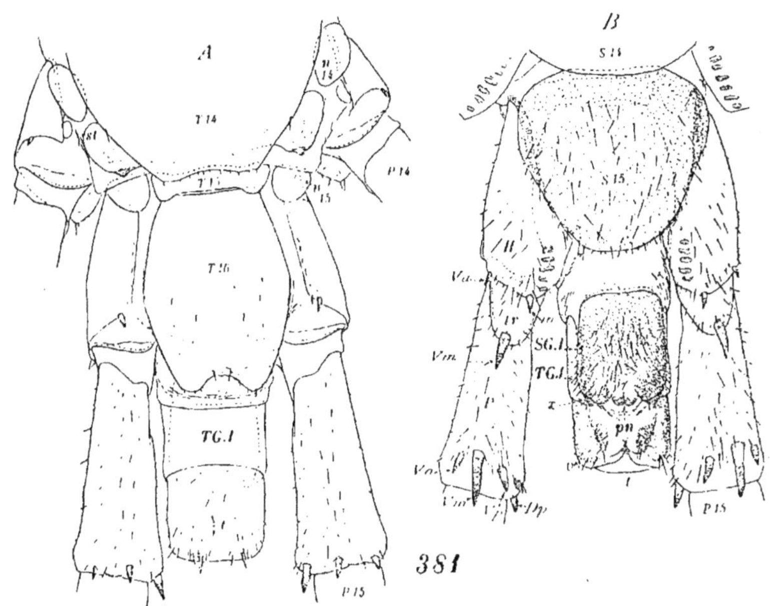

Lithobius pilicornis, mâle des Basses-Pyrénées (Arudy).

FIG. 381. — Extrémité postérieure du corps, face ventrale, *A*, et face dorsale, *B*, montrant les sclérites apparents des segments terminaux. *S 14*, *S 15:* sternites des segments 14ᵉ et 15ᵉ; *T 14*, *T 15:* tergites des mêmes segments; *T 16:* tergite du segment intermédiaire; *SG.1*, *TG.1:* sternite et tergite du segment génital 1; *n:* catopleure; *pn:* pénis; *st:* stigmates; *t:* telson; *v:* valves anales; *x:* appendices génitaux (gonopodes). Sur la patte terminale droite de la figure *B*: *H:* hanche, avec les deux épines *VaH* et *VmH*; *tr:* trochanter, avec son épine *Vmtr*; *P:* préfémur, avec les quatre épines *VaP*, *VmP*, *VpP* et *DpP*.

qu'offre cette position sur toutes les pattes de l'animal et a caractérisé chaque épine par un indice formé de trois lettres. La première lettre, *V* ou *D*, indique auquel des groupes, ventral ou dorsal, appartient l'épine; la seconde lettre, *a*, *m* ou *p*, caractérise sa position antérieure, médiane ou postérieure; enfin la troisième lettre, *H*, *tr*, *P*, *F* ou *T*, est l'initiale des noms des articles de la patte. Ainsi l'épine dorsale antérieure du fémur portera l'indice *DaF*, et éventuellement un chiffre indiquant le rang occupé par la patte considérée (40).

En général les épines sont d'autant plus nombreuses que l'animal est plus différencié; de même la spinulation est plus fournie chez l'adulte que chez l'immature. Les épines peuvent manquer totalement (41).

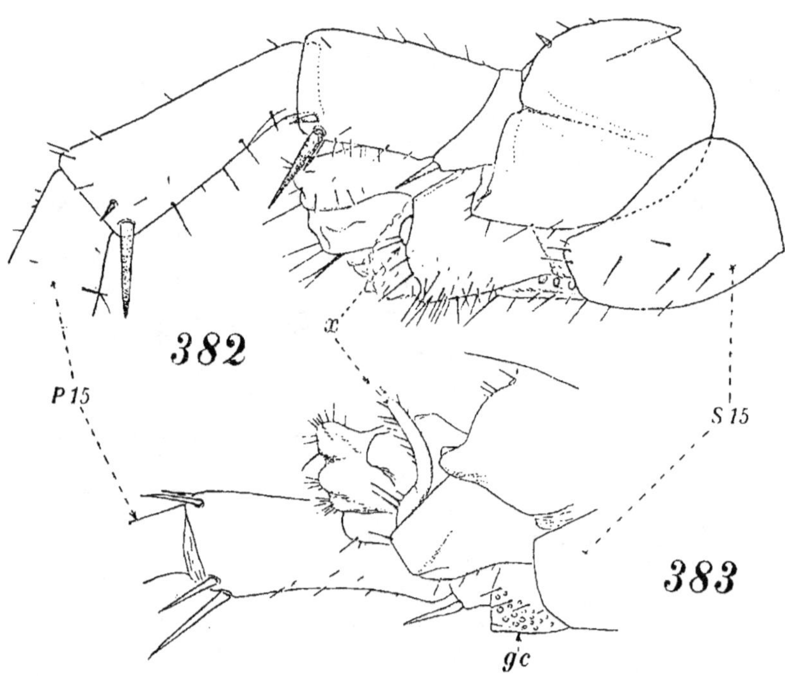

Fig. 382. — Extrémité postérieure du corps, en profil, d'un mâle de *Lithobius aulacopus* des Basses-Pyrénées (Pau), avec les articles proximaux de *P 15* droite et le gonopode droit réduit à un bourgeon, *x*.

Fig. 383. — Extrémité postérieure du corps, en profil, d'un mâle de *Bothropolys longicornis Martini* des Basses-Alpes (Allos), dont le télopodite de *P 15* droite est enlevé. *x:* gonopode droit, en tigelle allongée, et redressée dorsalement; *P 15:* au second plan, patte gauche de la 15ᵉ paire, dont la hanche est percée de pores nombreux, *gc.*

(40) Voir, par exemple, la disposition des épines ventrales de la hanche, du trochanter et du préfémur des P. 15 sur la fig. 381, *B*.

(41) Au cours des pages qui suivent, nous nous sommes efforcé de donner, pour chacune de nos espèces françaises, une idée de la répartition des épines des pattes. Il faut cependant se garder d'envisager ces données comme des caractères absolument fixes. Si la limite postérieure de telle ou telle épine est relativement constante, sa limite antérieure est éminemment variable, la spinulation augmentant d'arrière en avant avec le développement de

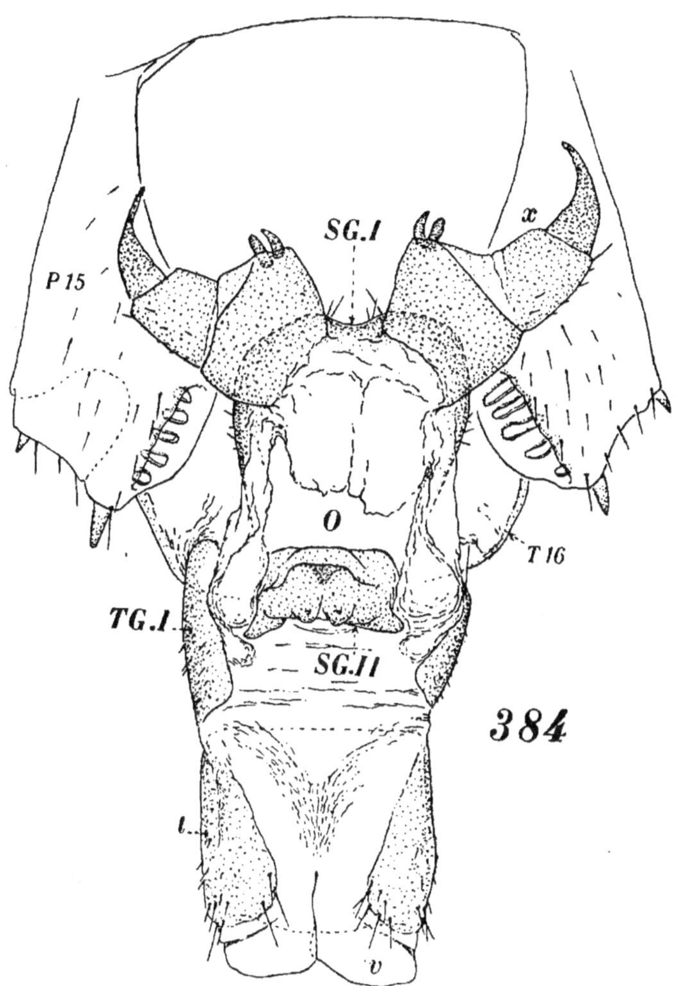

Lithobius pilicornis.

Fig. 384. — Extrémité postérieure du corps, face ventrale, d'une femelle de la Mayenne. Le sternite génital I, *SG.I*, avec ses appendices, *x*, a été renversé en avant, découvrant l'orifice de l'oviducte, *O*, dont la paroi dorsale est pourvue d'une plage sclérifiée, lobée, assimilée au sternite du segment génital II, *SG.II*. — *P 15*: hanche de la 15e paire; *T 16*: bord du tergite intermédiaire; *TG.I*: bord réfléchi du tergite du segment génital I; *t*: telson; *v*: valves anales.

l'animal et, par conséquent, avec son degré de différenciation. Les tableaux que nous fournissons sont parfois des moyennes de spinulation; mais en général il ne convient de les accepter que comme des répartitions « types », destinées de permettre aux myriapodologistes qui nous suivront de faire toutes comparaisons utiles et d'établir à la longue des chiffres définitifs.

En arrière du 15° segment pédifère se placent encore les segments terminaux connus (fig. 381-384). Le segment intermédiaire n'est représenté que par son tergite (tergite 16, *Ti*), sclérite hexagonal de grande taille, qui suit immédiatement le 15° [42]; sa plus grande largeur est environ à moitié de sa longueur; il est rebordé dans sa partie antérieure seulement; son bord caudal peut être plus ou moins fortement échancré. Il n'existe pas de sternite sclérifié à ce segment.

Le segment génital I a un tergite (*TG. I*) et un sternite (*SG. I*). Le sternite est trapézoïdal, plus large en arrière qu'en avant; son bord caudal est échancré. De chaque côté de l'échancrure se dressent les appendices, variables suivant les sexes. Ceux du mâle sont tantôt des bourgeons rudimentaires, peu apparents (*x*, fig. 382), tantôt des tigelles relativement longues, biarticulées, redressées vers le dos de chaque côté du corps (*x*, fig. 383). Les appendices de la femelle sont au contraire très apparents, arqués en forme de tenailles (*x*, fig. 384); ils sont formés de trois articles. L'article basal, ou coxa, un peu plus large que long, porte sur son angle distal interne un nombre variable d'éperons, généralement deux ou trois de chaque côté. Le second article, inséré sur la moitié externe du bord distal de la hanche, répondrait au préfémur et au fémur; il est plus court intérieurement qu'extérieurement. Il est surmonté d'une griffe (« tarsungulum » de VERHŒFF) graduellement atténuée, évidée sur sa face interne et qui peut présenter une dentelure sur chaque arête. — Le tergite est grand, subrectangulaire, mais médiocrement chitinisé chez le mâle. Chez la femelle il est membraneux dans la région dorso-médiane (*TG. I*, fig. 376), mais ses côtés, bien sclérifiés, sont rabattus ventralement sur la base du segment anal, où ils se présentent comme des pièces symétriques triangulaires à angles arrondis (fig. 384); c'est cette position qui a dû les faire homologuer à des pleurites du segment anal.

Comme dans les autres ordres, le segment génital II est représenté par le pénis chez le mâle (*pn*, fig. 381 *B*). Chez la femelle, nous ne trouvons qu'une petite bande transverse dont le bord rostral émet une saillie plongeant dorsalement sous un repli membraneux et dont le bord caudal libre porte deux petits lobes arrondis saillants (*SG. II*, fig. 384).

---

[42] C'est le tergite qui a été longtemps considéré comme appartenant au 15° segment, le 15° tergite se trouvant dissimulé sous le 14°.

On ne trouve pas ici de vestiges caractérisés d'un segment post-génital, comme chez les géophiliens.

Quant au telson, il possède un tergite rectangulaire (*t*) et des valves (*v*), entre lesquelles s'ouvre l'orifice anal en fente longitudinale bifurquée en Y. — C'est à la base des valves qu'on trouve, au début de la croissance, une paire de glandes. Chez les espèces des genres *Bothropolys* et *Lithobius,* ces glandes disparaissent avant la fin du développement anamorphe. Chez *Lamyctes,* au contraire, ces glandes se trouvent également chez l'adulte (*k*, fig. 458).

On est ici en présence de trois groupes assez homogènes de Chilopodes, ayant pour types *Lithobius, Henicops* et *Cermato-bius* ([43]). Le rang que doit occuper chacun de ces groupes dans la classification varie avec les auteurs. Nous nous en tenons à l'ancienne division en :

Famille *Lithobiidae,* partagée en deux sous-familles, *Lithobiinae* et *Henicopinae,* et

Famille *Cermatobiidae,* renfermant des formes exotiques à tarses postérieurs divisés en anneaux, comme les Scutigères, et sur laquelle nous n'aurons pas à revenir.

Clef des espèces françaises de Lithobiomorpha.

1. Des pores coxaux de dimensions inégales, en nombre élevé, en plusieurs rangées, sous chacune des hanches des quatre dernières paires de pattes (*gc*, fig. 383). (Gen. *Bothropolys.*) 2
   Des pores coxaux subégaux, en nombre restreint, en une rangée, sous chacune des hanches des quatre dernières paires de pattes (fig. 381, *B*). 6

2. Des prolongements aux tergites 6, 7, 9, 11 et 13 (fig. 386, 389). Griffe des P. 15 double. Pas d'épine coxolatérale aux P. 15. 4
   Des prolongements aux tergites 9, 11 et 13 seulement (fig. 391). Griffe des P. 15 simple. Des épines coxolatérales aux P. 15. (*Bothropolys elongatus* Newport.). 3

3. Une épine *DpP* aux P. 15 et une *DpP* crochue aux P. 14 (fig. 390). . . . .
   . . . . Bothropolys elongatus corsicus (Léger et Dubosco).
   Pas d'épine *DpP* aux P. 15 et une *DpP* droite, normale, aux P. 14 (fig. 392). . . . . Bothropolys elongatus alpinus Brol.
4. P. 15 longues, le rapport tibia × tête étant 107 à 120 %. Taille 26 à 45 mm. Des ponctuations fortes sur la tête et les forcipules. Pas

---

(43) Dans la classification la plus récente, due à Attems (1926, *in* Kückenthal), *Craterostigmus* est rattaché aux Lithobiomorphes, ce qui ne paraît pas justifié.

de *VpF* aux P. 15 (an semper ?).... **Bothropolys fasciatus** (Newport).
P. 15 très longues, le rapport tibia × tête étant au moins 129 %.
Taille: 18,50 à 27 mm. Pas de ponctuations notables sur la tête et
les forcipules. Une *VpF* aux P. 15. (*Bothropolys longicornis* Risso). 5

5. Des épines *DaF* et *DaT* aux P. 15. Rapport tibia × tête 129 à 130 %.
.... **Bothropolys longicornis** *genuinus* (Risso).
Pas de *DaF* ni de *Dat* aux P. 15. Rapport tibia × tête 131 à 145 %....
.... **Bothropolys longicornis Martini** (Brol.).

6. Pas de prolongements caractérisés aux tergites 9, 11 et 13 (fig. 446, 449) 7
Des prolongements caractérisés aux tergites 6, 7, 9, 11 et 13, ou à
quelques-uns d'entre eux. 27

7. Pas d'ocelles. 8
Un ocelle unique de chaque côté. Griffe des P. 15 triple. . . . .
. . . . **Lamyctes fulvicornis** Meinert.
Plusieurs ocelles de chaque côté. Griffe des P. 15 double ou simple. . 10

8. Pas d'épines aux pattes ambulatoires. Antennes très courtes, de
24 articles (incidemment 28). (Forme exotique importée dans les
serres d'Europe.). **Lamyctes coeculus** (Brol.).
Des épines aux pattes. Antennes longues, d'au moins 49 articles.
(Formes cavernicoles des Pyrénées.). 9

9. *VaT* manque à toutes les pattes. Antennes de 58-63 articles. Jamais
de coxolatérales aux P. 15. . . . . **Lithobius allotyphlus** Silvestri.
VaT existe au moins à partir de P. 8. Antennes de 49-51 articles.
P. 15 avec ou sans coxolatérales. . . . . . . **Lithobius cavernicola** Fanzago.

10. Pas d'épines coxolatérales aux P. 15. 11
Des épines coxolatérales aux P. 15. 24

11. Dents forcipulaires atrophiées; des aiguillons latéraux épais (fig. 432).
. . . . **Lithobius Ribauti** Chalande.
2+2 dents au bord rostral du coxosternum forcipulaire, indépendamment des épines latérales éventuelles (fig. 423). 13
Plus de 2+2 dents au coxosternum forcipulaire (fig. 394). 12

12. Un sillon sur la face postérieure (interne) des deux derniers articles
des P. 15. Spinulation ventrale des P. 15 : a m p, a m -, a - -. . . . . . .
. . . . **Lithobius inermis** *genuinus* L. Koch.
Pas de sillon semblable. Spinulation ventrale des P. 15: amp, amp, am-.
. . . . **Lithobius lucifugus** L. Koch.

13. Griffe terminale des P. 15 simple. 14
Griffe terminale des P. 15 double. 20

14. Un sillon sur la face postérieure (interne) des deux derniers articles
des P. 15. . . . . **Lithobius inermis pyrenaicus** (Meinert).
Pas de sillon semblable. 15

15. Antennes de 20 (18-23) articles. 16
Antennes de 25 articles environ. Spinulation ventrale des P. 15: 0, 0, 0.
. . . . **Lithobius Dubosequi**, *var.* **exarmata** Brol.
                    + *var.* **Fosteri** Brade-Birks (44).
Antennes d'au moins 29 articles. 17

(44) La spinulation des P. 15 de la var. *Fosteri* n'est pas connue.

16. Spinulation ventrale des P. 14: 3, 3, 1, et des P. 15: 3, 2, 0. P. 14 et
P. 15 épaisses et courtes, sans épine crochue chez le mâle, ni de
verrue au 5e article des P. 15. Ocelles disposés en rangées........
.... **Lithobius crassipes** L. Koch.
Spinulation ventrale des P. 14: 3/2, 3/2, 1, et des P. 15: 3, 2, 0/1.
P. 14 et P. 15 courtes et épaisses, sans épine crochue, mais avec
une protubérance sillonnée au 5e article des P. 15 chez le mâle.
Ocelles disposés en rangées plus ou moins régulières...........
.... **Lithobius curtipes** C. Koch.
Spinulation ventrale des P. 14: 3, 2, 0, et des P. 15: 3, 1, 0. Une épine
crochue au 4e article des P. 15 du mâle. Ocelles disposés en
rangées..................... **Lithobius aeruginosus** L. Koch.

17. Ocelles en une rangée formée de 3 ocelles généralement peu pigmentés
et peu distincts. Spinulation ventrale des P. 14: (a) m p, - m -, - - -,
et des P. 15: a m p, - m -, - - -. Mâle sans structure sexuelle aux
P. 15............................... **Lithobius microps** (Meinert).
Ocelles en plusieurs rangées, bien conformés et pigmentés. Au moins
deux et généralement 3 épines ventrales au fémur des P. 14 et
P. 15. 18

18. Spinulation ventrale des P. 15: 3, 2, 0/1. Article 4e des P. 15 du mâle
avec une verrue et article 5e plus grêle, sillonné..............
.... **Lithobius pelidnus** Haase.
Spinulation ventrale des P. 15: 3, 3, 1. Certains articles des P. 15 du
mâle sont sillonnés, mais aucun n'a de verrue................. 19

19. P. 14 et P. 15 du mâle sans particularités. Griffe génitale de la
femelle divisée en trois dents robustes, subégales...............
.... **Lithobius lucifugus** L. Koch.
5e article des P. 15 du mâle avec un profond sillon, qui se retrouve
plus faible sur P. 14. Griffe génitale de la femelle divisée en trois
dents, dont les latérales sont plus faibles que la centrale........
.... **Lithobius mutabilis latro** (Meinert).
P. 15 du mâle sans particularités; P. 14 avec une verrue dorso-apicale
au 5e article. Griffe génitale de la femelle paraissant bidentée, l'une
des dentelures latérales étant insignifiante (fig. 447)............
.... **Lithobius muticus** C. Koch.

20. Ocelles en rosace précédée de deux ocelles alignés (fig. 444). Corps
atténué derrière la tête. Forme noire. Tibia des P. 15 du mâle
tuberculé (fig. 443). Généralement pas de *VaP*.................
.... **Lithobius calcaratus** C. Koch.
Ocelles disposés en rangées plus ou moins horizontales........... 21

21. Ocelles disposés sur une seule rangée......................... 22
Ocelles disposés sur 2, 3 ou 4 rangées........................ 23

22. Spinulation ventrale des P. 15: 1, 1, 0. Environ 25 articles aux
antennes.................. **Lithobius Duboscqui** *genuinus* Brol.
Spinulation ventrale des P. 15: 3, 1/2, 0. 34 à 39 articles aux
antennes................. **Lithobius microps** Meinert,
        + **Lithobius Blanchardi** Léger et Duboscq.

23. Spinulation ventrale des P. 15: 3, 3, 1/2. Antennes de 39 à 43 articles.
5e article des P. 14 et P. 15 du mâle sillonné. Taille 10 à 15 mm.
VaT au moins aux dernières paires de pattes.................
.... **Lithobius mutabilis** *genuinus* L. Koch.

Spinulation ventrale des P. 15: 3, 3/1, 0. Antennes de 29 à 40 articles.
P. 14 et P. 15 du mâle sans sillons. Taille 8 à 13,50 mm. Pas
de *VaT*. Des traces de prolongements au tergite 13..............
.... **Lithobius lapidicola** Meinert.
Spinulation ventrale des P. 15: 3, 1, 0. Antennes de 26 à 33 articles.
P. 14 et P. 15 du mâle sans sillons. Taille 6 à 8 mm. Pas de traces
de prolongements au tergite 13.......... **Lithobius pusillus** Latzel.

24. Sillons prémarginaux des tergites 1 et 3 plus ou moins franchement
interrompus au milieu du bord postérieur et réfléchis vers l'avant
à la rencontre de rainures longitudinales paramédianes (*Lithobius
castaneus*, fig. 440)... 25
Sillons prémarginaux des tergites 1 et 3 non interrompus au milieu
du bord postérieur ni réfléchis................................. 26

25. *VaP* débute sur P. 1 ou P. 2. Antennes longues égalant la moitié du
corps.................... **Lithobius castaneus** *genuinus* Newport.
VaP débute de P. 3 à P. 12. Antennes plus courtes, égalant le tiers
du corps............... **Lithobius castaneus**, *var.* audax (Meinert).

26. Dents forcipulaires atrophiées; des aiguillons latéraux épais (fig. 432).
.... **Lithobius Ribauti** Chalande.
2 + 2 dents normales au coxosternum forcipulaire. Pas de *VmH*.
Griffe apicale des P. 15 double.... **Lithobius erythrocephalus** C. Koch.
Au moins 3+3 dents au coxosternum forcipulaire. *VmH* aux P. 15.
Griffe apicale des P. 15 simple.. **Lithobius pilicornis** hexodus (Brol.).

27. Des prolongements aux tergites 9, 11, 13 ou 11, 13, ou 13 seulement.. 30
Des prolongements à d'autres tergites que 9, 11 ou 13.............. 28

28. Des prolongements aux tergites 7, 9, 11, 13. Pores coxaux petits, circulaires............................... **Lithobius variegatus** Leach.
Des prolongements aux tergites 6, 7, 9, 11, 13. Pores coxaux grands,
ovales. (*Lithobius punctulatus*.)............................... 29

29. Fémurs forcipulaires fortement ponctués. Deux sillons parallèles sur
les fémurs et tibias des P. 14 et P. 15.....................
.... **Lithobius punctulatus** *genuinus* Meinert.
Fémurs forcipulaires non ponctués. Pas de sillons dorsaux aux
fémurs et tibias des P. 14 et P. 15.....................
.... **Lithobius punctulatus** vasconicus Chalande.

30. Pas d'épines coxolatérales aux P. 15..................... 31
Des épines coxolatérales aux P. 15..................... 46

31. Griffe terminale des P. 15 simple..................... 32
Griffe terminale des P. 15 double..................... 37

32. Dents forcipulaires atrophiées; des aiguillons latéraux épais (fig. 432).
.... **Lithobius Ribauti** Chalande.
2+2 dents normales au coxosternum forcipulaire.................. 34
Plus de 2+2 dents au coxosternum forcipulaire.................. 33

33. Des ocelles..................... **Lithobius forficatus** Linné.
Pas d'ocelles..................... **Lithobius typhlus** Latzel.

34. Pas d'ocelles..................... **Lithobius allotyphlus** Silvestri.
Au moins deux ocelles, pigmentés ou non..................... 35

35. Spinulation ventrale des P. 15 : a m p, a m p, a - -, et dorsale:
a m p, - - p, - - -. Antennes de plus de 50 articles. Ocelles très

peu nombreux (2 à 7) et souvent peu distincts. P. 15 du mâle
sans particularités.................... **Lithobius crypticola** Ribaut.
Spinulation ventrale des P. 15 : 3, 2, 1/0. Antennes de moins de
50 articles. 36
Spinulation ventrale des P. 15 : a m p, - m -, - - -, et dorsale :
- m p, - - -, - - -. Antennes de moins de 45 articles. 8 à 13 ocelles

36. P. 15 du mâle sans structure sexuelle spéciale...................
distincts. Tibia des P. 15 gibbeux, mais sans verrue ni sillons
(fig. 408-409)........................ **Lithobius nicœensis** (Brol).
.... **Lithobius nigrifrons** Latzel et Haase.
P. 15 du mâle avec tubercules et sillons...... **Lithobius pelidnus** Haase.

37. Une épine supplémentaire sur la face postérieure (interne) du préfémur des P. 15.................... **Lithobius lapidicola** Meinert.
Pas d'épine supplémentaire aux P. 15........................... 38

38. Trois épines ventrales au fémur des P. 15 (3, 3, 0/2).............. 39
Une épine ventrale ou deux au fémur des P. 15 (3, 1/2, 0)........... 42

39. Tergite 9 sans prolongements; tergites 11 et 13 avec de très faibles
prolongements. 40
Tergites 9, 11 et 13 ayant tous des prolongements caractérisés....... 41

40. 28 à 40 articles aux antennes. Spinulation ventrale des P. 15 :
a m p, a m p, a m - (Grande-Bretagne, ou 3, 2/1, 0, Autriche).
Taille 10 mm. Coloration châtain plus ou moins rembrunie. P. 15
du mâle courtes et épaisses, sans structures spéciales..........
. . . . **Lithobius borealis** Meinert.
44 à 53 articles aux antennes. Spinulation ventrale des P. 15 :
a m p, a m -, - - -. Taille 18 mm. Coloration jaune paille......
. . . . **Lithobius stramineus** Attems.
39 à 43 articles aux antennes. Spinulation ventrale des P. 15 :
a m p, a m p, a - -. Taille 15 mm. Coloration brun rouge plus
ou moins foncée. P. 15 du mâle assez longues, avec des sillons
dorsaux............................ **Lithobius mutabilis** L. Koch.

41. 34 à 46 articles aux antennes. Prolongements des tergites 9, 11, 13
médiocres, émoussés. Spinulation ventrale des P. 15 :
a m p, a m p, - - -; et dorsale : a m p, - - p, - - -. P. 15 du mâle sans
structures sexuelles................. **Lithobius melanops** Newport.
47 à 62 articles aux antennes. Prolongements des tergites 9, 11, 13
grands, aigus. Spinulation ventrale des P. 15: 3, 3, 1/2, et dorsale :
3/2, 2/1, 1/0. P. 15 du mâle à tibia sillonné.................
. . . . **Lithobius dentatus** C. Koch.

42. Tergites 9, 11, 13 ayant tous des prolongements caractérisés (fig. 402). 43
Angles du tergite 9 droits; ceux des tergites 11 et 13 plus ou moins
distinctement prolongés. 45

43. Une épine *DaP* aux P. 15. P. 14 et P. 15 du mâle sans structures
sexuelles..................... **Lithobius melanops** Newport.
Pas de *DaP* aux P. 15. Articles 4 et 5 des P. 14 et P. 15 du mâle
sillonnés. (*Lithobius aulacopus*.)............................ 44

44. *DaP* de P. 7 ou P. 8 jusqu'à P. 13 ou P. 14....................
. . . . **Lithobius aulacopus** *genuinus* Latzel.
DaP manque totalement ou est très petite sur P. 12.............
. . . . **Lithobius aulacopus**, *var.* pyrenaica Brol.

45. 28 à 32 articles aux antennes. Spinulation dorsale des P. 15 :
a m p, - - -, - - -, et ventrale: a m p, - m -, - - -. P. 15 épaisses,
sans structures sexuelles chez le mâle..........................
.... **Lithobius lapidicola** Meinert.
    44 à 49 articles aux antennes. Spinulation des P. 15 comme *lapidi-
cola*. Une proéminence pileuse à l'extrémité du tarse des P. 15 du
mâle (voir texte)......................... **Lithobius bostryx** Brol.

46. Griffe terminale des P. 15 simple.............................. 47
Griffe terminale des P. 15 double.............................. 56

47. Dents du coxosternum forcipulaire rudimentaires; épines latérales
remplacées par des aiguillons épais, pigmentés (fig. 432)........
.... **Lithobius Ribauti** Chalande.
    Dents du coxosternum forcipulaire normales, au nombre de 2+2... 48
Plus de 2+2 dents au coxosternum forcipulaire.................. 52

48. Une épine ventrale ou deux au fémur des P. 15 et pas d'épine au
tibia. (*Lithobius speluncarum*.)............................... 49
Trois épines ventrales au fémur des P. 15 et une (a) au tibia...... 50

49. La spinulation ventrale du fémur est m, ou m et p. Antennes de 39
à 45 articles............. **Lithobius speluncarum** *genuinus* Fanzago.
Les épines du fémur sont a et m. Antennes de 46 à 48 articles......
.... **Lithobius speluncarum** occidentalis Ribaut.

50. Soit *DaT*, soit *DpT* aux P. 15 et parfois les deux ensemble. P. 15
longues et minces, le rapport tibia × tête étant au moins 93 %.
taille 15 à 22 mm.......... **Lithobius troglodytes** *genuinus* Latzel.
Ni *DaT* ni *DpT* aux P. 15................................... 51

51. P. 15 longues et minces, le rapport tibia × tête étant au moins
102 %. (Grottes des Basses-Pyrénées.)... **Lithobius crypticola** Ribaut.
P. 15 courtes et épaisses, le rapport tibia × tête étant au plus 84 %.
(Forme de surface des Pyrénées centrales.)....................
.... **Lithobius tricuspis** mononyx Latzel.

52. Pas d'ocelles....................... **Lithobius typhlus** Latzel.
Des ocelles. 53

53. Une épine *VmH* aux P. 15. (*Lithobius pilicornis*.)................. 54
Pas d'épine *VmH* aux P. 15................................... 55

54. Des prolongements au tergite 9. Ordinairement 5+5 dents au coxo-
sternum forcipulaire et 30 à 35 articles aux antennes...........
.... **Lithobius pilicornis** *genuinus* Newport.
Pas de prolongements au tergite 9. Ordinairement 4+4 dents au
coxosternum forcipulaire et 23 à 33 articles aux antennes......
.... **Lithobius pilicornis** Doriae (Pocock.)

55. Rapport tibia × tête de 98 à 100 %. Généralement pas de *DpT* aux
P. 15...................... **Lithobius troglodytes** rupicola (Brol.)
Rapport tibia × tête de 106 à 114 %. Généralement une *DpT* aux
P. 15.................... **Lithobius troglodytes** scutigeropsis Brol.

56. 2+2 dents au coxosternum forcipulaire......................... 57
Plus de 2+2 dents au coxosternum forcipulaire.................. 60

57. Au moins 60 articles aux antennes........ **Lithobius Fagniezi** Ribaut.
Moins de 60 articles aux antennes............................. 58

58. Tarse des P. 15 du mâle tronqué et pileux (voir texte). Pas d'épine
dorsale au préfémur des P. 1.. **Lithobius bostryx,** *var.* **spinosa** Brol.
Tarse des P. 15 du mâle sans particularités. Une épine dorsale (ou
deux) au préfémur des P. 1 (peut cependant manquer chez
L. agilis). . , ... 59

59. P. 15 longues et peu épaisses, à spinulation ventrale : 3, 2, 0. VmP débute de P. 6 à P. 9. Tibia des P. 15 du mâle sans structures
sexuelles............................ **Lithobius agilis** C. Koch.
P. 15 courtes et épaisses, à spinulation ventrale : 3, 3, 0. Tibia
des P. 15 du mâle claviforme, sillonné (fig. 430)...............
.... **Lithobius acuminatus** Brol.
P. 15 courtes et épaisses, à spinulation ventrale : 3, 3, 1. VmP débute
de P. 2 à P. 5. Tibia des P. 15 du mâle généralement sans sillon
caractérisé............................ **Lithobius tricuspis** Meinert.

60. Une épine coxolatérale aux P. 13, P. 14 et P. 15. Appendices génitaux
de la femelle avec 2+2 éperons....... **Lithobius peregrinus** Latzel.
Une épine coxolatérale aux P. 15 (rarement aux P. 14). Appendices
génitaux de la femelle avec 3+3 éperons ou davantage (fig. 401).. 61

61. P. 15 graduellement effilées vers l'extrémité, sans transition marquée
entre le tibia et le tarse........ **Lithobius piceus** *genuinus* L. Koch.
Tarse des P. 15 allongé et grêle, contrastant avec le diamètre du tibia
(fig. 400)..................... **Lithobius piceus gracilitarsis** Brol.

[N. B. — Ne sont pas comprises ici les trois formes suivantes :
Lithobius acuminatus, var. *faucium* Verhœff, 1925,
Lithobius erythrocephalus aleator Verhœff, 1925 et
Lithobius pusillus pusillifrater Verhœff, 1925,
dont les descriptions ne nous ont été connues qu'après la rédaction de
cette clef.]

Famille. **LITHOBIIDAE** Newport, 1844.

On a divisé l'ordre des Lithobiomorphes en deux familles, celle
des *Cermatobiidae,* comprenant une espèce exotique dont nous
n'avons pas à tenir compte ici, et celle des *Lithobiidae,* dans
laquelle rentrent toutes les espèces de notre faune. Les caractères
de cette famille se confondent avec ceux que nous avons donné
pour les Lithobiomorphes.

Nous y reconnaîtrons deux sous-familles, celle des *Lithobiinae*
et celle des *Henicopinae.*

1re sous-famille : LITHOBIINAE Pocock, 1901.

Six paires de stigmates, une à chacun des segments 3, 5, 8,
10, 12 et 14 (manquent au 1er segment). Pièces latérales du labre
fissurées à l'angle caudal interne, d'où fréquemment un aspect

tridenté (fig. 374). Pas de glandes anales chez l'adulte. Très généralement des épines au moins à certaines pattes ambulatoires, sinon à toutes. Une ou deux griffes apicales au pattes de la 15ᵉ paire.

Nous n'admettons ici que les genres *Bothropolys* et *Lithobius*.

Remarque. — La sous-famille des *Lithobiinae* compte près de 300 espèces, constituant un groupe très homogène. On a tenté de le morceler; mais, à part certains genres très peu nombreux, bien caractérisés et ne renfermant d'ailleurs qu'un petit nombre d'espèces (*Pseudolithobius, Bothropolys, Harpolithobius,* etc.), la plupart des coupes proposées ne donnent pas entière satisfaction et ne sont pas unanimement acceptées.

En 1863, Wood a isolé, dans le genre *Bothropolys,* les espèces dont les pores coxaux sont nombreux et en plusieurs rangées, genre qui a été conservé dans la systématique.

Stuxberg, en 1875 (suivant en cela Meinert, 1872), a créé le genre *Pseudolithobius* pour une forme américaine ayant des pores aux cinq dernières paires de hanches, et, pour les formes n'ayant que quatre paires de hanches porifères, il a proposé les sous genres :

Eulithobius, avec des prolongements aux tergites 6, 7, 9, 11, 13;
Neolithobius, avec des prolongements aux tergites 7, 9, 11, 13;
Lithobius, avec des prolongements aux tergites 9, 11, 13;
Hemilithobius, avec des prolongements aux tergites 11, 13, et
Archilithobius, n'ayant de prolongements à aucun tergite.

Si la démarcation est assez nette pour les deux premiers sous-genres, pour les trois autres il est loin d'en être de même et nombreux sont les cas où il n'est pas possible de décider dans quelle coupe l'espèce doit être rangée.

Une autre tentative, basée sur les mêmes caractères par Koch, 1862, a d'autant moins retenu l'attention que l'auteur n'a pas donné de noms spéciaux à ses sous-genres.

Latzel, en 1880, a suivi Stuxberg.

Plus récemment, Chamberlin a créé de nombreux genres pour la faune américaine. Mais ces genres sont établis sur des structures qui paraissent peu constantes et sur des caractères sexuels et n'ont pas encore été acceptés pour les Lithobies d'Europe.

Le genre *Harpolithobius* n'a pas de représentant dans notre faune.

1ᵉʳ genre. **BOTHROPOLYS** Wood, 1863.

(*Polybothrus* Latzel, 1880, *pro p.; nec :* Chamberlin.)

Pores des hanches des quatre dernières paires de membres nombreux et disposés en plusieurs rangées irrégulières. Appendices génitaux du mâle en forme de tigelle plusieurs fois plus longue que large, redressée obliquement en haut et en arrière sur les côtés des segments terminaux (*x*, fig. 383).

Bourrelet marginal de la tête brusquement interrompu latéralement avant d'atteindre le champ ocellaire et formant une dentelure aiguë. Zone prélabiale pas nettement circonscrite en avant, à pilosité abondante. Pièces latérales du labre développées transversalement, avec une fissure à l'angle interne (fig. 374). Prolongements coxaux des premières mâchoires aussi longs que les membres voisins, qui sont de deux articles. Pleurites forcipulaires ne se rejoignant pas en arrière du coxosternum; celui-ci est peu proéminent et armé de nombreuses dents, mais sans épines aux angles externes chez nos espèces françaises (fig. 385). Glandes anales atrophiées chez l'adulte. Des épines à toutes les pattes. Métatarse toujours indépendant du tarse chez l'adulte, les deux articles étant soudés chez les larves.

Type : *Bothropolys multidentatus* NEWPORT.

1. — **Bothropolys longicornis** (RISSO, 1826).
(*Lithobius longicornis* RISSO, 1826.)

Longueur 18,50 à 24 mm. — Largeur au 10° tergite 2,30 à 3,20 mm.

Coloration fauve, fauve-orangé ou fauve-brun sur le dos; tête passant au rouge-orange; membres fauve-jaune; coloration plus pâle chez les individus cavernicoles. Corps presque parallèle en avant, peu atténué en arrière. Téguments du tronc à surface inégale, mais sans rugosités ni ponctuations.

Tête plus large que longue (d'un dixième environ), avec de vagues dépressions médianes et postérieures; ponctuations indistinctes ou très rares; bourrelet du bord caudal médiocre, formant un angle saillant peu proéminent sur la ligne médiane. Antennes extrêmement longues, dépassant les deux tiers ou même les trois quarts de la longueur du corps; elles sont formées d'articles relativement peu nombreux, 39 à 44, mais les articles eux-mêmes sont longs, surtout à l'extrémité distale; le dernier n'est pas beaucoup plus long que le précédent. Ocelles indistincts, nombreux, 19 à 22, en quatre à cinq rangées subrectilignes (1 + 4, 5, 5, 4 — 1 + 5, 4, 5, 4, 3). Coxosternum forcipulaire court,

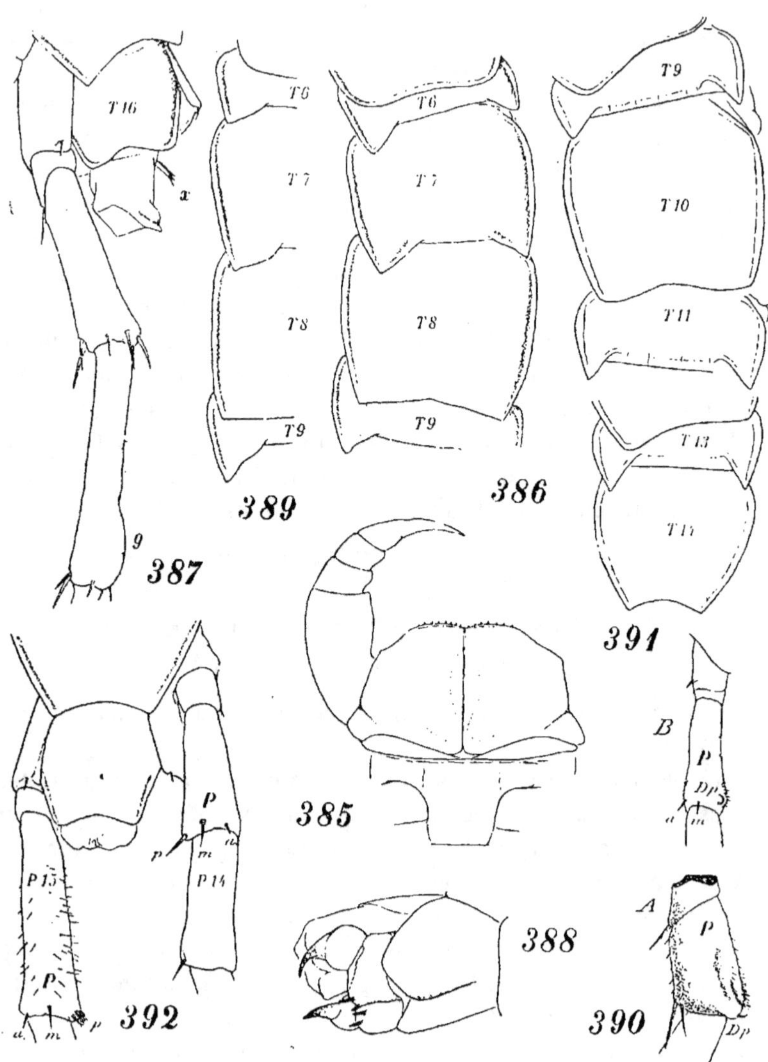

Bothropolys longicornis Martini, des Basses-Alpes (Allos).

Fig. 385. — Forcipules d'une femelle, face ventrale.

Fig. 386. — Silhouette des tergites 6, 7, 8 et 9 d'un mâle de 28 mm.

Fig. 387. — Segments terminaux et articles proximaux de la p. 15, de trois quarts externe, du même mâle. *g:* renflement apical du fémur; *T 16:* tergite du segment intermédiaire; *x:* gonopode.

Fig. 388. — Appendices génitaux d'une autre femelle des Basses-Alpes.

Bothropolys fasciatus, femelle de Lombardie.

Fig. 389. — Silhouette du rebord gauche des tergites 6, 7, 8 et 9.

à surface unie, sans ponctuations; bord rostral très large, rectiligne, divisé par une très petite encoche, portant de 7 + 8 à 8 + 9
très petites dents (fig. 385). Fémoroïdes sans ponctuations.

Angles des grands tergites 1, 3, 5 arrondis; tous les autres
jusqu'au 14ᵉ, sont aigus. Des prolongements aux tergites 6, 7 ,9,
11, 13; ceux des tergites 6 et 7 sont beaucoup plus larges que
longs et émoussés (fig. 386), ceux des tergites 9, 11, 13 sont aussi
longs que larges, aigus ou très aigus. Tergite 16 fortement échancré, à angles lobiformes, arrondis.

Pores coxaux subsériés en 3 ou 4 rangées.

Spinulation des pattes :

P.	H	tr	P	F	T		H	tr	P	F	T
1 = V :	-	-	- mp	amp	am -	D :	-	-	amp	a - -	a - -
2 =	-	-	- mp	amp	am -		-	-	amp	a - p	a - -
3 =	-	-	- mp	amp	am -		-	-	amp	a - p	a - p
4 =	-	-	- mp	amp	am ·		-	-	amp	a - p	a - p
5 =	-	-	- mp	amp	am -		-	-	amp	a - p	a - p
6 =	-	-	- mp	amp	am -		-	-	amp	a - p	a - p
7 =	-	-	amp	amp	am -		-	-	amp	a - p	a - p
8 =	-	-	amp	amp	am -		-	-	amp	a - p	a - p
9 =	-	-	amp	amp	am -		-	-	amp	a - p	a - p
10 =	-	-	amp	amp	am -		-	-	amp	a - p	a - p
11 =	-	-	amp	amp	am -		-	-	amp	a - p	a - p
12 =	-	-	amp	amp	am -		-	-	amp	a - p	a - p
13 =	-	-	amp	amp	am -	a	-	amp	a - p	a - p
14 =	-	m	amp	amp	am -	a	-	amp	a - p	a - p
15 =	-	m	amp	amp	am -	a	-	amp	- - p	- - p

d'où la formule de RIBAUT (45) :

	aF	mF	pF		aT	mT	pT	
V =	15	15	15	——	15	14	0	
D =	14	0	15	——	14	0	15	= type;
ou D =	15	0	15	——	15	0	15	= *Martini*,

(45) Rappelons que la « Formule de RIBAUT » a pour but d'exprimer, en
une formule brève, la limite postérieure des trois épines, a, m et p, du
fémur (F) et des mêmes épines du tibia (T), tant pour la face ventrale (V)
que pour la face dorsale (D).

Bothropolys elongatus corsicus.

FIG. 390. — Préfémur, P, des P. 14 d'un individu de la Principauté de
Monaco (A, en profil) et d'un individu de Corse (B, face dorsale, d'après
LÉGER et DUBOSCQ). Dp: épine crochue caractéristique.

Bothropolys elongatus alpinus, des Basses-Alpes (Allos).

FIG. 391. — Silhouette des tergites 9, 10, 11, 13 et 14.

FIG. 392. — Extrémité postérieure, face dorsale, avec les articles proximaux
de P. 14 droite et de P. 15 gauche et les épines du préfémur DaP, DmP
et DpP de l'une et de l'autre patte; sur P. 15, DpP est remplacée par un
bouquet de soies.

pour les deux sexes. Les P. 14 et P. 15 sont extrêmement longues, aussi longues que les antennes. Le fémur est plus long que le préfémur; le tarse est plus long que le tibia; rapports de longueur observés [46] : fémur × tête 95,7 à 101,5 %; tibia × tête 121 à 131 %; tarse × tête 114 à 137 %; tarse × fémur 119 à 137 %. Pas d'épines coxolatérales aux hanches. Griffe apicale des P. 15 double.

Chez le mâle le fémur des P. 15 présente une nodosité dorso-apicale glabre (ou sans pilosité spéciale), occupant le quart ou le tiers de la longueur de l'article (*g*, fig. 387).

Bord caudal du sternite génital I de la femelle taillé en angle rentrant très ouvert; sillon médian profond. Appendices génitaux armés de 2 + 2 éperons cylindro-coniques et d'une griffe simple étroite, robuste (fig. 388).

Alpes-Maritimes; Isère. En surface et dans les grottes.

Bothropolys longicornis, *subsp.* Martini (BROLEMANN, 1896).

[Fig. 383, 385-388.]

(*Lithobius [Polybothrus] Martini* BROLEMANN, 1896. *Lithobius [Polybothrus] fasciatus Martini* ATTEMS, 1902.)

Diffère du type par la taille (longueur 24 à 27 mm.; largeur 3 à 3,50 mm.), par le nombre d'articles aux antennes (45 à 49) et par la longueur des pattes de la 15ᵉ paire (rapports : fémur × tête 103,9 à 113,5 %; tibia × tête 131 à 145 %; tarse × tête 135 à 158 %; tarse × fémur 124 à 148 %).

D'autre part le type du *longicornis* de RISSO provenant du littoral des Alpes-Maritimes, la spinulation dorsale des P. 15 indiquée plus haut, a, -, amp, --p, --p, qui s'est rencontrée constante, doit être prise pour typique. Au contraire, chez la forme que nous avons appelée *Martini*, nous avons toujours trouvé la spinulation dorsale a, -, amp, a-p, a-p, aux P. 15.

Versant français des Alpes (Basses-Alpes et Alpes-Maritimes); descend jusqu'à l'Hérault. Le type provient de la Grotte de Nabrigas (Lozère).

---

(46) Dans tous les rapports de longueur, c'est la tête qui est prise pour 100 dans les trois premières équations, fémur × tête, tibia × tête, tarse × tête, et le fémur dans la quatrième, tarse × fémur.

2. — **Bothropolys fasciatus** (Newport, 1844).

[Fig. 389.]

(*Lithobius fasciatus* Newport, 1844. *L. montanus* C. Koch, 1847.
L. grossipes L. Koch, 1862. *L. festivus* L. Koch, 1862. *L. litoralis*
L. Koch, 1867. *L. punctulatus* Meinert, 1872, *nec* C. Koch, 1863.)

Longueur 24 à 45 mm. — Largeur 3,50 à 5,10 mm.

Coloration brun-rouge foncé; antennes, forcipules et dernières pattes fauve-roux ou orangé; autres pattes fauve-jaune
clair. Corps à peine atténué en avant, aplati; les tergites sont très
peu bombés et les bourrelets marginaux sont légèrement saillants. Téguments à surface plus ou moins rugueuse, ou au
moins inégale et semée de très fines élevures portant des soies.

Tête d'un dixième plus courte que large, avec de grosses ponctuations. Bourrelet marginal pas notablement élargi au milieu
du bord caudal et très peu sinueux. Antennes atteignant ou
dépassant la moitié du corps, formées d'articles allongés et médiocrement nombreux, de 40 à 55. Ocelles nombreux, de 15 à 23,
en quatre ou cinq rangées un peu arquées (1 + 3, 4, 4, 3 —
1 + 4, 4, 5, 5, 4); l'ocelle postérieur et quelques-uns de la rangée
supérieure sont gros. Coxosternum forcipulaire court; le bord
rostral est très large, rectiligne, à échancrure médiane petite,
armé de 7 + 7 à 9 + 9 dents. Surface à ponctuations grosses,
peu profondes, plus faibles et plus rares sur les fémoroïdes.

Des prolongements aux tergites 6, 7, 9, 11 et 13. Aux deux
premiers ils sont très courts et très larges, presque trapézoïdaux,
à pointe plus ou moins émoussée (fig. 389); ceux des tergites 9,
11 et 13 sont un peu moins longs que larges, triangulaires, aigus.
Le bord caudal des grands tergites est un peu échancré, mais très
faiblement jusqu'au 8ᵉ inclus; tous les angles sont aigus, sauf
ceux des tergites 1, 3 et 5.

Pores coxaux relativement petits, de dimensions variables,
en quatre ou cinq rangées entremêlées; on peut en compter de
25 à 50 d'après Latzel.

Spinulation des pattes :

P.	H	tr	P	F	T	ta		H	tr	P	F	T
1 = V :	-	-	-mp	amp	am-	- - -	D :	-	-	amp	a - p	a - p
2 =	-	-	amp	amp	am-	- - p		-	-	amp	a - p	a - p
3 =	-	-	amp	amp	amp	- - p		-	-	amp	a - p	a - p
4 =	-	-	amp	amp	amp	- - p		-	-	amp	a - p	a - p
5 =	-	-	amp	amp	amp	- - p		-	-	amp	a - p	a - p
6 =	-	-	amp	amp	amp	- - p		-	-	amp	a - p	a - p
7 =	-	-	amp	amp	amp	- - p		-	-	amp	a - p	a - p
8 =	-	-	amp	amp	amp	a - p		-	-	amp	a - p	a - p
9 =	-	-	amp	amp	amp	a - p		-	-	amp	a - p	a - p
10 =	-	-	amp	amp	amp	a - p		-	-	amp	a - p	a - p
11 =	-	-	amp	amp	amp	a - p		-	-	amp	a - p	a - p
12 =	-	-	amp	amp	amp	a - p		-	-	amp	a - p	a - p
13 =	-	-	amp	amp	amp	a - p		a	-	amp	a - p	a - p
14 =	-	m	amp	amp	am-	a - p		a	-	amp	a - p	a - p
15 =	-	m	amp	am-	am-	- - -		a	-	amp	- - p	- - p

Eventuellement : *VaP* débute sur P. 1 ou sur P. 7; *VpT* sur P. 4; *DaH* sur P. 12 ou sur P. 14. L'épine *VpT* et les épines du tarse sont beaucoup plus fines et plus courtes que les autres, noires. Sous le tarse, on en trouve généralement une rangée longitudinale postérieure sur les premières pattes jusqu'à P. 7 ou P. 8, puis, de là jusqu'à P. 13, deux rangées, l'une antérieure, l'autre postérieure; c'est l'épine distale de ces rangées qui figure au tableau ci-dessus; aux P. 14 il ne subsiste que les épines distales de ces rangées, *a* et *p*; aux P. 15, celles-ci ont disparu. La formule de RIBAUT se trouve être :

	aF	mF	pF		aT	mT	pT		ata	pta
V =	15	15	14	——	15	15	13	——	14	14
D =	14	0	15	——	14	0	15	——	0	0

Les P. 14 et P. 15 sont très longues, atteignant les deux tiers de la longueur du corps; elles sont relativement grêles. Les rapports de longueur des articles sont : fémur × tête 94,4 à 100,9 %; tibia × tête 114,9 à 120 %, tarse × tête 110,6 à 118,3 %; tarse × fémur 110,6 à 119,5 %. Pas d'épines coxolatérales aux hanches. Griffe apicale des P. 15 double.

On distingue généralement chez le mâle deux sillons dorsaux parallèles sur le préfémur et sur le fémur, mieux marqués aux P. 15 qu'aux P. 14; le sillon interne (postérieur) du tibia de P. 15 est élargi en rainure. Il peut exister des vestiges de ces sillons chez la femelle.

Sternite génital I de la femelle à bord apical largement échancré ou en angle rentrant, avec un large sillon médian. Appendices génitaux avec 2 + 2 éperons cylindro-coniques courts et une griffe simple trapue.

Cette espèce n'a pas encore été signalée en France, mais pourrait s'y rencontrer, étant très commune dans l'Europe centrale, l'Italie septentrionale et jusqu'en Ligurie (d'après Pocock).

3. — **Bothropolys elongatus** (Newport, *apud* Lucas, 1849).

(*Lithobius impressus* C. Koch, 1841, *sec.* Silvestri.)

Le type est commun en Afrique du Nord; il est représenté dans notre faune par les races suivantes :

Bothropolys elongatus, *subsp.* alpinus, nov.
[Fig. 391, 392.]

Longueur 18 à 21 mm. — Largeur au 10ᵉ tergite 2,30 à 2,60 mm.

Coloration fauve-roux, ternie ou rembrunie sur le dos; tête tirant sur le rouge; ventre et membres plus clairs. Téguments unis, ou avec de fines élevures portant des soies, notamment à l'arrière du corps. Corps à côtés subparallèles.

Tête aussi large que le tergite 10, un peu plus courte que large, à surface unie, présentant des ponctuations très faibles et clairsemées. Bourrelet marginal médiocre, mais présentant une légère saillie anguleuse sur la ligne dorso-médiane. Antennes égalant à peu près la moitié du corps, formées de 51 à 57 articles, plus courts au premier quart qu'à l'extrémité; le dernier article égale environ une fois et demie le précédent. Ocelles nombreux, relativement petits, au nombre de 16 à 19 en quatre rangées un peu irrégulières. Coxosternum forcipulaire à ponctuations clairsemées et très fines, à bord rostral large, subrectiligne, divisé par une petite encoche et armé de 6 + 6 à 7 + 8 dents petites. Fémur forcipulaire sans ponctuations caractérisées.

Pas de prolongements aux tergites 6 et 7. Prolongements des tergites 9, 11, 13 aussi larges que longs, aigus (fig. 391). Bord caudal des grands tergites échancré à partir du 8ᵉ segment; au

8° et au 10°, les angles sont arrondis, au 12° et au 14°, ils sont subaigus ou aigus.

Pores coxaux de dimensions variables, plutôt petits, subsériés en trois ou quatre rangées irrégulières (10, 15, 16, 14; etc.).

Spinulation chez la femelle :

P.	H	tr	P	F	T		H	tr	P	F	T
1 = V :	-	-	- mp	amp	am -	D :	-	-	amp	a - -	a - -
2 =	-	-	- mp	amp	amp		-	-	amp	a- -p	a - -
3 =	-	-	- mp	amp	amp		-	-	amp	a - p	a - -
4 =	-	-	- mp	amp	amp		-	-	amp	a - p	a - p
5 =	-	-	- mp	amp	amp		-	-	amp	a - p	a - p
6 =	-	-	amp	amp	amp		-	-	amp	a - p	a - p
7 =	-	-	amp	amp	amp		-	-	amp	a - p	a - p
8 =	-	-	amp	amp	amp		-	-	amp	a - p	a - p
9 =	-	-	amp	amp	amp		-	-	amp	a - p	a - p
10 =	-	-	amp	amp	amp		-	-	amp	a - p	a - p
11 =	-	-	amp	amp	amp		-	-	amp	a - p	a - p
12 =	-	m	amp	amp	amp		a	-	amp	a - p	a - p
13 =	-	m	amp	amp	amp		a	-	amp	a - p	a - p
14 =	a	m	amp	amp	am -		a	-	amp	- - p	- - p
15 =	a	m	amp	am -	a - -		a	-	amp	- - p	- - -

d'où la formule de RIBAUT :

	aF	mF	pF		aT	mT	pT
V =	15	15	14	——	15	14	13
D =	13	0	15	——	13	0	14

Chez le mâle, *DpP* manque aux P. 15 (fig. 392), remplacée qu'elle est par un pinceau de soies (*p*) porté sur une callosité saillante de l'angle dorso-postérieur de l'article (cette particularité manque à un jeune mâle de 13,50 mm. de long.). Les pattes 14 et 15 sont très longues (dépassant la moitié du corps) et pas sensiblement épaissies. Le fémur est plus court que le préfémur, le tibia ou le tarse qui sont subégaux. Les rapports de longueur connus sont : fémur × tête 81,3 %; tibia × tête 100 %; tarse × tête 98,3 %; tarse × fémur 128,8 %. Chez le mâle, le préfémur de P. 14 n'a pas de touffe de soies apicale et son épine est droite.

Sternite génital I de la femelle court et large, à échancrure triangulaire, large et profonde. Appendices génitaux armés de 2 + 2 éperons longs, épineux, et d'une griffe simple, étroite et crochue.

Basses-Alpes (Allos, dans les prés des bords du Verdon).

Bothropolys elongatus, *subsp.* corsicus (Léger et Duboscq. 1903).
[Fig. 390.]

(*Lithobius impressus corsicus* Léger et Duboscq, 1903).

Longueur 17,50 à 26 mm. — Largeur au 10° tergite 2,23 à 3,10 mm.

Cette race diffère de la précédente par des ponctuations assez fortes sur la tête et sur les forcipules et par la structure et l'armement des pattes des deux dernières paires.

Chez le mâle, le préfémur de ces membres est renflé en massue (fig. 390). Il est comprimé latéralement sur sa plus grande longueur; l'arête dorso-postérieure, arrondie, est renflée progressivement vers l'extrémité, qui porte un petit pinceau de soies et une épine dorsale (*DpP*). Sur P. 14, elle est rétroarquée en hameçon; sur P. 15, elle est presque droite (c'est cette épine qui paraît manquer chez la race *alpinus* sur P. 15 et être presque droite sur P. 14).

Chez la femelle, la spinulation ventrale du tibia de P. 14 est : a-p, au lieu de : am-. Il existe généralement une épine antérieure sous le tarse de P. 15 et même parfois sous celui de P.14, dans l'un comme dans l'autre sexe.

Pattes relativement un peu plus longues. Rapports de longueur des articles de P. 15 : fémur × tête 70,5 à 81,2 % ; tibia × tête 90 à 95 % ; tarse × tête 84 à 90 % ; tarse × fémur 109 à 114 %.

Antennes formées d'un nombre un peu moins élevé d'articles : 38 à 47.

Littoral des Alpes-Maritimes; Corse.

2° genre. **LITHOBIUS** Leach, 1814.

(*Oligobothrus* Latzel, 1880. *Monotarsobius* Verhœff, 1905. *Haplolithobius* Verhœff, 1925. *Lithonannus* Attems, 1926.)

Les pores des quatre dernières paires de hanches sont relativement peu nombreux et sont disposés sur une seule rangée longitudinale régulière (fig. 381 B, 397). Appendices génitaux du mâle représentés par des bourgeons pas plus longs que larges et très peu apparents (*x*, fig. 382). Coxosternum forcipulaire généralement proéminent avec des dents au bord rostral et, en plus, des épines dans les angles (fig. 394). Le bourrelet marginal de la tête se perd insensiblement avant d'atteindre le champ ocellaire et sans former de dentelure saillante (fig. 393). Articulation tarso-métatarsienne des pattes ambulatoires tantôt distincte et fonctionnelle, tantôt indistincte et non fonctionnelle chez l'adulte. D'ailleurs comme *Bothropolys*.

Type : *Lithobius forficatus* (LINNÉ, 1758).

Remarque : Le nom de *Monotarsobius* a été créé par VERHŒFF, 1905, avec le *Lithobius curtipes* pour type, pour certaines espèces dont l'articulation tarso-métatarsienne des pattes est indistincte et non fonctionnelle, même chez l'adulte (caractère larvaire), et dont les antennes ne comptent qu'un nombre peu élevé et plus stable d'articles (20 à 25). Ces espèces étant des formes contractées de Lithobies proprement dites, nous ne pouvons voir dans ces caractères les indices d'affinités entre les formes qu'on devrait inscrire dans cette coupe. L'auteur l'a d'ailleurs ramenée à la valeur de sous-genre.

1. — **Lithobius punctulatus** (C. KOCH, 1847).

(*Lithobius validus* MEINERT, 1872; LATZEL, 1876, 1880. *Lithobius Molleri* VERHŒFF, 1893. *Nec : Lithobius punctulatus* MEINERT.)

Longueur 18 à 30 mm. — Largeur 2,50 à 4 mm.

Corps trapu, à bords parallèles. Coloration brun-rouge foncé à fauve-brun. Tête franchement ponctuée, plus large que longue. Antennes courtes, formées de 39 à 48 articles. Ocelles petits, au nombre de 22 à 32, en cinq ou six rangées. Coxosternum à ponctuations fortes; bord rostral rectiligne et armé de 6 + 7 à 8 + 8 dents robustes, émoussées; fémoroïde fortement rugueux.

Tergites 6, 7, 9, 11 et 13 avec des prolongements, plus larges et plus émoussés sur les deux premiers.

Pores coxaux elliptiques ou en boutonnière, de 8, 8, 8, 6 à 10, 9, 9, 9.

Spinulation des pattes :

P.	H	tr	P	F	T		H	tr	P	F	T
1 = V :	-	-	- m p	a m p	a m -	D :	-	-	a m p	a - -	a - -
14 =	-	m	a m p	a m p	a m -		a	-	a m p	- - p	- - p
15 =	-	m	a m p	a m p	a - -		a	-	a m p	- - p	- - -

Eventuellement *VmT* existe aux P. 15. La formule de RIBAUT est ainsi :

	aF	mF	pF		aT	mT	pT
V =	15	15	15	— — —	15	14 (15)	0
D =	?	0	15	— —	?	0	14

Appendices génitaux de la femelle armés de 2 + 2 ou 2 + 3 éperons et d'une griffe robuste, flanquée à mi-hauteur de petites dentelures.

Le type, dont nous empruntons les principaux caractères à LATZEL, n'a pas encore été signalé en France, mais pourrait se rencontrer dans les Alpes. Il habite l'Europe centrale et l'Italie septentrionale. Il est représenté dans notre faune par la race suivante.

Lithobius punctulatus, *subsp.* vasconicus (CHALANDE, 1905).

(*Lithobius vasconicus* + *Lithobius delicatulus* CHALANDE, 1905.)

Longueur 22 à 30 mm. (exceptionnellement jusqu'à 38 mm.). Largeur au 10e tergite 3,90 mm. et jusqu'à 4,70 mm.

Coloration brun-fauve, généralement très foncée chez les grands individus; membres concolores, éclaircis seulement à l'extrémité. Tête plus longue que large, avec quelques ponctuations médiocres et clairsemées. Antennes pouvant atteindre la moitié du corps, mais restant ordinairement en deçà, rapidement effilées, grêles et formées de très petits articles à l'extrémité; 44 à 50 articles. Ocelles petits et nombreux, 18 à 20, disposés en rangées obliques. Coxosternum forcipulaire à grosses ponctuations; celles-ci passent sur les fémoroïdes, où elles sont encore distinctes, mais plus clairsemées; bord rostral presque rectiligne, faiblement encoché et armé de 6 + 6 ou 7 + 7 dents petites.

Tergites à surface un peu inégale et sans pilosité bien apparente. Angles des tergites 6, 7, 9, 11 et 13 prolongés; sur les tergites 6 et 7, les prolongements sont beaucoup plus larges que longs et le bourrelet marginal accompagne les deux côtés de l'angle; les prolongements suivants sont aussi longs ou plus longs que larges, de plus en plus aigus en arrière, et le bourrelet marginal disparaît brusquement à la pointe de l'angle. Tergites 10, 12 et 14 à bord caudal de plus en plus échancré et à angles aigus, mais sans prolongements. Tergite 16 fortement échancré, l'échan-

crure pouvant être divisée au milieu par une faible saillie anguleuse.

Pores coxaux plus ou moins ovales, au nombre de : 7, 6, 6, 6
ou 8, 8, 7, 6, etc.

Spinulation des pattes :

P.		H	tr	P	F	T		H	tr	P	F	T
1 =	V :	-	-	- mp	amp	am -	D :	-	-	amp	a - -	a - -
2 =		-	-	- mp	amp	am -		-	-	amp	a - p	a - -
3 =		-	-	- mp	amp	am -		-	-	amp	a - p	a - p
4 =		-	-	- mp	amp	am -		-	-	amp	a - p	a - p
5 =		-	-	- mp	amp	am -		-	-	amp	a - p	a - p
6 =		-	-	- mp	amp	am -		-	-	amp	a - p	a - p
7 =		-	-	- mp	amp	am -		-	-	amp	a - p	a - p
8 =		-	-	- mp	amp	am -		-	-	amp	a - p	a - p
9 =		-	-	- mp	amp	am -		-	-	amp	a - p	a - p
10 =		-	-	amp	amp	am -		-	-	amp	a - p	a - p
11 =		-	-	amp	amp	am -		-	-	amp	a - p	a - p
12 =		-	-	amp	amp	am -		a	-	amp	a - p	a - p
13 =		-	m	amp	amp	am -		a	-	amp	a - p	a - p
14 =		-	m	amp	amp	am -		a	-	amp	a - p	a - p
15 =		-	m	amp	amp	am -		a	-	amp	- - p	- - -

Eventuellement : *VaP* peut débuter sur P. 11; *DaH* sur P. 11
ou P. 13; *DpT* sur P. 4. La formule de RIBAUT est donc :

	aF	mF	pF		aT	mT	pT
V =	15	15	15	——	15	15	0
D =	14	0	15	——	14	0	14

P. 14 et P. 15 longues et assez minces, sans particularités chez
le mâle. Le tibia est toujours plus long que la tête n'est large. Rapports de longueur des articles de P. 15 : fémur × tête 82 à 84,5 % ;
tibia × tête 102 à 105,9 % ; tarse × tête 99 à 102,2 % ; tarse ×
fémur 117,2 à 123,4 %. Pas d'épines coxolatérales aux dernières
paires de pattes. Griffe terminale des P. 15 simple.

Sternite génital I de la femelle à encoche médiane profonde
au bord caudal; appendices génitaux armés de 2 + 2 éperons
épais, cylindro-coniques, et d'une griffe simple, crochue.

Pyrénées.

2. — **Lithobius variegatus** LEACH, 1817.

Longueur 18,50 à 23 mm. Largeur au tergite 10 : 2,50 mm. (♂),
et 2,70 mm. (♀).

Coloration fauve, plus ou moins fortement rembrunie; les forcipules orangées contrastent avec le ton sombre de l'écusson céphalique. Pattes postérieures souvent foncées, annelées de clair. Tête généralement aussi longue que large, débordée par les forcipules. La surface est parsemée de ponctuations clairsemées médiocrement fortes et peut présenter de vagues dépressions divergentes, débutant au bourrelet marginal. Antennes n'atteignant pas la moitié du corps, formées de 35 à 44 articles (soit environ 39); dernier article guère plus long que le précédent. Ocelles au nombre de 1 +14 à 17; l'ocelle postérieur est un peu écarté des suivants, qui sont disposés en quatre rangées peu régulières. Coxosternum forcipulaire à ponctuations profondes; son bord rostral est profondément entaillé et armé normalement de 6 + 6 dents petites, tuberculeuses; fémoroïdes à ponctuations très peu apparentes et peu nombreuses.

Tergites 7, 9, 11 et 13 avec des prolongements. Ceux du tergite 7 sont plus larges que longs, en angles très ouverts, émoussés, rebordés; ceux des tergites 9, 11, 13 sont étroits, aigus, mais relativement petits. Bord caudal des tergites 10, 12 et 14 de plus en plus échancré; celui du tergite 16 est fortement échancré chez le mâle, beaucoup moins ou même presque rectiligne chez la femelle.

Pores coxaux petits, circulaires, au nombre de 5, 5, 5, 4 — 6, 6, 6, 5, etc.

Spinulation des pattes :

P.	H	tr	P	F	T		H	tr	P	F	T
1 = V :	-	-	- - -	am -	- m -	D :	-	-	amp	a - -	a - -
2 =	-	-	- - p	am -	am -		-	-	amp	a - p	a - -
3 =	-	-	- - p	am -	am -		-	-	amp	a - p	a - -
4 =	-	-	- - p	am -	am -		-	-	amp	a - p	a - p
5 =	-	-	- - p	am -	am -		-	-	amp	a - p	a - p
6 =	-	-	- - p	am -	am -		-	-	amp	a - p	a - p
7 =	-	-	- - p	am -	am -		-	-	amp	a - p	a - p
8 =	-	-	- - p	am -	am -		-	-	amp	a - p	a - p
9 =	-	-	- mp	am -	am -		-	-	amp	a - p	a - p
10 =	-	-	- mp	amp	am -		-	-	amp	a - p	a - p
11 =	-	-	- mp	amp	am -		-	-	amp	a - p	a - p
12 =	-	-	- mp	amp	am -		-	-	amp	a - p	a - p
13 =	-	m	amp	amp	am -		-	-	amp	a - p	a - p
14 =	-	m	amp	amp	am -		a	-	amp	- - p	- - p
15 =	-	m	amp	amp	am -		a	-	amp	- - p	- - -

Eventuellement : *VaP* apparaît à P. 12 ou à P. 14 et *VpP* sur P. 8 ou P. 10 (incidemment sur P. 2); *VaT* disparaît sur P. 14; *VpF* sur P. 12 ou P. 13; *DaF* persiste jusqu'à P. 14 et *DpT* jusqu'à P. 15. La formule de Ribaut est :

	aF	mF	pF		aT	mT	pT
V =	15	15	15	——	(14) 15	15	0
D =	(13) 14	0	15	——	13	0	(14) 15

P. 14 et P. 15 longues et très grêles, sans particularités chez le mâle. Rapports de longueur des articles de P. 15 : fémur × tête 61,3 à 73,4 %; tibia × tête 80 à 86,7 %; tarse × tête 75 à 83,1 %; tarse × fémur 111,3 à 123,9 %. Pas d'épines coxolatérales aux dernières pattes. Griffe des P. 15 simple.

Sternite génital I de la femelle très développé et bombé chez les grands individus. Appendices génitaux armés de 2 + 2 éperons tronc-coniques (incidemment spatulés) et d'une griffe munie d'une petite dentelure interne aiguë.

Angleterre et Irlande. Non encore signalé de France, mais devrait se trouver en Bretagne.

3. — **Lithobius peregrinus** Latzel, 1880.

(*Lithobius forficatus peregrinus* Verhœff, 1900.)

Longueur 18 à 24 mm. — Largeur au 10e tergite 3,35 mm.

Coloration faune terne (un peu violacé); tête tirant sur le rouge, contrastant avec le ton jaune des forcipules; tergites bordés de noir; ventre et pattes pâles, sauf les dernières pattes qui sont rembrunies.

Tête un peu plus courte que large, à sillons nets; bourrelet marginal légèrement épaissi au milieu du bord caudal. Surface à ponctuations vagues et très clairsemées. Antennes peu allongées (deux cinquièmes de la longueur du corps), robustes à la base, puis graduellement effilées; 44 à 45 articles, dont le dernier est double du précédent. Coxosternum forcipulaire avec quelques ponctuations légères; bord rostral armé de 4 + 4 à 5 + 5 dents souvent irrégulières, petites et peu aiguës. Ocelles ramassés sur un champ relativement court, au nombre de 15 à 18 (1 + 5, 4, 4,1 — 1+6, 5, 4/2) ; l'ocelle postérieur est grand.

Des prolongements aux tergites 9, 11 et 13; au 9ᵉ ils sont beaucoup plus larges que longs et émoussés; au 13ᵉ, ils sont allongés et aigus. Le bord caudal des tergites 10, 12 et 14 est faiblement émarginé; celui du tergite 16 est franchement échancré.

Pores coxaux petits, circulaires, au nombre de 5 à 7 sur chaque hanche (6, 5, 5, 5, — 6, 7, 7, 5).

Spinulation relevée chez un mâle de 24 mm. :

P.	H	tr	P	F	T	H	tr	P	F	T
1 = V :	-	-	- mp	amp	am -	D : -	-	amp	a - p	a - -
2 =	-	-	- mp	amp	am -	-	-	amp	a - p	a - p
3 =	-	-	- mp	amp	am -	-	-	amp	a - p	a - p
4 =	-	-	- mp	amp	am -	-	-	amp	a - p	a - p
5 =	-	-	- mp	amp	am -	-	-	amp	a - p	a - p
6 =	-	-	- mp	amp	am -	-	-	amp	a - p	a - p
7 =	-	-	- mp	amp	am -	-	-	amp	a - p	a - p
8 =	-	-	- mp	amp	am -	-	-	amp	a - p	a - p
9 =	-	-	- mp	amp	am -	-	-	amp	a - p	a - p
10 =	-	-	- mp	amp	am -	-	-	amp	a - p	a - p
11 =	-	-	- mp	amp	am -	-	-	amp	a - p	a - p
12 =	-	-	amp	amp	am -	-	-	amp	a - p	a - p
13 =	a	m	amp	amp	am -	a	-	amp	a - p	a - p
14 =	a	m	amp	amp	am -	a	-	amp	- - p	- - p
15 =	a	m	amp	amp	a - -	a	-	amp	- - p	- - -

La formule de RIBAUT serait donc :

	aF	mF	pF		aT	mT	pT
V =	15	15	15	——	15	14	0
D =	13	0	15	——	13	0	14

P. 15 relativement courtes (8,80 mm. chez un ♂ de 24 mm. de long) et un peu épaisses, sans particularités chez le mâle. Rapports de longueur des articles chez le mâle de 24 mm. : fémur × tête 67,3 %;; tibia × tête 75 %; tarse × tête 71,1 %; tarse × fémur 105,7 %. Des épines coxolatérales de P. 13 à P. 15. Griffe apicale des P. 15 double.

D'après LATZEL, les appendices génitaux de la femelle sont armés de 2 + 2 éperons longs, effilés, et d'une griffe large à trois dents.

Cette espèce a été signalée de ci, de là, en Roumanie, en Dalmatie et en Lombardie. Elle est rare en France; trouvée dans une grotte du Gard.

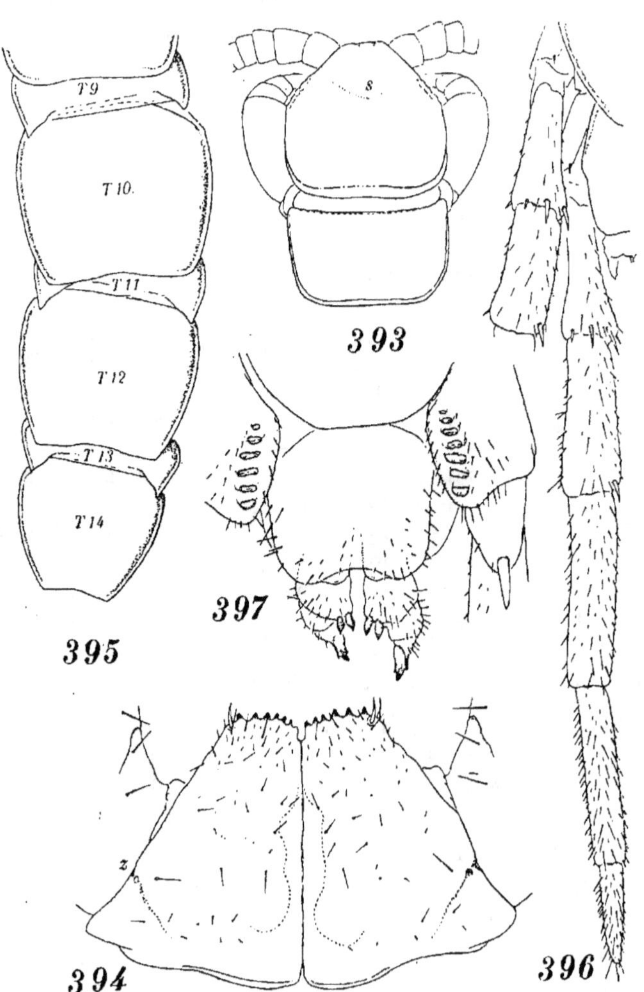

Lithobius forficatus, femelle du Tarn (Montagne Noire).

Fig. 393. — Tête et premiers tergites, face dorsale. s: sillon frontal.
Fig. 394. — Forcipules, face ventrale. z: condyle articulaire coxofémoral.
Fig. 395. — Silhouette des tergites de la moitié postérieure du corps.
Fig. 396. — Articles proximaux de la patte gauche de la 14e paire et patte gauche de la 15e paire, face dorsale.
Fig. 397. — Appendices génitaux femelles.

4. — **Lithobius forficatus** (Linné, 1758).

[Fig. 378-380, 393-397.]

(*Scolopendra forficata* Linné, 1758. *Scolopendra forcipata* De Geer,
1778. *Lithobius laevilabrum* Leach, 1814. *L. vulgaris* Leach, 1817.
L. Leachii Newport, 1844. *L. villosus, hortensis, muscorum, coriaceus* L. Koch, 1862. *L. curtirostris* Eisen et Stuxberg, 1868. *L. parvolus* Fedrizzi, 1877. *L. forficatus convenicus* Chalande, 1907.)

Longueur 18 à 32 mm. — Largeur 2,80 à 4 mm.

Coloration fauve, généralement peu rembrunie, la tête passant
au rougeâtre et les membres souvent plus clairs. Corps à côtés
parallèles, non étranglé en arrière de la tête. Téguments parsemés de ponctuations très clairsemées, aussi bien sur la tête
que sur les forcipules.

Tête ordinairement de peu plus large que longue, à bord caudal rectiligne ou très faiblement échancré (fig. 393); le bourrelet
marginal est un peu élargi en arrière, mais sans sinuosité caractérisée. Antennes relativement courtes, ne dépassant guère le
tiers du corps, formées de 28 à 53 articles (moyenne : 39 à 43),
dont le dernier est environ double du précédent. Ocelles très
distinctes, nombreux, condensés, de 20 à 24, sur 5 à 8 rangées.

Coxosternum forcipulaire peu proéminent, à bord rostral rectiligne, large, divisé par une échancrure assez profonde et armé
de 5 + 5 à 7 + 9 petites dents obtuses et de 1 + 1 épines grêles (fig. 394).

Bourrelets marginaux des tergites 1 et 3 entiers au bord caudal; celui du tergite 5 est obsolète sur un court espace dorsomédian. Tergite 9, 11 et 13 avec des prolongements grands, pas
plus longs que larges, aigus ou en partie émoussés (fig. 395).
Bord caudal des autres grands tergites plus ou moins largement
échancrés, mais peu profondément; angles des tergites 8 et 10
arrondis ou émoussés, ceux des tergites 12 et 14 subaigus.

Pores coxaux variables de forme, en boutonnière (gros individus) (fig. 397), ovales ou arrondis, au nombre de 5 à 11 à chaque hanche.

Spinulation des pattes :

P.	H	tr	P	F	T		H	tr	P	F	T
1 = V :	-	-	-mp	amp	am -	D :	-	-	-mp	a - p	a - -
2 =	-	-	- mp	amp	am -		-	-	amp	a - p	a - p
3 =	-	-	- mp	amp	am -		-	-	amp	a - p	a - p
4 =	-	-	- mp	amp	am -		-	-	amp	a - p	a - p
5 =	-	-	- mp	amp	am -		-	-	amp	a - p	a - p
6 =	-	-	- mp	amp	am -		-	-	amp	a - p	a - p
7 =	-	-	- mp	amp	am -		-	-	amp	a - p	a - p
8 =	-	-	- mp	amp	am -		-	-	amp	a - p	a - p
9 =	-	-	- mp	amp	am -		-	-	amp	a - p	a - p
10 =	-	-	amp	amp	am -		-	-	amp	a - p	a - p
11 =	-	-	amp	amp	am -		-	-	amp	a - p	a - p
12 =	-	-	amp	amp	am -		a	-	amp	- - p	a - p
13 =	-	m	amp	amp	am -		a	-	amp	- - p	- - p
14 =	-	m	amp	amp	am -		a	-	amp	- - p	- - p
15 =	-	m	amp	amp	am -		a	-	amp	- - p	- - -

Eventuellement : *VaP* peut débuter beaucoup plus tôt, même à P. 2 ou P. 3 (individus orientaux); *VaT* manque souvent aux P. 15; *DaP*, de même que *DpT*, peuvent débuter sur P. 3; *DaT* disparaît sur P. 12 ou P. 13. La formule de RIBAUT est :

	aF	mF	pF		aT	mT	pT
V =	15	15	15	——	15/14	15	0
D =	11	0	15	——	12/13	0	14

P. 15 assez longues (fig. 396), parfois avec des indications de sillons dorsaux peu accusés. Les rapports de longueur des articles sont variables suivant les localités; alors que les moyennes ne paraissent pas s'écarter de :

fémur × tête 76,5 %; tibia × tête 88,9 %; tarse × tête 85,5 %; et tarse × fémur 111,7 %, dans les pyrénées, et de :

fémur × tête 73,7 %; tibia × tête 86,2 %; tarse × tête 82,7 %; et tarse × fémur 113,2 %, en Roumanie,

des individus de Seine-et-Oise nous ont fourni les moyennes suivantes :

fémur × tête 64,5 %; tibia × tête 73,9 %; tarse × tête 68,8 %; et tarse × fémur 106,6 %.

Pas de coxolatérales aux P. 15, dont la griffe apicale est simple. Mâle sans structures sexuelles particulières aux P. 15.

Appendices génitaux de la femelle armés de 2 + 2 éperons lancéolés et d'une griffe courte et large, flanquée de dentelures aiguës sur les deux arêtes et au même niveau (fig. 397).

Très commun partout, sauf dans les montagnes.

5. — Lithobius Fagniezi RIBAUT, 1926

(?? *Lithobius Coquerellii* LUCAS, 1860.)

Longueur 13 à 17 mm.

Brun clair. — Antennes de 68 à 75 articles. — Ocelles de 9 à 11, bien conformés. — Organe de Tömösváry de dimensions moyennes, seulement un peu plus grand que le plus gros ocelle. — 2 + 2 dents aux forcipules.

Angles des tergites 9, 11 et 13 très prolongés. — Pores coxaux : 4, 5, 5, 4 à 5, 6, 6, 5.

Spinulation des pattes :

P.	H	tr	P	F	T		H	tr	P	F	T
1 = V :	-	-	- - -	am -	- m -	D :	-	-	- mp	a - -	a - -
2 =	-	-	- - -	am -	- m -		-	-	- mp	a - -	a - -
3 =	-	-	- mp	amp	- m -		-	-	- mp	a - p	a - -
4 =	-	-	- mp	amp	- m -		-	-	- mp	a - p	a - -
5 =	-	-	- mp	amp	- m -		-	-	- mp	a - p	a - -
6 =	-	-	- mp	amp	- m -		-	-	- mp	a - p	a - p
7 =	-	-	- mp	amp	- m -		-	-	- mp	a - p	a - p
8 =	-	-	- mp	amp	- m -		-	-	amp	a - p	a - p
9 =	-	-	- mp	amp	am -		-	-	amp	a - p	a - p
10 =	-	-	- mp	amp	am -		-	-	amp	a - p	a - p
11 =	-	-	amp	amp	am -		-	-	amp	a - p	a - p
12 =	-	-	amp	amp	am -		-	-	amp	a - p	a - p
13 =	-	m	amp	amp	am -		-	-	amp	a - p	a - p
14 =	-	m	amp	amp	am -		a	-	amp	- - p	a - p
15 =	a	m	amp	- mp	- - -		a	-	amp	- - p	- - -

Eventuellement : *VaH* peut débuter sur P. 13 ou P. 14, *VaP* sur sur P. 9 ou P. 10, *VpP* sur P. 2; *VaF* se rencontre parfois sur P. 15; *VpF* n'apparaît que sur P. 4 ou P. 5; *VaT* se rencontre dès P. 4 et parfois sur P. 15; *DaH* peut exister sur P. 13 et même P. 12; *DaP* sur P. 7 et P. 6; *DaF* peut exister sur P. 14; *DpF* peut apparaître sur P. 2, et *DpT* sur P. 5. La formule de RIBAUT est :

	aF	mF	pF		aT	mT	pT
V =	14/15	15	15	——	14/15	15	0
D =	13/14	0	15	——	14	0	14

P. 15 grêles, sans structures spéciales chez le mâle. Griffes des P. 15 double.

Appendices génitaux de la femelle armés de 3 + 3 éperons et

d'une griffe triacuminée, dont la dentelure externe est plus rapprochée de la base que l'interne.

Grottes du Var.

6. — Lithobius piceus L. KOCH, 1862.
[Fig. 377, 398-401.]

(*Lithobius sordidus* L. KOCH, 1862. *Lithobius fossor* L. KOCH, 1862. *Lithobius inaequidens* FEDRIZZI, 1877. *Lithobius ardesiacus* FEDRIZZI, 1877.)

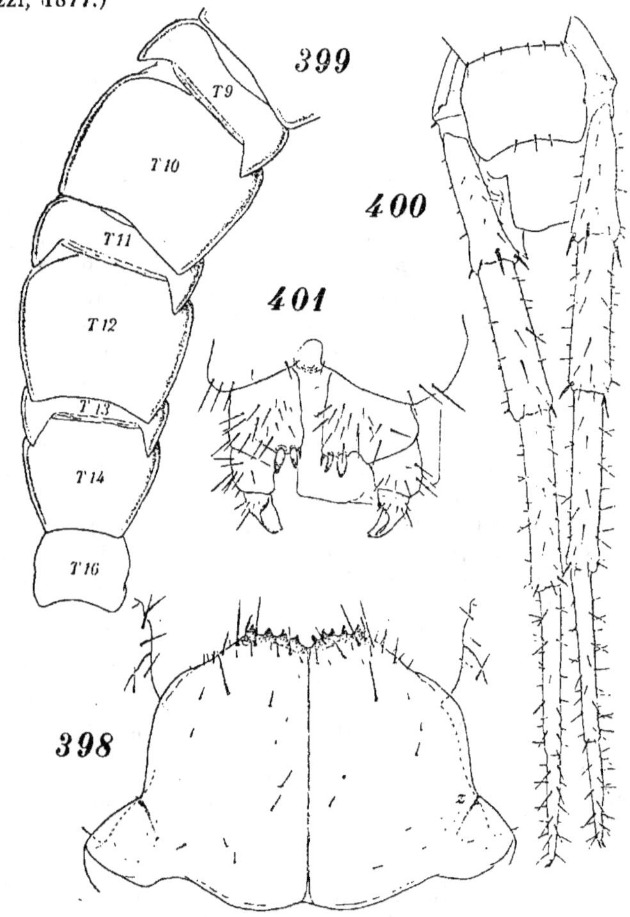

Lithobius piceus gracilitarsis, femelle des Basses-Pyrénées (Gabas).

FIG. 398. — Coxosternum forcipulaire, normal à droite, anormal à gauche. z: condyle articulaire coxofémoral.

FIG. 399. — Silhouette des tergites de la moitié postérieure du corps.

FIG. 400. — Pattes de la 15e paire, face dorsale.

FIG. 401. — Appendices génitaux de la femelle, face ventrale.

Longueur 13 à 21 mm. — Largeur au 10° tergite 2 à 3 mm.

Coloration fauve rembruni, parfois très foncé, avec une bande dorsale et la tête passant au brun-noir; extrémité des antennes et des pattes plus claire, orangée. Corps un peu atténué aux deux extrémités, à téguments lisses, brillants, à pilosité longue mais rare.

Tête guère plus large que longue, sans ponctuations, à bourrelet marginal non élargi. Antennes longues, effilées dans leur moitié distale, atteignant ou dépassant la moitié du corps, formées de 46 à 56 articles environ (ordinairement 50 à 53). Ocelles bombés, au nombre de 11 à 16 en quatre rangées rectilignes. Coxosternum forcipulaire à bord rostral en angle rentrant peu profond ou même subrectiligne, taillé obliquement en dehors des dents externes, armé de 3 à 5 dents de part et d'autre (très généralement 4 + 4, fig. 398).

Grands tergites 7, 8, 10 à bord caudal pas ou à peine émarginé, 12 et 14 à bord caudal échancré; les angles sont droits aux trois premiers, de plus en plus aigus aux deux derniers. Tergites 9, 11, et 13 avec des prolongements grands, relativement étroits, aigus (fig. 399).

Pores coxaux subovales, de 4 à 7 à chaque hanche (4, 5, 5, 4 — 5, 7, 7, 6, etc.).

Spinulation des pattes :

P.	H	tr	P	F	T		H	tr	P	F	T
1 = V :	-	-	- - p	am -	- m -	D :	-	-	- mp	a - -	a - -
2 =	-	-	- mp	amp	- m -		-	-	- mp	a - p	a - -
3 =	-	-	- mp	amp	am -		-	-	- mp	a - p	a - -
4 =	-	-	- mp	amp	am -		-	-	- mp	a - p	a - p
5 =	-	-	- mp	amp	am -		-	-	- mp	a - p	a - p
6 =	-	-	- mp	amp	am -		-	-	- mp	a - p	a - p
7 =	-	-	- mp	amp	am -		-	-	- mp	a - p	a - p
8 =	-	-	- mp	amp	am -		-	-	amp	a - p	a - p
9 =	-	-	- mp	amp	am -		-	-	amp	a - p	a - p
10 =	-	-	amp	amp	am -		-	-	amp	a - p	a - p
11 =	-	-	amp	amp	am -		-	-	amp	a - p	a - p
12 =	-	-	amp	amp	am -		-	-	amp	a - p	a - p
13 =	-	m	amp	amp	am -		a	-	amp	a - p	a - p
14 =	-	m	amp	amp	am -		a	-	amp	a - p	a - p
15 =	a	m	amp	amp	a - -		a	-	amp	- - p	- - p

Eventuellement : *VaP* peut débuter dès P. 8. et *DaP* dès P. 7. La formule de RIBAUT est ainsi :

                              Chilopodes

	aF	mF	pF		aT	mT	pT
V =	15	15	15	———	15	14	0
D =	14	0	15	———	14	0	15

P. 15 assez longues; rapports de longueur des articles :
fémur × tête 68 à 78,7 %; tibia × tête 77 à 88,5 %; tarse × tête
75 à 80,3 %; tarse × fémur 102 à 110,8 %; les derniers articles
sont graduellement atténués, sans transition brusque entre le
tibia et le tarse. Une épine coxolatérale aux P. 15. Griffe apicale
double. Pas de particularités de structure chez le mâle.

Sternite génital I de la femelle étroitement échancré au bord
caudal, à sillon médian très peu prononcé. Appendices génitaux
armés de 3 + 3 éperons cylindro-coniques et d'une griffe présentant une dent interne (fig. 401), qui peut parfois être lobi-
forme et largement arrondie.

France septentrionale; Alpes. Commun en Europe centrale. Manque
dans les Pyrénées, où il est remplacé par la race suivante.

Lithobius piceus, *subsp.* gracilitarsis Brolemann, 1898.

Cette forme, qui est répandue dans le Sud de la France, se
distingue du type par la structure des P. 15, dont les deux derniers articles sont sensiblement plus grêles que les articles précédents et plus longs que chez le type (fig. 400). Rapports de longueur des articles des P. 15 : fémur × tête 74 à 79,7 %; tibia ×
tête 83 à 93,7 %; tarse × tête 85 à 98,4 %; tarse × fémur 114,3
à 123,5 %.

On relève quelques variations dans les épines des premières
paires de pattes :

P.	H	tr	P	F	T		H	tr	P	F	T
1 = V :	-	-	- - p	am -	- m -	D :	-	-	- mp	a - -	a - -
2 =	-	-	- mp	amp	- m -		-	-	- mp	a - p	a - -
3 =	-	-	- mp	amp	am -		-	-	- mp	a - p	a - -
4 =	-	-	- mp	amp	am -		-	-	- mp	a - p	a - p

Eventuellement : *VmP* débute sur P. 1; *VpP* n'apparaît que
sur P. 2; *DpP* apparaît sur P. 1 et *DpT* sur P. 3. Au delà, l'armement est sensiblement le même que chez le type, *VaP* débutant
entre P. 7 et P. 10 et *DaP* pouvant apparaître sur P. 6 (47).

(47) Richard S. Bagnall (The Myriapods of the Derwent Valley; V. Derwent
Trans., 1913, p. 24 du tiré-à-part) signale des comtés de Durham et de

7. — **Lithobius dentatus** C. Koch, 1847.

Cette espèce nous étant peu connue, nous empruntons à Latzel, 1880, les indications suivantes :

Longueur 11 à 18 mm. — Largeur 1,80 à 2,50 mm.

Coloration allant de fauve-jaune à fauve-brun, avec généralement une bande dorsale foncée; tête tirant sur le rouge.

Tête plus large que longue. Antennes longues, de 47 à 62 articles. Ocelles nombreux, 14 à 23, en 4 à 6 rangées arquées. Coxosternum forcipulaire à bord rostral rectiligne ou faiblement arqué, divisé par une encoche profonde et armé de 2 + 2 dents robustes.

Des prolongements très grands, aigus, aux tergites 9, 11, et 13. Bord caudal du tergite 16 souvent très échancré.

Pores coxaux ronds, au nombre de 4 à 6 à chaque hanche.

La spinulation indiquée par Latzel est :

P.	H	Tr	P	F	T		H	Tr	P	F	T
1 = V :	0	0	0	1	1	D :	0	0	2	1	1
14 =	0	1	3	3	2		0	0	3	2	2
15 =	0	1	3	3	2/1		0	0	3/2	2/1	1/0

P. 14 et P. 15 courtes, peu épaisses. Pas d'épines coxolatérales ni de *DaH* aux hanches des P. 15, dont la griffe est double.

Chez le mâle le tibia est épaissi, contrastant avec les articles voisins, et porte une forte rainure dorsale, qui peut se retrouver sur l'article correspondant des P. 14 et même des P. 13.

Appendices génitaux de la femelle avec 2 + 2 éperons trapus et une griffe courte et large, flanquée de dentelures à mi-hauteur.

Nord de la France. Europe.

8. — **Lithobius melanops** Newport, 1845.
[Fig. 374, 402-403.]

(*Lithobius glabratus* C. Koch, 1847. *L. velox, bucculentus, ? melanocephalus* L. Koch, 1862.)

Longueur 10 à 17 mm. — Largeur 1,80 à 2,30 mm.

Coloration uniforme fauve-roux ou fauve-brun, ou avec une ombre plus foncée sur la tête, les champs ocellaires et la ligne

Northumberland une race anglaise : *Lithobius piceus britannicus* Bagnall, 1913, reconnaissable à première vue sur le terrain à ses tibias jaune vif. Elle pourrait peut-être se retrouver en France.

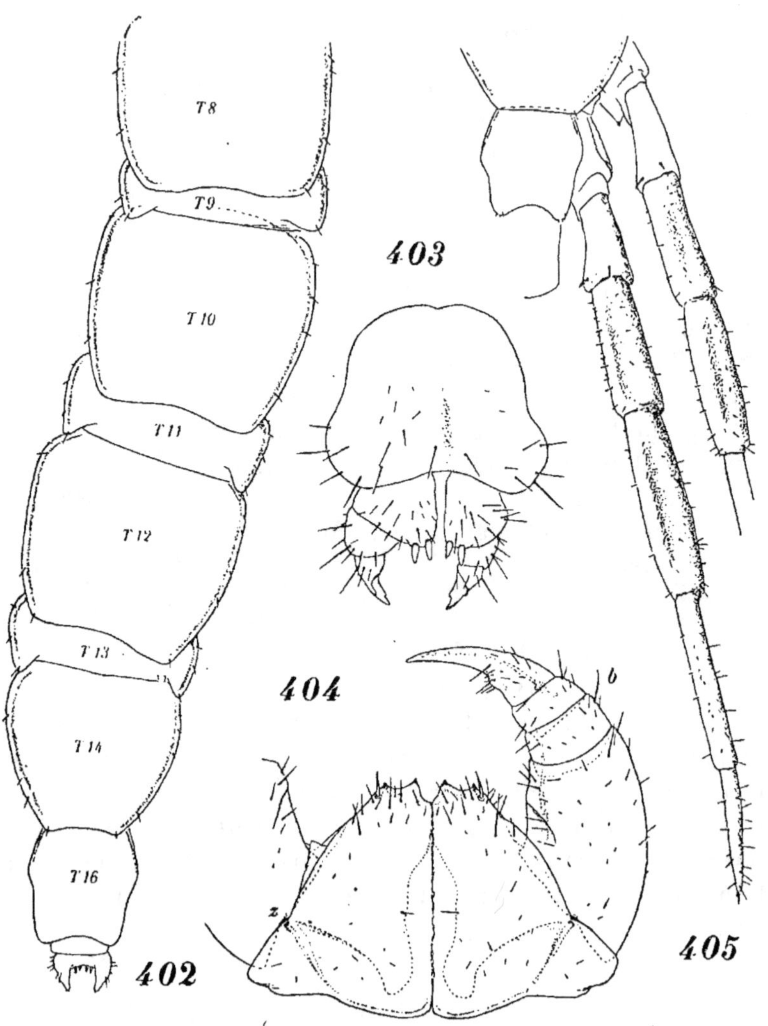

Lithobius melanops, femelle des Hautes-Pyrénées (Lourdes).

Fɪɢ. 402. — Silhouette des tergites de la moitié postérieure du corps.

Fɪɢ. 403. — Appendices génitaux, face ventrale.

Lithobius aulacopus.

Fɪɢ. 404. — Coxosternum forcipulaire et forcipule gauche, face ventrale, d'un mâle des Basses-Pyrénées (environs de Pau). z: condyle articulaire coxofémoral; b: rebord externe, non atrophié, du fémur et du tibia (voir: b, fig. 45.)

Fɪɢ. 405. — Articles proximaux de la patte droite de la 14e paire et patte de la 15e paire, face dorsale, d'un autre mâle de même provenance.

dorso-médiane du corps. Téguments unis, médiocrement luisants; pas de ponctuations ni sur la tête ni sur les forcipules. Tête généralement couvrant les forcipules, aussi longue que large, à bord caudal rectiligne; bourrelet marginal non élargi. Antennes n'atteignant pas la moitié du corps, formées de 34 à 46 articles, dont le dernier n'est pas plus d'une fois et demie le précédent (souvent moins). Ocelles bien distincts, au nombre de 1 + 10 à 15, en rangées à peu près droites. Coxosternum forcipulaire à bord rostral subrectiligne, échancré et armé de 2 +2 (parfois 2 + 3) dents petites et écartées; dans chaque angle une épine grêle en retrait des dents externes.

Tergites 9, 11 et 13 avec des prolongements généralement médiocres (fig. 402). Ceux du tergite 9 sont les plus petits; ils sont plus larges que longs et plus ou moins émoussés; ceux du tergite 11 sont aussi larges que longs, aigus; ceux du tergite 13 sont un peu plus faibles que les précédents. Bord caudal des grands tergites 8, 10, 12 et 14 modérément échancré, les deux premiers à angles arrondis, les deux derniers à angles droits, non émoussés.

Pores coxaux au nombre de 4 à 6 à chaque hanche, relativement petits, ronds.

Spinulation des pattes :

P.	H	tr	P	F	T	H	tr	P	F	T
1 = V :	-	-	- - p	amp	- m -	D : -	-	- mp	a - -	a - -
2 =	-	-	- - p	amp	- m -	-	-	amp	a - p	a - -
3 =	-	-	- mp	amp	- m -	-	-	amp	a - p	a - p
4 =	-	-	- mp	amp	- m -	-	-	amp	a - p	a - p
5 =	-	-	- mp	amp	- m -	-	-	amp	a - p	a - p
6 =	-	-	- mp	amp	- m -	-	-	amp	a - p	a - p
7 =	-	-	- mp	amp	- m -	-	-	amp	a - p	a - p
8 =	-	-	- mp	amp	- m -	-	-	amp	a - p	a - p
9 =	-	-	- mp	amp	- m -	-	-	amp	a - p	a - p
10 =	-	-	- mp	amp	- m -	-	-	amp	a - p	a - p
11 =	-	-	amp	amp	- m -	-	-	amp	a - p	a - p
12 =	-	-	amp	amp	- m -	a	-	amp	- - p	a - p
13 =	-	m	amp	amp	- m -	a	-	amp	- - p	- - p
14 =	-	m	amp	amp	- m -	a	-	amp	- - p	- - p
15 =	-	m	amp	amp	- - -	a	-	amp	- - p	- - -

Eventuellement : *VaP* débute sur P. 12; *VmP* sur P. 2 ou P. 4; *VpF* manque fréquemment aux P. 15; *VaT* manque généralement, mais peut cependant se rencontrer entre P. 8 et P. 14;

DaP débute parfois sur P. 3; *DpF* sur P. 1; *DaF* peut persister jusqu'à P. 12. La formule de R**IBAUT** sera ainsi de :

	aF	mF	pF		aT	mT	pT
V =	15	15	14/15	——	0	14	0
D =	11/12	0	15	——	12	0	14

Pattes des deux dernières paires assez longues et faiblement épaissies, même chez le mâle, qui ne présente pas de structures spéciales; le tibia est un peu plus long que le tarse, qui est lui-même un peu plus long que le fémur. Rapports de longueur des articles : fémur × tête 65 à 74,5 %; tibia × tête 73 à 79,2 (91,5) %; tarse × tête 66,6 à 73 (83) %; tarse × fémur 100 à 105 %. Pas de coxolatérales aux dernières pattes. Griffe des P. 15 double.

Appendices génitaux de la femelle avec 2 + 2 éperons et une griffe tridentée, dont les dentelures latérales, petites, sont rapprochées de la base et pas au même niveau (fig. 403).

Toute la France. Europe. Cette espèce paraît affectionner les altitudes moyennes ou basses; a été rencontrée plusieurs fois dans les habitations, ainsi qu'à bord du « Français », de l'expédition antarctique, et dans les grottes des Alpes-Maritimes et du Doubs.

9. — **Lithobius aulacopus** L**ATZEL**, 1880.

[Fig. 382, 404-405.]

Longueur 8,50 à 12 mm. — Largeur au 10ᵉ tergite 1,40 à 2 mm. Coloration fauve, plus ou moins rembrunie; la tête souvent foncée. Corps médiocrement élancé, un peu rétréci en avant (1ᵉʳ tergite de deux dixièmes plus étroit que le 10ᵉ), ayant sa plus grande largeur au 10ᵉ segment. Téguments brillants, non ponctués. Tête à peu près aussi longue que large, à bord caudal presque rectiligne; bourrelet marginal peu distinctement élargi et sans sinuosité médiane. Antennes atteignant la moitié du corps, formées de 34 à 49 articles, dont le dernier est environ double du précédent. Ocelles petits, souvent mal alignés, au nombre de 7 à 12, en 3 ou 4 rangées. Coxosternum forcipulaire à bord rostral étroit et divisé par une encoche profonde. 2 + 2 dents triangulaires, dont les internes sont les plus fortes, et 1 + 1 épines grêles en retrait des dents externes (fig. 404).

Bourrelets marginaux des tergites 1, 3 et 5 entiers, étroits.
Tergites 8, 10, 12 et 14 à bord caudal faiblement échancré; leurs
angles, arrondis au 8e, sont droits au 10e et 12e et aigus au 14e.
Tergite 16 fortement échancré. Tergites 9, 11 et 13 avec des
prolongements grands, mais émoussés.

Pores coxaux petits, de 3 à 5 à chaque hanche.

La spinulation des pattes est assez variable, notamment suivant les régions; nous adoptons la suivante comme terme de comparaison pour les individus septentrionaux :

P.	H	tr	P	F	T		H	tr	P	F	T
1 = V :	-	-	- - -	- m -	- m -	D :	-	-	- - p	- - -	- - -
2 =											
3 =	-	-	- mp	am -	am -		-	-	- mp	a - p	a - -
4 =	-	-	- mp	am -	am -		-	-	- mp	a - p	a - p
5 =	-	-	- mp	am -	am -		-	-	- mp	a - p	a - p
6 =	-	-	- mp	am -	am -		-	-	- mp	a - p	a - p
7 =	-	-	- mp	am -	am -		-	-	- mp	a - p	a - p
8 =	-	-	- mp	am -	am -		-	-	amp	a - p	a - p
9 =	-	-	- mp	am -	am -		-	-	amp	a - p	a - p
10 =	-	-	amp	amp	am -		-	-	amp	a - p	a - p
11 =	-	-	amp	amp	am -		-	-	amp	a - p	a - p
12 =	-	-	amp	amp	am -		-	-	amp	a - p	a - p
13 =	-	m	amp	amp	am -		-	-	amp	- - p	- - p
14 =	-	m	amp	amp	am -		-	-	amp	- - p	- - p
15 =	-	m	amp	am -	- - -		-	-	- mp	- - -	- - -

Eventuellement : *VpF* peut débuter sur P. 8; *DaP* existe ordinairement de P. 8 à P. 14, ou au moins de P. 12 à P. 14. La formule de RIBAUT est donc :

	aF	mF	pF		aT	mT	pT
V =	15	15	14	——	14	14	0
D =	12	0	14	——	12	0	14

P. 15 relativement courtes; tibia et tarse subégaux; les rapports de longueur des articles concordent avec ceux fournis par
les individus pyrénéens [infra]. Pas d'épines coxolatérales aux
P. 15, dont la griffe est double.

Chez le mâle, le fémur et le tibia des P. 15 et, à un degré
moindre, des P. 14 ont une rainure longitudinale dorsale accusée (fig. 405); la rainure du fémur des P. 15 est ouverte en dehors,
il serait donc plus exact de parler d'une dépression à déclivité
antérieure respectant l'arête dorso-postérieure, qui forme une
carène arrondie.

Appendices génitaux de la femelle armés de 2 + 2 éperons trapus et d'une griffe courte et large, tridentée.

Toute la France. Europe.

Var. : **pyrenaica,** nov.

Dans les Pyrénées, l'espèce se présente avec une taille légèrement plus faible, une coloration un peu plus claire et une spinulation réduite :

P.	H	tr	P	F	T		H	tr	P	F	T
1 = V :	-	-	- - -	- m -	- m -	D :	-	-	- - -	a - -	a - -
2 =	-	-	- - -	am -	am -		-	-	- - p	a - p	a - -
3 =	-	-	- - -	am -	am -		-	-	- - p	a - p	a - p
4 =	-	-	- - -	am -	am -		-	-	- - p	a - p	a - p
5 =	-	-	- m -	am -	am -		-	-	- - p	a - p	a - p
6 =	-	-	- m -	am -	am -		-	-	- - p	a - p	a - p
7 =	-	-	- m -	am -	am -		-	-	- - p	a - p	a - p
8 =	-	-	- m -	am -	am -		-	-	- mp	a - p	a - p
9 =	-	-	- m -	am -	am -		-	-	- mp	a - p	a - p
10 =	-	-	- m -	am -	am -		-	-	- mp	a - p	a - p
11 =	-	-	- m -	amp	am -		-	-	- mp	a - p	a - p
12 =	-	-	amp	amp	am -		a	-	- mp	- - p	a - p
13 =	-	m	amp	amp	am -		a	-	- mp	- - p	- - p
14 =	-	m	amp	amp	- m -		a	-	- mp	- - p	- - -
15 =	-	m	amp	- m -	- - -		a	-	- mp	- - -	- - -

Ici les variations sont nombreuses. On remarquera que *DaP* manque constamment, ce n'est qu'exceptionnellement qu'on rencontre une très petite épine aux P. 12. Eventuellement : *VaP* débute sur P. 11 ou P. 13; *VmP* sur P. 3 ou P. 10; *VpP* sur P. 10; *VaF* sur P. 5 ou même sur P. 10; *VpF* sur P. 12; *VaT* sur P. 4 ou même P. 9; *DmP* sur P. 7 ou P. 10; *DpP* et *DpF* rarement sur P. 1; *DaF* disparaît à P. 10 ou P. 12; et *DaT* à P. 11.

Formule de RIBAUT :

	aF	mF	pF		aT	mT	pT
V =	14	15	14	——	13	14	0
D =	10/12	0	14	——	11/12	0	13

Les rapports de longueur des articles dè P. 15 oscillent dans les limites suivantes : fémur × tête 62 à 67,1 % ; tibia × tête 83,3 à 97,6 % ; tarse × tête 80 à 93,2 % ; tarse × fémur 111 à 142,8 %.

10. — **Lithobius nicœensis** (Brolemann, 1904).

[Fig. 406-412.]

(*Lithobius nodulipes nicœensis* Brolemann, 1904.)

Longueur 9 à 14 mm. — Largeur au 10ᵉ tergite 1 à 1,60 mm.

Coloration fauve-roux ou fauve brun, généralement un peu rougeâtre, avec les pattes plus pâles et parfois des marbrures violacées sur la face postérieure des articles proximaux des dernières pattes.

Tête aussi longue que large, à bourrelet pas sensiblement élargi mais avec de vagues indications de saillies très écartées. Antennes n'atteignant pas le milieu du corps, formées de 32 à 43 articles courts. Ocelles au nombre de 8 à 13, en trois rangées subrectilignes. Coxosternum forcipulaire sans ponctuations, à bord rostral proéminent et armé de 2 + 2 dents petites, assez écartées; en arrière de chacune des dents externes est une petite épine translucide, difficile à observer (fig. 406).

Tergites 9, 11 et 13 avec des prolongements subégaux, plus larges que longs, robustes, subaigus; ceux du tergite 11 sont un peu plus grands que les autres (fig. 407). Bourrelet marginal interrompu au 5ᵉ tergite seulement. Bord caudal des tergites 8, 10, 12, 14 un peu échancré; les angles sont arrondis au 8ᵉ et au 10ᵉ, aigus aux deux autres.

Pores coxaux circulaires, petits, au nombre de 2 à 3 chaque hanche.

Spinulation des pattes :

P.	H	tr	P	F	T	H	tr	P	F	T
1 = V :	-	-	- - -	- - -	- m -	D : -	-	- - p	a - -	a - -
2 =	-	-	- - -	- m -	- m -	-	-	- - p	a - -	a - -
3 =	-	-	- - -	- m -	- m -	-	-	- - p	a - p	a - -
4 =	-	-	- - -	- m -	- m -	-	-	- - p	a - p	a - -
5 =	-	-	- - -	am -	- m -	-	-	- - p	a - p	a - -
6 =	-	-	- - -	am -	- m -	-	-	- - p	a - p	a - -
7 =	-	-	- m -	am -	- m -	-	-	- - p	a - p	a - p
8 =	-	-	- m -	am -	- m -	-	-	- - p	a - p	a - p
9 =	-	-	- m -	am -	- m -	-	-	- - p	a - p	a - p
10 =	-	-	- m -	amp	am -	-	-	- mp	a - p	a - p
11 =	-	-	- mp	amp	am -	-	-	amp	a - p	a - p
12 =	-	-	amp	amp	am -	-	-	amp	a - p	a - p
13 =	-	m	amp	amp	- m -	-	-	amp	- - p	a - p
14 =	-	m	amp	am -	- m -	-	-	amp	- - p	- - p
15 =	-	m	amp	- m -	- - -	a	-	- mp	- - -	- - -

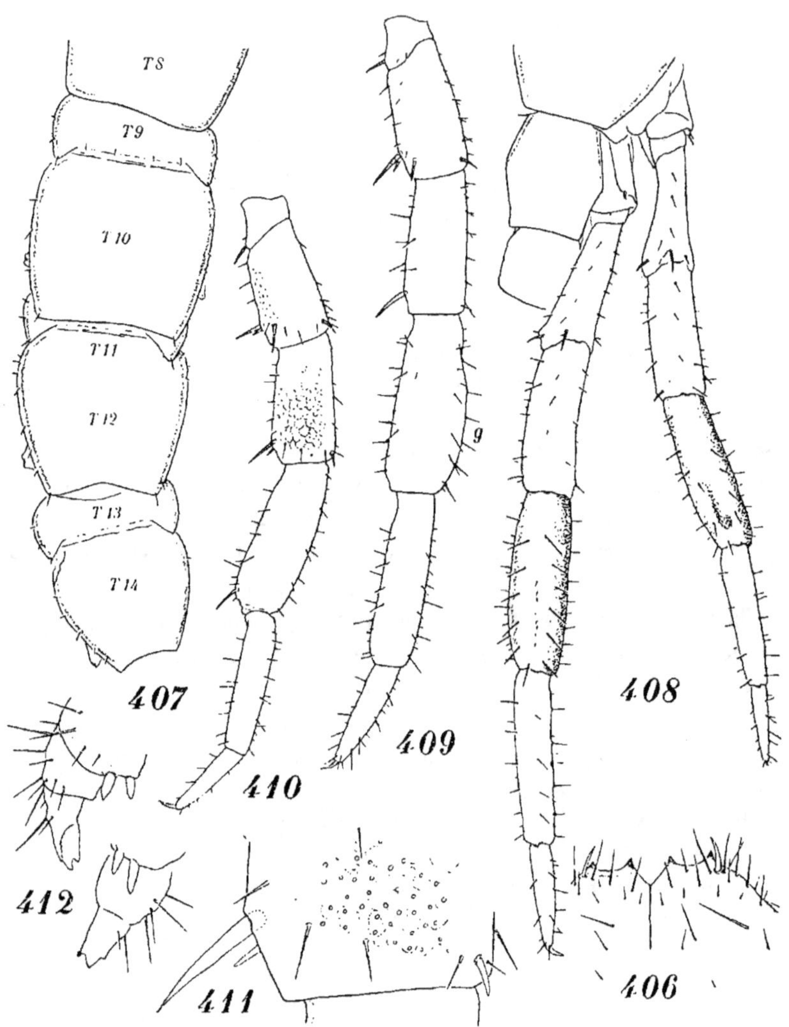

Lithobius nicœensis, des Alpes-Maritimes (Cannes).

Fig. 406. — Bord rostral du coxosternum forcipulaire d'une femelle.

Fig. 407. — Silhouette des tergites de la moitié postérieure du corps de la même femelle.

Fig. 408. — Pattes droites des paires 14ᵉ et 15ᵉ, face dorsale, d'un mâle.

Fig. 409. — Profil interne (postérieur) de la patte droite de la 15ᵉ paire du mâle. *g:* gibbosité du tibia.

Fig. 410. — Profil interne (postérieur) de la patte droite de la 14ᵉ paire du mâle, montrant les glandes au préfémur et au fémur.

Fig. 411. — Extrémité, plus grossie, du fémur de la patte précédente, avec ses pores.

Fig. 412. — Appendices génitaux de la femelle; l'appendice droit de trois quarts, l'appendice gauche vu par sa concavité.

Eventuellement : *VaP* débute sur P. 11 ou P. 13; *VmP* sur P. 5 ou P. 9; *VpP* sur P. 10; *VaF* sur P. 3; *VmF* sur P. 3; *VpF* sur P. 9 ou seulement sur P. 12 et se trouve parfois sur P. 14; *VaT* existe parfois de P. 6 à P. 12; *DaP* débute sur P. 10 ou P. 12; *DmP* sur P. 11 ou P. 12; *DpP* sur P. 2; *DaF* disparaît à P. 11 ou P. 13; *DpF* apparaît sur P. 2 et *DpT* sur P. 6. La formule de Ribaut sera ainsi :

	aF	mF	pF		aT	mT	pT
V =	14	15	13/14	——	11/12	14	0
D =	12/13	0	14	——	13	0	14

Pattes de la 15ᵉ paire guère plus longues que les antennes. Rapports de longueur des articles : fémur × tête 70,7 à 81,2 %; tibia × tête 85,3 à 86,7 %; tarse × tête 82,9 à 88,2 %; tarse × fémur 107,8 à 117,2 %. Pas de coxolatérales aux P. 15, dont la griffe apicale est simple.

Chez le mâle, les quatre premiers articles du télopodite des P. 15 sont épaissis (fig. 408); le diamètre du tibia, notamment, égale le tiers de sa longueur; il est fortement gibbeux dorsalement (*g*, fig. 409), la gibbosité, sans contours distincts, va en s'accentuant jusqu'à l'extrémité de l'article, où elle s'abaisse brusquement. On ne reconnaît là ni rainure ni verrue, comme chez *L. nodulipes* (dont nous l'avons rapproché autrefois). En outre leur face interne (postérieure) est criblée de pores très fins (fig. 410, 411). Les P. 14 sont un peu moins épaisses que les P. 15 (fig. 408) et le tibia, au lieu d'être gibbeux, est sillonné sur la face dorsale.

Sternite génital I de la femelle à échancrure peu profonde, suivie d'un sillon faible et écourté. Appendices génitaux armés de 2 +2 éperons cylindro-coniques et d'une griffe courte et large, tridentée, dont les dentelures latérales, subégales, sont à peu près au même niveau (fig. 412).

N'a encore été signalé que des Alpes-Maritimes (de Cannes à Menton), où il est commun.

11. — **Lithobius nigrifrons** Latzel et Haase, 1880.

Cette espèce nous étant inconnue, nous empruntons à Latzel, 1880, les indications suivantes.

Longueur 9,50 à 14 mm. — Largeur 1,30 à 2 mm.

Coloration châtain, souvent très foncé sur le dos; tête jaunâtre ou rougeâtre, avec le bord rostral, et souvent le centre, très foncés, noirâtres. Pattes postérieures concolores, avec le tibia jaune clair. Corps un peu atténué en avant, à téguments brillants, unis.

Tête presqu'aussi longue que large. Antennes assez longues, formées de 36 à 43 articles. Ocelles 14 à 18, en 4 ou 5 rangées. Bord rostral du coxosternum forcipulaire étroit, à encoche profonde, armé de 2 + 2 dents petites et rapprochées.

Tergites 9, 11 et 13 avec des prolongements médiocres, émoussés.

Pores coxaux ronds, au nombre de 3 à 6 à chaque hanche. La spinulation indiquée par LATZEL est :

P.		H	tr	P	F	T		H	tr	P	F	T
1 =	V :	0	0	0	2	1	D :	0	0	2	1	1
14 =		0	1	3	3	2		0/1	0	3	1	1
15 =		0	1	3	2	1/0		0/1	0	2	0	0

Epines dorsales généralement courtes ou très courtes; épines médianes de la face ventrale grêles et très longues. Pas de coxolatérales aux P. 15, dont la griffe apicale est toujours simple.

On observe parfois chez le mâle un aplatissement du fémur et, dans ce cas, il n'est pas rare de rencontrer des rainures sur le tibia des P. 15 et P. 14. D'autres fois il n'existe aucune structure sexuelle.

Appendices génitaux de la femelle avec 2 + 2 éperons trapus et une griffe étroite, flanquée près de la pointe de petites dentelures.

Signalé de Corse par LÉGER et DUBOSCQ.

12. — **Lithobius troglodytes** LATZEL, 1886.

Longueur 15 à 19 mm. — Largeur au 10ᵉ tergite 1,80 à 2,50 mm.

Coloration fauve généralement rembrunie, parfois très foncée; pattes concolores, avec les derniers articles plus clairs. Pilosité dorée, clairsemée, assez longue, manquant souvent.

Tête toujours plus large que longue (environ dans le rapport de 10 à 9), avec ou sans impression médiane au contact du bourrelet marginal, qui est élargi au milieu du bord caudal. Antennes graduellement effilées, assez longues, généralement égales à la moitié du corps, composées de 49 à 63 articles (ordinairement

53 à 55), dont le dernier, variable, peut égaler deux fois la longueur du précédent. Ocelles très distincts, de 1 + 12 à 18 en quatre rangées (1 + 4, 4, 3, 1 — 1 + 5, 5, 5, 3). Coxosternum forcipulaire à bord rostral proéminent, armé de 2 + 2 ou 2 + 3 dents médiocres, écartées l'une de l'autre. Coxosternum et fémoroïde non ponctués.

Tergites 9, 11 et 13 à prolongements aigus; ils sont aussi longs que larges sur le 9ᵉ tergite et un peu plus étroits sur les autres.

Pores coxaux circulaires, ordinairement 4, 5, 5, 4 — 4, 5, 5, 5.

La spinulation des pattes est semblable à celle de la race *scutigeropsis*. Les P. 14 et P. 15 sont plus courtes que chez cette race et assez épaissies.

Rapports de longueur des articles :

fémur × tête :   80,7 à 88,1 % (♂) et 84,4 à 102,2 % (♀);
tibia × tête :   97,7 à 100,0 % (♂) et 101,1 à 103,5 % (♀);
tarse × tête :   90,7 à 92,8 % (♂) et 94,1 à 97,8 % (♀);
tarse × fémur :   105,4 à 114,2 % (♂) et 95,7 à 113,1 % (♀).

Des épines coxolatérales de P. 13 à P. 15. La griffe apicale des P. 15 est simple.

Chez le mâle, le fémur et le tibia sont généralement aplanis ou même un peu irrégulièrement déprimés et on voit parfois, dans la dépression du fémur, une fine ligne longitudinale noire. Les P. 14 ne présentent que de très vagues différenciations de même nature.

Appendices génitaux de la femelle portant 3 + 3 éperons cylindro-coniques et une griffe large, tridentée. A Gavarnie (Hautes-Pyrénées), la plupart des femelles n'ont que 2 + 2 éperons ou 2 + 3.

Très commun en haute montagne (chaîne des Pyrénées), notamment dans les endroits découverts. N'a pas encore été signalé des Alpes.

Remarque. — Les individus de la vallée de Barèges (Gèdre, Gavarnie) ont presque toujours une épine *DaF* et souvent une épine *DaT* aux P. 15, ce en quoi ils diffèrent du *scutigeropsis* des Basses-Pyrénées (sans parler de la longueur moindre des pattes). Par contre, à mesure qu'on s'avance vers l'Est, dans la Haute-Garonne et dans les Pyrénées-Orientales, *DaF* disparaît et *DaT* se fait plus rare.

Lithobius troglodytes, *subsp.* scutigeropsis, nov.

Longueur 20 à 23 mm. — Largeur au 10ᵉ tergite 2,30 à
2,50 mm.

Coloration fauve terne. Les articles proximaux des deux dernières paires de pattes sont plus foncés que les deux articles distaux. Téguments à surface un peu inégale, non ponctuée, à pilosité
longue et fragile. Tergites antérieurs relativement plus étroits
que chez le type.

Tête un peu plus large que longue, non ponctuée. Antennes
très longues, dépassant généralement la moitié du corps, formées
d'articles très variables, au nombre de 58 à 74 (ordinairement
63-64). Ocelles nombreux, bien conformés, au nombre de 1 + 16
à 25 en quatre rangées assez régulières. Bord rostral du coxosternum forcipulaire divisé par une encoche assez profonde en
deux lignes courbes, occupées, sur la moitié interne seulement,
par 3 + 3 dents robustes.

Prolongement des angles des tergites 9, 11 et 13 longs, relativement étroits, aigus. Bord caudal des tergites 10, 12 et 14
échancré; bord du tergite 16 un peu plus échancré que celui
du 14ᵉ, et plus chez le mâle que chez la femelle.

Pores coxaux grands, ovales, au nombre de 5 à 6 sur chaque
hanche (5, 5, 6, 5 — 6, 6, 6, 6,).

Spinulation des pattes :

P.	H	tr	P	F	T	H	tr	P	F	T
1 = V :	-	-	- mp	amp	am -	D : -	-	- mp	a - -	a - -
2 =	-	-	- mp	amp	am -	-	-	- mp	a - p	a - -
3 =	-	-	- mp	amp	am -	-	-	- mp	a - p	a - -
4 =	-	-	- mp	amp	am -	-	-	- mp	a - p	a - p
5 =	-	-	- mp	amp	am -	-	-	- mp	a - p	a - p
6 =	-	-	- mp	amp	am -	-	-	amp	a - p	a - p
7 =	-	-	amp	amp	am -	-	-	amp	a - p	a - p
8 =	-	-	amp	amp	am -	-	-	amp	a - p	a - p
9 =	-	-	amp	amp	am -	-	-	amp	a - p	a - p
10 =	-	-	amp	amp	am -	-	-	amp	a - p	a - p
11 =	-	-	amp	amp	am -	-	-	amp	a - p	a - p
12 =	-	m	amp	amp	am -	a	-	amp	a - p	a - p
13 =	a	m	amp	amp	am -	a	-	amp	a - p	a - p
14 =	a	m	amp	amp	am -	a	-	amp	a - p	a - p
15 =	a	m	amp	amp	a - -	a	-	amp	- - p	- - p

Éventuellement : les coxolatérales, *VaH,* peuvent n'exister qu'aux P. 15 ; *VaP* débute sur P. 6 ou P. 8; *VpP* peut manquer à P. 1; *DpT* peut manquer aux P. 15; *DaF* et *DaT* peuvent exister aux P. 15. D'où la formule de Ribaut :

	aF	mF	pF		aT	mT	pT
V =	15	15	15	——	15	14	0
D =	14/15	0	15	——	14/15	0	15

P. 15 longues et grêles; les deux derniers articles sont particulièrement allongés. Rapports de longueur des articles :

fémur × tête : 87,3 à 92,7 % (♂) et 94,9 à 102,1 % (♀);
tibia × tête : 106,7 à 109,1 % (♂) et 113,0 à 114,9 % (♀);
tarse × tête : 108,4 à 114,5 % (♂) et 115,0 à 118,8 % (♀);
tarse × fémur : 120,7 à 127,1 % (♂) et 114,6 à 123,5 % (♀).

Chez le mâle, les articles sont donc un peu plus courts que chez la femelle. Pas de structures sexuelles chez le mâle. Griffe apicale des P. 15 simple.

Sternite génital I de la femelle avec une encoche profonde. Appendices génitaux avec 3 + 3 éperons épineux, longs. Griffe large, découpée à l'extrémité en trois dentelures aiguës; on peut observer parfois une dentelure très petite à la base externe.

N'est encore connu que de la vallée d'Ossau (Basses-Pyrénées).

Lithobius troglodytes, *subsp.* rupicola (Brolemann, 1898).
[Fig. 413-417].

(*Lithobius piceus rupicola* Brolemann, 1898. *Lithobius troglodytes rupicola* Ribaut, 1926.)

Longueur 16 à 21 mm. — Largeur au 10ᵉ tergite 2,20 à 2,70 mm.

Coloration brun-rouge ou brun-fauve; pattes concolores, avec les tarses un peu plus clairs.

Tête toujours un peu plus large que longue (fig. 413), non ponctuée, présentant généralement une vague impression médiane contre le bourrelet postérieur. Antennes longues, ne dépassant cependant pas la moitié du corps, graduellement effilées, formées de 46 à 61 articles. Ocelles distincts, de 1 + 12 à 17 en quatre rangées (1 + 4, 4, 3, 1 — 1 + 5, 5, 4, 3).

Coxosternum forcipulaire à bord rostral proéminent, large,

bilobé, armé de 3 + 3 (4 +4) dents (fig. 414); ces dents occupent un peu plus de la moitié interne de chaque lobe; elles sont trian-

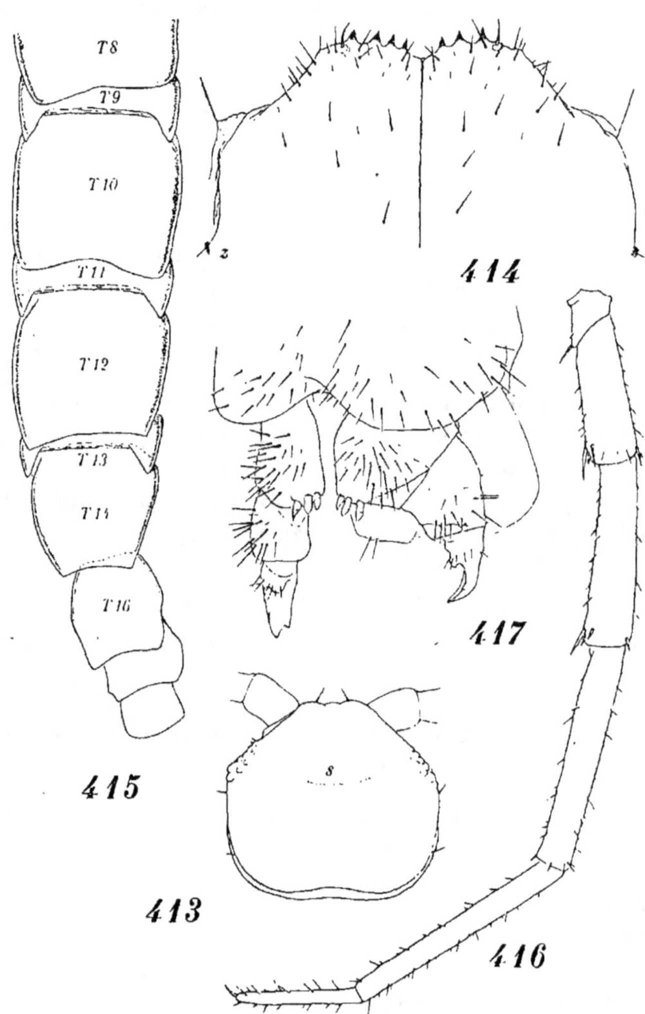

Lithobius troglodytes rupicola, femelle des Basses-Pyrénées
(grotte d'Izeste).

Fig. 413. — Silhouette de l'écusson céphalique, face dorsale. *s:* trace du sillon frontal.

Fig. 414. — Région rostrale du coxosternum forcipulaire, face ventrale; moitié gauche du bord rostral normal, moitié droite anormale. *z:* condyle coxofémoral.

Fig. 415. — Silhouette des tergites de la moitié postérieure du corps.

Fig. 416. — Profil interne (postérieur) de la patte droite de la 15e paire.

Fig. 417. — Appendices génitaux de la femelle, de trois quarts.

gulaires et aiguës et accompagnées d'épines externes très grêles.

Tergites 9, 11 et 13 à prolongements aigus (fig. 415); au tergite 9, ils sont de peu moins longs que les suivants et aussi bien caractérisés.

Pores coxaux ordinairement circulaires et médiocres; 4, 5, 5, 5 — 5, 6, 6, 6.

La répartition des épines sur les pattes paraît être semblable à celle de la var. *scutigeropsis*, *DaF* et *DaT* faisant presque toujours défaut aux P. 15; de même *DpT* manque fréquemment.

Les P. 15, et aussi les P. 14, sont assez longues (fig. 416); le télopodite est un peu épaissi dans ses articles proximaux, surtout chez le mâle. Rapports de longueur des articles :

fémur × tête :   80,7 à 86,2 % (♂) et 81,3 à 89,1 % (♀);
tibia × tête :   94,6 à 100,0 % (♂) et 94,5 à 109,1 % (♀);
tarse × tête :   94,2 à 103,4 % (♂) et 94,5 à 109,1 % (♀);
tarse × fémur : 116,6 à 120,0 % (♂) et 115,9 à 122,4 % (♀),
dans la grotte d'Izeste (Basses-Pyrénées);

fémur × tête 74,2 à 83,7 %; tibia × tête 90,9 à 95,7 %; tarse × tête 92,4 %; tarse × fémur 124,5 %, chez deux femelles de la grotte de Bétharram (Basses-Pyrénées).

Chez le mâle, le fémur et le tibia des P. 15 (et, à un degré moindre, des P. 14) est déprimé et largement sillonné dorsalement, la dépression étant limitée postérieurement (intérieurement) par une arête émoussée; sur le fémur des P. 15 on peut observer souvent une fine carène écourtée, en saillie au fond de la dépression. Ces structures font défaut chez les jeunes.

Appendices génitaux de la femelle portant 3 + 3 éperons cylindro-coniques et une griffe large, nettement bidentée à la pointe et munie d'une petite dentelure externe plus rapprochée de la base (fig. 417).

Basses-Pyrénées, dans les grottes à l'O. du gave d'Oloron et dans quelques grottes des Hautes-Pyrénées, mais également en surface.

13. — **Lithobius speluncarum** Fanzago, 1877.

Longueur 11 mm. — Largeur 1,50 mm.

Coloration fauve-jaune; tête rougeâtre, avec les forcipules jaunes.

278   *Chilopodes*

Tête arrondie en avant. Antennes robustes, à pilosité rare, formées de 39 à 45 articles. Ocelles peu distincts, de 2 à 8 en une rangée ou deux. Coxosternum forcipulaire avec 2 + 2 dents.

Tergites 9, 11 et 13 avec des prolongements médiocres; ceux du tergite 9 plus faibles que les autres, très peu proéminents.

Spinulation des pattes de femelles de la grotte de Moulis (Ariège) :

P.		H	tr	P	F	T		H	tr	P	F	T
1 =	V :	-	-	- - -	- m -	- m -	D :	-	-	- m -	a - -	a - -
2 =		-	-	- - -	am -	- m -		-	-	- mp	a - p	a - -
3 =		-	-	- - -	am -	- m -		-	-	- mp	a - p	a - -
4 =		-	-	- - -	am -	- m -		-	-	- mp	a - p	a - p
5 =		-	-	- - -	am -	am -		-	-	- mp	a - p	a - p
6 =		-	-	- - -	am -	am -		-	-	- mp	a - p	a - p
7 =		-	-	- - -	amp	am -		-	-	- mp	a - p	a - p
8 =		-	-	- m -	amp	am -		-	-	- mp	a - p	a - p
9 =		-	-	- m -	amp	am -		-	-	- mp	a - p	a - p
10 =		-	-	- m -	amp	am -		-	-	- mp	a - p	a - p
11 =		-	-	- m -	amp	am -		-	-	amp	a - p	a - p
12 =		-	-	- mp	amp	am -		-	-	amp	- - p	a - p
13 =		-	m	amp	amp	am -		-	-	amp	- - p	- - p
14 =		-	m	amp	amp	- m -		-	-	amp	- - p	- - p
15 =		a	m	amp	- m -	- - -		a	-	amp	- - p	- - -

Eventuellement : *VaP* débute sur P. 12; *VmP* sur P. 7 ou P. 6; *VpP* sur P. 11 ou P. 10; *VaF* peut exister sur P. 1, *VpF* sur P. 6 ou P. 5 et se rencontrer sur P. 15; *VaT* peut apparaître de P. 2 à P. 4; on peut trouver *DaH* sur P. 14 et sur P. 13, *DaP* sur P. 10 et P. 9, *DpP* sur P. 1 et *DaF* sur P. 12 et P. 13.

Formule de RIBAUT :

	aF	mF	pF		aT	mT	pT
V =	14	15	14/15	——	13	14	0
D =	11/13	0	15	——	12	0	14

Des épines coxolatérales aux P. 15, dont la griffe apicale est simple.

Mâle sans structures particulières aux dernières pattes.

Appendices génitaux de la femelle avec 2 + 2 (incidemment 2 + 3) éperons spiniformes et une griffe tridentée, dont la dent externe est plus rapprochée de la base que l'interne.

Grottes de l'Ariège.

Lithobius speluncarum, *subsp.* occidentalis RIBAUT, 1926.

Nombre d'articles des antennes un peu plus élevé (46-48); yeux encore plus rudimentaires (0 à 2 ocelles); la spinulation ventrale du fémur est *am-*.

Grottes de la Haute-Garonne et des Hautes-Pyrénées.

14. — Lithobius crypticola RIBAUT, 1926.

[Fig. 418-422.]

Longueur 18 à 20 mm. — Largeur au 10e tergite 1,80 à 2 mm.
Coloration fauve terne, la tête, l'extrémité postérieure et les dernières pattes fauve-rouge. Corps étroit, élancé, à bords parallèles. Téguments brillants, à surface un peu inégale, sans ponctuations.

Tête un peu plus large que longue et un peu plus large que le tergite 10; le bourrelet marginal est très faiblement élargi au bord caudal, mais sans saillie distincte. Antennes très longues, dépassant la moitié du corps; articles au nombre de 46 à 62, dont le dernier atteint au moins trois fois la longueur du précédent. Ocelles indistincts, généralement peu ou pas pigmentés, en nombre très variable, de 2 à 7 de chaque côté, sans ordre régulier. Coxosternum forcipulaire à bord rostral proéminent, étroit, taillé en angle rentrant et armé de 2 + 2 (exceptionnellement 3 + 3) dents coniques, aiguës, relativement robustes, en retrait desquelles sont de petites épines externes grêles (fig. 419).

Tergites 9, 11 et 13 à prolongements aigus ou subaigus (fig. 420); au 9e ils sont beaucoup plus larges que longs, et graduellement plus allongés au 11e et au 13e. Grands tergites relativement étroits, à bords latéraux parallèles ou même un peu convergents, à bord postérieur très faiblement émarginé au 8e et au 10e et rectiligne aux tergites 12e et 14e; aucun n'a d'angles arrondis.

Pores coxaux médiocres, au nombre de 3 à 6 à chaque hanche

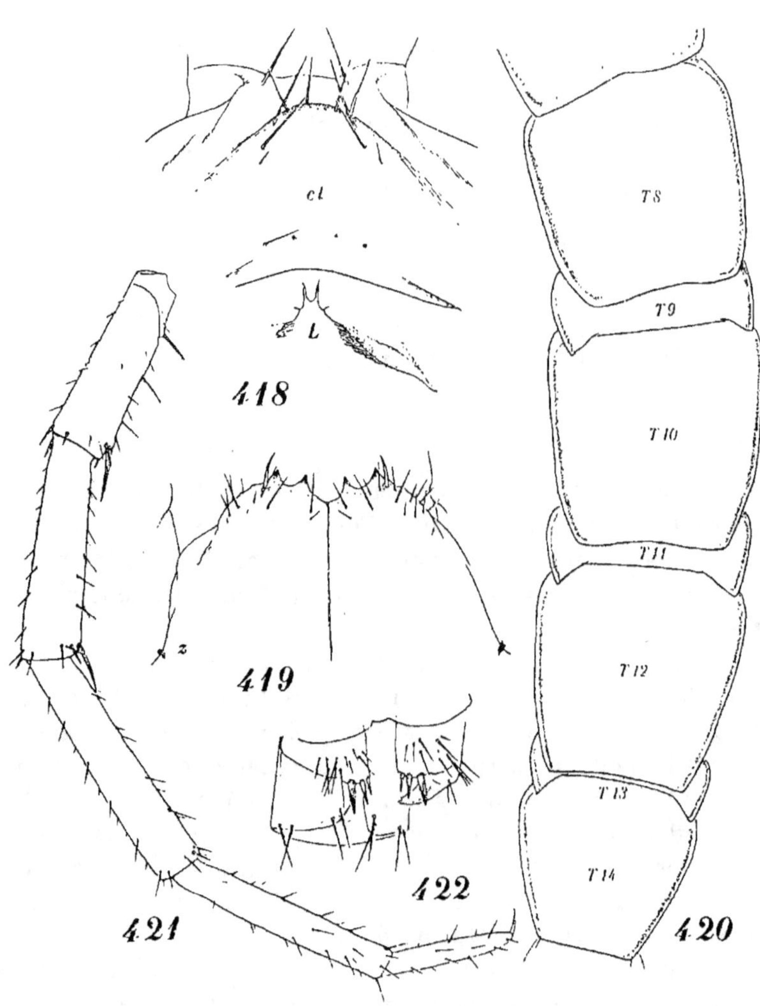

Lithobius crypticola, femelle des Basses-Pyrénées (grotte d'Iriberry).

Fig. 418. — Région centrale de la zone prélabiale, *cl*, et du labre, *L*.

Fig. 419. — Région rostrale du coxosternum forcipulaire. *z:* condyle articulaire coxofémoral.

Fig. 420. — Silhouette des tergites de la moitié postérieure du corps.

Fig. 421. — Patte droite de la 15e paire, profil externe.

Fig. 422. — Eperons des appendices génitaux de la femelle.

Spinulation des pattes :

P.	V					D				
	H	tr	P	F	T	H	tr	P	F	T
1 =	-	-	- - p	am -	- m -	-	-	- - p	a - -	a - -
2 =	-	-	- - p	amp	- m -	-	-	- mp	a - p	a - -
3 =	-	-	- mp	amp	- m -	-	-	- mp	a - p	a - -
4 =	-	-	- mp	amp	- m -	-	-	- mp	a - p	a - p
5 =	-	-	- mp	amp	am -	-	-	- mp	a - p	a - p
6 =	-	-	- mp	amp	am -	-	-	amp	a - p	a - p
7 =	-	-	- mp	amp	am -	-	-	amp	a - p	a - p
8 =	-	-	- mp	amp	am -	-	-	amp	a - p	a - p
9 =	-	-	- mp	amp	am -	-	-	amp	a - p	a - p
10 =	-	-	- mp	amp	am -	-	-	amp	a - p	a - p
11 =	-	-	- mp	amp	am -	-	-	amp	a - p	a - p
12 =	-	-	amp	amp	am -	-	-	amp	a - p	a - p
13 =	-	m	amp	amp	am -	-	-	amp	a - p	a - p
14 =	-	m	amp	amp	am -	a	-	amp	a - p	a - p
15 =	a	m	amp	amp	a - -	a	-	amp	- - p	- - -

Eventuellement : *VaH* (coxolatérale) n'existe que sur P. 15, ou manque complètement; *VaP* débute sur P. 11 ou sur P. 13; *VmP* sur P. 4; *VpP* débute sur P. 2 et toujours avant *VmP;* *VaT* sur P. 6; *DaF* a été trouvée sur P. 15 d'un côté seulement. De là la formule de RIBAUT :

	aF	mF	pF		aT	mT	pT
V =	15	15	15	——	15	14	0
D =	14/15	0	15	——	13/14	0	14

Les P. 14 et P. 15 sont longues, relativement peu épaisses (fig. 421). Rapports de longueur des articles : fémur × tête 93,4 à 98,4 %; tibia × tête 105,2 à 112,9 %; tarse × tête 100 à 104,8 %; tarse × fémur 106,5 à 108,8 %. Griffe apicale des P. 15 simple.

Appendices génitaux de la femelle armés de 3 + 3 éperons cylindro-coniques et d'une griffe courte et assez large, tridentée, dont les dentelures latérales sont fines et à peu près au même niveau (fig. 422).

Grottes des Basses-Pyrénées à l'O. du Gave d'Oloron.

15. — **Lithobius tricuspis** MEINERT 1872.

[Fig. 423-426.]

(*Lithobius rhaeticus* MEINERT, 1872.)

Longueur 10,50 à 13 mm. — Largeur au 10ᵉ tergite 1,50 à 2 mm.

Coloration brun-fauve à brun-rouge, avec les membres un peu

plus clairs; la tête est souvent plus foncée. Corps un peu fusiforme, plus atténué en avant qu'en arrière. Téguments unis ou faiblement inégaux, sans ponctuations.

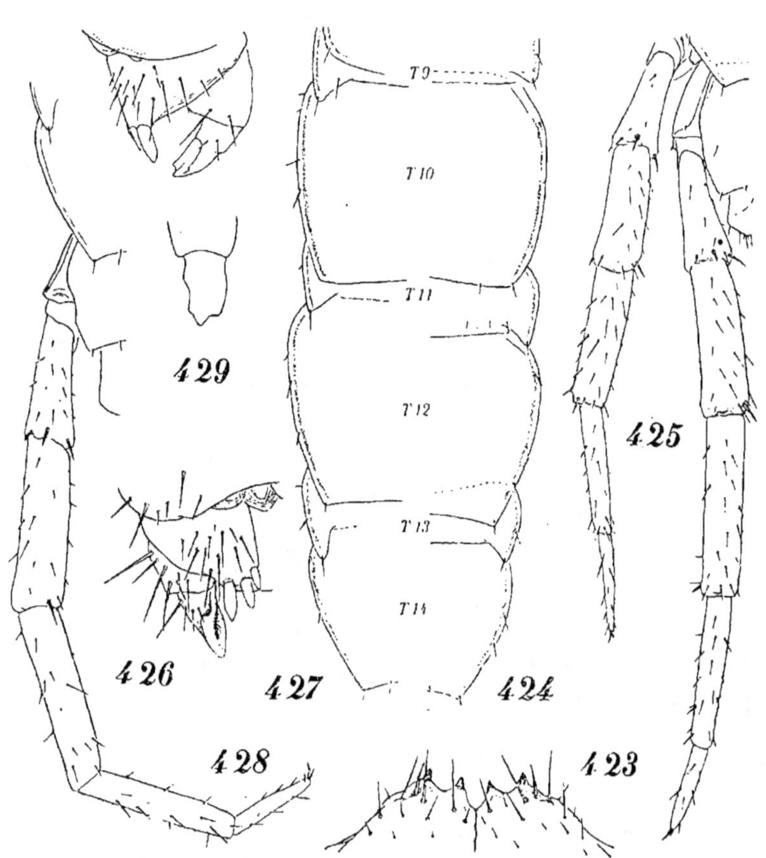

Lithobius tricuspis, femelle du Tarn (Montagne Noire).

FIG. 423. — Bord rostral du coxosternum forcipulaire.
FIG. 424. — Silhouette du rebord droit des tergites de la moitié postérieure du corps.
FIG. 425. — Pattes gauches des paires 14e et 15e, face dorsale.
FIG. 426. — Appendice génital droit de la femelle, face ventrale, dont la griffe est simple.

Lithobius agilis, femelle des Hautes-Pyrénées (Barèges).

FIG. 427. — Silhouette du rebord gauche des tergites de la moitié postérieure du corps.
FIG. 428. — Patte gauche de la 15e paire, face dorso-postérieure.
FIG. 429. — Appendice génital gauche de la femelle et silhouette de la griffe vue par sa concavité.

Tête un peu plus large que longue, à bord caudal rectiligne, à bourrelet marginal non ou très peu élargi au milieu. Antennes médiocres, ne dépassant pas la moitié du corps, formées d'articles variables plus larges que longs, au nombre de 35 à 42; dernier article un peu plus long que le précédent. Ocelles bombés bien distincts, ordinairement au nombre de 10 à 12 distribués en trois rangées presque droites et assez régulières (1 + 4,3,2 — 1 + 4,4,2 — etc). Coxosternum forcipulaire sans ponctuations. Son bord rostral est médiocrement proéminent, divisé par une petite échancrure arrondie en deux lobes étroits et armé de 2 + 2 dents triangulaires, accompagnées de 1 + 1 épines peu apparentes (fig. 423).

Tergites 9, 11 et 13 à prolongements assez variables (fig. 424); ceux du tergite 9 sont sensiblement moins longs que les autres, toujours plus larges que longs et émoussés, ils peuvent être très peu saillants et même parfois être obsolètes, les angles du tergite étant alors taillés droit et émoussés; les prolongements suivants sont un peu plus étroits, ordinairement pas plus longs que larges et aigus; ceux du tergite 11 peuvent être un peu plus développés que ceux du tergite 13. Le bord caudal du tergite 8 est à peu près rectiligne; celui des tergites 10, 12 et 14 est à peine échancré; les angles des tergites 8 et 10 sont émoussés, les suivants sont aigus.

Pores coxaux circulaires, au nombre de 3 à 4 (5) sur chaque hanche (3, 3, 3, 3 — 3, 4, 4, 3 — 3, 5, 4, 4, etc).

Spinulation des pattes :

P.		H	tr	P	F	T		H	tr	P	F	T
1 =	V :	-	-	- - -	am -	- m -	D :	-	-	- -p	a - -	a - -
2 =		-	-	- - -	am -	- m -		-	-	- mp	a - p	a - -
3 =		-	-	- - -	am -	am -		-	-	- mp	a - p	a - p
4 =		-	-	- - -	am -	am -		-	-	- mp	a - p	a - p
5 =		-	-	- m -	am -	am -		-	-	- mp	a - p	a - p
6 =		-	-	- m -	am -	am -		-	-	- mp	a - p	a - p
7 =		-	-	- m -	am -	am -		-	-	- mp	a - p	a - p
8 =		-	-	- m -	amp	am -		-	-	- mp	a - p	a - p
9 =		-	-	- m -	amp	am -		-	-	amp	a - p	a - p
10 =		-	-	- mp	amp	am -		-	-	amp	a - p	a - p
11 =		-	-	- mp	amp	am -		-	-	amp	a - p	a - p
12 =		-	-	amp	amp	am -		-	-	amp	a - p	a - p
13 =		-	m	amp	amp	am -		a	-	amp	a - p	a - p
14 =		-	m	amp	amp	am -		a	-	amp	- - p	- - p
15 =		a	m	amp	amp	a - -		a	-	amp	- - p	- - -

Eventuellement : *VmP* peut débuter de P. 2 à P. 5; *VpP* débute généralement de P. 9 à P. 11, mais aussi sur P. 5 ; *VpF* de P. 8 à P. 11, ou sur P. 1 à P. 2 (dans les Pyrénées-Orientales); *VaT* de P. 2 à P. 4; *DaH* peut débuter sur P. 12; *DaP* généralement de P. 8 à P. 10, mais aussi de P. 4 à P. 6 (Pyrénées-Orientales); *DaF* peut exister sur P. 14 et *DpT* sur P. 15.

La formule de Ribaut sera donc :

	aF	mF	pF		aT	mT	pT
V =	15	15	15	————	15	14	0
D =	13/14	0	15	————	13	0	14/15

Les P. 14 et P. 15 sont courtes, épaisses (fig. 425); les rapports de longueur des articles observés sont :

fémur × tête :	60,5 à 71,1 % (♀) et 62,8 à 80,5 % (♂);
tibia × tête :	65,8 à 84,1 % (♀) et 72,1 à 100,0 % (♂);
tarse × tête :	60,5 à 78,2 % (♀) et 65,1 à 90,0 % (♂);
fémur × tarse :	100,0 à 110,2 % (♀) et 100,0 à 107,5 % (♂).

Il n'existe de coxolatérale (*VaH*) que sur P. 15, dont la griffe apicale est double.

Le fémur et le tibia, qui sont les plus épais, sont un peu aplanis sur la face dorsale, mais sans particularités de structure chez le mâle.

Appendices génitaux de la femelle avec 3 + 3 éperons, dont l'interne, souvent dissimulé par l'éperon médian, est plus petit que lui. Griffe tantôt large et flanquée de dentelures à des niveaux différents, tantôt plus étroite et sans dentelure latérale (fig. 426).

Très commun dans toute la France, notamment dans les forêts. Grande-Bretagne; Europe centrale.

Var. **mononyx** Latzel, 1888.

Longueur jusqu'à 16,50 mm.

Diffère en outre du type par l'absence de griffe accessoire à l'extrémité des pattes de la 15ᵉ paire, qui a une griffe simple, ainsi que par les limites antérieures des épines des pattes; les proportions des articles sont d'ailleurs les mêmes.

Un grand mâle de 15 mm. a, sur la face dorsale du fémur des P. 15, une arête longitudinale fine se perdant dans une fossette vague de l'extrémité de l'article; le tibia est déprimé.

De ci, de là, avec le type, mais plus commun dans les cirques des hautes vallées de Barèges et de la Pique.

16. — **Lithobius agilis** C. Koch, 1847 [48].

[Fig. 427-429.]

(*Lithobius macilentus* L. Koch, 1862.)

Extrêmement voisin de *L. tricuspis* et comme lui caractérisé par :

Longueur 8 à 11 mm. — Largeur 1,30 à 1,70 mm.

Antennes égales au tiers du corps environ, formées de 33 à 45 articles plus larges que longs, dont le dernier n'est qu'un peu plus long que le précédent. Ocelles environ au nombre d'une dixaine (1 + 3, 2, 1 — 1 + 1, 3, 3, 2, etc).

Les tergites 9, 11 et 13 ont des prolongements plus larges que longs (fig. 427) ; ceux du 9ᵉ sont moins développés que les suivants, qui sont souvent un peu plus étroits que chez leur congénère et plus aigus.

Pores au nombre de 2 ou 3 à chaque hanche.

La spinulation des pattes est en moyenne de :

P.	H	tr	P	F	T	H	tr	P	F	T
1 = V :	-	-	- - -	- m -	- m -	-	-	- - -	a - -	a - -
2 =	-	-	- - -	- m -	- m -	-	-	- - p	a - -	a - -
3 =	-	-	- - -	- m -	- m -	-	-	- - p	a - p	a - -
4 =	-	-	- - -	am -	- m -	-	-	- - p	a - p	a - p
5 =	-	-	- - -	am -	am -	-	-	- mp	a - p	a - p
6 =	-	-	- - -	am -	am -	-	-	- mp	a - p	a - p
7 =	-	-	- m -	am -	am -	-	-	- mp	a - p	a - p
8 =	-	-	- m -	am -	am -	-	-	- mp	a - p	a - p
9 =	-	-	- m -	am -	am -	-	-	- mp	a - p	a - p
10 =	-	-	- m -	am -	am -	-	-	- mp	a - p	a - p
11 =	-	-	- m -	amp	am -	-	-	- mp	a - p	a - p
12 =	-	-	amp	amp	am -	-	-	amp	a - p	a - p
13 =	-	m	amp	amp	am -	-	-	amp	- - p	a- -p
14 =	-	m	amp	amp	am -	a	-	amp	- - p	- - p
15 =	a	m	amp	am -	- - -	a	-	amp	- - p	- - -

Eventuellement : *VaP* débute sur P. 13 ; *VmP* sur P. 6 ou P. 9 ; *VpP* sur P. 11 ; *VaF* sur P. 2 ; *VmF* seulement sur P. 2 ou P. 3 ; *VpF* sur P. 10 ou P. 12 ; *VaT* entre P. 3 et P. 6 ; *VmT* peut man-

---

(48) Nous appliquons à cette espèce la dénomination créée par C. Koch, dont la diagnose s'accorde avec nos individus français, sans cependant qu'il soit absolument certain qu'il s'agisse de la même forme.

quer sur P. 14; *DaP* débute sur P. 11; *DmP* entre P. 2 et P. 6; *DpP* sur P. 1; *DaF* peut débuter seulement sur P. 2 et peut persister jusqu'à P. 13; *DpF* débute sur P. 2; *DpT* sur P. 3 ou P. 5 et se rencontre rarement sur P. 15; Les P. 14 et P. 15 sont relativement un peu plus longues et moins épaisses (fig. 428) et on trouve généralement, sur la face ventrale du préfémur et du fémur des P. 15, une rainure longitudinale, qui s'accompagne de grosses ponctuations subsériées [49]. Les rapports de longueur des articles des P. 15 sont :

fémur × tête :	62,8 à 73,5 % (♀) et	68,2 à 78,4 % (♂);
tibia × tête :	75,0 à 83,7 % (♀) et	73,8 à 93,2 % (♂);
tarse × tête :	66,6 à 77,1 % (♀) et	68,2 à 88,8 % (♂);
tarse × fémur :	96,3 à 122,7 % (♀) et	100,0 à 113,0 % (♂).

La formule de RIBAUT est :

	aF	mF	pF		aT	mT	pT
V =	15	15	14	——	14	13/14	0
D =	12/13	0	15	——	13	0	14

Il n'existe de coxolatérale (*VaH*) qu'aux P. 15, dont la griffe apicale est double.

Les appendices génitaux de la femelle portent 2 + 2 éperons et une griffe large, plus ou moins nettement tridentée (fig. 429).

Forêts des environs de Paris; à l'inverse du *L. tricuspis*, cette espèce est rare dans la partie orientale des Pyrénées et commune dans la partie occidentale.

17. — **Lithobius stramineus** (ATTEMS, 1927).

(*Archilithobius stramineus* ATTEMS, 1927.)

Longueur 18 mm. — Coloration jaune paille uniforme. Téguments unis.

Tête arrondie, atténuée en avant. Bourrelet marginal large. Antennes atteignant le bord caudal du 7ᵉ tergite, formées de 44 à 53 articles un peu moniliformes. Ocelles au nombre de 11 à 12, en trois rangées horizontales (4, 4, 3/4). Bord rostral du coxosternum forcipulaire profondément encoché au milieu, avec 2 + 2 dents rapprochées de l'encoche.

---

[49] Cette structure n'est cependant pas propre à l'espèce.

Tergite 9 à angles taillés droit; tergites 11 et 13 avec de faibles prolongements. Bord postérieur des tergites 8, 10, 12 et 14 faiblement émarginé. Bourrelet marginal complet sur les tergites 1, 3 et 5, interrompu en dedans des angles postérieurs sur les tergites 2, 4, 6, 9, 11 à 13.

Pores coxaux circulaires, 4, 5, 5, 4.

Spinulation des pattes :

```
 1 = V :  0  0   1/2   1   1      D : am ·  au tibia.
2-3 =     0  0    1    3   1
4-8 =     0  0    2    3   1
 9 =      0  0    2    3  1/2      deux épines au préfémur et
10-12 =   0  0    3    3   2                          [au fémur
13 =      0  1    3    3   2
14 =      0  1    3    3   2       a  ·   amp   - -p   - - -
15 =      0  m   amp am- - - -     a  -   amp   - -p   - - -
```

Pas de coxolatérales aux P. 15, dont la griffe terminale est doublée d'une griffe supplémentaire minuscule.

Appendices génitaux de la femelle avec 2 + 2 éperons et une griffe triacuminée.

Cette forme, récemment décrite du Nord de l'Espagne (province de Tarragone), pourrait se retrouver dans nos Pyrénées.

18. — **Lithobius bostryx** Brolemann, 1897.

Longueur 10 mm. — Largeur derrière la tête 1 mm.; au 10° tergite 1,30.

Coloration fauve-roux uniforme, avec la tête un peu plus foncée et les tarses (ceux des dernières pattes notamment) plus pâles. Corps fusiforme, atténué derrière la tête. Téguments lisses, brillants, avec quelques ponctuations.

Tête plus large que longue, sans ponctuations. Antennes dépassant la moitié de la longueur du corps, formées de 44 à 49 articles. Ocelles indistincts, fondus dans un champ pigmenté. Coxosternum forcipulaire un peu proéminent; son bord rostral est en angle rentrant, à échancrure médiane large, armé de 2 + 2 dents petites, rapprochées.

Les angles du tergite 9 sont droits; les tergites 11 et 13 ont des rudiments de pro'ongements, plus accusés au second qu'au premier. Bord postérieur du tergite 14 non échancré; chez un mâle. ce tergite présente une fossette prémarginale ouverte en avant.

Pores coxaux circulaires, au nombre de 2 ou 3 à chaque hanche. Spinulation connue :

P.	H	tr	P	F	T		H	tr	P	F	T
1 = V :	-	-	- - -	- - -	- m -	D :	-	-	- - -	a - -	- - -
5 =	-	-	- - -	- m -	- m -		-	-	- - -	a - p	a - p
14 =	-	m	amp	amp	- - -		a	-	amp	- - p	- - p
15 =	-	m	amp	1 (50)	- - -		a	-	amp	- - -	- - -

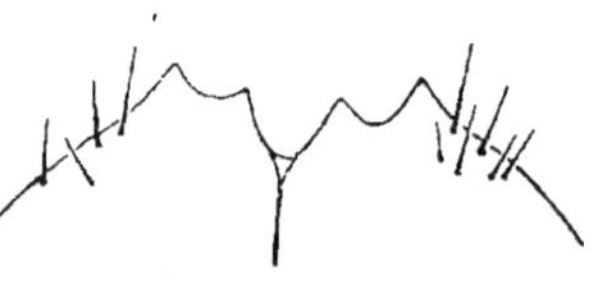

431

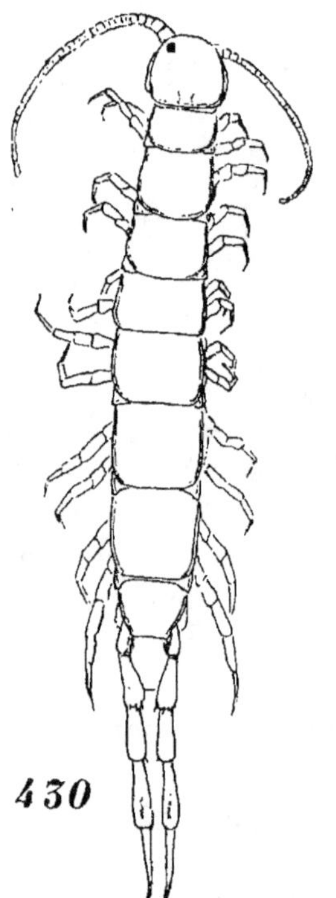

430

Lithobius acuminatus
de Lombardie.
FIG. 430. — Aspect général de l'animal.
FIG. 431. — Bord rostral du coxosternum forcipulaire.

P. 15 longues, un peu épaissies ; fémur court ; tarse long. Hanche sans coxolatérale ; griffe double.

Chez le mâle, le tarse (51) est insensiblement dilaté et brusquement tronqué à l'extrémité ; celle-ci présente une saillie postérieure (interne) plantée d'un bouquet d'une quinzaine de soies, qui sont grêles à la base et épaissies, obtuses, au sommet. Cette structure existe déjà chez un mâle de 6,50 mm de la variété suivante.

Appendices génitaux de la femelle armés de 2 + 2 éperons épineux, grêles et d'une griffe pourvue à mi-longueur d'une dentelure externe.

Forêts des environs d'Ahusquy (B.-Pyr.)

var. **spinosus** BROLEMANN, 1898.

Caractérisée par la présence d'une épine coxolatérale aux P. 15. Avec le type.

19. — **Lithobius acuminatus**
BROLEMANN, 1892.
[Fig. 430-431.]

Longueur 8,50 mm.
Largeur 1,20 mm.

(50) Nous ignorons s'il s'agit de *VaF* ou de *VmF*.
(51) Notre description de 1897 est probablement erronée ; il semblerait plus naturel que ce soit le tibia.

Coloration fauve-rouge; tête foncée; membres pâles. Corps trapu, nettement atténué aux extrémités, derrière la tête plus qu'à l'arrière du corps (fig. 430). Téguments lisses, brillants.

Tête large, recouvrant en partie les fémurs forcipulaires. Antennes courtes, de 41 articles. Ocelles peu distincts, plus ou moins fusionnés (peut-être 1+2,2). Coxosternum forcipulaire atténué en avant, le bord rostral étant occupé par 2+2 dents aiguës, rapprochées, et divisé par une encoche profonde (fig. 431).

Les prolongements du tergite 9 sont à peine saillants; ceux des tergites 11 et 13 sont plus accusés, émoussés.

Pores coxaux ronds, relativement grands, au nombre de 2, 3, 3, 3.

Spinulation connue pour les :

P.		H	tr	P	F	T		H	tr	P	f	T
1 =	V :	0	0	0	1	1	D :	0	0	1	1	1
15 =		1	1	3	3	0		1	0	3	1	0

P. 15 médiocrement longues et un peu épaisses, avec une épine coxolatérale et une griffe apicale double. De grosses ponctuations sur la face ventrale des articles.

Chez le mâle, le tibia présente sur la face dorsale une dépression sulciforme plus accusée à son extrémité distale, où l'article est un peu renflé. La femelle est inconnue.

Décrite sur un exemplaire de Lombardie (Lac Majeur), cette espèce a été signalée de Corse par LÉGER et DUBOSCQ.

Var. **faucium** VERHOEFF, 1925.

Tergite 9 avec des rudiments de prolongements, tergites 11 et 13 avec des prolongements courts, mais caractérisés. Pores coxaux : 2, 3, 3, 2.

Spinulation :

P.		H	tr	P	F	T		H	tr	P	F	T
1 =	V :	0	0	0	0	1	D :	0	0	0	1	1
2 =		0	0	0	1	1		0	0	1	2	1
14 =		0	1	3	3	1		1	0	3	1	1
15 =		0	1	3	3	0		1	0	3	1	0

Des coxolatérales aux P. 15, mais pas aux P. 14. Griffe des P. 15 double.

290 Chilopodes

Appendices génitaux de la femelle avec 2 + 2 éperons et une griffe large, à deux pointes.

Alpes-Maritimes (Gorges du Cian).

20. — **Lithobius borealis** Meinert, 1872.

Les diagnoses de Meinert et de Latzel fournissent les indications suivantes.

Longueur 10 mm. — Coloration châtain ou brun-fauve, avec le ventre et les pattes plus pâles.

Tête de peu plus large que longue. Antennes courtes ou médiocres, formées de 28 à 40 articles, dont le dernier est très court. Ocelles au nombre de 6 à 11, en deux ou trois rangées (1 + 3,2 — 1 + 4, 3, 3). Coxosternum forcipulaire armé de 2 + 2 dents.

Tergites 11 et 13 avec des prolongements; tergite 9 à angles droits ou arrondis.

Pores coxaux petits, ronds, au nombre de 2 à 4 à chaque hanche.

Pattes postérieures courtes et épaisses. Armement ventral des P. 1 : 0, 0, 1, 1/2, 1 ; et des P. 15 : 0, 1, 3, 1/2, 0.

Pas d'épines coxolatérales. Griffe apicale des P. 15 double.

Nous avons vu un individu de Grande-Bretagne (Bagnall leg.) que nous considérons comme appartenant à cette espèce. Outre une taille un peu plus grande (13 mm.), la spinulation des pattes est légèrement différente :

P.	H	tr	P	F	T		H	tr	P	F	T
1 = V :	-	-	- - p	amp	- m -	D :	-	-	- mp	a - -	a - -
2 =	-	-	- mp	amp	- m -		-	-	- mp	a - p	a - -
3 =	-	-	- mp	amp	- m -		-	-	- mp	a - p	a - -
4 =	-	-	- mp	amp	- m -		-	-	amp	a - p	a - -
5 =	-	-	- mp	amp	- m -		-	-	amp	a - p	a - p
6 =	-	-	- mp	amp	- m -		-	-	amp	a - p	a - p
7 =	-	-	- mp	amp	- m -		-	-	amp	a - p	a - p
8 =	-	-	- mp	amp	- m -		-	-	amp	a - p	a - p
9 =	-	-	- mp	amp	- m -		-	-	amp	a - p	a - p
10 =	-	-	amp	amp	- m -		-	-	amp	a - p	a - p
11 =	-	-	amp	amp	- m -		-	-	amp	a - p	a - p
12 =	-	-	amp	amp	- m -		-	-	amp	- - p	- - p
13 =	-	m	amp	amp	- m -		a	-	amp	- - p	- - p
14 =	-	m	amp	amp	- m -		a	-	amp	- - p	- - p
15 =	-	m	amp	amp	- - -		a	-	amp	- - p	- - p

La formule RIBAUT serait donc :

	aF	mF	pF		aT	mT	pT
V =	15	15	15	——	0	14	0
D =	11	0	15	——	11	0	14/15

Le type provient des Feroë; d'après l'auteur, l'espèce existerait aussi en Espagne (Cordoue) et en Algérie (Bône). Elle devrait donc se rencontrer également en France.

21. — **Lithobius lapidicola** MEINERT, 1872.

Certains auteurs font de cette forme une race de *erythrocephalus* dont elle est effectivement très voisine.

Longueur 9,50 à 11 mm. — Largeur au tergite 10 : 1,25 à 1,60 mm.

Coloration fauve, plus ou moins rembrunie; tête parfois plus foncée. Téguments unis, non ponctués.

Tête lenticulaire, guère plus large que longue; bourrelet marginal non élargi au bord caudal. Antennes courtes, égalant le tiers ou les deux cinquièmes de la longueur du corps, formées de 28 à 32 articles, dont le dernier est plus long que le précédent. Ocelles bien distincts en trois rangées, généralement : 1 + 4, 3, 2. Coxosternum forcipulaire sans ponctuations. Son bord rostral est proéminent, bilobé, peu profondément incisé et armé de 2 + 2 dents petites.

Tergite 9 à angles arrondis ou droits; angles du tergite 11 droits ou très faiblement proéminents; angles du tergite 13 généralement un peu prolongés; le développement des prolongements est très variable suivant les individus. Bord caudal des tergites 10, 12 et 14 à peine émarginé; celui du tergite 16 est plus échancré. Aux 10ᵉ et 12ᵉ tergites les angles sont arrondis.

Pores coxaux petits, circulaires : 2, 2, 2, 2, — 3, 3, 4, 3.

Caractéristique pour cette espèce est la présence, sur la face postérieure (interne) du préfémur, entre *VpP* et *DpP*, d'une épine supplémentaire; celle-ci, cependant, peut n'exister que sur l'une des deux pattes ou même manquer complètement. Pattes de la 15ᵉ paire courtes, un peu épaissies, égales environ aux deux cinquièmes de la longueur du corps. Rapports de longueur des articles : fémur × tête 57,5 à 64,1 %; tibia × tête 66,6 à 73,1 %; tarse × tête 61,3 à 69,2 % ; tarse × fémur 100 à 117,4 %. Pas

292   *Chilopodes*

d'épines coxolatérales. Griffe apicale des P. 15 double. Pas de
structure spéciale chez le mâle.

La spinulation moyenne des pattes est :

P.		H	tr	P	F	T		H	tr	P	F	T
1 =	V :	-	-	- -p	am -	- m -	D :	-	-	- -p	a - -	a - -
2 =		-	-	- -p	amp	- m -		-	-	- mp	a - p	a - -
3 =		-	-	- -p	amp	- m -		-	-	- mp	a - p	a - -
4 =		-	-	- -p	amp	- m -		-	-	amp	a - p	a - -
5 =		-	-	- -p	amp	- m -		-	-	amp	a - p	a - -
6 =		-	-	- -p	amp	- m -		-	-	amp	a - p	a - p
7 =		-	-	- -p	amp	- m -		-	-	amp	a - p	a - p
8 =		-	-	- mp	amp	- m -		-	-	amp	a - p	a - p
9 =		-	-	- mp	amp	- m -		-	-	amp	a - p	a - p
10 =		-	-	- mp	amp	- m -		-	-	amp	a - p	a - p
11 =		-	-	amp	amp	- m -		-	-	amp	a - p	a - p
12 =		-	-	amp	amp	- m -		-	-	amp	- - p	- - p
13 =		-	m	amp	amp	- m -		a	-	amp	- - p	- - p
14 =		-	m	amp	amp	- m -		a	-	amp	- - p	- - -
15 =		-	m	amp	- m -	- - -		a	-	amp	- - -	- - -

Eventuellement : *VaP* débute sur P. 13 ou P. 14; *VmP* sur P. 7
ou P. 9; *VaF* sur P. 2, ou même sur P. 4; *VmF* sur P. 2; *DmP*
rarement sur P. 3 ou P. 5; *DpP* incidemment sur P. 10; *DpT* sur
P. 5 ou P. 7; *DaF* disparaît entre P. 10 et P. 12 et *DaT* entre P. 11
et P. 13. D'où la formule de RIBAUT :

	aF	mF	pF		aT	mT	pT
V =	14	15	14	——	0/13	14	0
D =	10/12	0	14	——	11/13	0	13

Appendices génitaux de la femelle armés de 2 + 2 éperons
cylindro-coniques et d'une griffe divisée en trois pointes aiguës.

Assez commune en France, cette espèce paraît préférer les régions
montagneuses; signalée également d'une grotte des Basses-Pyrénées
(Istaürdy). Grande-Bretagne; Europe centrale.

Remarque I. — Les individus des Alpes (Mont Genèvre) ne
présentent que rarement l'épine supplémentaire de la face interne
du fémur des P. 15.

Remarque II. — Des individus du littoral des Alpes-Maritimes,
semblables aux types par la taille et la forme des tergites 9, 11, 13,
diffèrent par la spinulation des P. 15 auxquelles manque *DaP*,
la formule dorsale se réduisant à : -, -, -mp, - - -, - - -.

Remarque III. — Chez les individus des Basses-Pyrénées,

l'épine *VpP* ne débute souvent qu'entre P. 8 et P. 12; également *VpF* peut n'apparaître qu'entre P. 9 et P. 13; enfin *DaP* peut manquer jusqu'à P. 6 ou P. 8.

22. — **Lithobius erythrocephalus** C. KOCH, 1847.
(*Lithobius pleonops* MENGE, 1851.)

Longueur 10 à 16 mm. — Largeur 1,50 à 2,20 mm.

Coloration variant de fauve à châtain foncé; tête passant au fauve-rouge, assombrie en avant; pattes postérieures souvent rembrunies en dehors. Corps trapu, très peu atténué dans les extrémités. Téguments très unis chez les individus de plaine, plus ou moins ridés chez les individus de montagne.

Tête lisse, assez large. Antennes plutôt courtes, formées de 27 à 35 articles. Ocelles au nombre de 10 à 14 de part et d'autre, en 3 ou 4 rangées presque droites (1 + 5, 4, 3, 1 — 1 + 4, 3, 2). Bord rostral du coxosternum forcipulaire armé de 2 + 2 dents médiocres ou petites; encoche médiane assez forte.

Tergites 9, 11 et 13 sans traces de prolongements.

Pores coxaux ronds, de 3 à 6 à chaque hanche.

Les seuls renseignements que nous possédions sur la spinulation des pattes sont dus à LATZEL, qui indique, pour :

P.		H	tr	P	F	T		H	tr	P	F	T
1 =	V :	0	0	1	3	2	D :	0	0	2	1	1
ou		0	0	1	2	1		0	0	1	2	1
ou		0	0	2	3	2		0	0	2	2	1/2
14 =		0	1	3	3	2		1	0	3	1	1
ou		1	1	3	3	1/3		1	0	3	1	1
15 =		1	1	3	3/2	1/0		1	0	3	1	1/0 (52)

Les P. 14 et P. 15 sont courtes et épaissies dans les deux sexes, avec de grosses ponctuations sur la face ventrale. Hanches des

(52) Les formules ci-dessus se traduisent probablement par :

P.		H	tr	P	F	T		H	tr	P	F	T
1 =	V :	-	-	- - p	amp	am	D :	-	-	- mp	a - -	a - -
ou		-	-	- - p	am -	- m -		-	-	- p	a - p	a - -
ou		-	-	- mp	amp	am -		-	-	- mp	a - p (a - p ou a - -)	
14 =		-	m	amp	amp	am -		a	-	amp	- - p	- - p
ou		a	m	amp	amp	(amp ou - m -)	a	-	amp	- - p	- - -	
15 =		a	m	amp	emp	(- m - ou - - -)	a	-	amp	- - p (- - - ou - - p	

P. 15, et parfois des P. 14, avec une épine coxolatérale (*VaH*). Griffe apicale des P. 15 double.

Tibia parfois aplani dorsalement chez le mâle, mais sans rainure.

Appendices génitaux de la femelle armés de 2 + 2 (incidemment 3 + 3) éperons longs et grêles et d'une griffe large, à trois dentelures subégales.

Alpes françaises. Europe.

Lithobius erythrocephalus, *subsp.* aleator Verhœff, 1925.

Longueur 8,50 à 12 mm. — Coloration brun ou brun-jaune, avec la tête plus foncée. Corps à bords presque parallèles. Tergites sans traces de prolongements.

Quatre à cinq pores coxaux à chaque hanche.

Spinulation des :

P.	H	tr	P	F	T		H	tr	P	F	T
1 = V :	0	0	1	1/2	1	D :	0	0	1/2	1/2	1
2 =	0	0	2	2	1		0	0	2	2	1
14 =	0	1	3	3	1/2		0	0	2/3	1	0
15 =	0	0/1	3	1	0/1		0	0/1	3	0/1	0

Pas de coxolatérales aux P. 15. — Appendices génitaux du mâle avec deux soies.

La Turbie (Alpes-Maritimes). Italie (Sorrente).

23. — Lithobius pusillus Latzel, 1880.

(*Lithonannus pusillus* Attems, 1927.)

Longueur 6 à 8 mm. — Largeur 0,90 à 1,10 mm.

Fauve-jaune ou châtain, à pattes postérieures fauves. Corps à bords parallèles, à téguments brillants, unis.

Tête plate. Antennes très courtes, de 28 à 33 articles (moyenne 29-31). Ocelles très peu nombreux, 5 à 6, irrégulièrement disposés (1 + 2, 2 ou 1 + 3, 1). Bord rostral du coxosternum forcipulaire à échancrure large, de chaque côté de laquelle sont 2 + 2 dents assez petites, écartées l'une de l'autre.

Pas de traces de prolongements aux tergites 9, 11 et 13.

Pores coxaux ronds, au nombre de 2 à 3 à chaque hanche.
Spinulation indiquée par Latzel pour les :

P.	H	tr	P	F	T		H	tr	P	F	T
1 = V :	ρ	0	0	0/1	1	D :	0	0	0	1	1
14 =	0	1	3	2/1	0		1/0	0	2	1/0	0
15 =	0	1	3	1	0		1	0	2	0	0

L'épine ventrale du fémur des P. 15 est toujours médiane. Pattes postérieures courtes et épaisses. Pas de coxolatérales aux P. 15, dont la griffe apicale est double.

Pas de structure sexuelle chez le mâle.

Appendices génitaux de la femelle avec 2 + 2 éperons épineux et une griffe courte et large, tridentée.

Espèce signalée de Corse, avec doute, par Léger et Duboscq.

Lithobius pusillus, *subsp.* pusillifrater Verhœff, 1925.

Longueur 6,50 à 8 mm. — Brun, avec les deux extrémités passant au rougeâtre. Tergite 13, et éventuellement T. 11, avec des rudiments de prolongements. De deux à cinq pores coxaux à chaque hanche. — Spinulation des :

P.	H	tr	P	F	T		H	tr	P	F	T
1 = V :	0	0	0	0/1	1	D :	0	0	0/1	1	1
2 =	0	0	0	1/2	1		0	0	1/2	2	1
14 =	0	1	3	2	1		0	0	2	1	0
15 =	0	1	3	1	0		0	0	2	0	0

P. 15 sans coxolatérales et avec une griffe double.

Appendices génitaux du mâle avec une soie. Appendices de la femelle avec 2 + 2 éperons et une griffe triacuminée.

Alpes-Maritimes (Saint-Agnès; Grimaldi).

(Pourrait n'être qu'un *L. lapidicola* chez lequel les prolongements du tergite 13 ne sont pas développés.)

24. — Lithobius Ribauti Chalande, 1907.

[Fig. 432.]

Longueur 10 à 14 mm. — Largeur 1,45 à 2 mm.
Coloration fauve ou fauve-brun. Forme petite à téguments unis, sans ponctuations.
Tête à peine plus large que longue. Antennes courtes, égales

au tiers de la longueur du corps, formées normalement de 25 articles (21 à 25). Ocelles au nombre de 11 à 13, en 3 ou 4 rangées. Coxosternum forcipulaire large et court, à bord rostral taillé en angle rentrant, ne portant que 2 + 2 rudiments de dentelures, mais présentant de chaque côté, près des angles externes, un aiguillon robuste, bien saillant (fig. 432). Griffe grêle.

Tergites 9, 11 et 13 sans prolongements caractérisés. Généralement les angles du tergite 9 sont droits ou tronqués; ceux des tergites 11 et 13 sont très faiblement saillants, ce qui peut résulter de l'échancrure (toujours très faible) du bord caudal.

Pores coxaux ronds, au nombre de 3 à 5 à chaque hanche.

Spinulation des pattes :

P.	H	tr	P	F	T	H	tr	P	F	T
1 = V :	-	-	- m -	- m -	- m -	D : -	-	- - -	a - -	a - -
2 =	-	-	- m -	- m -	- m -	-	-	- - p	a - -	a - -
3 =	-	-	- m -	am -	- m -	-	-	- - p	a - p	a - -
4 =	-	-	- m -	am -	am -	-	-	- - p	a - p	a - -
5 =	-	-	- m -	am -	am -	-	-	- - p	a - p	a - -
6 =	-	-	- m -	am -	am -	-	-	- - p	a - p	a - p
7 =	-	-	- m -	am -	am -	-	-	- - p	a - p	a - p
8 =	-	-	- m -	am -	am -	-	-	- mp	a - p	a - p
9 =	-	-	- m -	am -	am -	-	-	- mp	a - p	a - p
10 =	-	-	- m -	amp	am -	-	-	- mp	a - p	a - p
11 =	-	-	- mp	amp	am -	-	-	amp	a - p	a - p
12 =	-	-	amp	amp	am -	-	-	amp	a - p	a - p
13 =	-	m	amp	amp	am -	-	-	amp	a - p	a - p
14 =	a	m	amp	amp	- m -	a	-	amp	- - p	- - p
15 =	a	m	amp	am -	- - -	a	-	amp	- - -	- - -

Eventuellement : *VaF* débute sur P. 4 ou manque à P. 15; *VpF* débute sur P. 11; *VaT* sur P. 5; *DaP* débute sur P. 12; *DmP* sur P. 10; *DpT* sur P. 7; *DaF* peut manquer d'un côté sur P. 13, de même que *DpT* sur P. 14. D'où la formule de Ribaut :

	aF	mF	pF		aT	mT	pT
V =	14/15	15	14	——	13	14	0
D =	12/13	0	14/15	——	13	0	13/14

Pattes terminales de longueur médiocre; le tarse est un peu plus long que le fémur. Rapports des articles des P. 15 :

fémur × tête : 70,7 à 87,0 % (♀) et 65,7 % (♂ juv.);
tibia × tête : 82,9 à 100,0 % (♀) et 74,2 % (♂ juv.);
tarse × tête : 64,0 à 75,6 % (♀) et 68,5 % (♂ juv.);
tarse × fémur: 105,0 à 106,9 % (♀) et 104,3 % (♂ juv.).

Hanches des P. 15 avec une épine coxolatérale, qui peut man·
quer parfois (Eaux-Bonnes). Griffe apicale simple.

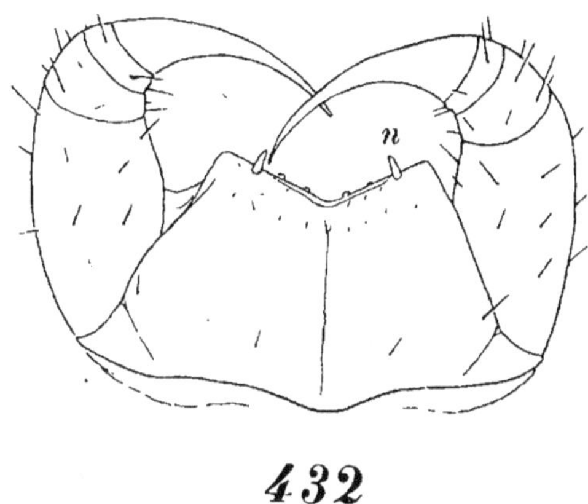

432

Lithobius Ribauti

Fig. 432. — Forcipules, d'après Chalande. *n:* aiguillon latéral.

Appendices génitaux de la femelle armés de 2 + 2, parfois de
2 + 3 éperons; griffe tridentée, ayant une petite épine externe en
deçà de la moitié et un lobe interne, plus grand, au delà de la
moitié.

Peu commun dans toute la chaîne des Pyrénées; Montagne Noire. De
préférence dans la mousse.

25. — **Lithobius pilicornis** Newport, 1844.

[Fig. 373, 375-376, 381, 384.]

(*Lithobius Sloanei* Newport, 1844. *L. longipes* Porat, 1870.
L. Galatheae Meinert, 1872.)

Longueur 25 à 30 mm.

Coloration fauve terne, châtain ou brun-rouge; les pattes postérieures sont plus rousses. Corps à côtés parallèles, non rétréci
derrière la tête, qui est à peu près aussi large que le tergite 10.
Téguments brillants, à ponctuations éparses et assez fortes.

Tête arrondie, à ponctuations grosses et nombreuses. Bourrelet
marginal un peu élargi au milieu du bord caudal, formant deux
petites saillies anguleuses, du niveau desquelles se détachent de

faibles dépressions longitudinales, courtes et arquées. Antennes médiocres, assez rapidement atténuées dans la moitié proximale, effilées dans la moitié distale, formées de 30 à 35 articles longs; le dernier est environ une fois et demie le précédent. Coxosternum forcipulaire semé de ponctuations, plus denses sur les fémoroïdes. Bord rostral taillé en angle rentrant, à déclivités subrectilignes, et armé de 5 + 5 dents généralement robustes.

Tergites 9, 11 et 13 avec des prolongements; ceux du tergite 9 sont toujours plus faibles que les autres et même parfois mal caractérisés, ils paraissent alors faire défaut. Tous les grands tergites ont le bord caudal échancré, le tergite 16 plus que les autres (fig. 381, A).

Pores coxaux ovales ou arrondis, au nombre de 4 à 8 à chaque hanche (4, 5, 5, 4 — 6, 8, 7, 6) (fig. 381, B).

Spinulation des pattes (empruntée à la race *Doriae*) :

P.	H	tr	P	F	T		H	tr	P	F	T
1 = V :	-	-	- mp	amp	am -	D :	-	-	amp	a - p	a - p
2 =	-	-	- mp	amp	am -		-	-	amp	a - p	a - p
3 =	-	-	- mp	amp	am -		-	-	amp	a - p	a - p
4 =	-	-	- mp	amp	am -		-	-	amp	a - p	a - p
5 =	-	-	- mp	amp	am -		-	-	amp	a - p	a - p
6 =	-	-	- mp	amp	am -		-	-	amp	a - p	a - p
7 =	-	-	- mp	amp	am -		-	-	amp	a - p	a - p
8 =	-	-	- mp	amp	am -		-	-	amp	a - p	a - p
9 =	-	-	- mp	amp	am -		-	-	amp	a - p	a - p
10 =	-	-	amp	amp	am -		-	-	amp	a - p	a - p
11 =	-	-	amp	amp	am -		-	-	amp	a - p	a - p
12 =	-	-	amp	amp	am -		-	-	amp	- - p	a - p
13 =	-	m	amp	amp	am -		a	-	amp	- - p	- - p
14 =	a -	m	amp	amp	am -		a	-	amp	- - p	- - p
15 =	am	m	amp	am -	a - -		a	-	amp	- - p	- - -

L'épine *VmH*, très constante, est bien caractéristique de cette espèce. Eventuellement : *VaP* débute entre P. 9 et P. 12; *DaP* débute sur P. 3; *DaF* peut exister sur P. 12 et *DaT* souvent sur P. 13. D'où la formule de Ribaut :

	aF	mF	pF		aT	mT	pT
V =	15	15	14	——	15	14	0
D =	11/12	0	15	——	12/13	0	14

P. 14 et P. 15 longues, épaissies dans les premiers articles, graduellement atténuées ensuite, à pilosité longue, abondante et érigée. Fémur relativement court; tarse beaucoup plus long que le fémur et de peu plus court que le tibia. Rapports de longueur des articles des P. 15 :

fémur × tête :	73,1 à 75,8 % (♀) et	74,5 à 89,9 % (♂);
tibia × tête :	86,5 à 88,7 % (♀) et	87,2 à 98,6 % (♂);
tarse × tête :	79,1 à 83,8 % (♀) et	81,8 à 93,1 % (♂);
tarse × fémur :	108,0 à 113,0 % (♀) et	106,4 à 112,0 % (♂).

Des épines coxolatérales aux P. 14 et P. 15. Griffe des P. 15 simple.

Chez le mâle, le fémur et le tibia des deux dernières paires peuvent être très faiblement déprimés dorsalement, sans cependant jamais présenter de rainure ou autre structure spéciale.

Appendices génitaux de la femelle avec 2+2 éperons cylindro-coniques (fig. 384). La griffe apicale est élargie par une dentelure subapicale interne émoussée et une faible sinuosité externe, située au même niveau.

Littoral occidental de la Grande-Bretagne, de la France et de la péninsule ibérique. Madère; Açores; Canaries.

Lithobius pilicornis *subsp.* Doriae (Pocock, 1890).

(*Lithobius Doriae* Pocock, 1890. *L. mediterraneus* Chalande, 1903.)

Longueur 13 à 25 mm. — Largeur 2 à 3,50 mm.

Ponctuations des téguments moins accusées. Antennes de 23 à 33 articles (ordinairement 29-30). Dents du coxosternum forcipulaire moins nombreuses, ordinairement 4 + 4 dents.

Tergites 9 et 11 à angles tronqués ou droits; tergite 13 avec de faibles prolongements, larges, courts et émoussés. La spinulation des pattes et leurs dimensions sont celles indiquées ci-dessus.

Très commun dans les Pyrénées, où il remplace le *L. forficatus*, avec lequel on le trouve mélangé dans les fonds de vallées et dans la plaine; S.-E. de la France.

Lithobius pilicornis, *subsp.* hexodus (Brolemann, 1889).

(*Lithobius hexodus* Brolemann, 1889.)

Race affaiblie, ne présentant pas de prolongements au tergite 13 et n'ayant généralement que 3 + 3 (parfois aussi 4 + 4) dents coxales et 27/28 articles antennaires.

Versant français des Alpes. Lombardie.

26. — **Lithobius Blanchardi** Léger et Duboscq, 1903.

Longueur 12 mm.

Coloration brun-sombre; tête brun noirâtre, couleur de poix. Corps étranglé en arrière de la tête, les premiers tergites n'atteignant que les trois cinquièmes de la largeur des grands tergites médians.

Tête petite, subcirculaire. Antennes de 44 à 50 articles, égales aux cinq douzièmes de la longueur du corps. Ocelles au nombre de 8 à 10 de part et d'autre. Bord rostral du coxosternum forcipulaire armé de 2 + 2 dents.

Tergites 9 et 11 à angles taillés droit; tergite 13 à angles subaigus.

Pores coxaux ronds, 2, 3, 3, 3,

La spinulation ventrale des deux dernières pattes est :

> P. 14 = 0   1   3   3   1 \ sans épine coxolatérale et
> P. 15 = 0   1   3   2   0 / griffe apicale double.

P. 15 courtes, sans structure spéciale chez le mâle.

Appendices génitaux de la femelle avec 3 + 3 ou 4 + 4 éperons et une griffe sans dentelures.

Corse.

27. — **Lithobius typhlus** Latzel (*in* Gad. de Kerville), 1886.

Longueur 14,50 mm. — Largeur au 10ᵉ tergite 1,90 mm.

Coloration fauve, un peu marbrée de brun; tête plus brun-rouge. Corps plutôt élancé, à tergites relativement étroits, non rétréci en arrière de la tête; celle-ci, avec ses forcipules débordantes, est plus large que le tergite 10. Téguments très brillants, sans ponctuations.

Tête plus courte que large, à bord caudal rectiligne, et avec deux vagues dépressions écartées longitudinales, qui sont élargies et confluentes le long du bourrelet marginal; celui-ci est relativement bombé et étroit, très faiblement élargi au niveau des dépressions de la surface. Antennes très longues, égalant ou dépassant les deux tiers du corps, assez grêles à la base, filiforms à l'extrémité, formées de 58 à 60 articles allongés, dont le dernier est deux ou trois fois égal au précédent. Les ocelles font entièrement défaut. Coxosternum forcipulaire à bord rostral en angle rentrant, armé de 4 + 4 ou 4 + 5 dents aiguës réunies sur un court espace.

Bourrelet marginal des tergites 1, 3 et 5 en angle légèrement proéminent sur la ligne dorso-médiane, point où le sillon est presque obsolète. Tergite 9 à angles presque droits, obtus; tergite 11 à angles droits, aigus; tergite 13 avec de très petits prolongements triangulaires aigus. Bord caudal des tergites 8, 10 et 12 faiblement échancré; tergite 14 à bord rectiligne.

Pores coxaux grands, subovales, au nombre de 3 à 5 à chaque hanche. (3, 4, 5, 4/5, etc.).

Spinulation des pattes :

P.	H	tr	P	F	T		H	tr	P	F	T
1 = V :	-	-	- - -	- m -	- m -	D :	-	-	- mp	a - -	a - -
2 =	-	-	- - p	am -	- m -		-	-	- mp	a - p	a - -
3 =	-	-	- - p	am -	- m -		-	-	- mp	a - p	a - -
4 =	-	-	- - p	amp	- m -		-	-	- mp	a - p	a - p
5 =	-	-	- - p	amp	am -		-	-	- mp	a - p	a - p
6 =	-	-	- mp	amp	am -		-	-	- mp	a - p	a - p
7 =	-	-	- mp	amp	am -		-	-	amp	a - p	a - p
8 =	-	-	- mp	amp	am -		-	-	amp	a - p	a - p
9 =	-	-	- mp	amp	am -		-	-	amp	a - p	a - p
10 =	-	-	- mp	amp	am -		-	-	amp	a - p	a - p
11 =	-	-	- mp	amp	am -		-	-	amp	a - p	a - p
12 =	-	-	- mp	amp	am -		-	-	amp	a - p	a - p
13 =	-	m	amp	amp	am -		-	-	amp	a - p	a - p
14 =	-	m	amp	amp	am -		-	-	amp	a - p	a - p
15 =	a	m	amp	amp	a - -		a	-	amp	- - p	- - -

Eventuellement : *VaP* débute sur P. 12; *VmP* de P. 4 à P. 8; *VpP* peut débuter de P. 1 à P. 4 et peut manquer sur P. 15; *VaT* peut débuter sur P. 7 et manquer sur P. 15. De là la formule de Ribaut :

	aF	mF	pF		aT	mT	pT
V =	15	15	15	——	14/15	14	0
D =	14	0	15	——	14	0	14

Pattes ambulatoires longues en raison de l'allongement des tarses; P. 15 très longues, plutôt grêles; rapports de longueur des articles : fémur × tête 96,6 à 98,3 %; tibia × tête 110 à 111,6 %; tarse × tête 106,6 à 108,3 %; tarse × fémur 110,1 %

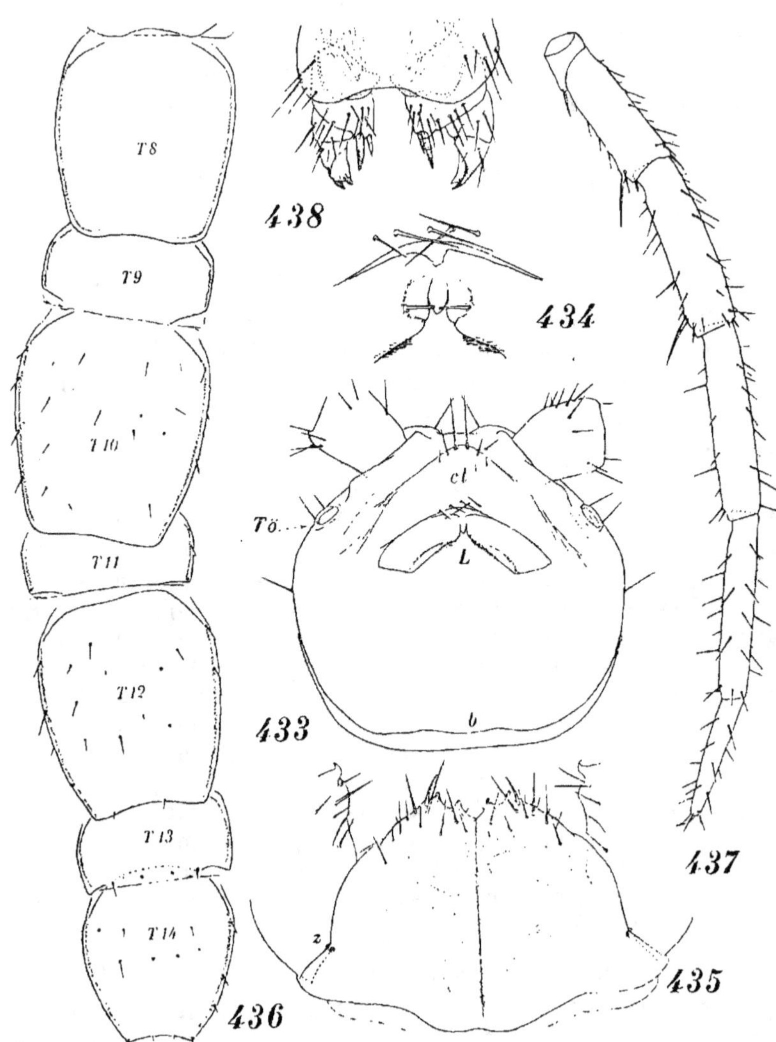

Lithobius allotyphlus, femelle des Hautes-Pyrénées
(grotte de Bétharram).

Fig. 433. — Tête, face ventrale, après ablation des mâchoires et des mandibules. *b:* bourrelet marginal de la tête; *cl:* zone prélabiale; *L:* labre: *Tö:* organe de Tömösváry.

Fig. 434. — Région médiane du labre, avec sa rangée prélabiale de 5 soies.

Fig. 435. — Coxosternum forcipulaire, face ventrale. *z:* condyle articulaire coxofémoral.

Fig. 436. — Silhouette des tergites de la moitié postérieure du corps.

Fig. 437. — Profil antérieur (externe) de la patte droite de la 15e paire.

Fig. 438. — Appendices génitaux de la femelle.

chez une femelle adulte; et, chez une femelle jeune, fémur × tête 91,1 %; tibia × tête 102,2 %; tarse × tête 95,5 %; tarse × fémur 104,8 %. Aux P. 15 on trouve une épine coxolatérale, qui peut aussi manquer, et une griffe apicale simple.

Appendices génitaux de la femelle armés de 2 + 2 éperons épineux et d'une griffe large, tridentée.

Grottes de l'Aude et des Pyrénées-Orientales.

28. — **Lithobius allotyphlus** Silvestri, 1908.

[Fig. 433-438.]

Longueur 14 à 15 mm. — Largeur au 10e tergite 1,60 mm.
Coloration fauve-jaune. Corps étroit, élancé.

Tête de peu plus large que longue, à bord caudal rectiligne, à bourrelet présentant deux très légères sinuosités écartées (*b*, fig. 433). Antennes très longues, dépassant la moitié du corps, formées de 58 à 65 articles irréguliers, dont le dernier égale au moins deux fois et demie le précédent. Les ocelles manquent totalement. Par contre l'organe de Tömösváry est très grand (*Tö*). Bord rostral du coxosternum forcipulaire en angle rentrant, dont les côtés convergent vers une profonde incisure médiane (fig. 435); 2 + 2 dents relativement robustes, accompagnées de 1 + 1 épines placées en retrait. Surface du coxosternum et du fémoroïde sans ponctuations.

Tergite 9 à angles arrondis ou tronqués; tergite 11 à angles taillés carrément et aigus, pouvant même former une très légère saillie (fig. 436); tergite 13 pourvu de très petits prolongements triangulaires aigus. Les grands tergites ne sont pas sensiblement échancrés au bord caudal, ou le sont à peine; les angles sont émoussés ou subarrondis aux tergites 6 et 8, subaigus ou aigus aux suivants.

Pores coxaux petits, ronds, généralement au nombre de 3, 4, 4, 4.

Toutes les pattes sont longues en raison de l'allongement du tarse (fig. 437); les P. 15 ne dépassent toutefois pas la moitié de la longueur du corps et sont relativement grêles. Rapports de longueur des articles : fémur × tête 91,8 à 100 % ; tibia × tête 102 à 109,8 % ; tarse × tête 96,9 à 100 % ; tarse × fémur 100 à

105,5 %. Pas de coxolatérale aux P. 15, dont la griffe apicale est simple.

Spinulation des pattes :

P.	H	tr	P	F	T		H	tr	P	F	T
1 = V :	-	-	- - -	- - -	- m -	D :	-	-	- mp	a - -	a - -
2 =	-	-	- - p	- m -	- m -		-	-	- mp	a - -	a - -
3 =	-	-	- - p	am -	- m -		-	-	- mp	a - p	a - -
4 =	-	-	- - p	am -	- m -		-	-	- mp	a - p	a - -
5 =	-	-	- - p	am -	- m -		-	-	- mp	a - p	a - p
6 =	-	-	- - p	am -	- m -		-	-	amp	a - p	a - p
7 =	-	-	- mp	am -	- m -		-	-	amp	a - p	a - p
8 =	-	-	- mp	am -	- m -		-	-	amp	a - p	a - p
9 =	-	-	- mp	am -	- m -		-	-	amp	a - p	a - p
10 =	-	-	- mp	amp	- m -		-	-	amp	a - p	a - p
11 =	-	-	- mp	amp	am -		-	-	amp	a - p	a - p
12 =	-	-	- mp	amp	am -		-	-	amp	a - p	a - p
13 =	-	m	amp	amp	am -		a	-	amp	a - p	a - p
14 =	-	m	amp	amp	- m -		a	-	amp	a - p	- - p
15 =	-	m	amp	am -	- - -		a	-	amp	- - p	- - -

Eventuellement : *VmP* débute sur P. 8; *VaF* sur P. 4; *VaT* peut n'exister que sur P. 13; *DaP* peut débuter sur P. 7; *DaF* sur P. 3; *DpF* peut manquer sur P. 15 et *DpT* débuter sur P. 6. D'où la formule de Ribaut :

	aF	mF	pF		aT	mT	pT
V =	15	15	14	——	13	14	0
D =	14	0	14/15	——	13	0	14

Appendices génitaux de la femelle armés de 2 + 2 éperons épineux, dont l'interne sensiblement plus petit que l'autre, et d'une griffe courte et large, tridentée (fig. 438); la dentelure externe est très petite et située près de la base, l'interne est rapprochée de l'extrémité, bien détachée et aiguë.

Groupe des grottes de Bétharram (Basses-Pyrénées).

29. — **Lithobius mutabilis** L. Koch, 1862.

(*Lithobius variegatus* C. Koch, 1847, *nec* Leach, 1817. *Lithobius communis* C. Koch, 1844. *Lithobius suevicus* Meinert, 1872.)

Longueur de 10 à 15 mm. — Largeur au 10ᵉ tergite 2 à 2,20 mm.
Coloration brun-rouge souvent foncée, avec les derniers articles des antennes et des pattes éclaircis. Corps assez trapu, très

faiblement atténué dans les premiers segments. Téguments à peu près unis, sans ponctuations.

Tête un peu plus large que longue, environ dans le rapport de 9 à 8, à sillon frontal fin. Bourrelet marginal assez épais sur tout le bord caudal, mais pas particulièrement élargi au milieu. Antennes aussi longues que la moitié du corps, robustes dans la moitié proximale, effilées au delà, formées de 39 à 43 articles. Ocelles bombés, au nombre de 16 environ, serrés les uns contre les autres, d'où irrégularité dans les rangées (1 + 4, 3, 4, 3, 1, etc.). Coxosternum forcipulaire avec 2 + 2 dents petites, mais aiguës.

Angles du tergite 9 tronqués obliquement; angles des tergites 11 et 13 taillés droit, à pointe aiguë, pouvant, par suite de contraction, dépasser légèrement le bord caudal, sans qu'on reconnaisse de prolongement caractérisé. Bord caudal des tergites 10, 12 et 14 faiblement émarginé; par contre celui du tergite 16 est très profondément échancré (chez le mâle, tout au moins), l'échancrure déterminant deux lobes arrondis, dont la longueur est presque égale à la largeur du fond de l'échancrure.

Pores coxaux médiocres, circulaires, au nombre de 3 à 5 à chaque hanche.

La spinulation des pattes serait, d'après un mâle de Roumanie:

P.	H	tr	P	F	T	H	tr	P	F	T
1 = V :	-	-	- mp	am -	- m - D :	-	-	- -p	a - -	a - -
2 =	-	-	- mp	am -	- m -	-	-	- mp	a - -	a - -
3 =	-	-	- mp	am -	- m -	-	-	- mp	a - p	a - -
4 =	-	-	- mp	am -	- m -	-	-	- mp	a - p	a - -
5 =	-	-	- mp	am -	am -	-	-	- mp	a - p	a - -
6 =	-	-	- mp	am -	am -	-	-	- mp	a - p	a - -
7 =	-	-	- mp	am -	am -	-	-	- mp	a - p	a - p
8 =	-	-	- mp	am -	am -	-	-	amp	a - p	a - p
9 =	-	-	- mp	am -	am -	-	-	amp	a - p	a - p
10 =	-	-	amp	amp	am -	-	-	amp	a - p	a - p
11 =	-	-	amp	amp	am -	-	-	amp	a - p	a - p
12 =	-	-	amp	amp	am -	-	-	amp	a - p	a - p
13 =	-	m	amp	amp	am -	-	-	amp	a - p	a - p
14 =	-	m	amp	amp	am -	-	-	amp	- -p	- -p
15 =	-	m	amp	amp	a - -	a	-	amp	- - -	- - -

Eventuellement *VaP* débute sur P. 12. La formule de Ribaut est ainsi :

	aF	mF	pF		aT	mT	pT
V =	15	15	15	——	15	14	0
D =	13	0	14	——	13	0	14

Pattes longues, généralement contractées dans la mort. Rapports de longueur des articles des P. 15 : fémur × tête 55,4 %; tibia × tête 80,4 %; tarse × tête 89,3 %; tarse × fémur 161,3 %. Pas d'épine coxolatérale aux P. 15, dont la griffe est double.

Chez le mâle, les pattes des deux dernières paires ne sont pas particulièrement épaisses, mais présentent des différenciations. Le tibia des P. 15 est creusé dorsalement d'une rainure longitudinale large et profonde, interrompue au delà du milieu par une petite verrue pilifère (bien nette seulement chez les individus âgés); le tibia des P. 14 et même celui des P. 13 peuvent également ment être sillonnés, mais moins fortement.

Appendices génitaux de la femelle armés de 2 + 2 éperons (rarement 3 + 2 ou 3 + 3) et d'une griffe tridentée.

France septentrionale et Alpes françaises. Espèce commune en Europe centrale, jusqu'en Roumanie.

R e m a r q u e . — On s'accorde à considérer *Lithobius latro* MEINERT, 1872, comme une race du *L. mutabilis*, à laquelle manquerait la griffe supplémentaire de l'extrémité des P. 15; elle est de taille un peu plus petite (long. 8 à 11 mm.) et les structures du mâle sont moins accusées.

30. — **Lithobius pelidnus** HAASE, 1880.

Nous empruntons à LATZEL, 1880, les renseignements suivants: Longueur 10 à 15 mm. — Largeur 1,50 à 2 mm.

Coloration jaune, parfois un peu rembrunie; la tête et les tergites ont souvent une tache ou une bande plus foncées; extrémité des pattes postérieures toujours plus claire que la base. Corps atténué en avant, à téguments plus ou moins unis.

Tête un peu plus large que le premier tergite. Antennes assez longues, de 41 à 45 articles. Yeux composés de 15 à 18 ocelles, disposés en 4 ou 5 rangées très arquées. Coxosternum forcipulaire avec 2 + 2 dents au bord rostral.

Tergites à peu près unis, ou faiblement inégaux (principalement chez le mâle). Tergites 9, 11 et 13 à angles arrondis; parfois cependant les tergites 13 et 11, et plus rarement le tergite 9, sont très faiblement anguleux. Une dépression en avant du bord caudal du tergite 15, qui est échancré.

Pores coxaux ronds, au nombre de 2 à 5 à chaque hanche.

Latzel donne la spinulation suivante pour :

P.	H	tr	P	F	T		H	tr	P	F	T
1 = V :	0	0	0	1	1	D :	0	0	2	1	1
14 =	0	1	3	3	2		1	0	2/3	1	1
15 =	0	1	3	2	1/0		1	0	3	0	0

P. 14 et P. 15 courtes. Pas d'épine coxolatérale aux P. 15; griffe apicale simple.

Chez le mâle, le préfémur est renflé à l'extrémité et excavé sur la face postérieure (interne); le fémur présente un boursouflement pilifère dorsal; le tibia, brusquement plus grêle et comme sinueux, est parcouru dorsalement par un sillon.

Appendices génitaux de la femelle avec 2 + 2 éperons acuminés et avec une griffe flanquée de dentelures inégales, l'externe étant plus petite que l'interne.

Espèce citée des forêts du Nord de la France, où elle semble peu commune. Europe centrale.

31. — **Lithobius cavernicola** Fanzago, 1877.

Longueur 12 mm. — Largeur 2 mm.

Coloration fauve-brun uniforme.

Pores coxaux ronds : 3, 4, 3, 2. — Spinulation des pattes d'un mâle de la grotte d'Aurouze (Ariège) :

P.	H	tr	P	F	T		H	tr	P	F	T
1 = V :	-	-	- - p	- m -	- m -	D :	-	-	- mp	a - -	a - -
2 =	-	-	- - p	am -	- m -		-	-	- mp	a - -	a - -
3 =	-	-	- - p	am -	- m -		-	-	- mp	a - p	a - -
4 =	-	-	- - p	am -	am -		-	-	- mp	a - p	a - -
5 =	-	-	- - p	am -	am -		-	-	- mp	a - p	a - p
6 =	-	-	- mp	am -	am -		-	-	- mp	a - p	a - p
7 =	-	-	- mp	am -	am -		-	-	- mp	a - p	a - p
8 =	-	-	- mp	am -	am -		-	-	- mp	a - p	a - p
9 =	-	-	- mp	am -	am -		-	-	- mp	a - p	a - p
10 =	-	-	- mp	amp	am -		-	-	amp	a - p	a - p
11 =	-	-	- mp	amp	am -		-	-	amp	a - p	a - p
12 =	-	-	- mp	amp	am -		-	-	amp	a - p	a - p
13 =	-	m	amp	amp	am -		-	-	amp	a - p	a - p
14 =	-	m	amp	amp	am -		-	-	amp	- - p	- - p
15 =	a	m	amp	am -	- - -		a	-	amp	- - p	- - -

Eventuellement : *VaH* fait défaut; *VmP* apparaît sur P. 5 et *VaT* sur P. 3. La formule de Ribaut est ainsi :

	aF	mF	pF		aT	mT	pT
V =	15	15	14	——	14	14	0
D =	13	0	15	——	13	0	14

Tête tronquée en avant, à bord caudal faiblement émarginé, à surface parsemée d'élevures clairsemées. Antennes longues, dépassant la moitié du corps, à pilosité dense, formées de 42 à 51 articles. Les ocelles font totalement défaut. Coxosternum forcipulaire avec 4 + 4 (parfois aussi 3 + 3 et même 2 + 2) dents petites.

Pas de prolongements caractérisés aux tergites 9, 11 et 13, mais les angles du 13ᵉ peuvent être légèrement saillants.

Pattes longues et grêles. Les coxolatérales existent ou manquent aux P. 15, dont la griffe est simple.

Pattes des dernières paires du mâle sans structures spéciales. La femelle est encore inconnue.

Grottes de l'Ariège et de l'Aude.

32. — **Lithobius inermis** L. Koch, 1856.

Longueur 18 à 21,50 mm. — Largeur au 10ᵉ tergite 2 à 2,60 mm.

Coloration fauve terne, parfois tirant sur le rouge, plus rarement brun-rouge, avec les pattes plus claires et les forcipules jaunes. Corps relativement étroit, élancé, à bords parallèles, non atténué en avant. Téguments à surface inégale en raison du développement des élevures pilifères.

Tête pas plus large que longue, parsemée de fortes ponctuations. Bourrelet marginal un peu élargi au milieu du bord caudal, plat. Antennes courtes, n'atteignant pas la moitié du corps, à articles longs, formées de 36 à 46 articles. Ocelles distincts, en 3 ou 4 rangées rectilignes, rarement arquées (1 + 3, 3, 3, 2 — 1 + 4, 4, 3, 4). Coxosternum forcipulaire à sillon médian accusé, déprimé; bord rostral bilobé, à encoche médiane profonde, avec 4 + 4 dents courtes, obtuses. Surface à ponctuations fortes, moins profondes sur le fémoroïde.

Bourrelet marginal entier sur les tergites 1 et 3, étroitement interrompu au tergite 5. Angles des tergites 9, 11 et 13 arrondis ou tronqués (rarement en angle droit au tergite 13); bord caudal des tergites 8, 10, 12 et 14 faiblement échancré, un peu plus profondément au tergite 12.

Pores coxaux ovales, au nombre de 4 ou 5 à chaque hanche.

Spinulation des pattes d'un mâle d'Espagne (Pozuelo de Calatrava) :

P.		H	tr	P	F	T		H	tr	P	F	T
1 =	V :	-	-	amp	amp	am -	D :	-	-	amp	a - p	a - p
2 =		-	-	amp	amp	am -		-	-	amp	a - p	a - p
3 =		-	-	amp	amp	am -		-	-	amp	a - p	a - p
4 =		-	-	amp	amp	am -		-	-	amp	a - p	a - p
5 =		-	-	amp	amp	am -		-	-	amp	a - p	a - p
6 =		-	-	amp	amp	amp		-	-	amp	a - p	a - p
7 =		-	-	amp	amp	amp		-	-	amp	a - p	a - p
8 =		-	-	amp	amp	amp		-	-	amp	a - p	a - p
9 =		-	-	amp	amp	amp		-	-	amp	a - p	a - p
10 =		-	-	amp	amp	amp		-	-	amp	a - p	a - p
11 =		-	-	amp	amp	amp		-	-	amp	a - p	a - p
12 =		-	-	amp	amp	amp		-	-	amp	a - p	a - p
13 =		-	m	amp	amp	amp		a	-	amp	- - p	a - p
14 =		-	m	amp	amp	am -		a	-	amp	- - p	- - p
15 =		-	m	amp	am -	a - -		a	-	amp	- - p	- - -

Formule de RIBAUT :

	aF	mF	pF		aT	mT	pT
V =	15	15	14	——	15	14	13
D =	12	0	15	——	13	0	14

P. 15 longues; les articles 3 et 4 d'une part et, d'autre part, les articles 5 et 6 sont égaux deux à deux, les seconds étant un peu plus longs que les premiers. Préfémur avec une rainure ventrale, une face postérieure (interne) concave et l'extrémité renflée; fémur avec un faible sillon; tarse et métatarse comprimés latéralement et parcourus sur la face postérieure (interne) par un large et profond sillon. Pas de coxolatérales aux P. 15, dont la griffe apicale est simple.

Appendices génitaux de la femelle avec 2 + 2 éperons longs, subspiniformes et une griffe trapue, simple, dépourvue de dentelures latérales.

Le type est d'Espagne (Malaga). Les individus français constituent une race qui a été décrite par MEINERT.

                         Chilopodes

Lithobius inermis, *subsp.* **pyrenaicus** (Meinert, 1872).

(*Lithobius pyrenaicus* Meinert, 1872.)

Les téguments sont plus unis, à ponctuations faibles sur la tête et sur les forcipules. Les articles antennaires sont courts. Le coxosternum forcipulaire est armé de 2 + 2 dents écartées, en dehors desquelles se place, de chaque côté, une petite épine noire; il peut arriver que cette épine prenne l'aspect d'une dentelure, ce qui forme alors un passage à l'armement du type, 4+4.

La spinulation des pattes offre des variations sensibles :

P.	H	tr	P	F	T		H	tr	P	F	T
1 = V :	-	-	- m p	a m p	a m -	D :	-	-	- m p	a - p	a - -
2 =	-	-	- m p	a m p	a m -		-	-	- m p	a - p	a - p
3 =	-	-	- m p	a m p	a m -		-	-	- m p	a - p	a - p
4 =	-	-	- m p	a m p	a m -		-	-	- m p	a - p	a - p
5 =	-	-	- m p	a m p	a m -		-	-	- m p	a - p	a - p
6 =	-	-	- m p	a m p	a m -		-	-	- m p	a - p	a - p
7 =	-	-	- m p	a m p	a m -		-	-	a m p	a - p	a - p
8 =	-	-	- m p	a m p	a m -		-	-	a m p	a - p	a - p
9 =	-	-	a m p	a m p	a m -		-	-	a m p	a - p	a - p
10 =	-	-	a m p	a m p	a m -		-	-	a m p	a - p	a - p
11 =	-	-	a m p	a m p	a m -		-	-	a m p	a - p	a - p
12 =	-	-	a m p	a m p	a m -		-	-	a m p	a - p	a - p
13 =	-	m	a m p	a m p	a m -		a	-	a m p	- - p	a - p
14 =	-	m	a m p	a m p	a m -		a	-	a m p	- - p	- - p
15 =	-	m	a m p	a m -	a - -		a	-	a m p	- - p	- - -

Eventuellement : *VaP* débute généralement entre P. 7 et P. 11 [53]; *VpF* se rencontre souvent sur P. 15; *VpT* fait constamment défaut; *DaP* débute ordinairement entre P. 5 et P. 9; *DpT* peut parfois exister sur P. 15. D'où la formule de Ribaut :

	aF	mF	pF		aT	mT	pT
V =	15	15	14/15	——	15	14	0
D =	12	0	15	——	13	0	14/15

P. 14 et P. 15 relativement courtes, plus épaisses chez le mâle que chez la femelle, plantées de soies érigées. Dans les deux sexes les deux derniers articles sont comprimés latéralement et

---

[53] Pour l'amplitude de ces variations, voir Brolemann, 1926, *Bull. Soc. Hist. nat. Toulouse*, LIV, p. 264.

profondément sillonnés sur la face postérieure (interne). Rapports de longueur des articles des P. 15 :

fémur × tête :   58,2 à 64,4 % (♀) et 60,0 à 69,0 % (♂);
tibia × tête :   72,7 à 78,5 % (♀) et 74,0 à 83,3 % (♂);
tarse × tête :   74,5 à 80,3 % (♀) et 78,0 à 85,7 % (♂);
tarse × fémur :   126,6 à 136,3 % (♀) et 124,1 à 133,3 % (♂).

Pas de coxolatérales. Griffe apicale simple.

Chez le mâle, le tibia des P. 14, et plus encore des P. 15, est très épais et creusé dorsalement d'une large rainure.

Appendices génitaux de la femelle armés de 2 + 2 éperons longs, subspiniformes, et d'une griffe simple trapue.

Pyrénées-Orientales; Alpes-Maritimes.

33. — **Lithobius castaneus** Newport, 1844.

[Fig. 439-441.]

(*Lithobius eximius* Meinert, 1872. *Lithobius algerianus*
Séliwanoff, 1876.)

Longueur 23 à 33 mm. — Largeur au 10ᵉ tergite, 3,30 à 4,40 mm.

Châtain plus ou moins foncé, parfois avec une vague bande dorso-médiane plus sombre. Corps robuste, non rétréci derrière la tête, pas particulièrement brillant, avec de grosses ponctuations clairsemées sur la tête et les segments antérieurs, plus rares encore sur les forcipules.

Tête grande, environ aussi longue que large, à bord caudal subrectiligne (fig. 440). Le bourrelet marginal est légèrement élargi au bord caudal, le sillon présentant deux sinuosités, qui correspondent à de faibles dépressions sulciformes, parallèles, limitées à la moitié de la tête. Antennes longues, atteignant la moitié du corps, graduellement atténuées dans leur moitié proximale, filiformes au delà. Articles longs, au nombre de 26 à 30, dont le dernier égale une fois et demie à deux fois le précédent. Ocelles petits, ramassés mais distincts, au nombre de 18 à 26 en 4 ou 5 rangées. Coxosternum forcipulaire à bord rostral très large, subrectiligne, divisé par une très petite incisure (fig. 439); il est armé de 2 + 2 dents très petites, auxquelles font suite, sur

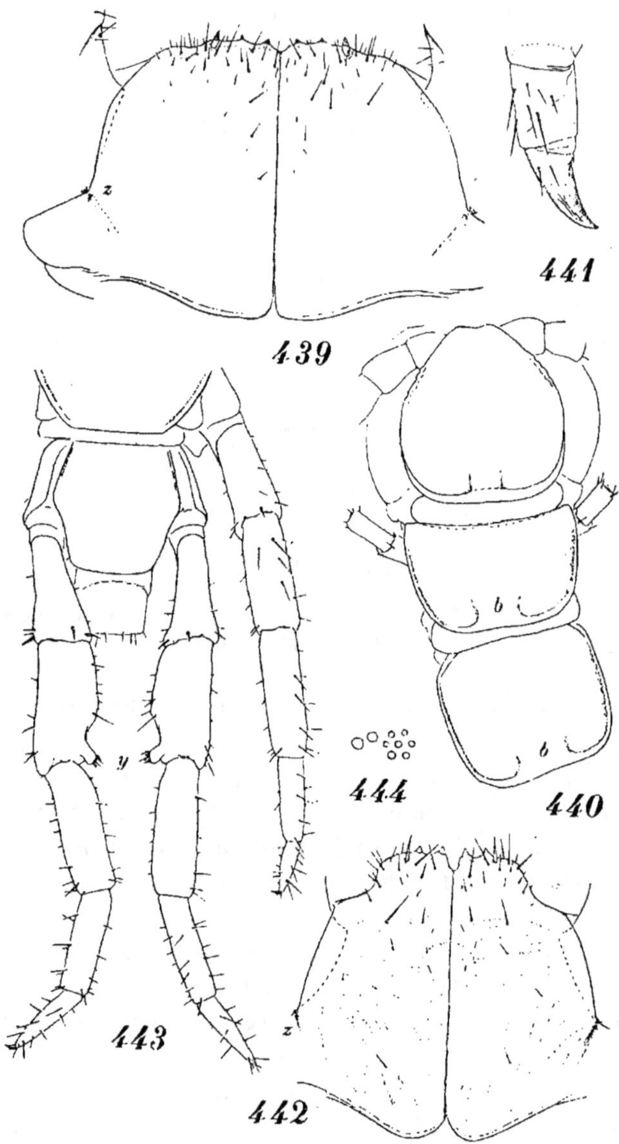

Lithobius castaneus, mâle d'Algérie.

Fig. 439. — Coxosternum forcipulaire, face ventrale. *z:* condyle articulaire coxofémoral.

Fig. 440. — Extrémité antérieure du corps, face dorsale. Sur les tergites 1 et 3, le bourrelet marginal est interrompu en *b* et réfléchi.

Fig. 441. — Appendice génital droit d'une femelle du Portugal (d'après Verhœff).

le même niveau, 1 + 1 épines dentiformes, écartées des dents externes, d'où la formule 3 + 3 indiquée par les auteurs.

Même sur les tergites 1, 3 et 5, le bourrelet marginal est largement interrompu au milieu du bord caudal, les extrémités des sillons se redressant en avant par une large courbe (*b*, fig. 440). Grands tergites postérieurs un peu échancrés, plus faiblement au 8ᵉ qu'aux suivants; angles de tous les tergites de 8 à 13 arrondis, ou au moins émoussés; angles du tergite 14 presque droits.

Pores coxaux ovales, de 4 à 8 à chaque hanche.

Spinulation des pattes :

P.	H	tr	P	F	T		H	tr	P	F	T
1 = V :	-	-	amp	amp	am -	D :	-	-	amp	a - p	a - -
2 =	-	-	amp	amp	am -		-	-	amp	a - p	a - p
3 =	-	-	amp	amp	am -		-	-	amp	a - p	a - p
4 =	-	-	amp	amp	am -		-	-	amp	a - p	a - p
5 =	-	-	amp	amp	am -		-	-	amp	a - p	a - p
6 =	-	-	amp	amp	am -		-	-	amp	a - p	a - p
7 =	-	-	amp	amp	am -		-	-	amp	a - p	a - p
8 =	-	-	amp	amp	am -		-	-	amp	a - p	a - p
9 =	-	-	amp	amp	am -		-	-	amp	a - p	a - p
10 =	-	-	amp	amp	am -		-	-	amp	a - p	a - p
11 =	-	-	amp	amp	am -		-	-	amp	a - p	a - p
12 =	-	m	amp	amp	am -		a	-	amp	a - p	a - p
13 =	a	m	amp	amp	am -		a	-	amp	a - p	a - p
14 =	a	m	amp	amp	am -		a	-	amp	- - p	- - p
15 =	a	m	amp	am -	- - -		a	-	amp	- - p	- - -

Eventuellement : *VaH* (coxolatérale) ne débute que sur P. 14 et *VaP* sur P. 8 ou P. 9; *VaF* peut manquer sur P. 15 et *VaT* sur P. 14; *DpT* peut débuter sur P. 1. La formule de Ribaut se trouve être :

	aF	mF	pF		aT	mT	pT
V =	14/15	15	14	——	14	14	0
D =	13	0	15	——	13	0	14

P. 15 atteignant la moitié du corps; les rapports de longueur de ses articles, en tant que connus, sont :

Lithobius calcaratus, mâle des Alpes-Maritimes (Le Cannet de Cannes).

Fɪɢ. 442. — Coxosternum forcipulaire, face ventrale. *z*: condyle articulaire coxofémoral.

Fɪɢ. 443. — Patte droite de la 14ᵉ paire et pattes de la 15ᵉ, face dorsale. *y*: tubercules du fémur des P. 15.

Fɪɢ. 444. — Disposition en rosace des ocelles, d'après L. Koch.

fémur × tête :	90,4 à 107,3 % (♀)	et 85,7 à 88,6 % (♂);
tibia × tête :	101,0 à 107,3 % (♀)	et 96,4 à 97,1 % (♂);
tarse × tête :	93,6 à 96,3 % (♀) et	84,3 % (♂);
tarse × fémur :	89,8 à 103,5 % (♀)	et 95,1 à 98,3 % (♂).

Des épines coxolatérales aux P. 14 et P. 15. La griffe apicale des P. 15 est simple.

Chez le mâle, les articles proximaux des pattes des deux dernières paires sont plus ou moins épaissis, mais sans structure spéciale.

Appendices génitaux de la femelle avec 2 + 2 éperons plus ou moins longs et graduellement amincis et une griffe grêle et aiguë, tantôt inerme (fig. 441), tantôt pourvue à mi-hauteur d'une dentelure externe épineuse, aiguë.

Forme circumméditerranéenne, signalée de Corse, mais pas de la France continentale, où elle est remplacée par la suivante.

var. **audax** (MEINERT, 1872).

(*Lithobius audax* MEINERT, 1872. *Lithobius beatensis* CHALANDE, 1907.)

Longueur 18 à 26 mm. — Largeur au 10ᵉ tergite 1,95 à 3,75 mm.

La spinulation des pattes n'est guère différente; *DaF* disparaît indifféremment sur P. 12 ou P. 13; *DaT* peut exister sur P. 14 et *DpT* sur P. 15. L'épine qui présente les plus grandes variations est *VaP*, qui débute entre P. 10 et P. 13 (Pyrénées centrales) ou entre P. 3 et P. 5 (Pyrénées-Orientales).

Les rapports de longueur des articles des P. 15 sont :

fémur × tête :	72,8 à 97,6 % (♀)	et 82,1 à 100,0 % (♂);
tibia × tête :	87,5 à 109,7 % (♀)	et 92,2 à 109,2 % (♂);
tarse × tête :	76,5 à 101,2 % (♀)	et 82,8 à 103,3 % (♂);
tarse × fémur :	100,0 à 109,4 % (♀)	et 98,1 à 108,2 % (♂).

La griffe des appendices génitaux de la femelle a toujours trois pointes, les latérales n'étant pas au même niveau.

Pyrénées.

34. Lithobius calcaratus C. Koch, 1844.

[Fig. 442-444.]

(*Lithobius octops* Menge, 1851, *pro p. Lithobius lubricus* L. Koch, 1862.
Lithonannus calcaratus Attems, 1927.)

Coloration sombre, brun-bistre passant au noir; la tête, une bande dorsale et le rebord des tergites sont généralement plus foncés que le reste; de même parfois aussi une partie des pattes. Corps fusiforme, très rétréci en avant, allant en s'élargissant jusqu'au 10ᵉ tergite, la différence de largeur pouvant atteindre 0,70 mm. Téguments luisants, semés de fines ponctuations peu apparentes.

Tête petite, lenticulaire, assez bombée, à peu près aussi longue que large, à bord caudal rectiligne. Le bourrelet marginal est étroit, avec deux sinuosités écartées, à peine distinctes. Antennes médiocrement longues, n'atteignant pas la moitié du corps, grêles, formées de 39 à 56 articles, dont le dernier est double du précédent. Ocelles au nombre de 7 à 9, généralement bien conformés et de disposition particulière; ordinairement six d'entre eux sont rangés en cercle autour d'un septième, formant rosace, en arrière de laquelle sont alignés deux ocelles isolés (fig. 444). Coxosternum forcipulaire très proéminent, à bord rostral étroit, divisé par une profonde encoche et portant 2 + 2 petites dents triangulaires rapprochées et 1 + 1 épine (fig. 442).

Bourrelets marginaux des tergites 1, 3 et 5 non interrompus, étroits. Le bord caudal des tergites 10 et 12 est peu nettement échancré; celui des tergites 14 et 15 est rectiligne. Les angles de tous les tergites, petits et grands, sont arrondis, sauf au 14ᵉ, où ils sont subaigus.

Pores coxaux petits, ronds, au nombre de 2 à 4 à chaque hanche, ordinairement 2, 3, 3, 2.

Spinulation des pattes :

P.	H	tr	P	F	T		H	tr	P	F	T
1 = V :	-	-	- - -	- - -	- - -	D :	-	-	- - -	a - -	a - -
2 =	-	-	- - -	- - -	- m -		-	-	- - -	a - p	a - -
3 =	-	-	- - -	- m -	- m -		-	-	- - -	a - p	a - p
4 =	-	-	- - -	am -	- m -				- - -	a - p	a - p
5 =	-	-	- - -	am -	- m -		-	-	- - -	a - p	a - p
6 =	-	-	- - -	am -	- m -		-	-	- - -	a - p	a - p
7 =	-	-	- - -	am -	- m -		-	-	- - -	a - p	a - p
8 =	-	-	- - -	am -	- m -		-	-	- - -	a - p	a - p
9 =	-	-	- - -	am -	- m -		-	-	- - -	a - p	a - p
10 =	-	-	- m -	am -	- m -		-	-	- - -	a - p	a - p
11 =	-	-	- mp	am-	- m -		-	-	- - -	a - p	a - p
12 =	-	-	- mp	am -	- m -		-	-	- mp	- - p	a - p
13 =	-	m	- mp	am -	- m -		-	-	- mp	- - p	- - p
14 =	-	m	- mp	am -	- - -		-	-	- mp	- - p	- - p
15 =	-	m	- mp	- m -	- - -		-	-	- mp	- - -	- - -

Eventuellement : *VaP* existe incidemment sur P. 14 (Landes); *VmP* débute sur P. 8 ou P. 9, ou encore sur P. 11; *VpP* sur P. 10 ou P. 12; *VaF* débute de P. 3 à P. 6 et disparaît de P. 12 à P. 13; *VmF* débute sur P. 2 et manque incidemment sur P. 15; *VaT* peut exister de P. 10 à P. 12 et *VmT* sur P. 1 et sur p. 14; *DmP* et *DpP* peuvent ne débuter que sur P. 13; *DpF* et *DpT* peuvent s'arrêter à P. 13; *DaT* peut exister sur P. 13. De là la formule de Ribaut :

	aF	mF	pF		aT	mT	pT
V =	13/14	15	0/12	——	0	13/14	0
D =	11	0	13/14	——	12/13	0	13/14

P. 15 courtes, à articles plus ou moins épaissis suivant le sexe. Rapports de longueur des articles :

fémur × tête :	61,7 à 59,5 % (♀)	et	61,3 à 66,6 % (♂);
tibia × tête :	66,6 à 71,6 % (♀)	et	64,4 à 65,9 % (♂);
tarse × tête :	61,9 à 64,2 % (♀)	et	50,0 à 59,0 % (♂);
tarse × fémur :	104,0 % (♀)	et	76,3 à 96,1 % (♂).

Pas d'épines coxolatérales. Griffe apicale des P. 15 double.

Chez le mâle, le préfémur de P. 15 est trapu et évasé à l'extrémité. Le fémur est très renflé; son arête dorso-interne est très gibbeuse sur les deux premiers tiers, puis est brusquement déprimée dans le troisième tiers; au fond de cette dépression se dresse une verrue subcylindrique obliquement dirigée en arrière, dont le sommet tronqué porte un bouquet de soies (*y*, fig. 443); dans certains cas cette verrue est très réduite et le bouquet de soies persiste seul.

Appendices génitaux de la femelle avec 2 + 2 éperons cylindro-coniques et une griffe large à sommet bidenté.

Commun dans toute la France. Europe. LATZEL le dit rare en Autriche.

35. — **Lithobius muticus** C. KOCH, 1847.

[Fig. 445-448.]

(? *Lithobius bicolor* TÖMÖSVARY, 1879.)

Longueur 10 à 15 mm. — Largeur au 10e tergite 1,50 à 2,10 mm.

Coloration fauve rougeâtre allant au brun-rouge; il existe souvent une bande dorso-médiane plus foncée; la tête peut être rougeâtre. Corps un peu rétréci en arrière de la tête. Téguments luisants, sans ponctuations distinctes sur les tergites, mais avec des ponctuations faibles sur la tête et sur les forcipules.

Tête un peu plus longue que large, à bord caudal rectiligne, à bourrelet médiocre, non élargi et sans sinuosités; pas de dépressions caractérisées. Antennes assez longues, dépassant le tiers du corps sans atteindre la moitié, formées de 34 à 45 articles, dont le dernier est environ double du précédent. Ocelles distincts, groupés en trois ou quatre rangées arquées, au nombre de 12 à 18. Coxosternum forcipulaire à bord rostral proéminent, étroit, divisé par une encoche profonde et occupé par 2 + 2 dents petites, aiguës, et par les épines latérales usuelles (fig. 445).

Bourrelets des tergites 1, 3 et 5 non interrompus. Bord caudal des tergites 10, 12 et 14 graduellement plus échancré; celui du tergite 16 peut être subrectiligne chez la femelle et fortement échancré chez le mâle, au point que le tergite paraît lobé dans les cas extrêmes. Angles du tergite 9 arrondis (fig. 446); angles des tergites 11 et 13 plus ou moins droits, mais toujours au moins émoussés ([54]); ceux des grands tergites sont arrondis, sauf au 14e segment, où ils sont taillés en angle ouvert et émoussé.

Pores coxaux petits, ronds, de 3 à 6 à chaque hanche.

([54]) Le bord caudal du tergite peut être un peu échancré au voisinage des angles, ce qui les fait alors paraître saillants.

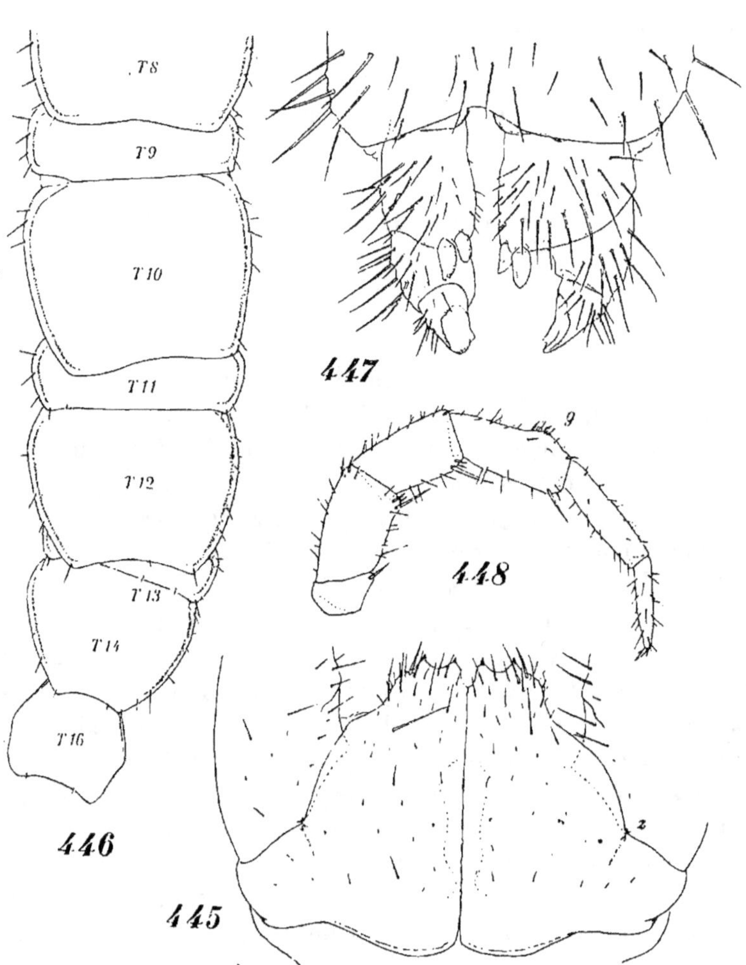

Lithobius muticus, des Basses-Pyrénées (Arudy).

Fig. 445. — Coxosternum forcipulaire d'une femelle, face ventrale.
Fig. 446. — Silhouette des tergites de la moitié postérieure du corps.
Fig. 447. — Appendices génitaux de la même femelle, face ventrale.
Fig. 448. — Profil interne (postérieur) de la patte droite de la 14e paire d'un mâle de même provenance. g: verrue pilifère.

La spinulation paraît être :

P.	H	tr	P	F	T	H	tr	P	F	T
1 = V :	-	-	- - p	am -	- m -	D : -	-	- - p	a - -	a - -
2 =	-	-	- mp	am -	am -	-	-	- - p	a - p	a - -
3 =	-	-	- mp	am -	am -	-	-	- - p	a - p	a - p
4 =	-	-	- mp	am -	am -	-	-	- - p	a - p	a - p
5 =	-	-	- mp	am -	am -	-	-	- - p	a - p	a - p
6 =	-	-	- mp	am -	am -	-	-	- mp	a - p	a - p
7 =	-	-	- mp	am -	am -	-	-	- mp	a - p	a - p
8 =	-	-	- mp	am -	am -	-	-	amp	a - p	a - p
9 =	-	-	- mp	am -	am -	-	-	amp	a - p	a - p
10 =	-	-	- mp	am -	am -	-	-	amp	a - p	a - p
11 =	-	-	- mp	amp	am -	-	-	amp	a - p	a - p
12 =	-	-	amp	amp	am -	-	-	amp	a - p	a - p
13 =	-	m	amp	amp	am -	-	-	amp	- - p	a - p
14 =	-	m	amp	amp	am -	-	-	amp	- - p	- - p
15 =	-	m	amp	amp	a - -	a	-	amp	- - -	- - -

Eventuellement : *VaP* débute sur P. 10, P. 11 ou P. 13; *VmP* sur P. 1; *VaF* sur P. 2; *VpF* sur P. 9, P. 10 ou P. 12; *VaT* débute entre P. 1 et P. 5 et manque incidemment sur P. 15; *DaP* débute entre P. 6 et P. 10; *DmP* peut débuter sur P. 8 et incidemment sur P. 3; *DaF* disparaît à P. 11 ou P. 13; *DpF* débute sur P. 1 et se rencontre sur P. 15; *DpT* débute sur P. 4. La formule de RIBAUT est ainsi :

	aF	mF	pF		aT	mT	pT
V =	15	15	15	——	15	14	0
D =	11/13	0	14/15	——	13	0	14

Pattes terminales aussi longues que les antennes. Rapports de longueur des articles : fémur × tête 47,9 à 59,1 %; tibia × tête 56,2 à 72,7 %; tarse × tête 56,2 à 70,4 %; tarse × fémur 112,7 à 119,2 %. Pas de coxolatérales aux P. 15, dont la griffe apicale est simple.

Chez le mâle, les pattes de la 15ᵉ paire n'offrent pas de particularités. Par contre celles de la 14ᵉ présentent un renflement terminal peu saillant, mais aisément reconnaissable à la touffe de soies dont il est orné (*g*, fig. 448).

Appendices génitaux de la femelle armés de 2 + 2 éperons cylindro-coniques et d'une griffe large, dentée près du sommet sur l'arête interne (fig. 447) et parfois pourvue d'une autre dentelure, externe, peu saillante, beaucoup plus rapprochée de la base.

Forme commune en France et en Europe.

36. —— **Lithobius lucifugus** L. Koch, 1862.

Longueur 12 à 17 mm. — Largeur 1,70 à 2,20 mm.

Coloration fauve terne, passant au brun rouge au centre de la tête et sur une large bande dorso-médiane; tête orangée; pattes terminales rembrunies en dehors, jaunes en dedans. Corps élancé, étroit, à bords parallèles. Téguments lisses et brillants, sans ponctuations.

Tête à peu près aussi longue que large, à bord caudal droit ou un peu échancré; bourrelet marginal légèrement élargi et sinueux au milieu. Antennes courtes, ne dépassant pas les deux cinquièmes du corps, formées de 33 à 38 articles (Latzel indique 39 à 50, moyenne 41-47, pour les individus autrichiens). Ocelles nombreux, de 13 à 23, tantôt confusément entassés, tantôt subsériés en 4 à 6 rangées arquées (1 + 3, 3, 3, 3 — 1 + 5, 5, 4, 4, 3, 1). Coxosternum forcipulaire à bord rostral proéminent, divisé en deux lobes par une échancrure large et profonde, sur les déclivités de laquelle sont 2 + 2 dents courtes, mais robustes et aiguës; une épine grêle à chaque angle.

Les angles des tergites 9 et 11 sont plus ou moins arrondis ou tronqués; ceux du tergite 13 sont droits et émoussés. Le bord caudal des cinq derniers grands tergites est à peine émarginé, leurs angles sont arrondis, sauf au tergite 14.

Pores coxaux généralement ronds, au nombre de 4 à 7 à chaque hanche (4, 5, 5, 4 — 5, 6, 7, 5).

Spinulation des pattes :

P.	H	tr	P	F	T	H	tr	P	F	T
1 = V :	-	-	- mp	amp	am -	D : -	-	amp	a - p	a - -
2 =	-	-	- mp	amp	am -	-	-	amp	a - p	a - p
3 =	-	-	- mp	amp	am -	-	-	amp	a - p	a - p
4 =	-	-	- mp	amp	am -	-	-	amp	a - p	a - p
5 =	-	-	- mp	amp	am -	-	-	amp	a - p	a - p
6 =	-	-	- mp	amp	am -	-	-	amp	a - p	a - p
7 =	-	-	- mp	amp	am -	-	-	amp	a - p	a - p
8 =	-	-	- mp	amp	am -	-	-	amp	a - p	a - p
9 =	-	-	amp	amp	am -	-	-	amp	a - p	a - p
10 =	-	-	amp	amp	am -	-	-	amp	a - p	a - p
11 =	-	-	amp	amp	am -	-	-	amp	a - p	a - p
12 =	-	-	amp	amp	am -	-	-	amp	a - p	a - p
13 =	-	m	amp	amp	am -	a	-	amp	- - p	a - p
14 =	-	m	amp	amp	am -	a	-	amp	- - p	- - p
15 =	-	m	amp	amp	- m -	a	-	amp	- - p	- - -

Eventuellement : *VaP* débute entre P. 7 et P. 10; *VaT* se rencontre sur P. 15; *DaF* et *DaT* disparaissent entre P. 11 et P. 13; *DpT* peut débuter sur P. 3. La formule de Ribaut est alors :

$$
\begin{array}{ccccccc}
& \text{aF} & \text{mF} & \text{pF} & & \text{aT} & \text{mT} & \text{pT} \\
V = & 15 & 15 & 15 & \text{——} & 14/15 & 15 & 0 \\
D = & 11/13 & 0 & 15 & \text{——} & 11/13 & 0 & 14
\end{array}
$$

Pattes terminales assez longues, à métatarse court, ne dépassant pas la moitié de la largeur de la tête. Toutes les épines sont longues et grêles, notamment les médianes. Rapports de longueur des articles des P. 15 : fémur × tête 55,2 à 70,4 %; tibia × tête 65,5 à 83,3 %; tarse × tête 58,6 à 79,7 %; tarse × fémur 102,8 à 119,5 %. Pas de coxolatérales. Griffe des P. 15 simple.

Chez le mâle les pattes terminales sont un peu épaissies, mais sans structure spéciale.

Appendices génitaux de la femelle armés normalement de 2 + 2 éperons courts et épais, cylindro-coniques. Griffe apicale large, tridentée; les dentelures latérales sont aiguës, presque aussi fortes que la pointe médiane et situées au même niveau près de la pointe.

Alpes françaises. Europe centrale. Affectionne les pelouses des hautes altitudes.

37. — **Lithobius aeruginosus** L. Koch, 1862.

Longueur 6 à 9,50 mm. — Largeur 0,80 à 1,10 mm.

Coloration fauve-rouge à châtain foncé; tête tirant sur le rouge. Corps ramassé, à peine un peu atténué en avant. Téguments lisses et brillants.

Antennes courtes, formées ordinairement de 20 (rarement 21) articles. Ocelles disposés en une rangée, au nombre de 4 à 6; l'ocelle postérieur est plus petit que le suivant. Coxosternum forcipulaire proéminent; son bord rostral est étroit et porte 2 + 2 dents aiguës.

Tergites 9, 11 et 13 sans prolongements, taillés droit ou arrondis. Tergites 8, 10 et 12 marqués, en avant du bord caudal, d'un sillon arqué à concavité antérieure.

Pores coxaux au nombre de 3 ou 4 à chaque hanche.

D'après L{\sc atzel}, à qui nous empruntons ces indications, la spinulation est pour :

P.	H	tr	P	F	T		H	tr	P	F	T
1 = V :	0	0	0	2	1	D :	0	0	1	1/2	1
14 =		0	1	3	2	0		0	0	2	1	0
15 =		0	1	3	1	0		1	0	2	1	0

P. 14 et P. 15 courtes et épaisses dans les deux sexes. L'épine ventrale du tibia des P. 15 est médiane ([55]) ; quant à l'épine dorso-interne du préfémur (*DmP*), elle est souvent crochue et portée sur une protubérance chez le mâle. Pas d'épines coxolatérales aux dernières pattes. Griffe apicale des P. 15 simple.

Les appendices génitaux de la femelle portent 2 + 2 éperons cylindro-coniques et une griffe longue tridentée, à dentelures inégales, l'interne plus forte que l'externe.

Cette espèce est citée d'Autriche (Salzbourg, Styrie, Carinthie) ; elle a été revue dans l'Isère (Bourg-d'Oisans), mais n'a plus été rencontrée depuis en France ([56]).

38. — **Lithobius microps** M{\sc einert}, 1868.

Longueur 8 à 10,50 mm. — Largeur 0,80 à 1,20 mm.

Coloration jaune. Corps indistinctement atténué en avant. la tête est aussi large que le 10ᵉ tergite. Téguments unis, brillants, sans ponctuations distinctes sur la tête ou les forcipules.

Tête à peu près aussi longue que large, arrondie, à bord caudal rectiligne ; le bourrelet marginal est légèrement sinueux, formant deux angles arrondis, écartés. Antennes courtes, environ un tiers de la longueur du corps, composées de 34 à 39 articles, dont le dernier est généralement deux à trois fois aussi long que le précédent. Ocelles très peu distincts, très irrégulièrement pigmentés,

---

(55) Les trois formules ci-dessus se traduiraient donc probablement par :

P.	H	tr	P	F	T		H	tr	P	F	T
1 = V :	-	-	- - -	am-	- m -	D :	-	-	- - p	a - p	a - -
14 =		-	m	amp	am -	- - -		-	-	- mp	- - p	- - -
15 =		-	m	amp	- m -	- - -		a	-	- mp	- - p	- - -

(56) Il y a lieu de remarquer que les structures sus-indiquées sont également celles de stades immatures de certaines espèces, avec lesquels elle peut facilement avoir été confondue.

au nombre de 2 ou 3 en une rangée. Coxosternum forcipulaire armé de 2 + 2 dents relativement robustes.

Tergites 8, 10, 12 et 14 pas ou à peine émarginés au bord caudal. Les angles des tergites 8 et 10 sont arrondis; ceux des tergites 12 et 14 sont simplement émoussés; ceux des tergites 9, 11 et 13 sont tronqués-arrondis.

Pores coxaux petits, au nombre de 2 ou 3 à chaque hanche.

Les pattes 1 à 13 sont relativement minces, contrastant avec les deux paires suivantes, qui sont épaissies (sans transition).

La spinulation des pattes est :

P.		H	tr	r	F	T		H	tr	P	F	T
1 =	V :	-	-	- - -	- m -	- m -	D :	-	-	- - p	a - -	a - -
2 =		-	-	- - -	- m -	- m -		-	-	- - p	a - p	a - -
3 =		-	-	- - -	am -	- m -		-	-	- - p	a - p	a - -
4 =		-	.	- - -	am -	- m -		-	-	- - p	a - p	a - p
5 =		-	-	- - -	am -	am -		-	-	- - p	a - p	a - p
6 =		-	-	- - -	am -	am -		-	-	- - p	a - p	a - p
7 =		-	-	- - -	am -	am -		-	-	- - p	a - p	a - p
8 =		-	-	- - -	am -	am -		-	-	- - p	a - p	a - p
9 =		-	-	- m -	am -	am -		-	-	- - p	a - p	a - p
10 =		-	-	- m -	am -	am -		-	-	- - p	a - p	a - p
11 =		-	-	- m -	amp	am -		-	-	- - p	a - p	a - p
12 =		-	-	- mp	amp	am -		-	-	- - p	- - p	a - p
13 =		-	m	- mp	amp	am -		-	-	- mp	- - p	a - p
14 =		-	m	- mp	- m -	- - -		-	-	- mp	- - p	- - -
15 =		-	m	amp	- m -	- - -		a	m	- mp	- - -	- - -

Eventuellement : *VaP* peut débuter sur P. 14 ou P. 13; *VmP* apparaît de P. 8 à P. 11; *VaF* débute de P. 2 à P. 4; *VpF* sur P. 10; *VaT* peut n'apparaître que sur P. 7 ou P. 8; *DaP* paraît manquer constamment; *DaF* peut exister sur P. 12; *DaT* peut manquer sur P. 13; *DpT* peut débuter sur P. 3. Quant à *DpP*, sa distribution est très curieuse; on la trouve presque toujours sur quelques-unes des premières paires, généralement sur P. 1 et sur P. 2 et même sur P. 3, et toujours au moins sur les trois dernières paires, mais elle manque ordinairement sur les paires intermédiaires, ou n'apparaît que d'un côté, deci, delà, par exemple à P. 5 ou à P. 11 et P. 12. La formule de RIBAUT sera ainsi :

	aF	mF	pF		aT	mT	pT
V =	13	15	13	——	13	13	0
D =	11/12	0	14	——	12/13	0	13

Le fémur et le tibia sont subégaux; le métatarse est très court, ne dépassant pas la moitié de la longueur du tarse. Rapports de longueur des articles de P. 15 : fémur × tête 81,9 à 85,1 %; tibia × tête 82 à 89,2 %; tarse × tête 72,1 à 75,6 %; tarse × fémur 88 à 88,8 %. Pas d'épines coxolatérales. La griffe apicale des P. 15 est très courte, presque triangulaire, et n'est pas accompagnée de griffe accessoire chez nos individus du littoral.

Appendices génitaux de la femelle armés de 2 + 2 éperons longs, épineux. Griffe courte et large, avec une très petite dentelure à la base externe et une forte dent interne profondément séparée de la pointe principale, dont elle est rapprochée.

Les individus que nous croyons pouvoir rattacher à l'espèce de MEINERT proviennent des Alpes-Maritimes. Ils ne s'écartent de la description du type que par une taille un peu plus forte. Au sujet de la griffe des P. 15, MEINERT dit, dans sa diagnose, qu'elle est double et, dans ses observations, qu'elle est souvent simple; cette contradiction apparente s'explique si l'on admet que MEINERT a eu sous les yeux deux espèces (probablement *microps* et *Duboscqui*).

R e m a r q u e. — *L. microps* a été signalé également dans d'autres régions, notamment dans les forêts de la Seine-Inférieure; mais il n'est pas certain qu'il s'agisse de la même espèce.

39. — **Lithobius curtipes** C. KOCH, 1847.

(*Monotarsobius curtipes* VERHŒFF, 1905.)

Longueur 6,50 à 11 mm. — Largeur 1,10 à 1,40 mm.

Coloration brun-fauve ou brun-rouge; tête parfois plus claire, rougeâtre; extrémité des antennes et pattes postérieures passant au jaune orangé. Corps un peu atténué en avant, ou à côtés parallèles. Téguments unis, brillants.

Antennes très courtes, de 20 articles. Ocelles généralement disposés en rosace précédée de deux ocelles en ligne, comme chez *L. calcaratus*; cet assemblage n'est toutefois pas constant et peut se résoudre en deux ou trois rangées irrégulières. Coxosternum forcipulaire avec 2 + 2 dents robustes, séparées par une encoche nette.

Tous les tergites ont les angles arrondis.

Pores coxaux ronds, au nombre de 3 à 5 à chaque hanche.

D'après Latzel, à qui sont empruntées ces indications, la spinulation est pour :

P.	H	tr	P	F	T		H	tr	P	F	T	
1 = V :	0	0	1	1	1	D :	0	0	1	1	1	
14 =	0	1	1/3	2/3	1		1	0	3	1	1	
15 =	0	1	3	2	0/1		1	0	3	1	0	(57)

L'épine ventrale du tarse des P. 14 et des P. 15 est médiane. Les deux dernières paires sont courtes et épaisses. Pas de coxolatérales. La griffe des P. 15 est simple.

Chez le mâle, le tibia des P. 15 porte une protubérance dorso-apicale aplanie ou même sillonnée dorsalement.

Appendices génitaux de la femelle avec 2 + 2 éperons aigus et une griffe à deux dents apicales robustes, la dentelure de la base externe étant insignifiante.

N'a encore été signalé que des forêts de l'Eure et de la Seine-Inférieure. Grande-Bretagne; Europe centrale.

40. — **Lithobius crassipes** L. Koch, 1862.

[Fig. 449-452.]

(*Monotarsobius crassipes* Attems, 1909.)

Longueur 6 à 10,50 mm. — Largeur au 10ᵉ tergite 1 à 1,40 mm.

Coloration de fauve-jaune à fauve-brun; extrémité des membres ordinairement plus claire. Corps très faiblement atténué en avant. Téguments brillants, à surface parfois un peu inégale.

Tête un peu plus large que longue, sans ponctuations, à bord caudal presque rectiligne, à bourrelet étroit et sans sinuosités. Antennes très courtes, ne dépassant pas le tiers du corps, formées ordinairement de 20 articles (incidemment 18 ou 21), dont le dernier est environ double du précédent. Ocelles peu nombreux, 8 à 11 en deux rangées droites. Coxosternum forcipulaire à bord rostral proéminent, étroit, divisé par une encoche profonde et armé de 2 + 2 dents relativement robustes, rapprochées; en outre, 1 + 1 épines grêles (fig. 452).

(57) Nous avons vu chez un mâle :

P.	H	tr	P	F	T		H	tr	P	F	T
14 = V :	-	m	amp	amp	- m -	D :	m	-	amp	- - p	- - p
15 =	-	m	amp	am ᵥ	ᵧ - -		m	-	amp	- - p	- - -

Tergites 1, 3 et 5 à bourrelet marginal entier, ou très brièvement interrompu sur T. 5. Tergites 8, 10, 12 et 16 faiblement échancrés au bord caudal, à angles largement arrondis; tergite 14 à peine émarginé, à angles presque droits; tergites 9, 11 et 13

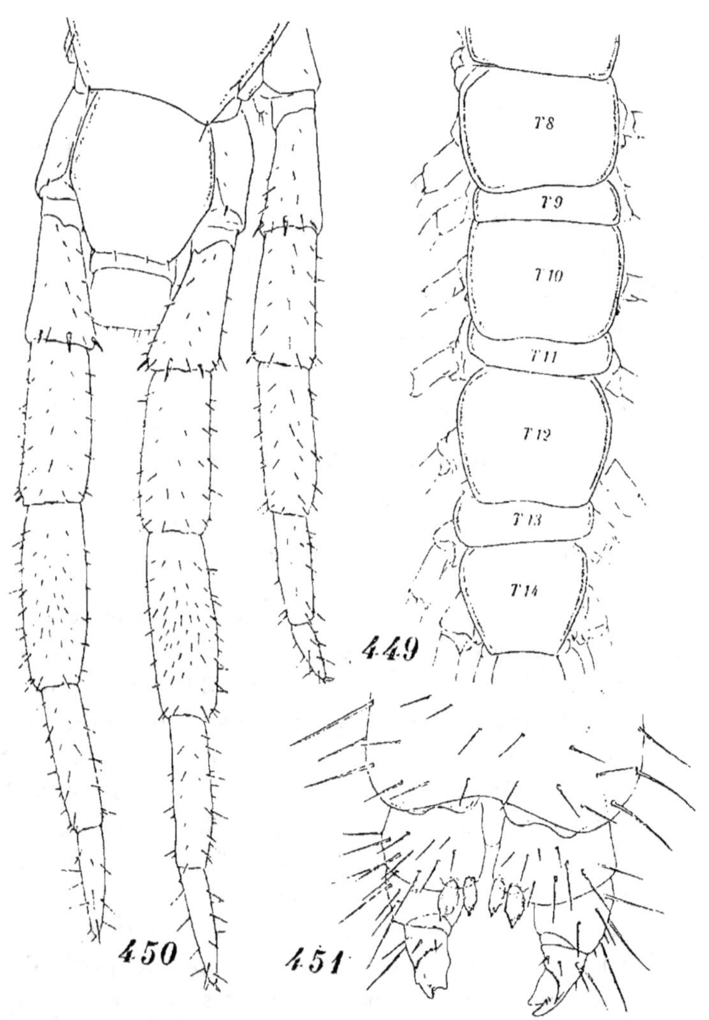

Lithobius crassipes, mâle de Seine-et-Oise (forêt de Carnelle).
Fig. 449. — Silhouette des tergites de la moitié postérieure du corps.
Fig. 450. — Patte droite de la 14e paire et pattes de la 15e, face dorsale.
Fig. 451. — Appendices génitaux d'une femelle de même provenance.

taillés droit ou tronqués-arrondis, sans traces de prolongements (fig. 449).

Pores coxaux petits, ronds, de 2 à 4 à chaque hanche.

Le métatarse des P. 1 à P. 11 ou P. 12 n'est généralement pas distinct du tarse, ou ne l'est que très imparfaitement sur quelques pattes; il est nettement articulé sur les trois dernières pattes.

La spinulation moyenne des pattes semble être :

P.		H	tr	P	F	T		H	tr	P	F	T
1 =	V :	-	-	- - -	- m -	- m -	D :	-	-	- mp	a - -	a - -
2 =		-	-	- - -	am -	- m -		-	-	- mp	a - p	a - -
3 =		-	-	- - -	am -	- m -		-	-	- mp	a - p	a - p
4 =		-	-	- - -	am -	- m -		-	-	- mp	a - p	a - p
5 =		-	-	- - -	am -	- m -		-	-	- mp	a - p	a - p
6 =		-	-	- - -	am -	- m -		-	-	- mp	a - p	a - p
7 =		-	-	- - -	am -	am -		-	-	- mp	a - p	a - p
8 =		-	-	- - -	amp	am -		-	-	- mp	a - p	a - p
9 =		-	-	- m -	amp	am -		-	-	- mp	a - p	a - p
10 =		-	-	- mp	amp	am -		-	-	amp	a - p	a - p
11 =		-	-	- mp	amp	am -		-	-	amp	a - p	a - p
12 =		-	-	- mp	amp	am -		-	-	amp	- - p	- - p
13 =		-	m	amp	amp	am -		a	-	amp	- - p	- - p
14 =		-	m	amp	amp	- m -		a	-	amp	- - p	- - -
15 =		-	m	amp	am -	- - -		a	-	amp	- - -	- - -

Eventuellement : *VaP* débute sur P. 14; *VpP* peut débuter incidemment sur P. 1 ou sur les suivantes (Seine-et-Oise); *VpF* peut n'exister que sur P. 13 et P. 14, mais manque toujours sur P. 15; *VaT* se rencontre parfois déjà sur P. 4; *DaP* n'existe parfois que sur P. 15; *DmP* peut manquer jusqu'à P. 9 (Pyrénées); *DaF* peut disparaître dès P. 9; *DpT* peut ne débuter que sur P. 10 ou P. 11; etc. De là la formule de Rɪʙᴀᴜᴛ :

		aF	mF	pF		aT	mT	pT
V =		15	15	14	——	13	14	0
D =		9/11	0	14	——	11	0	13

P. 14 et P. 15 courtes, épaissies dans les deux sexes, plus chez le mâle que chez la femelle (fig. 450). Rapports de longueur des articles de P. 15 :

fémur × tête :	62,3 à 65,8 % (♀)	et 61,1 à 62,1 % (♂);
tibia × tête :	70,5 à 77,6 % (♀)	et 69,4 à 73,6 % (♂);
tarse × tête :	55,7 à 63,1 % (♀)	et 50,0 à 60,5 % (♂);
tarse × fémur :	89,4 à 96,0 % (♀)	et 88,8 à 97,8 % (♂).

Jamais d'épine coxolatérale aux P. 15, dont la griffe apicale est simple.

Chez le mâle, le tibia est généralement déprimé dorsalement et, plus l'animal est développé, plus la dépression se creuse à l'extrémité distale de l'article, où elle peut prendre l'aspect d'une fossette ouverte en avant.

Appendices génitaux de la femelle armés de 2 + 2 éperons cylindro-coniques ou lancéolés; dans ce dernier cas, l'arête des éperons peut être denticulée (fig. 451). Griffe apicale courte et large, flanquée de deux dentelures situées à peu près au même niveau.

Commun dans toute la France. Europe.

41. — **Lithobius Duboscqui** Brolemann, 1896.

[Fig. 453-455.]

Longueur 5 à 8 mm. — Largeur au 10e tergite 0,50 à 1 mm.

Coloration jaune uniforme, rarement rembrunie. Corps à côtés presque parallèles ou faiblement rétréci derrière la tête. Téguments unis.

Tête cordiforme aussi longue que large, à bourrelet marginal étroit, non élargi au milieu du bord caudal. Antennes très courtes, ne dépassant guère le tiers du corps, relativement robustes, même à l'extrémité, formées normalement de 25 articles (chiffre oscillant entre 23 et 28). Dernier article de peu plus long que le précédent. Ocelles très peu nombreux, en une rangée formée généralement de trois ocelles, l'ocelle médian étant le plus gros. Coxosternum forcipulaire à bord rostral proéminent, taillé en angle rentrant et armé de 2 + 2 dents assez robustes (fig. 453).

Les angles de tous les grands tergites sont arrondis; ceux des tergites 9, 11 et 13 sont tronqués ou arrondis, sans jamais aucune trace de prolongements.

Pores coxaux petits, ronds, au nombre de 1 à 3 à chaque hanche,

Les épines des pattes sont très peu nombreuses et extrêmement variables ; elles peuvent même manquer entièrement (*vide infra*) ; la disposition suivante paraît répondre à la moyenne :

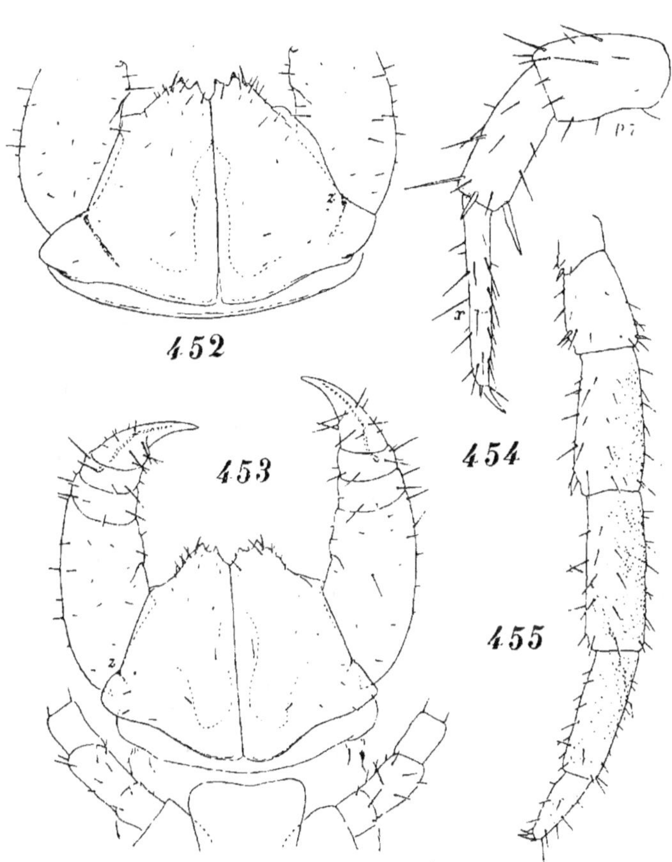

Lithobius crassipes.

Fig. 452. — Coxosternum forcipulaire d'une femelle de Seine-et-Oise (forêt de Carnelle), face ventrale.

Lithobius Duboscqui, femelle des Hautes-Pyrénées (Fabian).

Fig. 453. — Segment forcipulaire, face ventrale. z: condyle articulaire coxo-fémoral.

Fig. 454. — Fémur, tibia et tarso-métatarse de la patte gauche de la 7e paire, face antérieure. x: trace de l'articulation tarso-métatarsienne, qui n'est pas fonctionnelle.

Fig. 455. — Profil interne de la patte droite de la 15e paire, montrant les plages poreuses.

P.		H	tr	P	F	T		H	tr	P	F	T
1 =	V :	-	-	- - -	- - -	- m -	D :	-	-	- - -	- - -	a - -
2 =		-	-	- - -	- - -	- m -		-	-	- - -	- - -	a - -
3 =		-	-	- - -	- - -	- m -		-	-	- - -	- - -	a - -
4 =		-	-	- - -	- - -	- m -		-	-	- - -	- - -	a - -
5 =		-	-	- - -	- - -	- m -		-	-	- - -	- m -	a - -
6 =		-	-	- - -	- - -	- m -		-	-	- - -	- - -	a - -
7 =		-	-	- - -	- m -	- m -		-	-	- - -	- - -	a - -
8 =		-	-	- - -	- m -	- m -		-	-	- - -	- - -	a - p
9 =		-	-	- - -	- m -	- m -		-	-	- - -	- - -	a - -
10 =		-	-	- - -	- m -	- m -		-	-	- - -	- - -	a - -
11 =		-	-	- - -	- m -	- m -		-	-	- - -	- - -	a - -
12 =		-	-	- - -	- m -	- m -		-	-	- - -	- - -	- - -
13 =		-	-	- m -	- m -	- m -		-	-	- - -	- - -	- - -
14 =		-	m	- m -	- m -	- - -		-	-	- - p	- - -	- - -
15 =		-	m	- m -	- m -	- - -		-	-	- - p	- - -	- - -

Eventuellement : *VmP* débute sur P. 13; *VmF* débute entre
P. 4 et P. 8 et peut manquer sur P. 15; *VmT* peut manquer de
P. 1 à P. 3 et sur P. 13; *VaP, VpP, VaF, VpF* et *VaT* paraissent
manquer constamment; *DmP* n'existe que très incidemment (sur
P. 12); *DpP* peut manquer complètement, mais existe ordinairement sur P. 15, P. 14 et même quelquefois sur P. 13; *DaF* et *DpF*
manquent; *DmF*, qui sembe anormale, n'apparaît que très incidemment sur P. 4, P. 5 ou P. 6 (Mayenne); *DaT* disparaît entre
P. 9 et P. 12; *DpT* peut être représentée de P. 7 à P 9. La formule
de RIBAUT sera ainsi :

$$V = \begin{array}{ccc} {}_{aF} & {}_{mF} & {}_{pF} \\ 0 & 15 & 0 \end{array} \quad\text{——}\quad \begin{array}{ccc} {}_{aT} & {}_{mT} & {}_{pT} \\ 0 & 13 & 0 \end{array}$$

$$D = \begin{array}{ccc} 0 & 0 & 0 \end{array} \quad\text{——}\quad \begin{array}{ccc} 9/12 & 0 & 8/9 \end{array}$$

L'articulation tarso-métatarsienne n'apparaît que sur les pattes des trois dernières paires, elle est indistincte (x, fig. 454) sur
les autres. Les P. 14 et P. 15 sont très épaisses, chez la femelle
un peu moins que chez le mâle, sans structures sexuelles chez ce
dernier (fig. 455); leur face interne est criblée de pores. Rapports
de longueur des articles de P. 15 :

fémur × tête :   55,0 à 62,0 % (♀) et 59,1 à 65,8 % (♂);
tibia × tête :   62,5 à 70,0 % (♀) et 63,4 à 64,2 % (♂);
tarse × tête :   58,0 à 93,5 % (♀) et 33,3 à 36,5 % (♂);
tarse × fémur :   90,9 à 93,5 % (♀) et 92,3 à 96,0 % (♂).

Jamais d'épines coxolatérales. Griffe des P. 15 double.
Appendices génitaux de la femelle armés de 2 + 2 éperons

épineux, longs, et d'une griffe large, découpée au sommet en deux pointes robustes; il peut exister une épine interne jamais très développée.

Toute la France. Ne paraît pas dépasser à l'Est le Rhin et les Alpes, mais pénètre le long du littoral méditerranéen jusqu'à San-Remo. Est connu des Catacombes de Bicêtre et de plusieurs grottes du Sud de la France.

R e m a r q u e . — Les individus des Basses-Alpes sont souvent dépourvus d'épine *DaT*; le nombre des articles antennaires est également peu élevé (ordinairement 21-23).

var. **Fosteri** (BRADE-BIRKS, 1919).

(Monotarsobius Duboscqui Fosteri BRADE-BIRKS, 1919).

Ce nom a été créé pour des individus de Grande-Bretagne dont la griffe apicale des P. 15 est simple.

var. **exarmatus** BROLEMANN, 1926.

Individus des Pyrénées-Orientales et des Basses-Alpes, de taille réduite, n'ayant d'épines à aucune patte et ayant également une griffe apicale simple aux P. 15.

var. **olivarum** VERHŒFF, 1925.

(Haplolithobius olivarum VERHŒFF, 1925.)

Individus de San-Remo dont les trois dernières paires de pattes sont dépourvues d'épines. La création d'un genre pour ces individus n'est aucunement justifiée.

2° sous-famille : HENICOPINAE POCOCK, 1901.

Sept paires de stigmates, une à chacun des segments 1, 3, 5, 8, 10, 12 et 14 (existent donc au 1er segment). Pièces latérales du labre non fissurées à l'angle caudal interne (*L*, fig. 459). Glandes anales persistant chez l'adulte (*k*, fig. 458). Pas d'épines aux pattes ambulatoires. Trois griffes apicales aux P. 15.

Un seul genre français : *Lamyctes*.

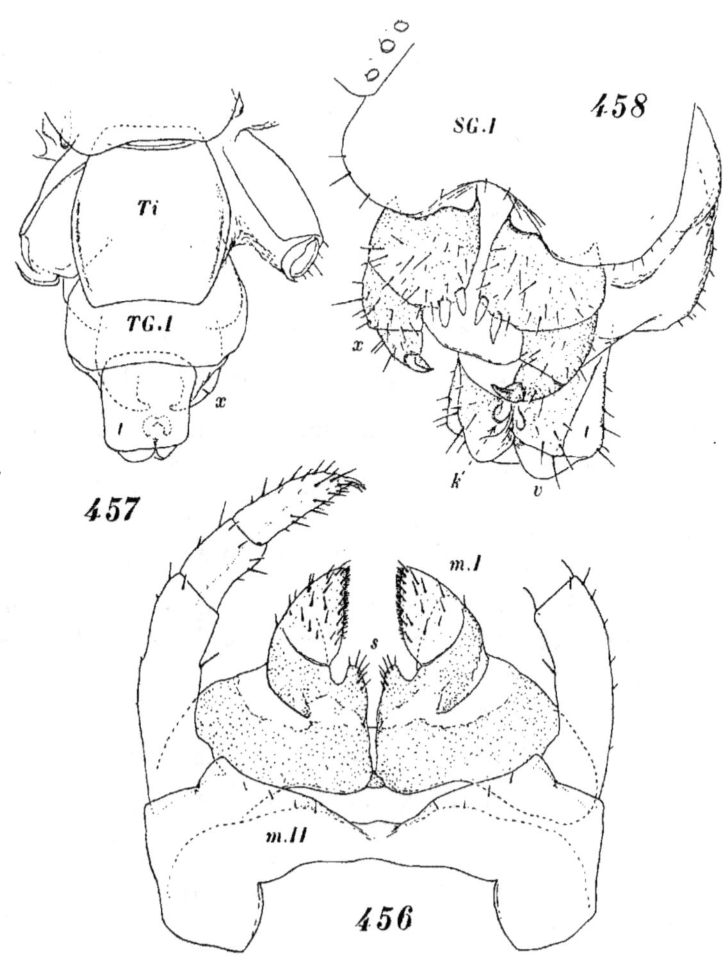

Lamyctes fulvicornis, femelle de 9 mm. des Hautes-Pyrénées (Gèdre).

Fig. 456. — Mâchoires de la première paire, *m I*, et de la deuxième paire, *m II*, face ventrale. *s:* prolongements coxaux.

Fig. 457. — Extrémité postérieure du corps, face dorsale. *Ti:* tergite du segment intermédiaire; *TG.I:* tergite du segment génital I; *t:* telson; *x:* appendices génitaux.

Fig. 458. — Segments terminaux, face ventrale. *SG.I:* sternite du segment génital I; *x:* ses appendices; *k:* glandes de la base du segment anal; *t:* telson; *v:* valves anales.

Genre **LAMYCTES** Meinert, 1868.

(*Henicops* Latzel, 1880, *pro p. Lamyctinus* Silvestri, 1909.)

Bourrelet marginal de la tête non interrompu latéralement, continu jusqu'au niveau de l'unique ocelle existant. Zone prélabiale nettement circonscrite en avant, à pilosité rare (*cl*, fig. 459). Pièces latérales du labre étroites et longues, subarrondies à l'angle interne, qui n'est pas fissuré. Prolongements coxaux (médians) des premières mâchoires pas distinctement séparés des coxites, petits, ne dépassant pas l'article basal des membres, qui sont de deux articles (fig. 456) [58]. Lames dorsales du coxosternum forcipulaire ne pénétrant pas dans le premier segment. Pleures forcipulaires réunis par leurs extrémités ventrales, barrant la base du coxosternum d'un bourrelet rectiligne en partie sclérifié (*pf*, fig. 461).

Une paire de stigmates au premier segment. Pas d'épines aux pattes ambulatoires. Le métatarse des pattes des deux ou trois dernières paires est distinct du tarse; il ne l'est pas sur les paires antérieures (fig. 462). Une paire de glandes anales à la base de la face ventrale des valves (fig. 458). Appendices génitaux du mâle longs et grêles, de trois articles (chez *L. fulvicornis*, tout aù moins).

Type : *Lamyctes fulvicornis* Meinert.

1. — **Lamyctes fulvicornis** Meinert, 1868.

[Fig. 456-462.]

(*Lithobius gracilis* Porat, 1869. *Henicops fulvicornis* Latzel, 1880.)

Longueur 7 à 11 mm. — Largeur 1 à 1,30 mm.

Coloration fauve-jaune passant au châtain ou même au brun-roux, avec les membres plus ternes. Corps étroit, à bords sub-

---

[58] Latzel (1880), pour *L. fulvicornis*, et Attems (1909), pour *Lamyctes sinuata*, enseignent que ces membres sont de trois articles. Cette opinion n'est pas fondée en ce qui concerne nos individus et il y a lieu de penser qu'elle repose sur une erreur d'interprétation.

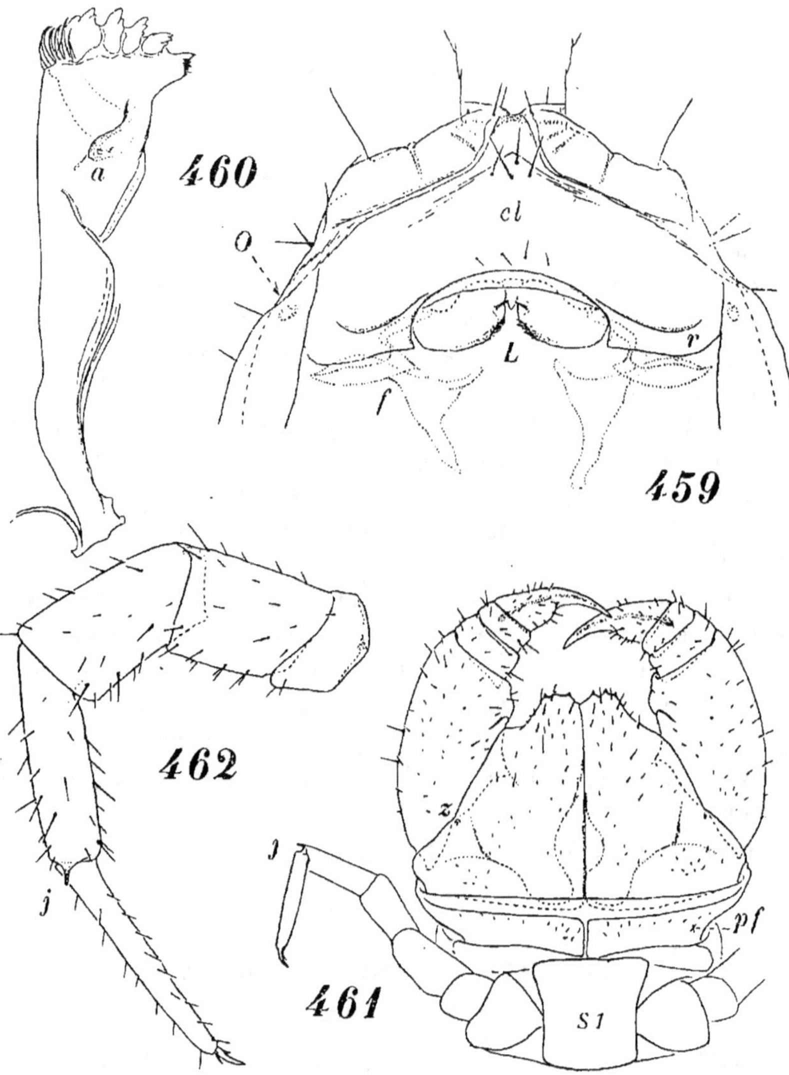

Lamyctes fulvicornis, femelle de 9 mm. des Hautes-Pyrénées (Gèdre).

FIG. 459. — Zone prélabiale, *cl*, avec labre, *L*. En pointillé, les fulcres, *f*, et l'ocelle unique, *O*, vu par transparence. *r:* plage paralabiale.
FIG. 460. — Mandibule gauche, profil externe. *a:* condyle dorsal.
FIG. 461. — Segment forcipulaire, avec le sternite du premier segment, *S 1*, et la patte droite de la première paire, face ventrale. *j:* prolongement épineux du tibia; *pf:* pleure forcipulaire, rejoignant son homologue en arrière des forcipules; *z:* condyle articulaire coxofémoral.
FIG. 462. — Patte droite de la 11e paire, face antérieure. *j:* prolongement épineux du tibia.

parallèles. Téguments luisants, extrêmement finement réticulés, sans ponctuations distinctes. Pilosité rare.

Tête environ aussi longue que large, pourvue d'un ocelle unique de chaque côté (*O*, fig. 459). Le bord caudal est rectiligne; le bourrelet marginal est étroit et remonte latéralement jusqu'au niveau de l'ocelle, sans présenter d'interruption dentiforme. Antennes médiocres, égalant trois fois et demie la largeur de la tête, formées d'articles irréguliers au nombre de 25 en moyenne (incidemment 24-29); le dernier article est d'un quart plus long que le précédent. Zone prélabiale circonscrite par des fissures, à pilosité rare; quatre soies en quinconce à la pointe de la région saillante et quatre soies en une rangée prélabiale (fig. 459). Largeur des pièces latérales du labre une fois et trois quarts leur longueur, portant une paire d'épines, comme *Lithobius*; leur face dorsale est peu prolongée. Angle dorsal de l'arête de la mandibule étiré en dent aiguë (fig. 460). Bord rostral du coxosternum forcipulaire proéminent, portant 3 + 3 dents, dont les externes, rudimentaires, paraissent remplacer les épines qui font défaut (fig. 461).

Les angles de tous les tergites sont arrondis. A partir du 8e segment, le bord caudal est échancré.

Pattes totalement dépourvues d'épines, mais avec un prolongement acuminé à l'extrémité du tibia des P. 1 à P. 11, sur la face antérieure (*j*, fig. 461-462). Sur les pattes 1 à 12, le tarse est soudé au métatarse (fig. 462); il est indépendant sur P. 13 à P. 15. Télopodites des P. 15 pas plus longs que les antennes; rapports de longueur des articles chez une femelle de 9 mm. : fémur × tête 66,6 %; tibia × tête 78,8 %; tarse × tête 72,7 %; métatarse × tête 45,5 %; tarse × fémur 143,3 %. Griffe apicale de toutes les pattes, les P. 15 comprises, flanquée de chaque côté d'une griffe accessoire plus petite.

Appendices génitaux du mâle de trois articles, longs et grêles.

Chez la femelle, le tergite 15 est réduit à un bandeau court, atténué dans les côtés. Le tergite 16 (intermédiaire, *Ti*, fig. 457) est en ovale tronqué aux extrémités (section de tonneau), assez bombé, à angles simplement émoussés. Le tergite génital I (*TG.I*) est évasé en arrière, à angles arrondis. Le sternite génital I est fortement échancré en angle rentrant. Appendices génitaux armés de 2 + 2 éperons robustes et courts. La griffe, nettement délimi-

tée à la base, est courte, étroite, très arquée, sans dentelures latérales (fig. 458).

Pyrénées (au-dessus de 1.000 m.); Allier. Europe; Afrique; Australie.
Le mâle est inconnu en France, comme d'ailleurs sur le continent
européen. Il a été signalé dans les archipels de l'Atlantique, Canaries
et Açores.

2. — **Lamyctes cœculus** (Brolemann, 1889).

[Fig. 463-465.]

(*Lithobius cœculus* Brolemann, 1889. *Henicops cœculus* Silvestri,
apud Berlese, 1892. *Lamyctes cœculus* Attems, 1908. *Lamyctinus
cœculus* Silvestri, 1909.)

Longueur 3,50 à 5 mm. — Largeur 0,38 à 0,50 mm.
Coloration jaune pâle, avec les extrémités et la base des antennes orangées. Corps à bords parallèles, élancé (fig. 463).

Tête atténuée en avant, complètement dépourvue d'ocelles.
Antennes très courtes, atteignant à peine le tiers du corps, formées normalement de 24 articles, dont le dernier égale les deux
précédents. Coxosternum forcipulaire très proéminent, étroit,
profondément échancré, armé de 3 + 3 (incidemment 4 + 4)
dents; la paire externe est très petite et écartée des autres
(fig. 464).

Angles de tous les tergites droits ou arrondis.

Pores coxaux ronds, relativement gros, au nombre de 1 à 3 à
chaque hanche (1, 2, 2, 2 — 1, 3, 3, 2 — 2, 3, 2, 2).

Pas d'épines aux pattes ambulatoires. Un prolongement épineux au tibia des P. 1 à P. 12. Métatarse soudé au tarse sur P. 1
à P. 12, indépendant sur P. 13 à P. 15 (fig. 465). Griffe apicale
des P. 15 triple.

Appendices génitaux de la femelle comme *L. fulvicornis*.

Espèce exotique (Australie) importée, décrite des serres de Lombardie et également acclimatée dans celles du Museum d'Histoire
naturelle de Paris.

R e m a r q u e. — Silvestri, 1909, a cru devoir créer pour cette espèce un genre *Lamyctinus*, caractérisé uniquement par l'absence d'ocelles. La validité de cette coupe est encore à démon-

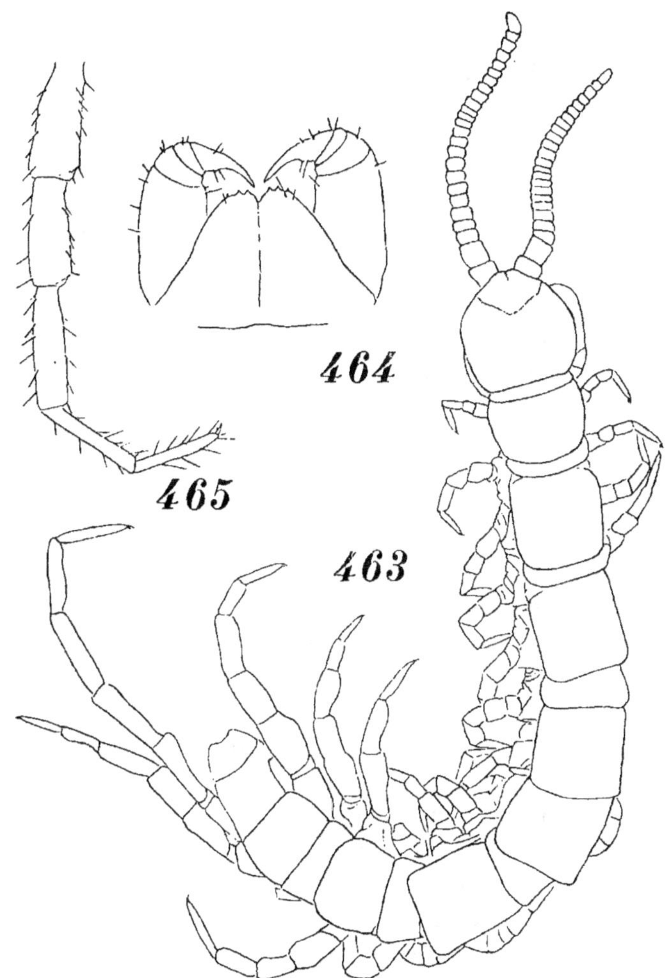

Lamyctes cœculus, type de Lombardie.

Fig. 463. — Aspect général de l'animal, face dorsale.
Fig. 464. — Coxosternum forcipulaire.
Fig. 465. — Profil interne (postérieur) d'une patte de la 15ᵉ paire.

trer, ce caractère se présentant comme variable dans d'autres genres. D'après le même auteur, il n'existerait pas de pores coxaux aux P. 12, ce qui n'est pas le cas chez les individus de Lombardie.

4e ordre. **SCUTIGEROMORPHA** Pocock, 1895.

Corps fusiforme, plus atténué en avant qu'en arrière, épais. (fig. 4).

La tête, qui était aplatie dans les groupes précédents, se rapproche de la forme hémisphérique; elle est volumineuse, épaisse; vue par la face dorsale, elle est carrée en arrière, arrondie en avant; son rebord postérieur est redressé en arête très fine qui remonte latéralement jusqu'aux yeux; dans la moitié postérieure elle présente une dépression large et vague, qui est bifurquée en avant et communique avec des fosses antennaires creusées dans les angles antérieurs tronqués de la tête. De l'angle interne des yeux partent deux fins sillons fortement convergents, qui s'infléchissent et deviennent parallèles, atteignant au niveau de la base des antennes; ils sont reliés entre eux par un troisième sillon arqué, à concavité postérieure (sillon frontal). En avant des antennes, la zone prélabiale, ou clypeus, tombe perpendiculairement au lieu d'être repliée sous la tête, comme dans les groupes précédents; elle est bombée, sans région soulevée spéciale. A moitié environ de la longueur de la capsule céphalique et sur les côtés, sont les yeux, grosse masse subtriangulaire, noire, bombée, formée de très nombreux ocelles accolés. Les antennes, très écartées l'une de l'autre, sont refoulées dans les angles antérieurs de la tête; elles sont filiformes et extrêmement longues. Les deux articles de la base, tout en étant essentiellement cylindriques, sont déformés par des échancrures indispensables à la mobilité de l'organe et portent l'orifice d'un organe sensoriel (r, fig. 473); au delà, elles sont constituées par une succession d'innombrables petits anneaux, dans lesquels s'intercalent des articles plus forts (nodus), constituant une articulation qui partage l'antenne en deux ou trois régions; le nombre d'anneaux de la région proximale est d'environ 74-75, mais il est extrêmement variable, même sur les deux antennes d'un individu ([59]); quant aux régions distales, elles comportent ensemble quelques centaines d'anneaux. L'organe de Tömösváry est à peine perceptible entre les yeux et la base des antennes.

En raison de la conformation de la capsule céphalique, la face ventrale de la tête est beaucoup plus longuement excavée que dans les autres groupes. Le labre fait suite à la région prélabiale, de laquelle il est séparé par une fissure, vague au centre, nette et linéaire dans les côtés. Les trois pièces qui le composent étant soudées, il se présente comme une lame transversale, à bord libre largement lobé de chaque côté du milieu, l'échancrure entre les lobes étant interrompue par une dent médiane (*L*, fig. 474). Pas d'échancrure ni d'épines aux lobes latéraux. Par contre on observe une rangée de 4 + 4 longues soies à son bord rostral.

En arrière du labre sont deux replis épipharyngiens symétriques, en éventails affrontés, frangés de papilles (*e*), et une série de différenciations du vestibule œsophagien, consistant en plages sclérifiées et en apodèmes fortement chitinisés (*y, y*) de formes diverses et de dispositions compliquées (fig. 474).

La mandibule, qui rappelle celle de *Lithobius* (fig. 472), a un tronc moins robuste, mais un prolongement basal plus long; elle présente dans sa concavité une rainure membraneuse et, sur son arête dorsale, un condyle robuste mais moins individualisé que chez les Lithobies. Sur son arête apicale nous retrouvons une lame dentée de trois fortes dents tricuspides, encadrée par une lame ventrale formée de lanières pectinées et par une proéminence finement ciliée; son arête dorsale est également ciliée.

La pièce basale des premières mâchoires est grande (fig. 466-467); elle est divisée par un sillon longitudinal médian superficiel. Les prolongements médians, resserrés entre les membres, sont relativement petits (*s*), développés perpendiculairement, mais avec une face ventrale étroite et un sommet atténué. Par contre les membres, de deux articles, sont grands et dépassent les prolongements médians de la moitié de leur longueur. L'article proximal est très long extérieurement, et tronqué très obliquement à l'extrémité. L'article apical est un cylindre chitineux incomplet très court, dans lequel est emboîté un coussinet par-

----

(59) CHAMBERLIN, 1920 *h*, a trouvé de 66 à 107 anneaux chez des individus des Etats-Unis et des Antilles, et MURALEWICH, 1910, 62 à 88 chez des individus orientaux.

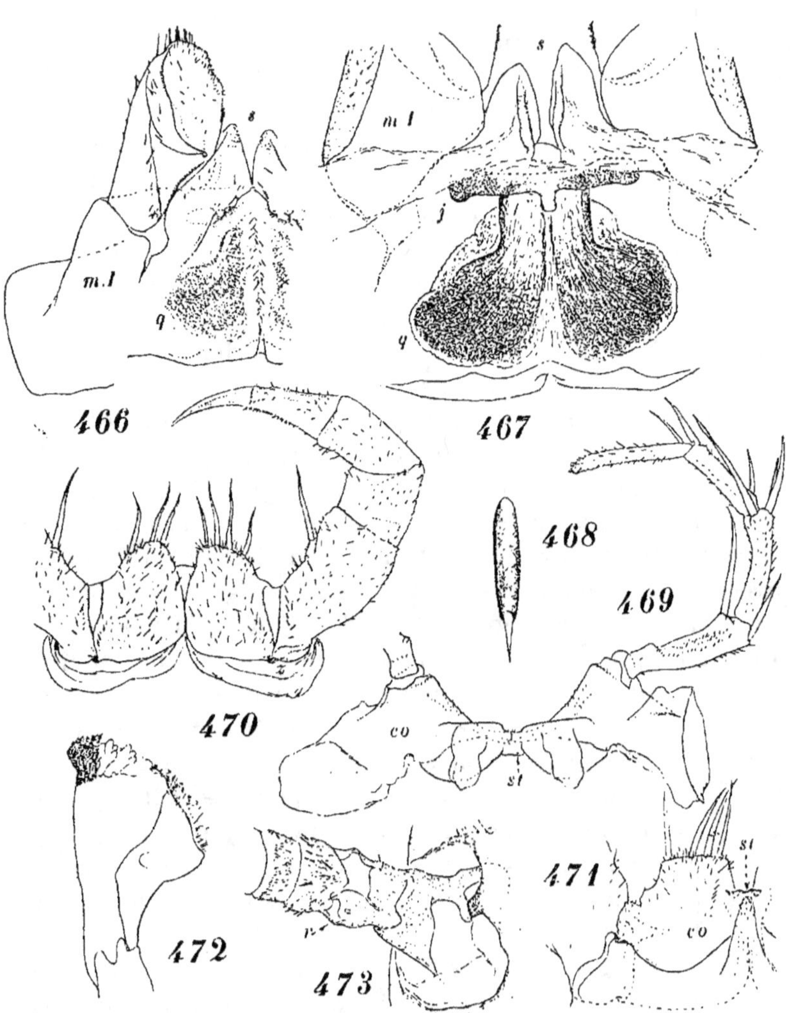

Scutigera coleoptrata.

Fig. 466. — Moitié droite des mâchoires de la première paire, *m 1*, face ventrale, d'un mâle de Monaco. *q:* organe maxillaire; *s:* prolongements coxaux.

Fig. 467. — Région centrale, plus grossie, du coxosternum des premières mâchoires, *m 1*, face dorsale, montrant l'organe maxillaire, *q,* et la travée (sternale) qui le supporte, *j,* du même mâle.

Fig. 468. — Elément isolé de l'organe maxillaire, d'après LATZEL.

Fig. 469. — Syncoxosternum et membre gauche des deuxièmes mâchoires, face dorsale, montrant les vestiges du sternite, *st,* du mâle de Monaco. *co:* coxite.

tiellement couvert de soies différenciées, courtes et très nombreuses. Sur la face dorsale du coxosternite (fig. 467), suspendus de chaque côté de la ligne médiane à une travée sternale chitineuse (*j*) barrant la base des prolongements médians, sont des organes symétriques (*q*) constitués par de volumineux faisceaux de trichomes en fuseau, à surface délicatement guillochée (fig. 468). La fonction de ces organes, qui transparaissent en masses sombres sur la fig. 466, n'est pas encore élucidée.

Les deuxièmes mâchoires sont portées sur un syncoxosternum très court et très large, profondément échancré en demi-cercle (fig. 469). Les membres, de quatre articles, sont très écartés l'un de l'autre; les articles sont très grêles et très longs et sont abondamment semés de crins très courts. En outre, les trois premiers articles portent de très longues épines apicales, au nombre de 3 (une ventrale et deux dorsales) au premier article, 4 (dorsales) au second et 2 (dorsales) au troisième; le dernier article est dépourvu de griffe terminale.

Le tergite forcipulaire est une pièce très large, comprimée en crête transversale plantée d'une rangée de petits crins; il peut être dissimulé sous le bord postérieur de la tête, lorsque l'animal est contracté. Les pleures sont membraneux. Les forcipules sont différentes de ce que nous les avons vues dans les autres groupes (fig. 470-471). Les coxites sont dissociés, mais accolés sur la ligne médiane; ils ont une silhouette rectangulaire; leur bord rostral, un peu saillant, porte de trois à quatre longues épines en une rangée marginale. Les coxites sont reliés entre eux par un rudiment de sternite, qui n'est bien évident que sur la face dorsale du coxosternum (*st*, fig. 471). Le télopodite est accolé latéralement au coxite et le condyle articulaire coxo-fémoral (*z*, fig. 470) est situé dans l'angle proximal externe du coxite.

Le télopodite est de quatre articles, dont le dernier est surmonté d'une griffe. L'article basal ([60]), qui est le plus long, est

----

(60) Cet article est un préfémur, d'après VERHŒFF.

Fig. 470. — Coxosternum forcipulaire et forcipule gauche du même individu, face ventrale. *z:* condyle articulaire coxofémoral.

Fig. 471. — Coxite forcipulaire gauche, *co*, avec les vestiges du sternite, *st,* face dorsale, du même individu.

Fig. 472. — Mandibule, d'après ATTEMS.

Fig. 473. — Base de l'antenne gauche, face dorsale, d'une femelle des Basses-Pyrénées (Pau). *r:* organe sensoriel de l'article proximal de l'antenne.

un peu évasé à l'extrémité; il présente une longue épine à moitié environ de son rebord interne. Le second article est cylindrique, un peu plus court en dedans qu'en dehors. Le troisième est un peu plus long que le second. Le quatrième est aussi long que le troisième, il est atténué graduellement et continué par une griffe presque droite, acuminée, peu nettement séparée de l'article.

Tronc.   Le tronc est constitué par 15 segments pédifères, dotés chacun d'un sternite. Mais, contrairement à ce qui existe ailleurs, on ne voit que 7 tergites entre le tergite forcipulaire et les deux tergites postérieurs (intermédiaire et anal); toutefois, en avant de ces tergites (le premier excepté) se trouvent des assises faiblement sclérifiées, à contours vagues, en étroites bandes transverses. Ainsi les 7 grands tergites de *Scutigera* peuvent être homologués aux 8 grands tergites de *Lithobius*, en admettant que le 4e tergite de *Scutigera* est l'équivalent des tergites 7e et 8e de *Lithobius*, les petits tergites de ce dernier étant représentés par les assises intertergitales de *Scutigera*. La taille des 7 grands tergites va en augmentant jusqu'au 4e, qui est le plus grand, puis elle diminue vers l'arrière (fig. 475). Leur surface est parsemée de crins; elle présente en outre des aiguillons jumelés, qui résultent d'un développement particulier, dentiforme, du péritrème de la fossette d'insertion de l'aiguillon (fig. 479). Au bord antérieur des tergites existe, comme chez *Lithobius*, une arête, qui s'infléchit à ses extrémités, accompagnant les bords latéraux et limitant des zones antérieure et latérales étroites. Les bords latéraux et postérieur sont dentés en scie, à dents espacées. Le bord postérieur est arrondi dans les angles et échancré au milieu; à l'échancrure correspond une fente longitudinale courte, finement marginée, encadrée de boursouflements symétriques de la surface du tergite (*st*, fig. 475). Cette fente est un stigmate devenu impair et dorsomédian par la migration vers le sommet du dos et la fusion des stigmates pairs et latéraux des autres Chilopodes. Il y a par conséquent 7 stigmates. Des trachées en faisceaux épais se détachent de ce point; c'est leur présence qui donne l'aspect translucide aux boursouflements voisins.

Les sternites sont des sclérites trapézoïdaux, plus étroits en arrière qu'en avant. Tous les angles sont arrondis, tous les bords sont émarginés; leur surface est sillonnée et plantée de soies courtes. L'eupleurium est très réduit et pas franchement sclérifié.

Nous retrouvons le catopleure sous forme d'un repli coriace plus ou moins arqué en croissant. De même la procoxa, c'est-à-dire le pleurite 2β, n'est pas chitinisée; aussi est-elle peu apparente.

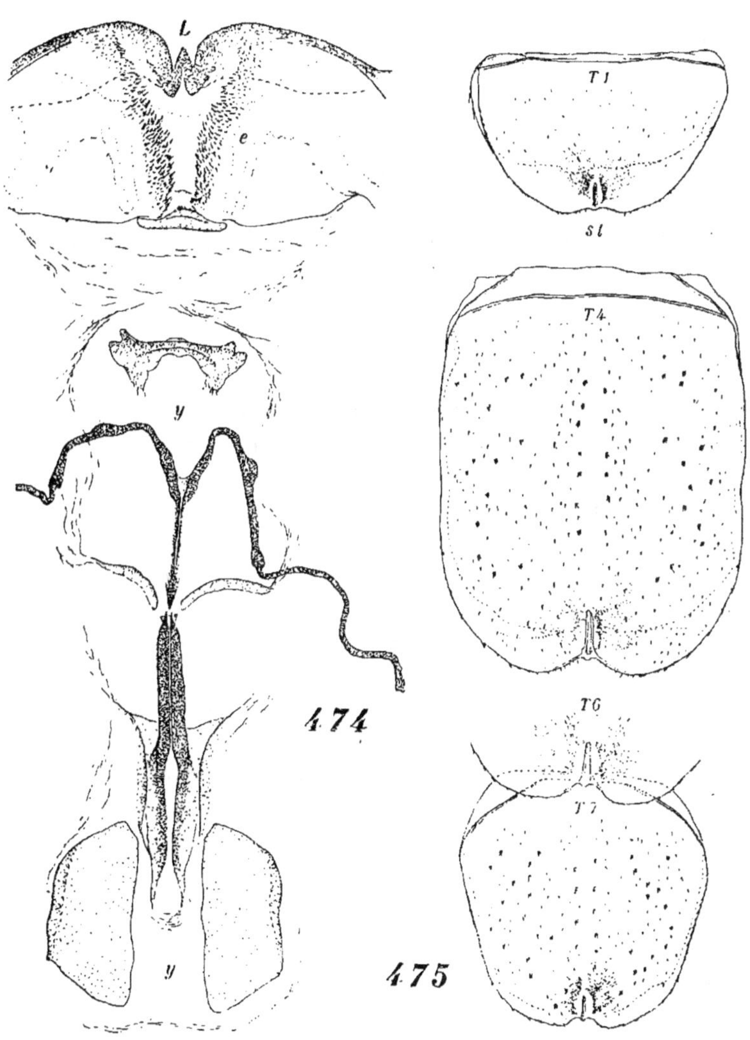

Scutigera coleoptrata, mâle de la Principauté de Monaco.

Fɪɢ. 474. — Différenciations de l'orifice buccal et du vestibule œsophagien. *L*: labre; *e*: replis épipharyngiens; *y, y*: plages sclérifiées et apodèmes à chitinisation massive du vestibule.

Fɪɢ. 475. — Tergites 1, 4 et 7. *st*: stigmates dorsaux.

Tous les autres pleurites manquent, y compris le pleurite stigmatifère.

Pattes.   Les membres prennent ici un développement très particulier
(fig. 476). De longueurs peu différentes jusqu'à la 7ᵉ paire, les
pattes deviennent de plus en plus longues en arrière. Sur les
pattes 1 à 14, la hanche, comprimée d'avant en arrière, est placée
obliquement, mais elle n'est pas complètement ouverte antéro-
dorsalement, les angles distaux de la fissure demeurant en contact par l'intermédiaire du condyle articulaire coxo-trochantérien.
Ici aussi nous avons l'équivalent de l'apodème longitudinal terminé par un condyle apical, auquel correspond un condyle
basal du trochanter. La hanche s'engage ventralement sous le
sternite, sur la duplicature duquel elle prend appui, sans cependant qu'on y trouve de condyle caractérisé. Par contre, sa face
dorsale est prolongée par une pièce, faiblement sclérifiée, dont le
bord arrondi épouse en partie la concavité du catopleure et qui
fait fonction de condyle dorsal, comme chez *Lithobius*. Ce prolongement est séparé de la hanche par un fin sillon; de circulaire qu'il est sur les premiers segments, il s'allonge verticale-
ment en arrière, où il est parcouru en majeure partie par une
crête (« *culter coxalis* » de Verhœff). La hanche porte une
longue et robuste épine, dentée en son milieu, sur la face ventrale (*VmH* des Lithobies). Le trochanter est un anneau très
court, complet; il demeure attaché à la hanche lorsque la patte
se détache, la rupture s'effectuant entre lui et le préfémur.
Les 5 articles suivants vont en s'allongeant dans les trois premières pattes, puis de nouveau à partir de la 10ᵉ. Sur les trois
premiers, préfémur, fémur et tibia, la surface est parcourue par
des arêtes longitudinales, qui sont en nombre variable suivant les
articles et suivant le rang de la patte considérée; ces arêtes portent chacune une série de soies, de dents, ou d'épines simples ou
jumelées (fig. 479), qui persistent, au moins à l'état de vestiges,
même lorsque l'arête est aplanie. Ces mêmes articles portent des
épines apicales très longues, savoir : une ventrale et deux dorsales au préfémur, une dorsale et deux dorso-latérales (une de
chaque côté) au fémur, une dorsale et deux ventrales au tibia;
en outre on peut trouver, sur le pourtour de l'extrémité distale
des articles, des aiguillons plus ou moins nombreux qui, sur le
tibia de certaines pattes (la 13ᵉ notamment), ont la disposition

d'un peigne (*n*, fig. 478). Les deux derniers articles sont différents des autres en ce qu'ils sont fractionnés en petits anneaux articulés en nombre variable et toujours élevé pour le métatarse. On ne voit pas d'arêtes longitudinales sur ces anneaux, bien que le premier tarse puisse en porter des amorces sous forme de rangées plus ou moins développées de petites épines noires. La division proximale du tarse (« tarsobasale I » de VERHŒFF), qui égale en longueur les 4-6 divisions suivantes, est toujours relativement longue; les autres, beaucoup plus courtes, vont en diminuant. Le métatarse est grêle et très allongé; il est terminé par une griffe courte et robuste; la face ventrale des anneaux (fig. 477) est flanquée de bouquets de soies entre lesquelles on distingue des soies élastiques (*j*) et des petites chevilles (« *cornula tarsalia* », *k*), qui n'existent cependant que sur certaines pattes [61] et dans un ordre déterminé.

Les pattes terminales sont plus grêles et beaucoup plus longues que les précédentes. Les hanches sont disposées parallèlement à l'axe du corps et leur forme est modifiée en raison des fonctions de ces appendices. Nous y retrouvons néanmoins les parties essentielles de la hanche, bien que le prolongement dorsal ait perdu sa consistence avec sa fonction. Le préfémur, le fémur et le tibia ont aussi des arêtes longitudinales, mais celles-ci sont plus faibles, bien qu'au moins aussi épineuses; en outre les grandes épines sont en nombre différent : une dorsale au préfémur (pas de ventrale), trois dorsales au fémur (comme sur les autres pattes), une dorso-postérieure et une ventrale au tibia. Les deux derniers articles ne sont pas distincts l'un de l'autre, ou bien leur limite est vague, et le nombre des anneaux qui les composent est énorme — jusqu'à plus de 500 d'après LATZEL; ces anneaux ne présentent ni articulations, ni soies élastiques, ni chevilles; leur extrémité, tout à fait filiforme, est dépourvue de griffe apicale. Elles ne servent pas à la translation, mais bien à la capture des proies, ou bien elles font fonction d' « antennes postérieures ».

Les deux derniers tergites apparents, 8e et 9e, recouvrent dorsalement les quatre segments terminaux. Le segment intermédiaire n'est représenté que par le 8e tergite; son sternite fait

Segments
terminaux.

---

[61] Chez certaines formes exotiques, ces chevilles peuvent se trouver à toutes les pattes de 1 à 14.

    Chilopodes

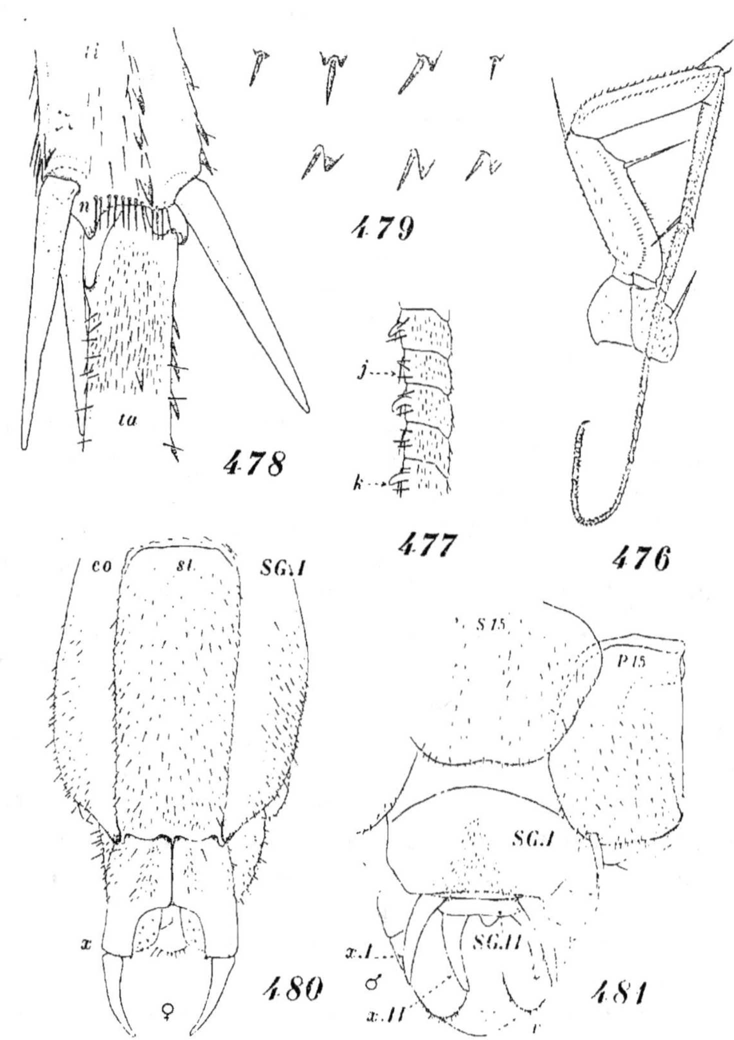

Scutigera coleoptrata.

Fig. 476. — Une patte, d'après Attems.

Fig. 477. — Cinq anneaux du métatarse d'une patte, avec leurs chevilles, *k,* et les soies élastiques de la face ventrale, *j,* d'après Attems.

Fig. 478. — Face antérieure de l'articulation tibio-tarsale, *ti-ta,* de la patte gauche de la 13ᵉ paire, montrant le peigne apical du tibia, *n;* mâle de Monaco.

Fig. 479. — Epines jumelées ou avec talons des rangées antérieure et antéro-ventrale du préfémur de P. 9; même individu.

Fig. 480. — Sternite du segment génital 1, *SG.1,* formé du sternite, *st,* et des coxites, *co,* des appendices génitaux d'une femelle des Basses-Pyrénées (Pau). *x:* télopodites des appendices.

défaut. Le tergite du segment génital I est membraneux. Son sternite est différent suivant le sexe. Chez le mâle (*SG. I*, fig. 481), le sternite est une pièce subrectangulaire ou trapézoïdale, pas plus longue que large; au voisinage des angles se dressent des styles d'un seul article, graduellement atténués, légèrement arqués et à pointe mousse (*x I*), qui sont les homologues des membres gonopodiaux de ce segment. Dépassant le bord caudal du sternite génital I, apparaît le sternite en bourrelet transverse du segment génital II (*SG.II*), pourvu, lui aussi, de styles analogues à ceux du segment précédent (*x II*). Entre les deux segments existe un pénis analogue à celui des Lithobies.

Chez la femelle (fig. 480), les parties ventrales du segment génital I sont plus développées et recouvrent presque entièrement les segments suivants (*SG.I*). La pièce basale est très longue et très large; c'est un syncoxosternite divisé superficiellement par deux sillons parallèles longitudinaux en trois régions; la région médiane serait l'homologue du sternite (*st*); les régions latérales (*co*) sont des coxites. A l'extrémité atténuée de ces parties coxales sont des condyles sur lesquels s'articule le reste des membres (*x*). Ceux-ci sont formés de deux articles; les articles proximaux accolés et soudés forment une pièce large, profondément échancrée à son bord caudal; d'après VERHŒFF, il faut y voir deux articles soudés entre eux et avec leurs voisins en un syntélopodite. Les angles proéminents de cette pièce portent chacun un article distal, rappelant par leur forme les styles du mâle, à convexités affrontées, ce qui a fait comparer l'organe à une pince. Le segment génital II n'est pas représenté ici par des pièces sclérifiées. Le segment anal, formé d'un tergite (le 9e) et de valves épaisses (*v*, fig. 481), n'abrite pas de glandes.

Nous ne possédons en France qu'une seule espèce de Scutigéromorphe, *Scutigera coleoptrata* (L.).

Fig. 481. — Extrémité postérieure du corps, face ventrale, d'un mâle de la Principauté de Monaco. S 15: sternite du dernier segment pédifère; P 15: hanche des pattes terminales; *SG.I:* sternite du segment génital I, avec ses appendices, *x I*; *SG.II:* sternite du segment génital II, avec ses appendices, *x II*; *v:* valves anales.

Famille : **SCUTIGERIDAE** Gervais, 1837.

Verhœff a divisé cette famille en deux sous-familles : *Scutigerinae* et *Thereuoneminae*. Le seul représentant du groupe en France appartient à la première et s'inscrit dans le genre *Scutigera*.

Genre **SCUTIGERA** Lamarck, 1801.

Scutigera coleoptrata (Linné, 1758) [62].

[Fig. 466-481.]

(*Scolopendra coleoptrata* Lin., 1758. *S. nigricans* Geoffroy, 1762. *S. lineata* Rossius, 1790. *Cermatia livida* Leach, 1817. *Scutigera longipes* Lamarck, 1818. *Cermatia variegata* Risso, 1826. *Selista forceps* Raffinesque, 1820 (sec. Chamberlin). Etc...)

Longueur jusqu'à 26 mm. — Largeur environ 3,50 mm.

Coloration jaunâtre, avec trois bandes longitudinales violacées plus ou moins nettes, dont une dorso-médiane et les autres latérales. Pièces buccales tirant sur le fauve. Pattes plus ou moins annelées de violet.

Antennes extrêmement longues et fines, formées d'anneaux minuscules pouvant atteindre le nombre de 250 à 300 (même 400, d'après Fabre); elles sont divisées en deux (plus rarement en trois) régions par des articulations constituées par deux anneaux consécutifs plus différenciés (« *nodus* »).

Métatarse des P. 1 à P. 9 avec des chevilles ventrales, de plus en plus rares sur les trois dernières paires; les chevilles sont généralement disposées de deux en deux anneaux, à partir de l'anneau 9ᵉ ou 10ᵉ (fig. 477), mais très nombreuses sont les dispositions irrégulières (chevilles sur deux ou trois anneaux successifs; lacunes dans la série; etc). Des petites épines noires à l'anneau proximal du tarse à partir de la 5ᵉ paire de pattes; leur nombre va en augmentant jusqu'à la 14ᵉ paire. Aux anneaux du tarse suivants, les épines ne débutent guère avant la 8ᵉ paire de pattes; elles sont moins nombreuses et plus irrégulières. Le nom-

(62) Les caractères de l'ordre ayant été empruntés à cette espèce, nous ne donnons ici que quelques indications complémentaires.

bre des articles des tarses et des métatarses va en diminuant de la 1re paire de pattes à la 5e environ, il demeure à peu près stationnaire jusqu'à la 12e, puis il augmente de nouveau sur les trois dernières. Les chiffres du tableau suivant sont approximativement ceux observés le plus fréquemment.

Pattes	Articles du tarse	Articles du métatarse	Epines du 1^r ann. du tarse	Chevilles du métatarse
1	13 - 16	33 - 36	0	8 à 10
2	11 - 13	33 - 34	0	9 - 10
3	10 - 13	30 - 33	0	7 - 10
4	8 - 12	28 - 32	0	5 - 9
5	8 - 10	26 - 30	2	5 - 7
6	8 - 9	27 - 29	2	4 - 6
7	7 - 9	26 - 30	3	3 - 4
8	7 - 9	27 - 29	7	2 - 4
9	7 - 9	26 - 30	9	0 - 2
10	7 - 9	26 - 31	18	0
11	7 - 10	27 - 31	15	0
12	7 - 10	26 - 31	18	0
13	7 - 10	32 - 35	23	0
14	8 - 13	32 - 40	25	0
15	500 - 600		10	0

Mâle : sternite génital I subrectangulaire, plus large que long (rapport 2/1 environ), à bord postérieur rectiligne, à angles tronqués (fig. 481); styles pas plus longs que le sternite; styles du segment génital II (x *II*) seulement un peu plus courts. Femelle : plage sternale (*SG.I*, fig. 480) beaucoup plus longue que large (rapport 16/7 environ); pièce basale des télopodites subrectangulaire, un peu plus large que longue, échancrée en demi-cercle presque jusqu'à moitié de sa longueur; article distal égal environ aux deux tiers de la pièce proximale.

Forme commune dans le midi de la France, remontant en se raréfiant jusque dans le Nord. Circumméditerranéenne, atteignant la Russie. D'après R. V. CHAMBERLIN, la *Selista forceps* (RAF.) des Etats-Unis et des Antilles ne diffère pas de la *Scutigera* européenne.

ESQUISSE PHYLOGÉNIQUE.

Au cours de nos publications ([63]), nous avons eu l'occasion d'exposer les idées auxquelles nous ont amené l'étude des Myriapodes. Mais c'est presque exclusivement aux Diplopodes que nous avons emprunté les exemples apportés à l'appui de notre opinion. Les Chilopodes ne sont cependant pas différents des Diplopodes sous le rapport de l'évolution et ce qui s'applique aux seconds est également vrai pour les premiers. Nous nous proposons par conséquent d'appliquer ici les mêmes principes, qui peuvent se condenser comme suit.

L'évolution des Myriapodes est dominée essentiellement par la Tachygénèse, c'est-à-dire par la tendance à la condensation de plus en plus accusée du développement. Et par « évolution » nous n'entendons pas parler uniquement des variations que révèle la comparaison d'individus d'un même groupe (congénères) ou celle de groupes voisins (tribus, familles), mais bien plutôt des phénomènes qui ont entraîné l'apparition des formes disparates que nous distribuons dans les divisions supérieures de nos systèmes (ordres, classes) et dont il importe de retrouver l'enchaînement.

Un corollaire logique, inéluctable, de la tachygénèse est la maturation de plus en plus précoce des éléments sexuels, maturation qui abrège la durée du développement du soma. Survenant à un moment où l'être n'est pas encore parvenu au stade ultime de croissance auquel atteignaient jadis ses ancêtres, cette maturation fixe l'organisme à un état qu'on peut qualifier de larvaire. L'être nouveau n'a alors ni la taille ni le nombre de segments de ses ancêtres et ses organes ne présentent plus la complication propre à la souche commune. Dans ces conditions, il présente une conformation d'apparence trompeuse, qui peut le

---

([63]) Notamment en 1918, « Quelques indices d'évolution chez les Myriapodes »; en 1921, « Principe de contraction contre principe d'élongation »; en 1923, « Biospeologica. XLVIII, Blaniulidae ».

faire considérer comme une forme archaïque, si l'on ne tient pas compte des altérations apportées par le processus tachygénétique.

Ce processus, que nous désignons par le terme de « Contraction tachygénétique », se manifeste au cours de crises pathologiques engendrées par des modifications survenant dans le milieu. Sous l'effet de ces modifications, l'équilibre morphologique ancestral se trouve ébranlé et demeure instable jusqu'au jour où se trouve réalisé un nouvel équilibre moins précaire, plus en harmonie avec les nouvelles conditions du milieu.

En raison de la simplification de sa conformation, l'être néoformé n'est plus astreint à des conditions d'existence aussi strictes. Les organes, moins fixés, peuvent être le siège de variations plus amples; il y a en quelque sorte rénovation de sa plasticité, permettant l'apparition de structures nouvelles, différentes de celles qui caractérisaient les formes ancestrales. Plus sont fréquentes les crises pathologiques et les contractions qu'elles déterminent, plus l'être néo-formé s'écarte de la conformation des générations dont il dérive.

La contraction tachygénétique permet ainsi de concevoir un enchaînement entre des formes très différentes, issues cependant d'une même souche, et la continuité des phénomènes de la vie.

Concurremment à ce processus de contraction se manifeste constamment celui, bien connu, d'adaptation, de complication, qui est considéré comme le mode évolutif par excellence et pour lequel nous utilisons le terme de « Différenciation ». C'est en vertu de ce processus qu'apparaissent et se développent les variations progressives que révèle la comparaison de formes apparentées et qui servaient jusqu'ici de criterium pour apprécier le degré d'évolution des êtres. A l'inverse de la contraction tachygénétique, la différenciation n'est pas déclanchée par des crises pathologiques; au contraire, ses effets ne peuvent se manifester que lorsqu'un rameau phylétique se perpétue à travers de nombreuses générations dans des conditions qui n'entraînent pas de graves altérations de l'équilibre morphologique de ses représentants.

Mais en s'accentuant, en adaptant toujours plus étroitement l'organisme à son milieu, l'organe à sa fonction, la différenciation en arrive à réduire graduellement la plasticité de l'être. Que des modifications trop brusques ou trop radicales surviennent dans le milieu, et l'être, entravé par un cadre morphologique trop rigide, est condamné à disparaître faute de pouvoir réaliser un nouvel équilibre.

Il y a ainsi antagonisme entre les deux processus évolutifs de contraction et de différenciation, et c'est dans les résultats de cet antagonisme que nous pouvons trouver l'origine de ces associations, souvent relevées chez nos Arthropodes, de structures contradictoires, les unes d'apparence archaïque, les autres de nature spécialisée.

Voyons maintenant, à la lueur de ces données, comment on peut concevoir les affinités et la phylogénie des diverses formes de Chilopodes.

Nous savons que le criterium d'appréciation le plus important est le degré de contraction de la croissance. Malheureusement nous ne sommes pas à même, faute d'indications complètes, d'établir un tableau comparatif détaillé de la croissance de ces Arthropodes, qui nous dispenserait de toute argumentation. Les seuls points de repère dont nous disposons nous sont fournis par les différences mentionnées du mode de développement épimorphe et du mode anamorphe.

Dès 1880, ces modes apparaissent tellement caractérisés, que les divers auteurs n'hésitent pas à voir, dans les Chilopodes où on les observe, des groupements à affinités étroites, et à classer dans l'un les Géophiliens et les Scolopendrides, l'opposant à un second groupement constitué par les Lithobies et les Scutigères. Il nous est apparu depuis lors que ces modes de développement ne sont pas aussi tranchés qu'on le supposait et qu'ils ne sont que l'expression, à différents degrés, de la contraction tachygénétique, qui domine l'évolution de ces êtres.

Evidemment si le développement embryonnaire des uns et des autres était strictement semblable, la théorie de 1880 gagnerait en force. Mais il ne faut pas perdre de vue que le point de comparaison adopté, l'éclosion, n'a rien de fixe ni, par conséquent, de comparable. Il nous frappe parce qu'il marque le passage du développement embryonnaire, dissimulé au regard, au développement postembryonnaire, apparent à l'œil nu, et parce qu'il sert généralement de point de départ aux études de morphologie. Mais le second n'est que la suite du premier et c'est tout à fait arbitrairement que nous séparons l'un de l'autre et que nous prenons prétexte de l'éclosion pour ouvrir un nouveau paragraphe. En réalité l'éclosion n'est qu'un accident dans le développement général de l'être et ne renferme qu'un renseignement dont il est indispensable d'apprécier la valeur, sans la surestimer. Très importante à ce point de vue est la constatation de ZOGRAFF que la formation complète du corps d'un Géophilien dans l'œuf précède celle de la Scolopendre p a r r a p p o r t à l'heure de l'éclosion, et, à plus forte raison, celle des anamorphes, dont la formation du corps n'est terminée que longtemps après l'éclosion.

Essayons d'un schéma. Traçons trois lignes parallèles qui seront supposées représenter la croissance de chacun des groupes des Géophilomorphes (α-ω), des Scolopendromorphes (α'-ω') et des Lithobiomorphes (α''-ω'') [64]. Marquons d'une croix, ×, le moment (F, F', F'') où s'achève la formation du corps et par un trait, |, celui de l'éclosion (G, S, L). La partie comprise entre la croix et l'extrémité ω de la ligne représentera la période épimorphe; celle à gauche de la croix, la période anamorphe.

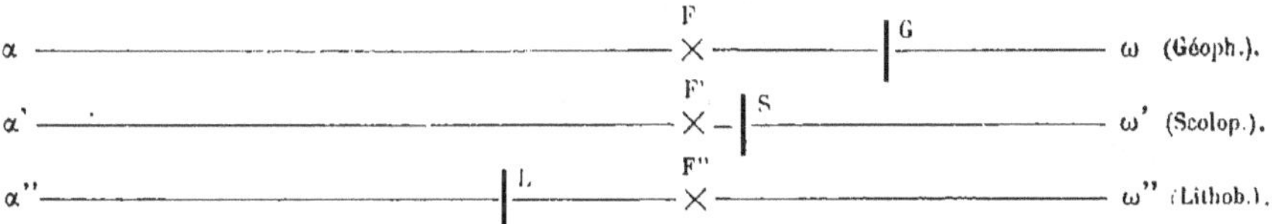

On s'expliquera ainsi aisément que l'apparition du mode anamorphe dépend uniquement de la contraction du développement, entraînant une éclosion de plus en plus précoce.

Ce schéma, empressons-nous de le dire, est certainement incomplet en ce qu'il suppose que, dans les trois cas, la formation du corps requiert un laps de temps égal. Or rien n'est moins certain. La tachygénèse faisant incontestablement sentir ses effets dès le début de la segmentation de l'ovule fécondé, il est infiniment probable que, si l'on pouvait mesurer les trois lignes α-F, α'-F', α''-F'', on les trouverait graduellement plus courtes. Les écarts entre les époques d'éclosion G, S et L s'en trouveraient par cela même augmentés.

(64) Nous supposerons les Scutigères semblables aux Lithobies au point de vue de la contraction de la croissance, puisqu'elles ont le même nombre de segments; mais il est évident que cette assimilation n'est pas absolue.

Si l'on ne peut arriver par ce schéma à un résultat pratique, on peut néanmoins se rendre compte qu'il n'y a aucune raison pour donner à la position de L une valeur différente de celle de S ou de G. Ces deux dernières n'ont pas plus d'affinités entre elles qu'elles n'ont de différences avec L et il n'y a pas lieu d'exagérer la signification des modes épimorphes et anamorphes. Nous ne conservons donc les termes que pour la commodité du langage, sans leur laisser la valeur de divisions (sous-classes) des Chilopodes.

Par contre ce schéma indique comment nous avons à envisager les rapports des cinq groupes des Chilopodes : Géophilomorphes, Scolopendromorphes, Cratérostigmomorphes, Lithobiomorphes et Scutigéromorphes, que nous tenons pour des ordres séparés.

Les Géophilomorphes sont les plus voisins de la souche primitive, comme l'indiquent les nombreux caractères archaïques qu'on leur reconnaît. Leur éclosion est tardive et le corps a déjà sa segmentation complète bien avant la sortie de l'œuf. Le corps est très allongé et il est formé d'un nombre élevé de segments (de 30 à 173); ce nombre n'est pas fixe chez l'espèce. La tête est proportionnellement très petite. Les segments du tronc sont homonomes; tergites et sternites sont précédés de sclérites intercalaires, les prétergites notamment égalant presque le tiers du tergite correspondant. On trouve fréquemment, entre le tergite forcipulaire et la tête, des restes d'un sclérite tergal (maxillaire). Il existe encore des organes segmentaires (stigmates, glandes) en série ininterrompue d'un bout à l'autre du corps. Les pattes de la dernière paire sont séparées par les segments terminaux. Et parmi les organes : le nombre des articles des antennes est peu élevé (14). Le tronc des mandibules est homogène, sans fissures; le condyle dorsal est médiocre. Les sclérites des segments terminaux sont nombreux et les appendices génitaux sont simples dans les deux sexes. Les organes des sens sont peu développés.

Par contre nous observons quelques structures qui portent l'empreinte de la différenciation. Téguments épais chez les plus grosses formes; mâchoires et forcipules soudées deux à deux par la base; fémur et tibia des forcipules à rebord externe atrophié; paratergites et pleurites nombreux; système trachéen complexe.

Passant aux Scolopendromorphes, nous voyons que les caractères archaïques diminuent. Si l'animal sort de l'œuf entièrement conformé, cette formation n'a pas précédé de beaucoup l'éclosion. La taille de l'animal est déjà beaucoup plus condensée, le nombre des segments pédifères est ramené à 21-23 et il est devenu fixe. La tête est déjà grande, environ 6 à 7 % de la longueur de l'animal. Les segments sont encore homonomes, bien que certains d'entre eux aient une tendance à diminuer; les prétergites et les présternites disparaissent; on peut néanmoins retrouver la trace du sclérite postcéphalique. Le nombre des organes segmentaires diminue (9-10 stigmates, pleurites réduits) quand ils ne disparaissent pas totalement (glandes ventrales). Bien peu nombreuses sont, en définitive, les structures primitives que la contraction tachygénétique a respectées, alors que la différenciation en a développé d'autres : antennes à articles plus nombreux (15 à 23); mandibules à fissures compliquées et à grand condyle; forcipules à lames dentées marginales; pattes de la dernière paire rapprochées dans l'axe du corps et en contact; élimination de la plupart des sclérites terminaux, etc.

Le même phénomène est encore plus évident chez les Lithobiomorphes, où l'on chercherait vainement les structures archaïques signalées chez les Géophiliens. L'éclosion précède de beaucoup la fin de la formation du corps, réduisant la taille et le nombre des segments pédifères, qui tombe à 15. La tête représente environ 9 à 10 % de la longueur du corps. La segmentation dorsale n'est plus homonome. Le nombre des stigmates est ramené à 6 ou 7. Les pattes terminales qui s'étaient rapprochées reviennent de nouveau à la position écartée du fait d'une résurgence de la disposition primitive, résurgence due à la contraction. Des résurgences analogues s'observent aux articles des forcipules (fémur et tibia) qui, ici, sont cylindriques avec un rebord externe non atrophié; aux mandibules, dont les fissures sont incomplètes; au système trachéen, plus simple même que chez les Géophiliens. — Par contre certaines différenciations sont en progrès; les articles des antennes et les ocelles sont plus nombreux; le labre porte des tigelles non encore observées; les appendices génitaux se compliquent, au moins chez la femelle.

Chez les Scutigéromorphes, ce sont les différenciations qui dominent et qui sont plus accusées qu'ailleurs. Migration des stigmates qui deviennent pairs et dorsaux, avec un système trachéen compliqué. Développement de la tête et complication des structures pharyngiennes. Segmentation indéfinie des antennes et des tarses, pour ne parler que des plus saillantes. Mais ces différenciations n'excluent pas les résurgences, telles que la dissociation des membres des mâchoires et des forcipules, inconnue dans les autres ordres et qui constituent, à n'en pas douter, la réapparition de structures larvaires.

En résumé, si nous passons d'un groupe à l'autre dans l'ordre où nous les avons énumérés, nous voyons les structures simples, primitives, du premier disparaître progressivement pour faire place à des associations de caractères qu'on pourrait supposer contradictoires. Contradictoires ils ne le sont cependant qu'en apparence, et leur association s'explique par les effets combinés de la contraction tachygénétique et de la différenciation. Nous avons donc à envisager une souche d'affinités géophiliennes, de laquelle s'est détaché un tronc secondaire; celui-ci, à son tour, a fourni les rameaux des Scolopendres, des Cratérostigmes, des Lithobies et des Scutigères. Le rameau des Scutigères paraît s'être séparé de bonne heure du tronc commun, si nous en jugeons par les différenciations accusées qu'il présente. Les Lithobies se sont émancipées plus tardivement et n'ont pas eu le temps de se spécialiser autant que les Scutigères.

Les mêmes principes vont nous guider dans l'analyse des divers ordres.

G é o p h i l o m o r p h e s. — L'ordre des Géophilomorphes s'est partagé de bonne heure en plusieurs branches, dont les mieux connues sont les Oryides, les Himantariides ([65]), les Mécistocéphalides, les Schendylides et les Géophilides.

Les plus grands Géophiliens appartiennent aux Oryides, que nous devons considérer comme des formes primitives à plus d'un titre. D'une part le nombre de leurs segments est élevé et leurs organes segmentaires sont répartis sur tous les segments, et d'autre part les rangs clairsemés de leurs représentants et leur répartition géographique disséminée nous enseignent que nous avons à faire à un groupe ancien. Ils ne sont pas de notre faune, mais le type du groupe, *Orya barbarica*, est commun en Algérie.

([65]) Verhœff a réuni dans la même coupe les Oryides et les Himantariides et nous l'avons suivi jusqu'ici. Cependant Attems a peut-être raison d'en faire des groupes distincts et de même valeur en raison des structures différentes de la mandibule.

La famille des Himantariides n'est probablement qu'une de leurs colonies qui s'est perpétuée aux abords de la Méditerranée, mais seulement au prix de modifications sensibles. Les grandes formes, *Himantarium, Pseudohimantarium*, sont les plus anciennes et ce n'est qu'ultérieurement que sont apparus par contraction les Haplophiliens, de taille plus réduite, à téguments moins coriaces, à pleurites de moins en moins nombreux, à série de glandes ventrales de plus en plus écourtée. Dans ce dernier groupe la différenciation a fait apparaître les fossettes sternales si curieuses.

Les Mécistocéphalides ne sont pas de nos climats. Ils forment un groupe que la contraction a ramené à des proportions plus modestes, fixant même le nombre de leurs segments. Par contre nous y trouvons des structures très spéciales, telles que celles des pièces buccales, des sternites; mais ils ont été trop peu étudiés pour qu'on en puisse tirer des conclusions. Ils sont d'ailleurs d'organisation assez homogène pour s'opposer à un fractionnement intensif en genres.

Dans un autre groupe, celui des Schendylides, les étapes de l'évolution sont plus faciles à saisir. Ils sont probablement originaires de l'Amérique, où nous rencontrons leurs plus beaux représentants. Quelques-uns (*Pectiniunguis*) ont même conservé des dispositions anciennes, déjà amendées chez les espèces du continent néotropical en ce qui concerne la taille, les glandes coxales (homogènes) et la série des champs poreux ventraux (*Schendylurus*), et plus amendées encore chez les espèces de notre continent. Nous ne possédons en France que de très petites formes, chez lesquelles la tachygénèse a occasionné un dépérissement manifeste; les pièces du labre sont peu empâtées et mal délimitées; la frange de l'ongle des deuxièmes mâchoires est réduite à quelques épines ou a disparu; la série des pores ventraux est de plus en plus écourtée (*Schendyla*) ou disparaît chez certaines espèces (*Brachyschendyla*). Rares sont ici les structures relevant de la différenciation. Il semblerait plutôt que ce groupe soit en cours de disparition sur notre continent; en tout cas il est, en Europe, sur les limites de son domaine d'élection, ce qui justifie déjà son amoindrissement.

Le dernier groupe de nos Géophilomorphes est celui des Géophilides proprement dits. Bien qu'il constitue le lot le plus important de nos Géophilomorphes paléarctiques, il a des représentants dans toutes les parties du globe et sa patrie d'origine est difficile à préciser. Le caractère de la mandibule à une seule lame pectinée, qu'il a en commun avec les Heniines, nous a amené à considérer les uns et les autres comme issus d'une même souche et c'est pourquoi nous les réunissons dans la même famille. Or les Heniines sont des formes anciennes. Leurs espèces sont peu nombreuses, bien que plus prospères aux Etats-Unis, et nous n'en cataloguons ici que quelques formes disparates, puisque nous comptons presque autant de genres que d'espèces. Elles sont généralement dotées d'un nombre élevé de segments. Leurs structures se ressentent d'une différenciation accusée. Elles ont des téguments relativement épais, des pores ventraux condensés sur un point déterminé et bien circonscrit des sternites. Elles présentent aussi des structures compliquées; dimensions de la pièce médiane du labre développée au détriment des pièces latérales; fusion des éléments des mâchoires; apparition d'épines ou de dents à la griffe des forcipules de certaines espèces, etc...

Les Géophiliens proprement dits, au contraire, ont évolué dans un sens un peu différent et surtout ils ont dû, au cours de leur évolution, traverser des périodes de crise, car nombreux sont ceux qui portent des traces de contraction. Plusieurs genres sont réduits à une ou deux espèces et ce sont les plus grandes. Mais dans le nombre, le genre *Geophilus* s'est sans doute mieux adapté à nos climats et c'est lui qui, avec ses formes nombreuses et souvent très voisines les unes des autres, peut-être pris comme le type européen continental. Presque tous ses représentants ont été plus ou moins fortement contractés, puisqu'à côté du *carpophagus*, type à 57-59 paires de pattes (en moyenne), et de l'*electricus* (69-71 paires), s'en rencontrent d'autres à 37 paires, comme le *pusillus* ou les *Brachygeophilus*. Ces derniers, les plus petits de nos Geophiliens (31-41 paires de pattes), n'ont même plus de pores ventraux, constituant un excellent parallèle aux *Brachyschendyla* (de la famille des Schendylides) qui sont dans le même cas.

Le *Gnathomerium* et le *Pachymerium* — qui appartiennent à des groupes exotiques — ainsi que les Eurygeophiliens se sont séparés de nos Geophiliens dans des sens divers d'autant plus divergents que leur domaine est plus éloigné de notre continent. Chez *Gnathomerium* (et les Ribautiines, auxquels il appartient), la différenciation a modifié le coxosternum des deuxièmes mâchoires et l'importance de cette modification est telle qu'on a dû les isoler dans une coupe spéciale. Ils s'accommodent de préférence des conditions de l'hémisphère sud et des régions arctiques.

Pachymerium, également caractérisé par ses deuxièmes mâchoires, est cependant beaucoup trop rapproché de nos Géophiliens pour mériter d'être séparé d'eux au même titre que les Ribautiines.

Quant aux *Eurygeophilini*, dont on ne connaît encore que deux représentants dans la faune atlantique, c'est leur segment forcipulaire qui a été le siège des différenciations (tergite large, coxosternum condensé, griffe en lame de sabre) qui nous obligent à les séparer des *Geophilini*.

Sur les S c o l o p e n d r o m o r p h e s, dont nous n'avons que le type Scolopendre et le type Cryptops, nous n'avons pas à nous étendre. Nous noterons simplement que le premier, avec sa taille parfois gigantesque, ses téguments épais, son énorme condyle mandibulaire, l'armement de ses forcipules, toutes particularités nées de la différenciation, se présente comme beaucoup plus ancien que le second.

L'ordre des L i t h o b i o m o r p h e s est composé de façon très homogène, à telle enseigne que les genres, qu'on a cherché à y distinguer, sont fondés, à de rares exceptions près (*Bothropolys*, *Pseudolithobius*), sur des caractères peu précis. Le genre *Pseudolithobius*, créé pour une espèce américaine ayant des pores aux cinq dernières paires de hanches, doit être moins contracté que les autres genres qui ont une paire de hanches poreuses de moins. Parmi ces derniers, les *Bothropolys*, dont les pores coxaux sont nombreux et non sériés, sont à tenir pour plus anciens, ce que confirme en outre leur taille généralement grande. Mais dans la masse des espèces du genre *Lithobius*, qui s'élève à plus de 250 espèces, il est difficile de s'orienter actuellement, en dépit des tentatives qui ont été faites pour la fractionner. Les premiers essais de divisions ont été basés sur la présence et sur le nombre des prolongements des sclérites tergaux [66]. Il est incontestable que les formes à prolongements nombreux (aux tergites 6, 7, 9, 11 et 13, comme *Eulithobius*, par exemple) sont plus anciennes

---

[66] Voir p. 240 les divisions créées par Stuxberg (1875).

que les *Lithobius s. s.* (à tergites 9, 11, 13 prolongés) et que les *Archilithobius* (qui n'ont pas de prolongements); il est également évident que, dans ces derniers, certaines espèces sont apparues par contraction, comme le démontrent le nombre peu élevé de leurs ocelles, leur spinulation réduite et l'absence d'articulation tarso-métatarsienne aux pattes du tronc. Mais, outre qu'il n'est pas toujours aisé de décider s'il existe ou non des prolongements à tel ou tel tergite, il est infiniment probable que les groupements établis sur ces caractères sont purement arbitraires, parce que polyphylétiques.

Par contre on peut aisément isoler des Lithobiines une série de formes ordinairement de petite taille, celle des Henicopines, qui sont exotiques, mais dont nous avons en France deux représentants. Ce sont des Lithobies fortement contractées par la tachygénèse, tout nous l'indique; le nombre réduit de leurs ocelles, des épines des pattes, des articles antennaires, et mieux encore deux particularité des plus intéressantes : la présence d'une paire de stigmates au premier segment du tronc et la persistance des glandes anales. L'une, l'existence d'une paire de stigmates supplémentaires, est la réapparition d'un caractère archaïque qui a dû être commun à tous les ancêtres du groupe; l'autre, la persistance des glandes anales, est la conservation d'une structure larvaire qui disparaît dans les derniers stades du développement de *Lithobius*, mais se trouve préservée, chez les Hénicopines, par une fixation prématurée à un stade de développement où les glandes larvaires existent encore.

Les S c u t i g é r o m o r p h e s, qui ne comptent qu'une espèce en France (et même en Europe continentale), et ses congénères exotiques, encore peu étudiés, ne fournissent pas matière à des comparaisons.

Il ne nous reste qu'à mentionner l'ordre australien des C r a - t é r o s t i g m o m o r p h e s. Il ne contient qu'une seule espèce de Tasmanie, *Craterostigmus tasmanianus* POCOCK. En tant que connu, ce Chilopode participe d'une part des Scolopendromorphes par son aspect général, par le nombre de ses sclérites tergaux (21) et les différenciations du coxosternum forcipulaire; d'autre part il se rapproche des Lithobiomorphes par le nombre des segments pédifères (15) et des stigmates (6 paires), par la conformation du fémur et du tibia forcipulaires complets extérieurement. Enfin, la forme de la tête et la composition de l'arête mandibulaire peuvent faire songer aux organes correspondants de certains Géophiliens. En bref, il semble qu'on ne puisse concevoir ce Chilopode que comme une Scolopendre en cours de contraction, n'ayant pas encore réalisé complètement le type Lithobie et chez lequel existent des réminiscences ancestrales restaurées par la crise pathologique qu'a traversée sa lignée. A ce titre, il ne saurait être classé dans aucun des ordres admis.

INDEX BIBLIOGRAPHIQUE

Les travaux traitant en même temps des Chilopodes et des autres
Ordres des Myriapodes étant très nombreux, afin d'éviter les répé-
titions, nous donnons ici une liste générale destinée à servir aussi bien
pour les volumes à publier que pour celui des Chilopodes. Cette liste
ne comprend que les principaux travaux relatifs à la faune paléarc-
tique; ceux consacrés à des faunes exotiques n'y figurent qu'en tant
qu'ils ont une importance quelconque à un point de vue général.

ADENSAMER (Th.). 1893. — Ueber das Auge v. *Scutigera coleoptrata.*
— *Verh. K. K. Zool. Bot. Ges. Wien*, XLIII, 1, 1893.

ALLUAUD (Ch.). 1926. — Observations sur la Faune entomologique
intercotidale. — *Bull. Soc. Zool. France*, LI, 1926, n° 2.

AM STEIN (J.-G.). 1857. — Aufzählung und Beschreibung der Myriapoden u. Crust. Graubündens. — *Jahresb. naturf. Ges. Graub.*,
neue Folge, II, 1857.

ATTEMS (C.). 1894. — Vorl. Mittheil. über die Copulationsfüsse der
Iuliden. — *Zool. Anz.*, XVII, n° 458, 1894.

— 1895. — Die Myriopoden Steiermarks. — *Sitzb. K. Akad. Wiss.
Wien*, CIV, Abt. 1, 1895.

— 1897. — Myriopoden. — *Abh. Senckenb. naturh. Ges. Frankfurt
a/M.*, XXIII, H. 3, 1897.

— 1898. — System der Polydesmiden, 1 Theil. — *Denks. K. Akad.
Wiss.*, LXVII, 1898.

— 1899 *a*. — Neues über paläarktische Myriopoden. — *Zool. Jahr-
büchern*, XII, 1899.

— 1899 *b*. — System der Polydesmiden, II Theil. — *Denks. K. Akad.
Wiss.*, LXVIII, 1899.

— 1900. — Ueber die Färbung von Glomeris und Beschreibung neuer
oder wenig gekannter palaearktischer Myriopoden. — *Arch. f.
Naturg.*, 1900, Bd. I, H. 3.

— 1901 *a*. — Neue Polydesmiden des Hamburger Museums. — *Mitt.
naturh. Mus. Hamburg*, 1901.

— 1901 *d*. — Neue, durch d. Schiffsverkehr in Hamburg eingesch-
leppte Myriopoden. — *Ibid.*, 1901.

— 1902. — Myriopoden v. Kreta, nebst Beiträgen... etc. — *Sitzb. K.
Akad. Wiss. Wien*, CXI, 1902.

— 1903 *a*. — Beiträge zur Myriopodenkunde. — *Zool. Jahrb.*, XVIII,
H. 1, 1903.

— 1903 *b*. — Synopsis der Geophiliden. — *Ibid.*, XVIII, H. 2, 1903.

— 1904. — Neue paläarktische Myriopoden, nebst Beiträge... etc. —
Arch. f. Naturg., 1904, LXX, Bd. I, H. 1/2.

ATTEMS (C.). 1907. — Myriopoden aus d. Krim u. d. Kauskasus, v. Dr. A. Stuxberg gesammelt — *Arch. f. Zoologi*, Stockholm, III, n° 25, 1907.

— 1908 *a*. — Myriopoden v. Elba. — *Zool. Jahrb.*, XXVI, H. 2, 1908.

— 1908 *b*. — Ein neuer *Brachydesmus* aus Höhlen Istriens. — *Zool. Anz.*, XXXIII, n° 14, 1908.

— 1908 *d*. — Note sur les Myriapodes recueillis par M. Henri Gadeau de Kerville en Khroumirie et description... etc. (Extrait du Voyage zoologique en Khroumirie (Tunisie), par H. GADEAU DE KERVILLE.) — Rouen, 1908.

— 1910. — Description de Myriapodes nouveaux recueillis par M. Henri Gadeau de Kerville pendant son voyage zoologique en Syrie. — *Bull. Soc. Amis Sc. nat. Rouen*, 1910.

— 1911 *a*. — Myriopoden von Gomera, gesammelt von Prof. W. May. — *Arch. f. Naturg.*, LXXVII, Bd. I, suppl., H. 2, 1911.

— 1911 *c*. — Die Gattung *Brachydesmus* Heller. — *Verh. Zool.-Bot. Ges. Wien*, LXI, 1911.

— 1914 *a*. — Afrikanische Spirostreptiden, nebst Ueberblick über die Spirostreptiden orbis terrarum. — *Zoologica*, XXV, 5/6 Lief., Heft 65-66, 1914.

— 1916. — Myriopoda. (Voir GINZBERGER.)

— 1926. — Myriopoda, *in* : Handbuch der Zoologie; Eine Naturgeschichte der Stämme des Tierreichs, gegründet von Dr. Willy Kükenthal. Band IV. — Berlin-Leipzig, 1926.

— 1927 *a*. — Myriopoden aus dem nördlichen und ostlichen Spanien, gesammelt von Dr. F. Haas... etc. — *Abh. Senckenb. naturf. Ges. Frankfurt a/M.*, XXXIX, H. 3, 1927.

— 1927 *d*. — Neue Chilopoden. — *Zool. Anz.*, LXXII, H. 11/12, 1927.

— 1927 *f*. — Ueber palaearktische Diplopoden. — *Arch. f. Naturg.*, XCII, Abt. A, H. 1/2, 1926.

BACHELIER (L.). 1887. — La Scolopendre et sa piqûre; des accidents qu'elle détermine chez l'homme. — Paris, 1887.

BAGNALL (Richard S.). 1909. — Notes on some Pauropoda from the Counties Northumberland and Durham. — *Trans. Nat. Hist. Soc. North. Durh. Newcastle*, (N. S.) III, 1909.

— 1911 *a*. — A contribution towards a Knowledge of the British species of the Order Symphyla. — *Ibid.*, 1911.

— 1911 *b*. — A Synopsis of the British Pauropoda. — *Ibid.*, 1911.

— 1911 *c*. — A Synopsis of the British Symphyla, with descriptions of new species. — *Ibid.*, (N. S.) IV, 1911.

— 1911 *d*. — Notes on Pauropoda, with a brief description of a new species of *Brachypauropus*. — *Ibid.*, 1911.

— 1912. — Brief Records of *Chaetechelyne vesuviana* Newport, and other Myriopods new to British Fauna. — *Zoologist*, (4) XVI, 1912.

— 1913. *a*. — On the Classification of the Order Symphyla. — *Linn. Soc. Journ. Zool.*, XXXII, 1913.

— 1913 *c*. — The Scottish Symphyla. — *Scot. Natur.*, 1913.

BAGNALL (R. S.). 1913 *d*. — *Lithobius Duboscqui* Brol., a Centipede new to the British Fauna. — *Zoologist*, (4) XVII, 1913.

— 1913 *e*. — The Myriapods of the Derwent Valley. — *Proc. Derwent Natur. Field Club*, 1913.

— 1914. — *Lithobius lapidicola* Mein., a Centipede new to the British Fauna. — *Zoologist*, (4) XVIII, 1914.

— 1915. — On a small collection of Symphyla from Algeria. — *Ann. Mag. Nat. Hist.*, (8) XV, 1915.

— 1917 *a*. — On some Lancashire Myriapods new to the British Fauna, with comments... etc. — *Lancs. and Chesch. Natur.*, X, n° 112, 1917.

— 1917 *b*. — The Symphyla of Lancashire and Cheshire. — *Ibid.*, X, n° 112, 1917.

— 1918 *a*. — Notes on *Lithobius borealis* Mein. and other Lancashire Myriap. — *Ibid.*, X, n° 120, 1918.

— 1918 *b*. — On the Synonymy of some European Diplopods (Myriapoda), with special reference to the Leachian Species. — *Ann. Mag. Nat. Hist.*, (9) II, n° 11, 1918.

— 1918 *c*. — Record of some new British Diplopods, with prel. check list of the British « Myriapoda ». — *Journ. zool. Res.*, III, n° 2/3, 1918.

— 1919. — On the Discovery of two Species of *Brachychaeteumidae*, a minor group... etc. — *Ann. Mag. Nat. Hist.*, (9) IV, n° 20, 1919.

BANKS (Nathan). 1893. — Notes on the Mouth Parts and Thorax of Insects and Chilopoda. — *Amer. Natur.*, XXVII, 1893.

— 1900. — Camphor secreted by an Animal (Myriapoda). — *Science*, (N. S.) XII, n° 304, 1900.

BARBER (H. S.). 1915. — Migrating armies of Myriapods. — *Proc. Entom. Soc. Washington*, XVII, 1915.

BEDEL (L.) et E. SIMON. 1875. — Liste générale des Articulés cavernicoles de l'Europe. — *Journ. de Zool.*, IV, 1875.

BEHAL et PHISALIX. 1900. — La Quinone, principe actif du venin du *Julus terrestris*. — *C. R. Soc. Biol.*, LII, n° 38, 1900.

BERGSÖE et MEINERT. 1866. — Danmarks Geophiler. — *Naturh. Tidssk.*, 3 R. IV, Kjöbenhavn, 1866-67.

BERLESE (A.). 1882. — Acari, Myriopoda et Scorpiones, hucusque in Italia reperta. — Padova, 1882-1903.

— 1884. — Studi critici sùlla Sistematica dei Chilognati conservati... etc. — *Atti R. Istit. Veneto*, (6) II, 1884.

— 1886. — Iulidi del Museo di Firenze. — *Boll. Soc. Entom. Ital.*, XVIII, 1886.

— 1909 *a*. — Monografia dei Myrientomata (nuovo Sottordine dei Miriapodi). — *Redia*, VI, 1, 1909.

— 1909 *b*. — Gli Insetti. — *Milano*, 1909.

BIGLER (W.). 1912. — *Xylophageuma Zschokkei*, n. sp., und einige neue Craspedosomiden. — *Zool. Anz.*, XXXIX, n° 23/24, 1912.

— 1913. — Die Diplopoden von Basel und Umgebung. — *Rev. Suisse Zool.*, XXI, n° 18, 1913.

BIGLER (W.). 1919. — Beitrag zur Kenntnis alpiner Leptoiuliden. — *Ibid.*, XXVII, n° 8, 1919.

— 1920. — Ueber einige Diplopoden aus Holstein... etc. — *Festschr. Zschokke*, n° 7, 1920.

BLANCHARD (R.). 1898. — Sur le pseudo-parasitisme des Myriapodes chez l'homme. — *Arch. Parasit.*, I, n° 3, 1898.

— 1902. — Nouvelles observations sur le pseudo-parasitisme des Myriapodes chez l'homme. — *Ibid.*, VI, n° 2, 1902.

BODE (J.). 1877. — *Polyxenus lagurus* De Geer, ein Beitrag... etc. — Thèse. — Halis-Saxonum, 1877-78.

BOLLMAN (C.-H.). 1893. — The Myriapoda of North-America, Posthumous Work, edited by L. M. Underwood. — *Bull. U. S. Nat. Mus.*, n° 46, Washington, 1893.

BONNET (A.). 1909. — Notes sur une faune de l'Amérique centrale et des Antilles, récoltée à Lyon, dans des bûches de bois de Campêche. — *Ann. Soc. Linn.*, (N. S.) LV, 1908.

BÖRNER (C.). 1902. — Die Gliederung der Laufbeine der Atelocerata. — *Sitzb. Ges. naturf. Freunde*, 1902, n° 9.

— 1903 *a*. — Kritische Bemerkungen über einige vergleichend-morphologische Untersuchungen K. W. Verhœff's. — *Zool. Anz.*, XXVI, n° 695/696, 1903.

— 1903 *b*. — Ueber Mundgliedmaasen der Opisthogoneata. — *Sitzb. Ges. naturf. Freunde*, Berlin, n° 2, 1903.

— 1903 *c*. — Die Beingliederung der Arthropoden : 3 Mittheil. — *Ibid.*, n° 7, 1903.

BOSC (L.). 1791. — Description d'une nouvelle espèce d'Iule (*I. guttulatus*). — *Bull. Sc. Soc. Philom. Paris*, I, 1791.

BRADE-BIRKS (H.-K. et S.-G.). 1916 *a*. — Notes on Myriapoda, I. On a new variety of *Chordeumella scutellare* Rib. — *Lancs. Chesh. Natur.*, IX, n° 99, 1916.

— 1916 *c*. — Notes on Myriapoda, III. Two Irish Chilopods. — *Irish Natur.*, XXV, n° 8, 1916.

— 1917 *a*. — Notes on Myriapoda, V. On *Cylindroiulus* (*Leucoiulus*) *nitidus* (Verh.). — *Ann. Mag. Nat. Hist.*, (8) XIX, 1917.

— 1917 *c*. — Notes on Myriapoda, VII. A new member of the Order Ascospermophora (*Jacksoneuma Bradeae*, gen. a. sp. nov.). — *Journ. Zool. Res.*, II, n° 4, 1917.

— 1918 *d*. — Notes on Myriapoda, X. On the Family *Brachychaeteumidae*. — *Ibid.*, III, n° 2/3, 1918.

— 1918 *e*. — Notes on Myriapoda, XI. Description of a new Species of Diplopoda (*Brachychaeteuma melanops*). — *Ibid.*, III, n° 2/3, 1918.

— 1918 *f*. — Notes on Myriapoda, XII. A prel. list for Derbyshire, with a description of *Brachychaeteuma quartum*, sp. n., and *Chordeumella scutellare Bagnalli*, var. n. — *Ann. Mag. Nat. Hist.*, (9) II, n° 10, 1918.

Brade-Birks (H.-K. et S.-G.). 1918 *h*. — Notes on Myriapoda, XIV. The rediscovery of *Cylindroiulus Parisiorum* (Brol. et Verh.). — *Ibid.*, n° 12, 1918.

— 1919 *c*. — Notes on Myriapoda, XVII. Pour réhabiliter quelques anciens noms spécifiques. — *Bull. Soc. zool. France*, XLIV, n° 1/2, 1919.

— 1920 *a*. — Notes on Myriapoda, XX. Luminous Chilopoda, with special reference... etc. — *Ann. Mag. Nat. Hist.*, (9) V, 1920.

— 1920 *e*. — Notes on Myriapoda, XXIV. Prel. note on a Millipede new to Science. — *Ibid.*, (9) VI, 1920.

— 1923 *b*. — Notes on Myriapoda, XXIX. A prel. communication on economic Statuts. — *Suppl. Lancs. Chesh. Natur.*, 1923.

Brandt (J.-F.). 1841 *d*. — Recueil de Mémoires relatifs à l'ordre des Insectes Myriapodes. — Extrait du *Buil. scient. Acad. Imp. Sc. Saint-Pétersbourg*, t. V à IX, 1841.

— 1841 *e*. — Ueber die in der Regentschaft Algier beobachteten Myriapoden. — *Wagner's Reisen in d. Regents. Algier*, III, Leipzig, 1841.

Brandt et Ratzebourg. 1829. — Medicinische Zoologie, II. — Berlin, 1829-1831.

Brébisson. — Catalogue des Arachnides, des Myriapodes et des Insectes Aptères, que l'on trouve dans le département du Calvados. — *Mém. Soc. Lin. Normandie*, III.

Brolemann (H.-W.). 1889. — Contributions à la faune Myriapodologique méditerranéenne. Trois espèces nouvelles. — *Ann. Soc. Linn. Lyon*, XXXVI, 1889.

— 1892. — Contributions à la faune Myriapodologique méditerranéenne. Dix espèces nouvelles. — *Ibid.*, XXXIX, 1892.

— 1894 *b*. — Note sur deux Myriapodes nouveaux du Midi de la France. — *Bull. Soc. Zool. France*, XIX, n° 6, 1894.

— 1894 *c*. — La forêt d'Andaine; Myriapodes. — *Feuille j. Natur.*, (3) XXV, n° 290, 1894.

— 1894 *d*. — Contributions à la faune Myriapodologique méditerranéenne; 3° note. — *Mém. Soc. Zool. France*, VII, 1894.

— 1895. — Le marais de La Ferté-Milon; Myriapodes. — *Feuille j. Natur.*, (3) XXV, n° 298, 1895.

— 1896 *a*. — *Lithobius variegatus* Leach. — *Irish Natur.*, V, n° 1, 1896.

— 1896 *b*. — Deux Iulides de la faune méditerranéenne. — *Bull. Soc. Entom. France*, 1896, n° 3.

— 1896 *c*. — Myriapodes recueillis dans les serres du Muséum. — *Bull. Mus. Hist. nat.*, 1896, n° 1.

— 1896 à 1912. — Matériaux pour servir à une Faune des Myriapodes de France. — *Feuille j. Natur.* :
    1896 *e*, (3) XXVI, n° 306-309.
    1896 *f*, *Ibid.*, n° 311.
    1897 *a*, (3) XXVII, n° 317-318.
    1898 *a*, (3) XXVIII, n° 326-327.

1898 *b, Ibid.,* n° 330.

1900 *e*, (3) XXX, n° 358-359.

1901 *c*, (4) XXXI, n° 371.

1902 *d*, (4) XXXII, n° 376-377.

1905 *b*, (4) XXXV, n° 415.

1909 *b*, (4) XXXIX, n° 466.

1912 *a*, (5) XLII, n° 494.

BROLEMANN (H. W.). 1896 *k*. — Myriapodes provenant des campagnes scientifiques de l' « Hirondelle » et de la « Princesse Alice ». Myriapodes recueillis à Madère par S. A. S. le Prince de Monaco. — *Bull. Soc. Zool. France,* XXI, 1896.

— 1897 *b*. — Myriapodes recueillis à l'île de Madère par M. A. Fauvel en 1896. — *Bull. Soc. Entom. France,* 1897, n° 7.

— 1897 *c*. — Deux Iulides nouveaux de la région méditerranéenne. — *Ibid.,* 1897, n° 10.

— 1898 *b*. — Myriapodes des environs d'Avignon. — *Feuille j. Natur.,* XXVIII, n° 330-331, 1898.

— 1898 *c*. — Ahusquy (Basses-Pyrénées); Myriapodes. — *Ibid.,* n° 334-335, 1898.

— 1899 *a*. — Forêt de Lyons (Myriapodes). — *Ibid.,* (3) XXIX, n° 348, 1899.

— 1899 *b*. — Myriapodes du Bourg-d'Oisans et de la Meije. — *Ann. Univ. Grenoble,* XI, 1899.

— 1900 *b*. — Sur le travail du D\^r Verhœff, intitulé : « Ueber Doppelmänchen bei Diplopoden ». — *Bull. Soc. Zool. France,* XXV, n° 2, 1900.

— 1900 *c*. — Myriapodes recueillis en Espagne par le P. J. Pantel. — *Bull. Soc. Entom. France,* 1900, n° 6.

— 1900. *d*. — Myriapodes cavernicoles; descriptions d'espèces nouvelles. — *Ann. Soc. Entom. France,* LXIX, 1900.

— 1900 *f*. — A propos des « Doppelmänchen ». — *Zool. Anz.,* XXIII, n° 631, 1900.

— 1901 *a*. — Voyage de M. Ch. Alluaud aux Iles Canaries (novembre 1889-juin 1890). — *Mém. Soc. Zool. France,* XIII, 1890.

— 1902 *a*. — Description d'un nouveau Polydesme d'Espagne (Myriapode). — *Bull. Soc. Entom. France,* 1902.

— 1902 *c*. — Myriapodes cavernicoles; II\^e note. — *Ann. Soc. Entom. France,* LXXI, 1902.

— 1903 *c*. — Diplopodes in : LÉGER et DUBOSCQ; Recherches sur les Myriapodes de Corse. — *Arch. Zool. expér. gén.,* (4) I, 1903.

— 1904 *d*. — Chilopodes monégasques. — *Bull. Mus. océanogr. Monaco,* n° 15, 1904.

— 1905 *a*. — Symphyles et Diplopodes monégasques. — *Ibid.,* n° 23, 1905.

— 1907 *a*. — Un nouveau Myriapode français. — *Bull. Soc. Entom. France,* 1907, n° 4.

— 1908 *a*. — Description d'un genre nouveau et d'une espèce nouvelle de Myriapodes de France. — *Ibid.,* 1908, n° 7.

368   *Myriapodes*

BROLEMANN (H.-W.). 1908 *b.* — *Mastigonodesmus Boncii*, nov. sp. (Myriapodes). — *Ibid.*, 1908, n° 9.

— 1908 *c.* — Complément à la description du *Spelaeoglomeris Racovitzae* Silvestri. — *Arch. Zool. expér. gén.*, (4) VIII, Notes et Revue n° 4, 1908.

— 1908 *d.* — La haute vallée de la Neste (Myriapodes). — *Bull. Soc. Hist. Nat. Toulouse*, XLI, n° 3, 1908.

— 1909 *c.* — Quelques Géophilides nouveaux des collections du Museum d'Histoire naturelle. — *Bull. Mus. Hist. Nat.*, 1909, n° 6.

— 1909 *d.* — A propos d'un système des Géophilomorphes. — *Arch. Zool. espér. gén.*, XLIII, n° 3, 1909.

— 1910 *a.* — Biospéologica, XVII; Symphyles, Psélaphognathes, Polydesmoïdes et Lysiopetalides (Myriapodes). — *Arch. Zool. expér. gén.*, XLV, n° 7, 1910.

— 1910 *b.* — Polydesmiens pyrénéens. — *Bull. Soc. Hist. Nat. Toulouse*, XLIII, n° 2, 1910.

— 1913 *a.* — Notules myriapodologiques, I et II. — *Bull. Soc. Entom. France*, 1913, n° 1.

— 1913 *b.* — *Eupeyerimhoffia algerina*, nouvelle forme de Gloméride. — *Bull. Soc. Hist. Nat. Afrique du Nord*, V, n° 7, 1913.

— 1913 *c.* — Biospéologica, XXXI; Glomérides (Myriapodes). — *Arch. Zool. expér. gén.*, LII, n° 6, 1913.

— 1913 *d.* — Un cas de portage chez les Myriapodes. — *Bull. Soc. Entom. France*, 1913, n° 16.

— 1915 *a.* — Description d'un genre nouveau et d'une espèce nouvelle de Myriapode d'Algérie. — *Bull. Soc. Hist. Nat. Afrique du Nord*, VII, n° 6, 1915.

— 1915 *b.* — Essai de classification des Polydesmiens. — *Ann. Soc. Entom. France*, LXXXIV, 1915.

— 1916 *b.* — Un processus évolutif des Myriapodes Diplopodes. — *C. R. Acad. Sc.*, 1916.

— 1917 *d.* — *Macroxenus*, nouveau genre de Myriapodes Psélaphognathes. — *Bull. Soc. Hist. Nat. Afrique du Nord*, VIII, n° 6, 1917.

— 1918 *a.* — Quelques indices d'évolution chez les Myriapodes. — *Trav. Inst. Zool. Univ. Montpellier*, mém. 28, 1918.

— 1920 *a.* — « Pro Blaniulo nostro ». — *Bull. Soc. Zool. Agric. Bordeaux*, XIX, n° 1/2, 1920.

— 1920 *d.* — Un nouveau *Cryptops* de France (Myriapodes). — *Bull. Soc. Hist. Nat. Toulouse*, XLVIII, 1920.

— 1921 *a.* — Description d'une race nouvelle de *Polydesmus subinteger* (Myr. Dipl.). — *Ibid.*, XLVIII, 1921.

— 1921 *b.* — Clef dichotomique des divisions et des espèces de la famille des *Blaniulidae* (Myriapodes). — *Arch. Zool. expér. gén.*, LX, Notes et Revue n° 1, 1921.

— 1921 *c.* — Description d'une race française de *Schizophyllum*

Moreleti (Lucas) et d'une anomalie... etc. — *Bull. Soc. Hist. Nat. Toulouse*, XLIX, 1921.

Brolemann (H.-W.). 1921 *d*. — Un nouveau Polydesme pyrénéen (Myr. Dipl.). — *Ibid.*, XLIX, 1921

— 1922 *b*. — Principe de contraction contre principe d'élongation. — *Ibid.*, 1921.

— 1923 *b*. — Biospéologica, XLVIII; *Blaniulidae* (Myriapodes). — *Arch. Zool. expér. gén.*, LXI, 1923.

— 1924 *a*. — Trois Géophiliens (Myriapodes) nouveaux ou peu connus. — *Bull. Soc. Hist. Nat. Toulouse*, LII, 1924.

— 1924 *d*. — Notes synonymiques. — *Ibid.*, LII, 1924.

— 1925 *a*. — Le genre *Pachyiulus* Berlese (Diplopodes). — *Ibid.*, LII, 1924.

— 1925 *c*. — *Cryptops Parisi* et *Cryptops hortensis* Leach. — *Ibid.*, LIII, 1925.

— 1926 *b*. — Le peuplement de la Corse; Myriapodes. — Bastia, 1926.

— 1926 *c*. — Myriapodes des Pyrénées-Orientales. — *Bull. Soc. Hist. Nat. Toulouse*, LV, 1926.

— 1927 *a*. — Trois Myriapodes français nouveaux. — *Ibid.*, LVI, 1927.

— 1927 *b*. — Myriapodes du Cirque de Gavarnie et notes sur les vulves de trois d'entre eux. — *Ibid.*, LVI, 1927.

— 1928 *b*. — Notes sur quelques *Cryptops*. — *Ibid.*, LVII, 1928.

Brolemann (H.-W.) et J.-L. Lichtenstein. 1919. — Les vulves des Diplopodes. — *Arch. Zool. expér. gén.*, LVIII, 1919.

Brolemann (H.-W.) et H. Ribaut. 1911 *a*. — Note préliminaire sur les genres de *Schendylina*. — *Bull. Soc. Entom. France*, 1911, n° 8.

— 1911 *b*. — Diagnoses préliminaires d'espèces nouvelles de *Schendylina*. — *Ibid.*, 1911, n° 1.

— 1912 *a*. — Essai d'une monographie des *Schendylina* (Myriapodes-Géophilomorphes). — *Nouv. Arch. Mus. Hist. Nat.*, (5) IV, Paris 1912.

Butler (A.-G.). 1879. — Myriapoda and Arachnida from Rodriguez. — *Philos. Trans. Roy. Soc. London*, CLXVIII, 1879.

Camus (M.-F.). 1892. — Note sur la présence de *Geophilus* (*Schendyla*) *submarinus* Grube et de quelques autres animaux marins sur la côte de Préfaille près Pornic (Loire-Inférieure). — *Bull. Soc. Sc. Nat. Ouest France*, ann. 1892.

Carl (J.). 1903 *c*. — Sur une ligne faunistique des Alpes suisses. — *Soc. Phys. Hist. Nat. Genève*, (4) XVI, 1903.

— 1906 *c*. — Beitrag zur Höhlenfauna der insubrischen Region. — *Revue Suisse Zool.*, XIV, 1906.

(En outre, nombreux et importants travaux sur les Myriapodes exotiques, notamment sur ceux des régions orientales.)

Cavanna (G.). 1881 *a*. — Escursione in Calabria. — *Boll. Soc. Entom. Ital.*, XII, 1881. (Myriapodes par Fanzago.)

— 1881 *b*. — Nuovo genere (*Plutonium*) et nuova specie (*P. Zweierleini*) di Scolopendridi. — *Ibid.*, XIII, 1881.

CAVANNA (G.) 1882. — Contributo alla Fauna dell'Italia centrale. Artropodi raccolti a Lavajano. — *Ibid.*, XIV, 1882.

CAZIOT. 1915. — A propos d'une Scolopendre rencontrée près d'Antibes. — *Riviera scientifique.*, II, n° 2, 1915.

— 1925. — Les Myriapodes du département des Alpes-Maritimes et de la Principauté de Monaco. — *Ibid.*, XII, n° 1, 1925.

CECCONI (G.). 1898. — Contributo alla fauna vallombrosana. — *Boll. Soc. Entom. Ital.*, XXIX, 1897.

— 1908. — Contributo alla fauna delle Isole Tremiti. — *Boll. Mus. Zool. Anat. comp. Torino*, XXIII, n° 583, 1908.

— 1910. — Contributo alla fauna dell'Isola di Pianosa nell'Adriatico. — *Ibid.*, XXV, n° 627, 1910.

CHALANDE (J.). 1886 *b*. — Contribution à la Faune des Myriopodes de France. — *Bull. Soc. Hist. Nat. Toulouse*, 1886.

— 1888 *a*. — Même titre (deuxième liste). — *Ibid.*, 1888.

— 1888 *b*. — Les *Pollyxenidae* de France; Révision du Genre *Pollyxenus*. — *Ibid.*, 1888.

— 1900. — Sur le nouveau genre *Lophoproctus* Pocock et sur l'aire de dispersion géographique du *Pollyxenus lagurus* (Myriop.). — *Ibid.*, XXXIII, 1900.

— 1903 *a*. — Myriopodes de France. — *Ibid.*, 1903.

— 1903 *c*. — Contribution à la Faune des Myriapodes de France (*Lithobius mediterraneus*, n. sp.). — *Feuille j. Natur.*, (4) XXXIII, n° 936, 1903.

— 1905 *a*. — Même titre (*Lithobius vasconicus*, n. sp.). — *Ibid.*, (4) XXXV, n° 412/413, 1905.

— 1905 *b*. — Recherches biologiques et anatomiques sur les Myriopodes du Sud-Ouest de la France. — *Bull. Soc. Hist. Nat. Toulouse*, XXXVIII, 1905.

— 1906 *b*. — Notes sur les Myriopodes. — *Ibid.*, 1906.

— 1907. — Contribution à la Faune des Myriopodes de France. — *Feuille j. Natur.*, (4) XXXVII, n° 439, 1907.

— 1909. — Nouvelle espèce pyrénéenne du genre *Geophilus*. — *Ibid.*, (4) XXXIX, n° 461, 1909.

— 1910 *b*. — Nouvelle espèce française du genre *Geophilus*. — *Bull. Soc. Hist. Nat. Toulouse*, XLIII, n° 3, 1910.

CHALANDE (J.). et H. RIBAUT. 1909. — Etude sur la systématique de la famille des *Himantariidae* (Myriapodes). *Arch. Zool. expér. gén.*, (5) I, n° 2, 1909.

CHAMBERLIN (R.-V.) 1920 *h*. — The Myriopod Fauna of the Bermuda Islands, with notes on variation in *Scutigera*. — *Ann. Entom. Soc. Amer.*, XIII, n° 3, 1920.
(Nombreux travaux sur les Myriapodes de l'Amérique du Nord et du Centre.)

COOK (O.-F.). 1895 *k*. — An arrangement of the *Geophilidae*, a family of Chilopoda. — *Proc. U. S. Nat. Mus.*, XVIII, n° 1039, 1895.

— 1896 *a*. — On certain *Geophilidae* described by Meinert. — *Amer. Natur.*, XXX, 1896.

Cook (O.-F.). 1896 *b*. — The segmental sclerites of *Spirobolus*. — *Ibid.*,
XXX, 1896.

— 1896 *g*. — Note on the Classification of the Diplopoda. — *Amer.
Natur.*, XXX, 1896.

— 1902. — Evolutionary Inferences from the Diplopoda. — *Proc.
Entom. Soc. |Washington*, V, 1902.

— 1911. — The Hothouse Millipede as a new genus. — *Proc. U. S.
Nat. Mus.*, XL, n° 1842, 1911.
(Nombreux travaux sur les Myriapodes d'Afrique et d'Amérique.)

Cook (O.-F.) et G.-N. Collins. 1895. — The *Craspedosomatidae* of
North-America. — *Ann. N. Y. Acad. Sc.*, IX, 1895.

Cornaz (C.). — 1911. — La Scutigère (*Scutigera coleoptrata* Fab.). —
Ram. Sapin, 1911.

Costa (A.). 1882 à 1885. — Notizie ed osservazioni sulla geo-fauna
Sai da (quatre mémoires). — *Atti R. Acad. Napoli*, 1882, 1883,
1884, 1885.

— 1884. — Diagnosi di nuovi Artropodi trovati in Sardegna. — *Boll.
Soc. Entom. Ital.*, XV, 1883.

Crampton (G.-C.). 1918. — The probable Ancestors of Insects and
Myriapods. — *Canad. Entom.*, L, n° 8, 1918.

Cuvier (G.). 1849. — Le Règne animal, distribué... etc. — Paris,
1836-1849.

Daday de Dees (E.). 1889 *a*. — Myriapoda Regni Hungariae. — Budapest, 1889.

— 1889 *b*. — Myriapoda Faunae Transylvanicae. — *Term. Fuz.*,
XII, 1889.

— 1896. — Fauna Regni Hungariae; Animalium Hungariae hucusque
cognitorum enumeratio systematica. — Budapest, 1896.

Dalla Torre (K.-W. v.). 1882. — Beiträge zur Arthropodenfauna
Tirols. — *Ber. naturw.-mediz. Vereins Innsbrück*, XII, 1882.

— 1888. — Die Myriopoden Tirols. — *Ber. naturw.-mediz. Vereins
Innsbrück*, 1888.

— 1889. — Die Fauna von Heligoland. — Iena, 1889.

De Geer (C.). 1778. — Mémoires pour servir à l'histoire des Insectes;
vol. VII. — Stockholm, 1778.

Delmas (R.). 1927. — Description d'une nouvelle espèce de Diplopode
des Pyrénées occidentales. — *Bull. Soc. Hist. Nat. Toulouse*,
LVI, 1927.

Dubois (R.). 1884. — Les Myriapodes lumineux. — *Rev. Scient.*, XXXIX,
n° 16, 1884.

— 1886. — De la fonction photogénique chez les Myriapodes. —
C. R. Soc. Biol., nov. 1886.

— 1887. — Note sur les Myriapodes lumineux. — *Ibid.*, janv. 1887.

Duboscq (O.). 1894. — La glande vénimeuse des Myriapodes Chilopodes. — *C. R. Acad. Sc. Paris*, 1894.

Dubosco (O.). 1896 *a*. — Liste des Myriapodes qui n'avaient pas encore été signalés en Normandie. — *Bull. Soc. Lin. Normandie*, (4) IX, 1896.

— 1896 *b*. — Les glandes ventrales; la glande vénimeuse de *Chaetechelyne vesuviana* Newp. — *Ibid.*, (4) IX, 1896.

— 1899. — Recherches sur les Chilopodes; Thèse. — *Arch. Zool. expér. gén.*, (3) VI, 1899.

Dubost (G.). 1924. — Sur les nids que construisent les Polydesmes (Myriapodes). — *C. R. Acad. Sc.*, juin 1924.

Duvernoy (G.-L.). 1850. — Description des organes de génération mâle et femelle d'une espèce de Myriapodes voisine du *Iulus grandis*. — *Mém. Soc. Hist. Nat. Strasbourg*, IV, 1850.

Eisen (G.) et A. Stuxberg. 1868. — Bidrag till Kännedom om Gotska Sandön. — *Ofv. K. Vetensk. Akad. Handl.*, XXV, n° 5, 1868.

Ellingsen (E.). 1892. — Bidrag tili Kundskaben om de Norske Myriopoders Udbredelse. — *Christiania Vidensk. Selsk. Forh.*, 1891, n° 10.

— 1897. — Mere om Norske Myriopoder. — *Ibid.*, 1896, n° 4.

— 1903. — Mere om Norske Myriopoder; II. — *Ibid.*, 1903, n° 6.

— 1905. — Myriopoden der Umgebung von Marburg (Hessen), gesammelt von H.-E. Strand. — *Zool. Anz.*, XXIX, n° 7, 1905.

— 1910 *a*. — Pseudoskorpione und Myriopoden des Naturhistorischen Museums der Stadt Wiesbaden. — *Jahrb. Nassau Ver. Nat. Wiesbaden*, LXIII, 1910.

— 1910 *b*. — Myriopoda und Pseudoskorpiones, in : Strand, Neue Beiträge zur Arthropoden-Fauna Norwegens... etc. — *Nyt Mag. Nat.*, XLVIII, 1910.

Enderlein (G.). 1907. — Ueber die Segmental-Apotome der Insekten u. zur Kenntnis der Morphologie der Japygiden. — *Zool. Anz.*, XXXI, n° 19/20, 1907.

Enslin (E.). 1906. — Die Höhlenfauna des Fränkischen Jura. Ein Beitrag zur Kenntnis derselben. — *Abh. Nat. Ges. Nürnberg*, XVI, 1906.

Eusébio (J.-B.-A.) 1908. — Essai sur la Faune des eaux minérales et des terrains arrosés par les eaux minérales du département du Puy-de-Dôme, Thèse. — Clermont-Ferrand, 1908.

Evans (T.-J.). 1910. — Bionomical observations on some British Millepedes. — *Ann. Mag. Nat. Hist.*, (8) VI, 1910.

— 1911. — The Egg-capsule of *Glomeris*. — *Zool. Anz.*, XXXVII, 1911.

Evans (W.). 1901. — Scottish Myriapoda. — *Ann. Scott. Nat. Hist.*, 1901.

— 1907. — The Myriapods (Centipedes and Millipedes) of the Forth Area. — *Proc. R. Phys. Soc. Edinburgh*, XVI. 1906.

— 1917. — *Macrosternodesmus palicola* Brol. in Scotland (Forth). — *Scott. Natur.*, 1917.

— 1919. — On the occurrence of *Glomeris perplexa* Latz. near Edinburgh; with a revised List of Forth Myriapods. — *Ibid.*, 1919.

FABRE (M.). 1855. — Recherches sur l'anatomie des organes reproducteurs et sur le développement des Myriapodes. — *Ann. Sc. Nat. Paris*, 4ᵉ sér., Zool. III, 1855.

FABRICIUS (J.-C.). 1775. — Systema Entomologiae. — Flensburg, 1775. (Et autres œuvres classiques.)

FAËS (H.). 1900 *b*. — Contribution à l'étude des Myriapodes de la Suisse. — *Bull. Soc. Vaud. Sc. Nat.*, (4) XXXVI, n° 136, 1900.

— 1902 *a*. — Quelques nouveaux Myriapodes du Valais. — *Zool. Anz.*, XXV, n° 667, 1902.

— 1902 *b*. — Myriapodes du Valais. (Vallée du Rhône et vallées latérales). Dissertation. — Genève, 1902.

— 1905. — Un nouveau Myriapode du Valais. — *Revue Suisse Zool.*, XIII, 1905.

FALCOZ (L.). 1912 *a*. — Contribution à la Faune des terriers de Mammifères. — *C. R. Acad. Sc.*, CLIV, 1912.

— 1914. — Contribution à l'étude de la Faune des Microçavernes, Faune des terriers et des nids. — *Ann. Soc. Linn. Lyon*, LXI, 1914.

FANZAGO (F.). 1874 *a*. — I Chilopodi Italiani. — *Atti. Soc. Ven. Trent. Padova*, III, fasc. 1, 1874.

— 1874 *b*. — Due note zoologiche. — *Ibid.*, 1874.

— 1875 *a*. — Alcune nuove specie di Miriapodi. — *Ibid.*, IV, fasc. 1, 1875.

— 1875 *b*. — Miriapodi della Calabria. — *Ibid.*, 1875.

— 1876 *a*. — Nuove contribuzioni alla fauna miriapodologica Italiana. — *Ann. Soc. Naturalisti Modena*, (2) X, 1876.

— 1876 *b*. — I Chilognati Italiani. — *Atti Soc Ven. Trent. Padova*, III, fasc. 2, 1876.

— 1877. — Sopra alcuni Miriapodi cavernicoli della Francia e della Spagna. — *R. Acad. Lincei Roma*, ser. 3, Cl. Sci. fis. nat., n° 1, 1877.

— 1878. — Miriapodi nuovi. — *Atti Soc. Ven. Trent. Padova*, VI, 1878.

— 1880. — *Lithobius brachycephalus*, n. sp. — *Resoc. Soc. Entom. Ital.*, XII, 1880.

— 1881 *a*. — Sulla secrezione ventrale del *Geophilus Gabrielis*. — *Atti R. Istit. Venet. Sci. Venezia*, VII, 1881.

— 1881 *b*. — Ein neuer italienischer *Geophilus*. — *Zool. Anz.*, n° 88, 1881.

— 1881 *c*. — I Miriapodi del Sassarese (Sardegna). Parte descrittiva. Fasc. 1. — Sassari, 1881.

— 1883. — Trovamento del nido del *Geophilus flavidus*. — *Bull. Soc. Entom. Ital.*, XV, 1883.

— 1884. — Sulla tana della *Scolopendra dalmatica*. — *Ibid.*, XVI, 1884.

FAUVEL (P.). 1905. — Histoire naturelle de la presqu'île du Cotentin. III. La Faune de Cherbourg et le Cotentin. — 1905.

FEDRIZZI (G.). 1876 *a*. — Sopra alcune specie nuove o poco note di Miriapodi Italiani. — *Annuario Soc. Naturalisti Modena*, (2) X, 1876.

— 1876 *b*. — Sopra due nuove specie di Geophili. — *Atti Soc. Ven. Trent. Padova*, V, 1876.

— 1877 *a*. — I Lithobi Italiani. — *Ibid.*, V, fasc. 2, 1877.

— 1877 *b*. — I Chordeumi Italiani. — *Ibid.*, 1877.

— 1877 *c*. — Miriapodi del Trentino. I. I Chilognati. — *Annuar. Soc. Natural. Modena*, (2) XI, 1877.

— 1878. — Miriapodi del Trentino. I, I Chilopodi. — *Ibid.*, (2) XII, 1878.

FERRONNIÈRE (G.). 1899. — Deuxième contribution à l'étude de la Faune de la Loire-Inférieure (Pseudoscorp., Myriap., Annélides). — *Bull. Soc. Sc. Nat. Ouest France*, IX, fasc. 2, 1899.

FEYTAUD (J.). 1920. — Le procès d'un Myriapode : le Blaniule moucheté. — *Bull. Soc. Zool. Agric.*, XIX, n° 5, 1920.

— 1925. — Sur les ravages causés par un Symphyle. — *C. R. Acad. Agriculture France*, 1925.

— 1926. — Contribution à l'étude des Symphyles dans leurs rapports avec l'Agriculture. — *Revue Zool. Agricole*, XXV, 1926.

FICKERT (C.). 1875. — Myriapoden und Arachniden vom Kamme des Riesengebirges. — Inaug. Dissert., Breslau, 1875.

FLEUTIAUX (E.). 1901. — Sur un Arthropode ennemi de nos serres. — *Bull. Jardin Colon.*, 1901.

FREY (R.). 1913. — Beitrag zur Kenntnis der Arthropoden-Fauna im Winter. — *Meddel. Soc. Fauna Flora fennica*, H. 39, 1913.

GADEAU DE KERVILLE (H.). 1881. — Les Insectes phosphorescents. — Rouen, 1881.

— 1884. — Les Myriapodes de Normandie (1ʳᵉ liste), suivie de diagnoses d'espèces et de variétés nouvelles par le Dʳ R. Latzel. — *Bull. Soc. Amis Sc. Nat. Rouen*, 1884.

— 1885. — Des parasites nouveaux des Chilopodes. — *Bull. Soc. Entom. France*, 1885.

— 1886. — Les Myriapodes de la Normandie (2ᵉ liste), suivie... etc. — *Bull. Soc. Amis Sc. Nat. Rouen*, 1886.

— 1887 *a*. — Notes complémentaires et bibliographie générale (Les Insectes phosphorescents). — Rouen, 1887.

— 1887 *b*. — Addenda à la Faune des Myriapodes de la Normandie. — *Bull. Soc. Amis Sc. Nat. Rouen*, 1887.

— 1890. — Deuxième addenda à la faune des Myriapodes de la Normandie, suivie... etc. — *Ibid.*, 1889.

— 1894. — Recherches sur les Faunes marine et maritime de la Normandie. 1ᵉʳ voyage. — Paris, 1894.

— 1898. — Même titre. 2ᵉ voyage. — Paris, 1898.

— 1908. — Voyage zoologique en Khroumirie (Tunisie); mai-juin 1906. — Paris, 1908. [Voir : ATTEMS.]

— 1926. — Voyage zoologique en Syrie; avril-juin 1908. [Voir : ATTEMS.]

GAZAGNAIRE (J.). 1888 a. — La phosphorescence chez les Myriapodes. — *Bull. Soc. Zool. France*, XIII, n° 7, 1888.

— 1890. — La phosphorescence chez les Myriapodes de la famille des *Geophilidae*. Epoque et conditions physiologiques de l'apparition de la phosphorescence. — *Mém. Soc. Zool. France*, III, 1890.

GERSTFELDT (G.). 1858. — Ueber einige z. Th. neue Arten Platoden, Anneliden, Myriapoden u. Crustaceen Sibiriens... etc. — *Mém. Savants étrangers Acad. Saint-Petesbourg.*, VIII, 1858.

GERVAIS (P.). 1835 a. — Note sur les Myriapodes du genre *Geophilus* et description de quelques espèces nouvelles. — *Guerin, Mag. de Zool.*, IX, 1835.

— 1835 c. — Nouvelle espèce de Polydesme (*P. pallipes*) trouvée sur les bords des étangs du Plessis-Piquet. — *Bull. Soc. Entom. France*, IV, 1835.

— 1836 b. — Note sur le genre *Polydesmus* de la classe des Myriapodes. — *Ann. Soc. Entom. France*, (1) V, 1836.

— 1836 c. — Sur l'*Iulus lucifugus*. — *Bull. Soc. Entom. France*, (1) V, 1836.

— 1836 e. — Cinq nouvelles espèces de Myriapodes. — *P.-V. Soc. Philom. Paris*, 1836.

— 1837 a. — Etudes pour servir à l'Histoire naturelle des Myriapodes. — *Ann. Sc. Nat.*, (2) VII, 1837.

— 1837 b. — Sur les demi-métamorphoses des Myriapodes. — *Bull. Soc. Entom. France*, (1) VI, 1837.

— 1839 b. — Sur la *Scolopendrella notacantha* et plusieurs autres animaux Myriapodes. — *Revue zool. Soc. Cuvier*, II, 1839.

— 1839 c. — Mémoire sur un nouveau genre de Myriapodes, qui vit aux environs de Paris. — *C. R. Acad. Sc.*, Paris, IX, 1839.

— 1844 a. — Etudes sur les Myriapodes. — *Ann. Sc. Nat.*, (3) Zool. II, 1844.

— 1844 b. — Sur la ponte et le développement des Glomerides. — *P.-V. Soc. Philom. Paris*, 1844.

GIARD (A.). 1880. — Note sur l'existence temporaire de Myriapodes dans les fosses nasales de l'homme. — *Bull. scient. départ. Nord*, 1880.

— 1888. — Distribution géographique de *Scutigera coleoptrata*. — *Feuille j. Natur.*, XVIII, n° 15, 1888.

— 1893. — *Thryptocera Lithobii*, Diptère nouveau parasite des Myriapodes. — *Bull. Soc. Entom. France*, 1893.

— 1899. — Sur un Myriapode cavernicole du Djurjura, *Blaniulus Drahoni*, n. sp. — *Ass. fr. Avancem. Sc.*, 27° session, Nantes, 1899.

— 1907. — Sur la présence dans Paris de *Scutigera coleoptrata* L. (Myriapode). — *Bull. Soc. Entom. France*, 1907, n° 6.

GINZBERGER (A.). 1915. — Beiträge zur Naturgeschichte der Scoglien u. kleineren Inseln Süddalmatiens. — *Denks. Akad. Wiss. Wien, Math.-Nat. Kl.*, XCII, 1915. [Myriapodes par Attems et Verhœff.]

Girard (M.). 1869. — Etudes sur la chaleur libre dégagée par les
    Insectes (Myriap. et Arachn.). Thèse. — Paris, 1869.

— 1878. — Catalogue raisonné des animaux utiles et nuisibles de la
    France. — Paris, 1878.

Godet (P.). 1892. — La Scutigère. — *Ram. Sapin*, Neuchâtel, XXVI,
    n° 1, 1892.

Grassi (G.-B.). 1884. — Intorno all'Anatomia della *Scolopendrella*. —
    Labor. zool. Univ. Catania, 1884.

— 1886 — I progenitori degli Insetti e dei Miriapodi. Morfologia
    delle Scolopendrelle. — *Mem. R. Acad. Sc. Torino*, (2) XXXVII,
    1886.

Gray (J.-E.). 1844. — List of the specimens of Myriapoda in the collec-
    tion of the British Museum. — London, 1844.

Grenacher (H.). 1880. — Ueber die Augen einiger Myriapoden. —
    Arch. mikrosk: Anat., XVIII, 1880.

Grentzenberg (M.). 1896. — Bericht über die Haase'sche Excursion
    im Kreise Karthaus, mit besonderer Berücksichtigung der
    Myriapoden. — *Schr. Naturf. Ges. Danzig*, (n. F.) IX, H. 1, 1896.

Griffini (A.). 1896. — Notes sur la Faune entomologique piémontaise,
    Glomeris du Piémont. — *Miscel. Entom.*, IV, n° 2, 1896.

Grube (A.-E.). 1869. — Mittheilungen über Saint-Malo und Roscoff, etc.
    — *Abh. Schles. Ges. vaterl. Cultur, Breslau*, 1869/72.

Guérin-Méneville (E.-F.). 1845. — Sur les Acariens, les Myriapodes,
    etc., observés dans les pommes de terre gâtées. — *Ann. Soc.
    Entom. France*, (2) III, 1845.

Haase (E.). 1880 *a*. — Ein neuer deutscher *Geophilus*. — *Carus, Zool.
    Anz.*, n° 48, 1880.

— 1880 *b*. — Zur Kenntnis der Sibirischen Myriopoden. — *Ibid.*,
    n° 55, 1880.

— 1880 *c*. — Schlesiens Chilopoden; I. Chilopoda anamorpha. Inaug.
    Dissert. — Breslau, 1880.

— 1881 *a*. — Schlesiens Chilopoden; II. Chilopoda epimorpha. —
    Zeits. Entomol., (n. F.), 8 Heft, Breslau, 1881.

— 1881 *b*. — Beitrag zur Phylogenie u. Ontogenie der Chilopoden.
    — *Zeits. Entomol.*, (n. F.), 8 Heft, Breslau, 1881.

— 1883. — Das Respirationssystem der Symphylen u. Chilopoden.
    — *Carus, Zool. Anz.*, n° 129, 1883.

— 1884 *a*. — Schlundgerüst u. Maxillarorgan von *Scutigera*. — *Zool.
    Beiträge A. Schneider*, I, 1884.

— 1844 *b*. — Ueber die Entwicklungsgeschichte der Chilopoden. —
    Zeits. Entomol., Breslau, 9 Heft, 1884.

— 1884 *c*. — *Scolopendrella* und *Pauropus* in Moysdorf. — *Ibid.*,
    9 Heft, 1884.

— 1885 *a*. — *Iulus fallax*, Meinert. — *Ibid.*, 10 Heft, 1885.

— 1885 *b*. — Schlesiens Symphylen und Pauropoden. — *Ibid.*, (n. F.),
    10 Heft, 1885.

— 1885 *c*. — Zur Morphologie der Chilopoden. — *Zool. Anz.*, VIII,
    n° 10, 1885.

HAASE (E.). 1886. — Schlesiens Diplopoden; I. — *Zeitsch. f. Entomol.*, Breslau, (n. F.), 11 Heft, 1886.

— 1887 *a*. — Même titre; II. — *Ibid.*, 12 Heft, 1887.

— 1887 *b*. — Die Indisch-Australischen Myriopoden; I. Chilopoden. — *Abh. Ber. K. zool. antrop.-etnog. Museum Dresden*, n° 5, Berlin, 1887.

— 1887 *c*. — Ueber Verwandschaftbeziehungen der Myriopoden. — *Tagebl. 59 Vers. Deut. Naturf.*, 1887.

— 1887 *d*. — Stigmen der Scolopendriden. — *Zool. Anz.*, X, 1887.

— 1887 *e*. — Die Vorfahren der Insecten. — *Abh. Ges. « Isis »*, Dresden, II, 1887.

— 1889 *a*. — Ueber das Leuchten der Myriopoden. — *Tageb. 61 Vers. Deutsch. Naturf. Köln*, 1889.

— 1889 *c*. — Die Abdominalanhängen der Insecten mit Berücksichtigung der Myriopoden. — *Morph. Jahrb.*, XV, 1889.

HAMANN (O.). 1896. — Europäische Höhlenfauna. — Berlin, 1896.

HANSEN (H.J.). 1902. — On the Genera and Species of the Order *Pauropoda*. — *Vidensk. Medd. Naturh. Foren. Kjöbenhavn*, 1901.

— 1903 *a*. — The Genera and Species of the Order *Symphyla*. — *Quart. Journ. Microsc. Sc.*, XLVII, Pt. 1, 1903.

— 1903 *b*. — Catalogue des Myriapodes de l'Ordre des Symphyles qui appartiennent au Museum d'Histoire naturelle de Paris. — *Bull. Mus. Hist. Nat.*, 1903, n° 7.

— 1917. — On the Trichobothria (auditory hairs) in Arachnida, Myriopoda and Insecta. — *Entom. Tidsk.*, XXXVIII, 1917.

HEATHCOTE (F.-G.). 1885. — On a peculiar Sense Organ in *Scutigera coleoptrata*, and of the Myriapoda. — *Proc. Cambr. Phil. Soc.*, V, 1885.

— 1886. — The early development of *Iulus terrestris*. — *Quart. Journ. Micr. Sc.*, XXVI, 1886.

— 1887. — On the postembryonic Development of *Iulus*. — *Proc. R. Soc. London*, XLIII, n° 61, 1887.

— 1888. — The postembryonic Development of *Iulus terrestris*. — *Phil. Trans. R. Soc. London*, 1888.

— 1889. — On some points of the Anatomy of *Polyxenus lagurus*. — *Quart. Journ. Microsc. Sc.*, XXX, 1889. [Voir : F.-G. SINCLAIR.]

HELLER (C.). 1857. — Beiträge zur Oesterreichischen Grottenfauna. — *Sitzb. K. Akad. Wiss. Wien, Math. Nat. Cl.*, XXVI, 1857.

HENNEGUY (L.-F.). 1904. — Les Insectes. Morphologie; Reproduction; Embryogénie. — *Paris*, 1904.

HENNINGS (C.). 1899. — Ueber das Tömösváry'sche Organ bei *Glomeris*. — *Sitzb. Ges. Naturf. Freunde Berlin*, n° 3, 1899.

— 1900. — Das Tömösvárysche Organ der Diplopoden. Inaugural Dissert. — 1900.

— 1903. — Zur Biologie der Myriopoden; I. Marine Myriopoden. — *Biol. Centralbl.*, XXIII, n° 21, 1903.

— 1904 *a*. — Das Tömösvárysche Organ der Myriopoden; I. — *Zeits. wiss. Zool.*, LXXVI, 1, 1904.

Hennings (C.). 1904 *b*. — Zur Biologie der Myriopoden; II. — *Biol. Centralb.*, XXIV, n° 7/8, 1904.

— 1905. — Die systematische Stellung und Einteilung der Myriopoden, Anschauungen u. Erfahrungen 1758-1905. — *Zool. Annalen*, II, 1905.

— 1906. — Das Tömösvárysche Organ der Myriopoden; II. — *Zeits. wiss. Zool.*, LXXX, H. 4, 1906.

Herbst (C.). 1889. — Anatomische Untersuchungen an *Scutigera coleoptrata*. Inaugural Dissert. — Iena, 1889.

— 1891. — Beiträge zur Kenntnis der Chilopoden. — *Bibliot. Zool.*, Heft 9, 1891.

Heymons (R.). 1897. — Mittheilungen über die Segmentirung und den Körperbau der Myriopoden. — *Sitzb. K. Preus. Akad. Wiss. Berlin*, XL, 1897.

— 1898 *a*. — Bemerkung zu dem Aufsatze Verhœff's « Noch einige Worte über Segmentanhänge bei Insecten u. Myriopoden ». — *Zool. Anz.*, XXI, n° 553, 1898.

— 1898 *b*. — Zur Entwickelungsgeschichte der Chilopoden. — *Sitzb. K. Preus. Akad. Wiss. Berlin*, XVIII, 1898.

— 1901. — Die Entwickelungsgeschichte der Scolopender. — Stuttgart. 1901. ,

Humbert (A.). 1865. — Essai sur les Myriapodes de Ceylan. — *Mém. Soc. Phys. Hist. Nat. Genève*, XVIII, 1865.

— 1867. — Observations sur les *Glomeris*. — *Ann. Sc. Nat.*, (5) VII, 1867.

— 1872. — Etudes sur les Myriapodes. Note sur l'accouplement et la ponte des *Glomeris*. — *Mitt. Schw. Entom. Ges.*, III, Heft 10, 1872.

— 1887. — Observations sur le *Strongylosoma pallipes*. — *Arch. Sc. Phys. Nat.*, (3) XVI, 1887.

— 1893. — Myriapodes des environs de Genève. Œuvre posthume, collationnée et publiée par Henri de Saussure d'après les notes et les dessins laissés par l'auteur. — *Mém. Soc. Phys. Hist. Nat. Genève*, XXXII, n° 1,, 1893.

Humbert (A.) et H. de Saussure. 1869 *a*. — Description de divers Myriapodes du Musée de Vienne. — *Verh. Zool.-Bot. Ges. Wien*, XIX, 1869.

— 1872. — Etudes sur les Myriapodes. Mission scientifique au Mexique et dans l'Amérique centrale. — Paris, 1872.

Issajew (W.-M.). 1911 *a*. — Zur Anatomie des *Polyxenus* [*Lophoproctus*] *lucidus* Chal. — *Troud. Soc. Natur. Saint-Petersbourg*, XL, 3, 1911.

— 1911 *b*. — Beobachtungen über die Diplopoden der Kaukasischen Küstengebiete des Schwarzen Meeres. — *Ibid.*, XLII, 1, 1911.

Jackson (A.-R.). 1914. — A preliminary list of the Myriapods of the Chester District. — *Lancs. Natur.*, n° 72, 1914.

Jeannel (R.). 1905. — Contribution à l'étude de la Faune de la grotte de Camou (Basses-Pyrénées). — *Bull. Soc. Entom. France*, 1905, n° 11.

JEANNEL (R). 1926. — Faune cavernicole de la France avec une étude des conditions d'existence dans le domaine souterrain. — *Encyclopédie entomologique*, VII. Paris, 1926.

JEANNEL (R.) et E.-G. RACOVITZA. 1907. — Biospéologica; II. Enumération des grottes visitées, 1904-1906. (Première série). — *Arch. Zool. expér. gén.*, (4) VI, n° 8, 1907.

— 1908. — Biospéologica; VI. (Seconde série). — *Ibid.*, (4) VIII, n° 4, 1908.

— 1910. — Biospéologica; XVI. (Troisième série). — *Ibid.*, (5) V, n° 3, 1910.

— 1912. — Biospéologica; XXIV. (Quatrième série). — *Ibid.*, (5) IX, n° 5, 1912.

— 1914. — Biospéologica; XXXIII. (Cinquième série). — *Ibid.*, LIII, n° 7, 1914.

— 1918. — Biospéologica; XXXIX. (Sixième série). — *Ibid.*, LVII, n° 3, 1918.

JOHNSON (W.-F.). 1912. — Clare Island Survey. Part 33 : Chilopoda and Diplopoda. — *Proc. R. Irish Acad.*, XXXI, 1912.

— 1913. — Notes on Irish Myriapoda. — *Irish Natur.*, XXII, n° 7, 1913.

KARSCH (F.). 1880 *a*. — Ueber einen neuen europäischen Myriopoden. — *Sitzb. Ges. naturf. Freunde Berlin*, n° 3, 1880.

— 1881 *b*. — Zur Formenlehre d. pentazonen Myriopoden. — *Tröschel, Arch. f. Naturg.*, XLVII, H. 1, 1881.

— 1881 *c*. — Zum Studium der Myriapoda Polydesmia. — *Ibid.*, XLVII, H. 1, 1881.

— 1881 *f*. — Einige neue Diplopode Myriopoden des Berliner Museums. — *Mitth. Entom .Vereins, München*, IV, 1881.

— 1881 *g*. — Neue Iuliden des Berliner Museums, als Prodromus einer Iuliden Monographie. — *Zeits. gesam. Naturw.*, (3) VI, 1881.

— 1882. — Ueber E. Haase's Beitrag zur Phylogenie und Ontogenie der Chilopoden. — *Biol. Zentralb.*, II, 1882.

— 1884 *b*. — Ueber einige neue und minder bekannte Arthropoden des Bremer Museums. — *Abh. Naturh. Ver. Bremen*, IX, 1884.

— 1885 *b*. — Berichtigung und Ergänzungen aus den Jahren 1715-1883 zur « Litteratur für die gesammte Myriopoden-Kunde » in Prof. Latzel's Werke « Die Myriopoden der Oesterreich.-Ungar. Monarchie », Wien, 1884. — *Zool. Anz.*, VIII, 1885.

— 1886. — Einige fernere Ergänzungen zur « Litteratur... etc. — *Berl. Entom. Zeits.*, XXX, H. 1, 1886.

KENYON (F.-C.). 1895. — The Morphology and Classification of the *Pauropoda*, with notes on the Morphology of the Diplopoda. — *Tuft's Coll. Studies*, IV, 1895.

— 1896. — A criticism of M. Cook's note on the sclerites of *Spirobolus*. — *Amer. Natur.*, XXX, 1896.

Kenyon (F.-C.). 1897. — Myriapoda climbing vertical glass surfaces. *Ibid.*, XXXI, 1897.

— 1898. — A peculiar glandular Structure found in a Mexican Diplopod (*Platydesmus*). — *Science*, (n. s.) VII, n° 164, 1898.

Kessler (K.-O.). 1874. — O Russkich Sorokonozkach y Stonozkach (Scolopendridae et Geophilidae). — *Troud. Russ. Entom. Obsc.*, VIII, n° 1, 1874.

Kincaid (T.). 1898. — A new species of *Polyxenus*. — *Entom. News*, IX, n° 7/8, 1898.

Kingsley (J.-S.). 1888. — The Classification of the Myriapoda. — *Amer. Natur.*, XXII, 1888.

Koch (C.-L.). 1835. — Deutschlands Crustaceen, Myriopoden und Arachniden; in : Herrich-Schäffer's Deutschlands Insecten. — Regensburg, 1835-1844.

— 1841. — Arachniden und Myriopoden aus der Regentschaft Algier. — Wagner's Reisen, III; Leipzig, 1841.

— 1847. — System der Myriapoden, III. — Regensburg, 1847.

— 1863. — Die Myriapoden getreu nach der Natur abgebildet und beschrieben. — Halle, 1863.

Koch (L.). 1856. — Myriapoden, in : Rosenhauer (W.-G.), Die Thiere Andalusiens. — Erlangen, 1856.

— 1862. — Die Myriapodengattung *Lithobius*. — Nürnberg, 1862.

— 1867 *a*. — Zur Arachniden-und Myriapodenfauna Süd-Europas. — *Verh. K. Zool.-Bot. Ges. Wien*, XVII, 1867.

— 1881. — Zoologische Ergebnisse von Excursionen auf den Balearen; Arachniden u. Myriapoden. — *Verh. K. Zool.-Bot. Ges. Wien*, XXXI, 1881.

Kohlrausch (E.). 1878. — Beiträge zur Kenntnis der Scolopendriden. Dissert. — Marburg, 1878.

— 1881. — Gattungen u. Arten der Scolopendriden. — *Arch. f. Naturg.*, XLVII, 1881.

Kraepelin (K.). 1901. — Ueber die durch den Schiffsverkehr in Hamburg eingeschleppten Thiere. — *Mitth. Naturh. Museum Hamburg*, XVIII, 1901.

— 1903. — Revision der Scolopendriden. — *Ibid.*, XX, 1903.

— 1904. — Catalogue des Scolopendrides des collections du Museum d'Histoire naturelle de Paris. — *Bull. Mus. Hist. Nat. Paris*, 1904, n° 5.

Krug (H.) 1907. — Beiträge zur Anatomie der Gattung *Iulus*. Inaug. Dissert. — Iena, 1907.

Kunckel d'Herculais. 1911. — Observations sur les mœurs d'un Myriapode. La Scutigère coléoptrée. Son utilité... etc. — *Ass. franç. Avanc. Sc.*, 40ᵉ sess., Dijon, 1911.

Laboulbène (A.). 1855. — *Geophilus electricus* trouvé vivant auprès de Paris. — *Bull. Soc. Entom. France*, 1855.

— 1862. — Note sur les dégâts causés aux fraises et autres fruits par le *Blaniulus guttulatus*. — *Ibid.*, 1862.

LABOULBÈNE (A.). 1882. — Note sur la présence, en quantité considérable, du *Blaniulus guttulatus* dans les pommes de terre gâtées. — *Ibid.*, 1882.

LAMARCK (J.-B.). 1801. — Système des Animaux sans vertèbres. — Paris, 1801.

— 1818. — Histoire naturelle des Animaux sans vertèbres. — Paris, 1818-1838.

LAMEERE (A.). 1895. — Manuel de la Faune de Belgique. — Bruxelles, 1895, 1900, 1907.

LANKESTER (E.-R.). 1904. — The Structure and Classification of the Arthropoda, with appendix on the movement of the Parapodia of Peripatus, Millipedes and Centipedes. — *Quart. Journ. Micr. Soc.*, (n. s.) XLVII, 1904.

LATREILLE (P.-E.). 1796. — Précis des caractères génériques des Insectes disposés dans un ordre naturel. — Brive, 1796/97. [Et autres ouvrages classiques.)

LATZEL (R.). 1876. — Beiträge zur Fauna Kärntens. — *Jahrb. naturh. Landesmuseums Kärnt.*, XII, 1876.

— 1880 *a*. — Zwei neue mitteleuropäische Arten d. Gattung *Lithobius*. — *Carus, Zool. Anz.*, n° 55, 1880.

— 1880 *b*. — Die Myriopoden der Oester.-Ungarischen Monarchie. I. Die Chilopoden. — Wien, 1880.

— 1880 *c*. — Beitrag zur Kenntnis d. Geophiliden. — *Carus, Zool. Anz.*, n° 68, 1880.

— 1882 *a*. — Ein neuer *Lithobius* aus Ungarn u. Serbien. — *Ibid.*, n° 114, 1882.

— 1882 *c*. — Descrizione di un nuovo *Lithobius* Italiano. — *Bull. Soc. Entom. Ital.*, XIV, 1882.

— 1883 *a*. — Die Pauropoden Oesterreichs. — *Verh. K. Zool.-Bot. Ges.*, XXXIII, 1883.

— [1884. — Voir GADEAU DE KERVILLE, 1884.]

— 1884 *a*. — Die Myriopoden der Oester.-Ungarischen Monarchie. II. — Wien, 1884.

— 1884 *b*. — Description d'une espèce nouvelle du genre *Iulus* (in : PREUDHOMME DE BORRE; Note sur les Iulides de Belgique). — *C. R. Soc. Entom. Belg.*, XXVIII, 1884.

— 1885. — Die Myriopoden Kärntens. — *Jahrb. Nat. Hist. Mus. Kärnt.*, XVII, 1885.

— 1886. — Diagnosi di specie e var. nuove di Miriapodi raccolte in Liguria da G. Cavanna. — *Bull. Soc. Entom. Ital.*, XVIII, 1886.

— 1887. — Nuovi Miriapodi delle caverne di Liguria. — *Ann. Mus. Civ. Stor. Nat.*, Genova, (2) V, 1887.

— 1888 *b*. — Myriapodes, in : Excursions zoologiques dans les Iles de Fayal et de S.-Miguel. Campagnes scientifiques du yacht monégasque « L'Hirondelle », 3ᵉ année, 1887, par J. de Guerne. — Paris, 1888.

— 1889 *a*. — Sopra alcuni Miriapodi cavernicoli Italiani raccolti dai Sig. A. Vacca e R. Barberi. — *Ann. Mus Civ. Stor. nat.*, (2) VII, 1889.

Latzel (R.). 1889 *b*. — Contribution à l'étude de la Faune des Myriapodes des Açores. — *Rev. Biol. Nord France*, I, n° 11, 1889.

— 1894. — Description d'une espèce nouvelle de Myriopode Diplopode de Normandie (*Glomeris Kervillei*). — *Bull. Soc. Amis Sc. Nat. Rouen*, 1894.

— 1895 *a*. — Myriopoden aus der Umgebung Hamburgs. — *Beih. Jahrb. Hamb. wissensch. Anstalten*, XII, 1895.

— 1895 *b*. — Beiträge zur Kenntnis der Myriopodenfauna v. Madeira, d. Selvages u. d. Canarischen Inseln. — *Ibid.*, XII, 1895.

— 1900. — Zwei neue Myriopoden aus dem Mittelmeergebiete. — *Zool. Anz.*, XXIII, n° 625, 1900.

Leach (W.-E.). 1814. — A tabular view of the external characters of four Classes of Animals, which Linné arranged under Insecta. — *Trans. Linn. Soc. London*, XI, part 2, 1814/15.

— 1817. — The zoological Miscellany. — London, 1817.

Lefèvre (E.). 1883. — Sur les dégâts causés au *Genista anglica* par le *Blaniulus guttulatus*. — *Bull. Soc. Entom. France*, 1883.

— 1884. — Note sur le mémoire relatif aux Myriapodes de la Normandie publié par M. H. Gadeau de Kerville. — *Ibid.*, 1884.

Léger (L.) et O. Dubosco. 1903 a. — Recherches sur les Myriapodes de Corse et leurs parasites. — *Arch. Zool. expér. gén.*, (4) I, 1903.

[Des mêmes auteurs, nombreux et importants travaux sur les parasites des Myriapodes.]

Leonardi (G.). 1898. — Alcuni Miriapodi del Portogallo. — *Atti Soc. Ven.-Trent. Sc. nat. Padova*, 1898.

Lignau (N.-G.). 1903. — Myriapodes des bords de la Mer Noire du Caucase. — *Mém. Soc. Natur. Nouv. Russie*, XXV, 1, 1903.

— 1905. — Myriapodes de Crimée (travail provisoire). — *Ibid.*, XXVIII, 1905.

— 1907. — Contributions à la Faune des Myriapodes du Caucase. — *Ann. Mus. Zool. Acad. Sc. Saint-Petersbourg*, XII, 1907.

— 1911 *a*. — Neue Beiträge zur Myriopodenfauna des Caucasus. — *Ibid.*, XVI, 1911.

— 1911 *b*. — Ueber die Entwickelung des *Polydesmus abchasius* Attems. — *Zool. Anz.*, XXXVII, n° 6/7, 1911.

— 1911 *c*. — Geschichte der embryonalen Entwickelung von *Polydesmus abchasius* Attems. Zur Morphologie der Diplopoda. — *Mém. Soc. Natur. Nouv. Russie*, XXXVIII, 1911.

Linné (C.). 1758. — Systema Naturae; Editio decima. — Holmiae, 1758.

— 1761. — Fauna suecica; Editio altera. — Stockholmiae, 1761.

[Et autres ouvrages classiques.]

Lohmander (H.). 1923. — Göteborgstraktens Myriopoder. — *M. Göteborgstraktens Naturh. Göteborg*, 1923.

— 1925 *a*. — Chilopoda, Diplopoda et Isopoda terrestria, in : Jansson (A.), Myriopoden und Landisopoden-Fauna der Gotska Sandön. — Orebro, 1925.

LOHMANDER (H.). 1925 *b*. — Sveriges Diplopoder. — *Cötcborgs K. Vetcnsk. Vitterhets-Samh.*, (4) XXX, n° 2, 1925.

— 1927. — *Schizophyllum Kessleri*, n. sp., ein neuer Diplopode aus Südwestrussland. — *Zool. Anz.*, LXXII, n° 9/10, 1927.

— 1928. — Neue Diplopoden aus Ukraine und dem Kaukasus. — *Akad. Sc. Ukraine, Mém. Cl. Sc. Phys. Math.*, VI, 3, 1928.

LUBBOCK (Sir J.). 1866. — On *Pauropus*, a new type of Centipede. — *Trans. Linn. Soc. London*, XXVI, 1867.

LUCAS (H.). 1840 *a*. — Description et figure d'une nouvelle espèce d'Iule (*Iulus muscorum*), trouvée aux environs de Paris. — *Ann. Soc. Entom. France*, (1) IX, 1840.

— 1840 *b*. — Hist. Nat. des Crustacés, des Arachnides et des Myriapodes, in : BLANCHARD, Hist. Nat. des Animaux articulés. — Paris, 1840.

— 1844. — Description d'une nouvelle espèce de Polydème (*Polydesmus mauritanicus*) du Nord de l'Afrique. — *Revue zoologique*, Paris, VII, 1844.

— 1845. — Note sur une nouvelle espèce d'Iule (*Iulus albolineatus*) rencontrée dans les environs de Toulon. — *Ann. Soc. Entom. France*, (2) III, 1845.

— 1846 *a*. — Note sur quelques nouvelles espèces d'Insectes (Myriapodes) du Nord de l'Afrique. — *Revue zoologique*, Paris, IX, 1846.

— 1848. — Sur le *Polyzonium germanicum*. — *Ann. Soc. Entom. France*, (2) VI, 1848.

— 1849 *a*. — Sur le *Blaniulus guttulatus* et sur l'*Iulus Leprieuri*. — *Bull. Soc. Entom. France*, (2) VII, 1849.

— 1849 *c*. — Exploration scientifique de l'Algérie. Zoologie, I. — Paris, 1849.

— 1853 *c*. — Essai sur les animaux articulés qui habitent l'île de Crète. — *Revue et Mag. Zool.*, V, 1853.

— 1859. — Sur la *Scolopendrella notacantha*, le *Geophilus sanguineus* et la *Glomeris plumbea*. — *Bull. Soc. Entom. France*, (3) VII, 1859.

— 1860. — Note relative à un Myriapode nouveau pour la Faune française, le *Lithobius Coquerelii*. — *Ibid.*, (3) VIII, 1860.

— 1861. — Note sur les dégâts causés au *Phaseolus vulgaris* par la présence en grand nombre du *Blaniulus guttulatus*. — *Ibid.*, (4) I. 1861.

— 1871 *a*. — Remarques sur la *Scolopendrella notacantha*. — *Ann. Soc. Entom. France*, (5) I, 1871.

— 1872 *a*. — Note relative aux *Geophilus Gabrielis* et *rubrovittatus*. — *Bull. Soc. Entom. France*, (5) II, 1872.

— 1872 *b*. — Note relative à des Arachnides et à des Myriapodes cavernicoles. — *Ibid.*, (5) II, 1872.

— 1881. — Myriapodes et Coléoptères nuisibles aux Bétraves. — *Ibid.*, (6) I, 1881.

Lucas (H.). 1883. — Note sur le *Blaniulus guttulatus*. — *Ibid.*, (6) III, 1883.

— 1886. — Sur les mues des Chilopodes. — *Ibid.*, (6) VI, 1886.

Mac Léod. 1878. — Recherches sur l'appareil vénimeux des Myriapodes Chilopodes. — *Bull. Acad. R. Belgique*, (2) XLIV, n° 6, 1878.

— 1882. — Phosphorescence du *Geophilus electricus*. — *Feuille j. Natur.*, X, 1882.

Magretti (P.). 1879. — Rapporto su di un'escursione nella Sardegna. — *Atti Soc. Ital. Sc. Nat. Milano*, XXI, 1879.

— 1880. — Une seconda escursione zoologica nella Sardegna. — *Ibid.*, XII, 1880.

Maindron (M.). 1886. — Sur les mœurs des Myriapodes. — *Bull. Soc. Entom. France*, (6) VI, 1886.

Marchand (E.). 1904. — Quelques mots sur les ennemis du fraisier, à propos du *Blaniulus guttulatus* Gervais. — *Bull. Soc. Sc. nat. Ouest, Nantes*, XIII, 1904.

Mariani (G.). 1900. — Sulla Fauna di serra. — *Boll. Naturalista, Siena*, XX, n° 8, 1900.

Meinert (F.). 1868 *a*. — Danmark's Scolopender og Lithobier. — *Naturh. Tidsskr. Schiödte, Kjöbenhavn*, (3) V, 1868.

— 1868 *b*. — Danmark's Chilognather. — *Ibid.*, (3) V, 1868.

— 1869. — Tillaeg til Danmark's Chilognather. — *Ibid.*, (3) VI, 1869/70.

— 1870. — Myriapoda Musei Havniensis. Bidrag til Myriapodernes Morphologi og Systematik; I. *Geophili*. — *Ibid.*, (3) VII, 1870/71.

— 1872. — Même titre. II. *Lithobiini*. — *Ibid.*, (3) VIII, 1872/73.

— 1880. — Sur la conformation de la tête et sur l'interprétation des organes buccaux chez les Insectes, ainsi que la Systématique de cet Ordre. — *Entom. Tidsskr. Spangberg, Stockholm*, 1880.

— 1882. — De formeentlige Aandedraetsredskaber og deres Mundinger (stomata) hos slaegten *Scutigera*. — *Vidensk. Meddel. naturh. Foren. Kjöbenhavn*, 1882.

— 1883. — Caput Scolopendrae (The head of the Scolopendra and its muscular System). — *Kjöbenhavn*, 1883.

— 1884. *b*. — Myriapoda Musei Havniensis; III. *Chilopoda*. -- *Vidensk. Meddel. naturh. Foren. Kjöbenhavn*, 1884/86.

— 1885. — Myriapoda Musei Cantabrigenis, Mass.; Part I. *Chilopoda*. — *Proc. Amer. Philos. Soc.*, XXIII, n° 22, 1886.

Menge (A.). 1843. — Myriapoden der Umgegend von Danzig. — *Neuste Schrif. Naturf. Ges. Danzig*, IV, H. 4, 1843/51.

Metschnikoff (E.). 1872 *a*. — Zur Embryologie der Myriapoden. — *Bull. Acad. Sc. Saint-Petersbourg*, XVIII, 1873.

— 1872 *b*. — Vorläufige Mittheilungen über die Embryologie der Polydesmiden. — *Ibid.*, 1873.

— 1874. — Embryologie der doppelfüssigen Myriapoden. — *Zeitsch. wiss. Zool.*, XXIV, 1874.

— 1875. — Embryologisches über *Geophilus*. — *Ibid.*, XXV, 1875.

Moniez (R.). 1889. — Faune des eaux souterraines du département du Nord et en particulier de la ville de Lille. — *Revue Biol. Nord France*, I, 1888/89.

— 1890 *b*. — *Polyxenus lagurus* (au Nord de la France). — *Ibid.*, II, n° 8, 1890.

— 1893. — Faune locale. Le genre *Scolopendrella*. — *Ibid.*, V, n° 12, 1893.

— 1894 *b*. — Quelques Arthropodes de la grotte des Fées, près la ville de Baux. — *Ibid.*, VI, n° 12, 1894.

Muralewitsch (W.). 1907 *b*. — Zur Myriapodenfauna des Kaukasus. — *Zool. Anz.*, XXXI, n° 11/12, 1907.

— 1908. — Ueber die Myriopodenfauna des Charkowschen Gouvernements; I Mittheilung. — *Ibid.*, XXXIII, n° 4, 1908.

— 1910. — Uebersicht über die Myriopoden-Fauna des Kaukasus. Teil I. — *Mitteil. Kaukas. Mus.*, V, Tiflis, 1910.

— 1913 *b*. — Contribution à la Faune des Myriapodes du Gouvernement de Nijni-Novgorod. — *Rev. Russe Entom.*, XIII, n° 1, 1913.

— 1914. — Contribution à la Faune des Myriapodes du Gouvernement de Smolensk. — *Ibid.*, XIII, n° 3/4, 1914.

— 1926 *a*. — Neue *Lithobius*-und *Henicops*-Arten. — *Zool. Anz.*, LXVII, n° 7/8, 1926.

— 1926 *b*. — Ubersicht über die Chilopodenfauna des Kaukasus, II Mittheilung. — *Ibid.*, LXIX, n° 1/2, 1926.

Némec (B.). 1895 *a*. — O novem Diplopodu z. rodu *Strongylosoma*. — *Vestn. Král. ceské spol. Náuk*, *Praha*, 1895.

— 1895 *b*. — O novych ceskych Diplopodech; XXXVIII. — *Ibid.*, 1895.

— 1896. — Zur Kenntnis der Diplopoden Böhmens. — *Ibid.*, 1896.

— 1897 *a*. — Ueber die Structur der Diplopodeneier. — *Anatom. Anz.*, XIII, n° 10/11, 1897.

— 1897 *b*. — Ueber einige Arthropoden der Umgebung von Triest. — *Verh. K. K. zool.-bot. Ges. Wien*, XLVII, 1897.

— 1901. — Zur Phylogenie einiger Diplopodenfamilien. — *Zool. Anz.*, XXIV, n° 641, 1901.

Newport (G.). 1841. — On the Organs of reproduction and the Development of the Myriapoda. — *Philos. Trans. Roy. Soc. London.*, 1841.

— 1842. — On some new Genera of the Class Myriapoda (*Mecistocephalus, Gonibregmatus*). — *Proc. Zool. Soc. London*, X, 1842.

— 1843 *a*. — On the Structure, Relations and Development of the nervous and circulatory System... in the Myriapoda, etc. — *Philos. Trans. Roy. Soc. London*, 1843.

— 1843 *b*. — *Iulus sandvicensis* and *I. pilosus*. — *Ann. Mag. Nat. Hist.*, XI, 1843.

— 1844 *a*. — A List of the Species of Myriapoda, order Chilopoda, contained in the Cabinets of the British Museum, with... etc. — *Ibid.*, (1) XIII, 1844.

NewPort (G.). 1844 *b*. — (Même titre), order Chilagnatha. — *Ibid.*, 1844.

— 1844 *c*. — Monograph of the Class Myriapoda, order Chilopoda, with observations on the general Arrangement of the Articulata. — *Trans. Linn. Soc. London*, XIX, 1845.

— 1844 *d*. — On the reproduction of lost parts in Myriapoda and Insecta. — *Philos. Trans. Roy. Soc.*, 1844.

Newport (G.) et J. Gray. 1856. — Catalogue of the Myriapoda in the Collections of the British Museum; I. Chilopoda. — London, 1856.

Packard (A.-S. jr.). 1869. — The Ancestry of Insects, etc. — *Amer. Natur.*, III, n° 1, 1869.

— 1870 *a*. — Guide to the study of Insects and a Treatise on those injurius and beneficial to crops. — (Plusieurs éditions), London, 8ᵉ édit., 1883.

— 1881. — *Scolopendrella* and its position in Nature. — *Amer. Natur.*, XV, 1881.

— 1883 *a*. — The systematic position of the *Archipolypoda* (Scudder), a Group of fossil Myriapods. — *Ibid.*, XVII, 1883.

— 1903. — Hints on the Classification of the Arthropoda; the Group a polyphyletic one. — *Proc. Amer. Philos. Soc.*, XLII, n° 173, 1903.

Paganetti-Hummler. 1898. — Glomeriden Wanderung. — *Illust. Zeits. Entom.*, III, H. 14, 1898.

Palmberg (J.-G.-W.). 1866. — Bidrag till Kännedom om Sveriges Myriapoder. Ordningen Chilopoda. (Inaug. Dissert.). — Stockholm, 1866.

Panzer (W.). 1793. — Faunae Insectorum Germaniae initia. — Nürnberg, 1793-1813. (Continué par : Herrich Schaffer, Regensburg, 1829-1844.)

Parfitt (E.). 1866. — On *Geophilus maritimus* and *Arthronomalus crassicornis*, n. sp. — *Zoologist*, (2) n° 1, 1866.

— 1889. — A marine Millipede (*Geophilus maritimus*). — *Nature*, XLI, n° 1051, 1889.

Pascoë (F.-P.). 1878. — On Arachnids and Myriapods from Algeria and South of Spain. — *Proc. Entom. Soc. London*, 1878.

Peters (W.-C.-H.). 1864. — Uebersicht der im Kön. Museum befindl. Myriopoden aus der Familie der Polydesmi, sowie... etc. — *Monatsb. K. preuss. Akad. Wiss. Berlin*, 1865.

Peyerimhoff (P. de). 1906. — Recherches sur la Faune cavernicole des Basses-Alpes. Considérations sur les origines de la Faune souterraine. — *Ann. Soc. Entom. France*, LXXV, 1906.

— 1912. — Grottes et tessereft de Kabylie. —In : *Biospéologica*. [Voir Jeannel et Racovitza, XXIV, énumération des grottes visitées, 1909-1911.]

Plateau (F.). 1872. — Matériaux pour la Faune belge. Deuxième note : Myriapodes. — *Bull. Acad. R. Sc. Belgique*, (2) XXXIII, n° 5, 1872.

Plateau (F.). 1884. — Note sur des Crustacés et des Myriapodes recueillis par M. Weyers aux environs d'Aguilas (Sud-Ouest de Carthagène) Espagne. — *C. R, Soc. Entom. Belg*, XXVIII, 1884.

— 1887 *c*. — Recherches expérimentales sur la vision chez les Arthropodes, etc. — *Bull. Acad. Belg.*, XIV, 1887.

— 1890. — Les Myriapodes marins et la résistance des Arthropodes à respiration aérienne à la submersion. — *Jour. Anat. Phys.*, XXVI, 1890.

Pocock (R.-I.). 1887 *b*. — On the Classification of the Diplopoda. — *Ann. Mag. Nat. Hist.*, XX, 1887.

— 1888 *b*. — Description of *Scolopendra valida* Lucas, with notes on allied species. — *Ibid.*, (6) II, 1888.

— 1889 *c*. — A marine Millipede (*Geophilus submarinus*). — *Nature*, XLI, n° 1052, 1889.

— 1890 *b*. — Contributions to our knowledge of the Chilopoda of Liguria (Res Ligusticae; XI). — *Ann. Mus. Civ. Stor. Nat. Genova*, (2) IX, 1890.

— 1890 *g*. — Description of a new Species of *Polydesmus* from Liguria (*P. Laurae*). — *Ibid.*, (2) X, 1890.

— 1891 *a*. — Notes on the synonymy of some species of *Scolopendridae*, with descriptions... etc. — *Ann. Mag. Nat. Hist.*, (6) VII, 1891.

— 1891 *b*. — The History of a long forgotten British *Lithobius* (*L. pilicornis* Newport). — *Ibid.*, 1891.

— 1891 *c*. — Descriptions of some new species of Chilopoda. — *Ibid.*, (6) VIII, 1891.

— 1891 *d*. — Descriptions of some new *Geophilidae* in the Collections of the British Museum. — *Ibid.*, (6) VIII, 1891.

— 1892 *a*. — On the Myriapoda and Arachnida collected by Dr. Anderson in Algeria and Tunisia. — *Proc. Zool. Soc. London*, part 1, 1892.

— 1893 *b*. — Upon the Identity of some of the Types of Diplopoda contained in the Collection of the British Museum... etc. — *Ann. Mag. Nat. Hist.*, (6) XI, 1893.

— 1893 *f*. — Notes upon some Irish Myriapoda. — *Irish Natur.*, II, n° 12, 1893.

— 1893 *g*. — On the Classification of the tracheate Arthropoda. — *Zool. Anz.*, n° 423, 1893.

— 1894 *a*. — Contributions to our knowledge of the Diplopoda of Liguria. Supplementary note... etc. — *Ann. Mus. Civ. Stor. Nat. Genova*, (2) XIV, 1894.

— 1895 *h*. — Myriapoda, in : Biologia Centrali-Americana. 1895-1910.

— 1900 *b*. — Marine Centipede (*Linotenia maritima*), in Somerset. — *Zoologist*, (4) IV, 1900.

— 1900 *c*. — On two English Millipedes (*Iulus londinensis* Leach and *Iulus teutonicus*, n. sp.). — *Ann. Mag. Nat. Hist.*, (7) VI, 1900.

— 1901 *a*. — Some questions of Myriapod Nomenclature. — *Ibid.*, (7) VIII, 1901.

POCOCK (R.-I.). 1901 *b*. — Some new Genera and Species of Lithobio-
morphous Chilopoda. — *Ipid.*, (7) VIII, n° 47, 1901.

— 1902 *a*. — A new and annectant type of Chilopoda. — *Quart.
Journ. Microsc. Sc.*, XLV, part 3, 1902.

— 1903 *b*. — Remarks upon the Morphology and Systematics of
certain Chilognathous Diplopods. — *Ann. Mag. Nat. Hist.*, (7)
XII, n° 71, 1903.

PORAT (C.-O. von). 1866. —Bidrag till Kännedom om Sveriges Myriapoder, Ordning Diplopoda. (Inaug. Dissert.). — Stockholm, 1866.

— 1869. — Redogörelse för en under sommaren 1868 utfört Resa
till Skane och Bleckinge. — *Oefvers. Vetensk. Akad. Förh.*,
Stockholm, XXVI, 1869.

— 1870. — Om nagra Myriapoder fran Azorerna. — *Ibid.*, XXVII,
1871.

— 1888 *a*. — Om Norska Myriapoder. — *Entom. Tidsskr.*, VIII,
H. 1, 1888.

— 1889. — Nya Bidrag till Skandinaviska Halföns Myriapodologi. —
Ibid., X, H. 1, 1889.

— 1893 *b*. — Myriopodes, in : Résultats scientifiques d'un voyage
entrepris en Palestine et en Syrie par le Dr Th. Barrois. —
Lille, 1893.

PREUDHOMME DE BORRE (A.). 1884 *a*. — Note sur les Glomerides de
la Belgique. — *C. R. Soc. Entom. Belgique*, 1884.

— 1884 *b*. — Communication sur la distribution de la *Glomeris ono-
guttata*. — *Ibid.*, III, 1884.

— 1884 *c*. — [Voir : LATZEL, 1884 *b*.]

— 1884 *e*. — Tentamen Catalogi Glomeridarum hucusque descriptarum. — *Ann. Soc. Entom. Belgique*, XXVIII, 1884.

— 1884 *f*. — Tentamen Catalogi Lysiopetalidarum. Iulidarum, Archi-
iulidarum, Polyzonidarum atque Siphonophoridarum hucusque
descriptarum. — *Ibid.*, XXVIII, 1884.

RABAUD (E.). 1916 *a*. — Le phénomène de la « Simulation de la mort ».
— *C. R. Soc. Biol.*, LXXIX, 1916.

— 1918. — Sur le régime alimentaire de *Schizophyllum mediterraneum* Latzel. — *Bull. Soc. Zool. France*, XLIII, 1918.

— 1919 *a*. — La lumière et le comportement des organismes. — *Bull.
Biol. France et Belgique*, LII, fasc. 4, 1919.

— 1919 *b*. — L'immobilisation reflexe et l'activité normale des
Arthropodes. — *Ibid.*, LIII, fasc. 1, 1919.

RACOVITZA (E.-G.). 1907. — Biospéologica; I. Essai sur les problèmes
biospéologiques. — *Arch. Zool. expér. gén.*, (4) VI, n° 7, 1907.

RATH (O. vom). 1885. — Die Sinnesorgane der Antenne und der Unter-
lippe der Chilognathen. — *Arch. mikr. Anat.*, XXVII, 1885.

— 1886. — Beiträge zur Kenntnis der Chilognathen. — Bonn, 1886.

— 1890. — Ueber die Fortpflanzung der Diplopoden. — *Ber. Naturf.
Ges. Freiburg*, V, H. 1, 1890.

— 1891. — Zur Biologie der Diplopoden. — *Ibid.*, V, H. 2, 1891.

REINECKE (G.). 1910. — Beiträge zur Kenntnis von *Polyxenus*. — *Iena Zeitsch. Nat.*, XLVI, 1910.

RIBAUT (H.). 1904. — Descriptions de quatre nouvelles espèces françaises du genre *Iulus* (Myriapodes). — *Bull. Soc. Hist. Nat. Toulouse*, XXXVII, 1904.

— 1905 *a.* — Notes myriapodologiques; I. — *Ibid.*, XXXVIII, 1905.

— 1905 *b.* — Même titre; II. — *Ibid.*, XXXVIII, 1905.

— 1907 *b.* — Même titre; III. — *Ibid.*, XL, 1907.

— 1908. — Même titre; IV. — *Ibid.*, XLI, 1908.

— 1909 *a.* — Nouveau genre de *Glomeroidea* (Myriapodes). — *Ibid.*, XLII, n° 1, 1909.

— 1909 *b.* — Myriapodes de la Montagne Noire. — *Ibid.*, XLIII, n° 3, 1909.

— 1910 *a.* — Races de *Stigmatogaster gracilis* (Meinert) [Myriapodes]. — *Arch. Zool, expér. gén.*, (5) V, Notes et Revue n° 2, 1910.

— 1910 *b.* — Sur un genre nouveau de la sous-tribu des *Ribautiina* Brol. (Myriapodes-Géophilomorphes). — *Bull. Soc. Hist. Nat. Toulouse*, XLIII, n° 3, 1910.

— 1911. — Myriapodes, in : Récoltes entomologiques dans les Beni-Snassen (Maroc oriental). — *Ann. Soc. Entom. France*, LXXX, 1911.

— 1912 *a.* — Un nouveau genre de la tribu des *Orthochordeumini* Verh. (Myriapodes-Ascospermophora). — *Bull. Soc. Hist. Nat. Toulouse*, XLV, n° 2, 1912.

— 1913 *a.* — Biospéologica; XXVIII. *Ascospermophora.* (Première série). — *Arch. Zool. expér. gén.*, (5) X, n° 8, 1913.

— 1913 *b.* — *Chordeumella scutellare*, n. sp. (Myriapode-Ascospermophora). — *Bull. Soc. Hist. Nat. Toulouse*, XLV, n° 3, 1912.

— 1913 *c.* — Contribution à l'étude du genre *Chordeuma* (Myriapode-Ascospermophora). — *Ibid.*, XLVI, n° 1, 1913.

— 1913 *d.* — Un genre nouveau de la Classe des Symphyles (Myriapodes). — *Ibid.*, XLVI, n° 2, 1913.

— 1915. — Biospéologica; XXXVI. *Notostigmophora, Scolopendromorpha, Geophilomorpha* (Myriapodes). (Première série). — *Arch. Zool. expér. gén.*, LV, n° 6, 1915.

— 1920. — Notes sur les Chordeumoïdes de France. — *Bull. Soc. Hist. Nat. Toulouse*, XLVIII, 1er trim., 1920.

— 1921. — L'armement des pattes chez les Lithobies. — *Ibid.*, XLIX, 3e trim., 1921.

— 1922 *a.* — Nouvelles espèces du genre *Opisthocheiron* Rib. (Diplopodes Chordeumoïdes). — *Ibid.*, L, trim. 1/2, 1922.

— 1927 *a.* — Nouveaux Chamaesomides (Diplopodes Chordeumoïdes, *Trachyzona*). — *Ibid.*, LVI, 3e trim., 1927.

— 1927 *b.* — Description d'une nouvelle espèce pyrénéenne du genre *Ceratosphys* Rib. — *Ibid.*, LVI, 4e trim., 1927.

RICHARD (J.). 1885. — Un mot sur la phosphorescence des Myriapodes. — *Ann. Soc. Entom. Belgique*, XXIX, 1885.

Rimsky-Korsakoff (M.). 1896. — Ueber *Polyzonium germanicum* Brandt. — *Trav. Soc. Imp. Natur. Saint-Pétesbourg, Zool.,* XXV, 1896.

Risso (A.). 1816. — Histoire naturelle des Crustacés des environs de Nice. — Paris, 1816.

— 1826. — Histoire naturelle des principales productions de l'Europe méridionale, t. V. — Paris, 1826.

Robinson (M.). 1907. — On the segmentation of the Head of Diplopoda. — *Quart. Journ. microsc. Sc.,* LI, part 4, 1907.

Rosicky (F.). 1876. — Die Myriopoden Böhmens. — *Arch. naturw. Landesdurchfor. Böhmen,* III, 4 Abt., 1876.

— 1886. — Beitrag zur Kehntnis der Chilognathen.

Rothenbühler (H.). 1899. — Ein Beitrag zur Kenntnis der Myriapodenfauna der Schweiz. (Inaug. Dissert). — Genève, 1899.

— 1900. — Zweiter Beitrag zur Kenntnis der Diplopodenfauna der Schweiz. — *Revue Suisse Zool.,* VIII, 1900.

— 1901. — Myriopoden Graubündens, besonders des Engadin und des Münsterthales. [Fauna der Rhätischen Alpen von Dr. J. Carl. I Beitrag]. — *Ibid.,* IX, fasc. 3, 1901.

— 1902. — Myriopoden des Bündnerischen Rheingebietes. [Fauna der Rhätischen Alpen von Dr. J. Carl. II Beitrag]. — *Ibid.,* X, fasc. 2, 1902.

Sainte-Claire Deville (J.). 1903. — Exploration entomologique des Grottes des Alpes-Maritimes. — *Ann. Soc. Entom. France,* LXXI, 1903.

Saussure (H. de). 1860. — Essai d'une Faune de Myriapodes du Mexique, avec la description de quelques espèces des autres parties de l'Amérique. — *Mém. Soc. Phys. Hist., Nat. Genève,* XV, 1860. [Voir aussi A. Humbert.]

Saussure (H. de) et Léo Zehntner. 1897. — Histoire naturelle des Myriapodes, in : Alf. Grandidier; Histoire physique, naturelle et politique de Madagascar. XXVII, 53ᵉ fasc., Paris. — Atlas, 1897; texte, 1902.

Savi (P.). 1817. — Osservazioni per servire alla storia di una specie di *Iulus* communissima nelle pianure Pisana. — *Opusc. scientif. Bologna,* I, 1817.

— 1819. — Osservazioni sull'*Iulus fœtidissimus.* — *Ibid.,* III, 1819.

Schmidt (P.). 1895 *b.* — Beiträge zur Kenntnis der niederen Myriapoden. — *Zeits. wiss. Zool.,* LIX, H. 3, 1895.

Schubart (O.). 1925. — Die Diplopodenfauna Schleswig-Holsteins. — *Zool. Jahrb., Abt. Syst.,* XLIX, 1925.

— 1926 *a.* — Die Diplopoden des Oldesloer Salzgebietes. (Uber Diplopoden n° 2). — *Geogr. Naturh. Mus. Lübeck,* II Reihe, H. 31, 1926.

— 1926 *b.* — Die Diplopoden Dänemarks. (Uber Diplopoden n° 3). — *Entom. Meddel.,* XVI, H. 2, 1926.

— 1928 *a.* — Zwei für Deutschland neue Iuliden (Diplopoda). (Uber Diplopoden n° 5). — *Zool. Anz.,* LXXIX, H. 1/2, 1928.

SCHUBART (O.). 1928 *b*. — Ein Beitrag zur Biotop-Forschung, zugleich ein Beitrag über norddeutsche Diplopoden. (Uber Diplopoden n° 6). — *Der Naturforscher*, V, H. 8, 1928.

SELBIE (C.-M.). 1912. — Some new Irish Myriapods. — *Irish Natur.*, XXI, 1912.

— 1913 *a*. — New records of Irish Myriapods. — *Ibid.*, XXII, n° 7, 1913.

— 1913 *b*. — A new variety of *Polydesmus coriaceus* Porat, and note on a Centipede monstrosity. — *Ann. Mag. Nat. Hist.*, (8) XII, 1913.

SELIWANOFF (A.). 1876. — Zwei neue Arten der Gattung *Lithobius*. — *Horae Soc. Entom. Ross.*, XII, n° 1, 1876.

— 1878. — Materialii k izouschtcheniou rousskich Tisjaczenojich (Myriapodes). — *Troud. Russ. Entom. Obsch.*, XI, 1880.

— 1879. — *Bothriogaster*, eine neue Gattung aus der Familie der Geophiliden. — *Zool. Anz.*, n° 43, 1879.

— 1880 *a*. — Kawkaskia Tisjaczenojki (Kaukasische Myriapoda). — — *Troud. Russ. Entom. Obsch.*, XII, 1880/81.

— 1880 *b*. — Eine Bemerkung über *Lithobius sibiricus* Gerstf. — *Zool Anz.*, n° 68, 1880.

— 1880 *d*. — Ueber den Bau der Segmente bei verschiedenen Genera der *Geophilidae*. — *Verh. Zool. Sect. der VI Vers. russ. Naturf. Aerzte*, Saint-Pétersbourg, 1880.

— 1881 *a*. — *Geophilidae* museja imperatorskoi Akademii Nauk. — *Zap. I. Akad. Nauk*, Saint-Petersbourg, 1881.

— 1881 *b*. — Neue Lithobiiden aus Sibirien u. Centralasien. — *Zool. Anz.*, n° 73, 1881.

SINCLAIR (F.-G.) [précédemment HEATHCOTE]. 1892. — A new mode of Respiration in the Myriapoda. — *Phil. trans. Roy. Soc. London*, CXXXVIII, 1892.

— 1904. — The Myriapoda of Cambridgeshire. — Marr and Shipley, Nat. Hist. Cambr., 1904.

— 1909. — Note on the abnormal pair of appendages in *Lithobius*. — *Proc. Cambr. Phil. Soc.*, XV, 1909.

SILVESTRI (F.). 1894 *a*. — Sulla presenza del *Polyxenus lucidus* Chal. in Italia. — *Boll. Soc. Rom. Stud. zool.*, III, n° 1/3, 1894.

— 1894 *b*. — Diagnosi di nuove specie di Miriapodi Italiani. — *Ibid.*, III, n° 1/3, 1894.

— 1894 *c*. — Res Ligusticae; XXII. Diagnosi di nuove specie di Miriapodi cavernicoli. — *Ann. Mus. Civ. Stor. Nat. Genova*, (2) XIV, 1894.

— 1894 *d*. — Contribuzione alla conoscenza dei Chilopodi, Symphyli, Pauropodi e Diplopodi dell'Umbria e del Latio. — *Boll. Soc. Rom. Stud. zool.*, III, n° 5/6, 1894.

— 1895 *a*. — Viaggio del Dott. E. Festa in Palestina, nel Libano e regioni vicine. Chilopodi e Diplopodi. — *Boll. Mus. zool. Anat. comp. Univ. Torino*, X, n° 199, 1895.

SILVESTRI (F.). 1895 *e*. — Beitrag zur Kenntnis der Chilopoden u. Diplopoden Fauna der palaearktischen Region. — *Zool. Anz.,* XVIII, n° 474, 1895.

— 1895 *h*. — Origine dell'organo copulativo nei *Callipodidae*. — *Natur. Siciliano,* XIV, n° 1, 1895.

— 1896 *c*. — I Diplopodi; Parte 1ª. Sistematica. — Genova, 1896.

— 1896 *d*. — Nuovi Diplopodi e Chilopodi dell'Italia settentrionale. — *Boll. Mus. Zool. Anat. comp. R. Univ. Torino,* XI, n° 233, 1896.

— 1896 *h*. — Una excursione in Tunisia (Symphyla, Chilopoda, Diplopoda). — *Natur. Siciliano,* (n. s.) I, n° 8, 1896.

— 1897 *d*. — La *Scolopendra cingulata* Latr. è ovipara. — *Accad. Lincei,* Roma, 1897.

— 1897 *h*. — Systema Diplopodum. — *Ann. Mus. Civ. Stor. Nat. Genova,* (2) XVIII, 1897.

— 1898 *b*. — Note preliminari sulla Morfologia dei Diplopodi. — *Atti Accad. R. Lincei,* VII, 1° sem., fasc. 2, 1898.

— 1898 *c*. — Contribuzione alla conoscenza dei Diplopodi della fauna mediterranea. — *Ann. Mus. Civ. Stor. Nat. Genova,* (2) XVIII, 1898.

— 1898 *e*. — Contributo alla conoscenza dei Chilopodi e Diplopodi della Sicilia. — *Boll. Soc. Entom. Ital.,* XX, trim. 4, 1897.

— 1898 *g*. — Contributo alla conoscenza dei Chilopodi e Diplopodi dell'Isola di Sardegna. — *Ann. Mus. Civ. Stor. Nat. Genova,* (2) XVIII, 1898.

— 1898 *h*. — La fecondazione in una specie animale fornita di Spermatozoi immobili. — *Atti R. Accad. Lincei,* VII, 1° sem., sér. 5, fasc. 5, 1898.

— 1898 *m*. — Sulla morfologia dei Diplopodi, 3ª et 4ª nota. — *Ibid.,* fasc. 7, 1898.

— 1902 *a*. — Note preliminari sulla morfologia dei Diplopodi e Chilopodi. — *Riv. Patol. vegetale,* X, 1902.

— 1902 *b*. — Sulle ghiandole cefaliche o anteriori del *Pachyiulus communis* Savi. — *Labor. Scuola sup. Agric. Portici,* 1902.

— 1902 *d*. — Ordo Pauropoda, in : BERLESE : Acari, Miriapoda et Scorpiones, etc. — Portici, 1902.

— 1902 *e*. — Einige Bemerkungen über den sogenannten Mikrothorax der Insecten. — *Zool. Anz.,* XXV, n° 680, 1902.

— 1903 *b*. — Fauna Napoletana. Miriapodi viventi sulla spiaggia del mare presso Portici (Napoli). — *Ann. Mus. Zool. R. Univ. Napoli,* (n. s) I, n° 1, 1903.

— 1903 *f*. — Classis Diplopoda. Vol. 1, pars 1ª : Segmenta, Tegumentum, Muscoli. In : BERLESE, Acari, Myriapoda et Scorpiones, etc. — Portici, 1903.

— 1904 *a*. — Res Ligusticae; XXXIV. Intorno ad una nuova famiglia di Diplopoda-Glomeroidea trovata in Liguria. — *Ann. Mus. Civ. Stor. Nat. Genova,* (3) I, 1904.

— 1905 *b*. — Elenco dei Miriapodi, Tisanuri, Termitidi ed Embiidi raccolti all'Isola d'Elba e di Pianosa. — *Boll. Mus. Zool. Anat. comp. R. Univ. Torino*, XX, n° 501, 1905.

Silvestri (F.). 1908 *a*. — Materiali per una Fauna dell'Archipelago Toscano; VII. Isola del Giglio. — *Ann. Mus. Civ. Stor. Nat. Genova*, (3) III, 1908.

— 1908 *b*. — Cavernicola. 1; Descrizione di una nuova specie di *Lithobius* delle grotte di Sardegna. — *Ibid.*, (3) III, 1908.

— 1908 *c*. — Description de Myriapodes cavernicoles nouveaux de la région orientale des Pyrénées. — *Arch. Zool. exper. gén.*, (4) VIII, Notes et Revue n° 3, 1908.

— 1909 *e*. — Contribuzioni alla conoscenza dei Chilopodi; III et IV. — *Boll. Labor. Zool. gen. agrar.*, III/IV, 1909-1910.

— 1919 *a*. — Contributions to a knowledge of the Chilopoda Geophilomorpha of India. — *Rec. Indian Mus.*, XVI, part 1, n° 5, 1919.

— 1922 *a*. — Contribuzione allo studio della Fauna delle caverne di Liguria. — *Boll. Soc. Entom. Ital.*, LIV, n° 2/3, 1923.

— 1923 *a*. — Notizia della presenza del genere *Synxenus* (Myriopoda-Diplopoda) in Catalogna e descrizione di quattro specie. — *Tr. Mus. Cienc. Nat.*, IV, n° 5, Barcelona, 1923.

— 1923 *b*. — Descripción de un nuevo género de *Polydesmidae* (Myriopoda, Diplopoda) de España meridional. — *Bol. R. Soc. Esp. Hist. Nat.*, XXIII, n° 8, 1923.

Snellen van Vollenhoven. 1860. — De Dieren van Nederland. — Haarlem, 1859.

Stein (F.). 1841. — De Myriapodum partibus genitalibus. — Berolini, 1841.

Stein (J.-P.-E.). 1864. — Ueber *Glomeris dalmatina* Stein. — *Berl. Entom. Zeits.*, VIII, 1864.

Storm (V.). 1898. — Myriopoda et Oniscoida ved Throndheim. — *Kgl. Norske Vidensk. Selsk. Skrif.*, n° 8, 1898.

Stuhlmann (F.). 1886. — Die Reifung des Arthropodeneies nach Beobachtung an Insecten, Spinen, Myriopoden und Peripatus. — *Ber. Nat. Ges. Freiburg*, I, 1886.

Stuxberg (A.). 1870. — Bidrag till Skandinaviens Myriopodologi; I. Sveriges Chilognather. — *Ofver. K. Vetensk. Akad. Förh.*, XXVII, n° 8, 1870.

— 1871. — Même titre; II. Sveriges Chilopoder. — *Ibid.*, XXVIII, n° 4, 1871.

— 1873. — Om mundelarnes bygnad hos *Lithobius forficatus*. — *Ibid.*, XXX, n° 1, 1873.

— 1875 *b*. — *Lithobius borealis* Meinert, funnen i Sverige. — *Ibid.*, XXXII, n° 2, 1875.

— 1875 *c*. — Genera et Species Lithobioidarum. — *Ibid.*, XXXII, n° 3, 1875.

— 1876. — Myriopoder fran Sibirien och Waigastsch ön, etc. — *Ibid.*, XXXIII, n° 2, 1876.

Thompson (D'A. W.). 1890. — A marine Millipede. — *Nature*, XLI, 1889-90.

Timotheew (T.-E.). 1897 *a*. — Liste des Myriapodes des environs de Charkow. — *Trav. Soc. Natur. Chark.*, XXXI, 1897.

— 1897 *b*. — Deux espèces nouvelles de Diplopodes. — *Ibid.*, XXXI, 1897.

Tömösvary (O.). 1880 *b*. — Beitrag zur Kenntnis der Myriopoden Ungarns. — *Zool. Anz.*, n° 71, 1880. [Et autres travaux en langue hongroise publiés de 1878 à 1885.]

Trotzina (A.). 1893. — Vier neue *Lithobius*-Arten aus Central-Asien. — *Horae Soc. Entom. Ross.*, XXVIII, n° 1/2, 1893/94.

— 1895. — Ein neuer *Lithobius* (*L. magnificus*, n. sp.). — *Ibid.*, XXIX, n° 1/2, 1895.

Vandel (A.). 1926. — La Spanandrie (Disette de mâles) géographique chez le Myriapode *Polyxenus lagurus* (L.). — *C. R. Acad. Sc.*, CLXXXII, n° 18, 1926.

— 1928. — La Parthénogénèse géographique. Contribution à l'étude biologique et cytologique de la Parthénogénèse naturelle. Première partie. — *Bull. Biol. France Belg.*, LXII, fasc. 2, 1928.

Verhœff (K.-W.). 1891 *a*. — Ueber einige Nord-Afrikanische Chilopoden. — *Berl. entom. Zeits.*, XXXVI, 1891.

— 1891 *b*. — Ein Beitrag zur Mitteleuropäischen Diplopoden Fauna. — *Ibid.*, XXXVI, 1891.

— 1892 *a*. — Ein Beitrag zur Kenntnis der Gattung *Chordeuma* (Diplopoda). — *Ibid.*, XXXVII, 1892.

— 1892 *d*. — Ueber Proterandrie der Diplopoden. — *Ibid.*, XXXVII, 1892.

— 1892 *e*. — Vorläufige Mittheilung über eine neue deutsche *Chordeuma*-Art. — *Zool. Anz.*, n° 386, 1892.

— 1892 *f*. — Neue Diplopoden der Palaearctischen Region. — *Ibid.*, n° 403/404, 1892.

— 1893 *a*. — Neue Diplopoden aus dem oesterreichischen Kustenlande. — *Berl. Entom. Zeits.*, XXXVIII, H. 3/4, 1893.

— 1893 *b*. — Ueber einige palaearktische Chilopoden. — *Ibid.*, XXXVIII, H. 3/4, 1893.

— 1893 *c*. — Diplopoden des oesterreichischen Adriagebietes. — *Ibid.*, XXXVIII, H. 3/4, 1893.

— 1893 *d*. — Ueber in neues Stadium in der Entwicklung von Iuliden-Mänchen. — *Zool. Anz.*, XVI, n° 410, 1893.

— 1893 *e*. — Notiz zum Schaltstadium bei Iuliden-Mänchen. — *Ibid.*, XVI, n° 414, 1893.

— 1893 *f*. — Neue Diplopoden der portugesischen Fauna. — *Ibid.*, XVI, n° 418, 1893.

— 1893 *g*. — Ueber *Chordeuma germanicum* mihi (Diplopoda). — *Ibid.*, XVI, n° 436, 1893.

— 1893 *h*. — Bemerkung über einige nicht publicirte Diplopoden. — *Ibid.*, XVI, n° 430, 1893.

— 1893 *i*. — Vorläufige Mittheilung über neue Schaltstadium-Beobachtungen bei Iuliden, eine neue Gruppirung der alten Gattung *Iulus* und... etc. — *Ibid.*, XVI, n° 436, 1893.

Verhœff (K.-W.). 1894 *a.* — Eine neue Polydesmiden-Gattung. — *Ibid.*, XVII, n° 437, 1894.

— 1894 *b.* — Beitrag zur Diplopoden-Fauna Tirols. — *Verh. K. K. zool.-bot. Ges. Wien*, XLIV, 1894.

— 1894 *c.* — Beiträge zur Anatomie und Systematik der Iuliden, Versuch einer naturlichen Gruppirung derselben. — *Ibid.*, XLIV, 1894.

— 1894 *d.* — Beiträge zur Diplopoden-Fauna der Schweiz. — *Berl. Entom. Zeits.*, XXXIX, H. 2, 1894.

— 1894 *e.* — Zur Kenntnis der Copulationsorgane der Iuliden, über eine neue Iuliden-Gattung und eine neue *Tachypodoiulus*-Art. — *Zool. Anz.*, XVII, n° 456, 1894.

— 1894 *f.* — Ein neues Entwicklungstadium bei *Polydesmus*. — *Ibid.*, XVII, n° 461, 1894.

— 1895 *a.* — Aphorismen zur Biologie, Morphologie, Gattung-und Art-Systematik der Diplopoden. — *Ibid.*, XVIII, n° 476-478, 1895.

— 1895 *c.* — Beiträge zur Kenntnis paläarktischer Myriopoden; 1 Aufsatz. Ueber einige neue Myriopoden der Oester.-Ungar. Monarchie. — *Verh. K. K. zool.-bot. Ges. Wien*, 1895.

— 1895 *d.* — Beiträge etc.; 2 Aufs. Ueber Mitteleuropäische Geophiliden. — *Arch. Naturg.*, 1, H. 3, 1895.

— 1895 *f.* — Ein Beitrag zur Kenntnis der Glomeriden. — *Verh. naturf. Ver.*, LII, 1895.

— 1896 *b.* — *Iulus Bertkaui*, ein neuer, deutscher Iulide. — *Zool. Anz.*, XIX, n° 493, 1896.

— 1896 *c.* — Geophiliden und Scolopendriden aus Portugal und Tabelle europäischer Geophilus-Arten. — *Zool. Anz.*, XIX, n° 496-97, 1896.

— 1896 *d.* — Zur Phylogenie der Myriopodenordnungen. — *Ibid.*, XIX, n° 500, 1896.

— 1896 *e.* — Notizen über *Polyxenus lagurus*. — *Ibid.*, XIX, n° 500, 1896.

— 1896 *f.* — Ueber *Polydesmus germanicus*, n. sp. und subg. *Propolydesmus* Verh. — *Ibid.*, XIX, n° 508, 1896.

— 1896 *g.* — Zoologische Ergebnisse einer von Dr. K. Escherich unternommenen Reise nach Kleinasien; 1 Theil. Bearbeitung der Myriopoden, nebst anatomischen Beiträgen. — *Arch. Naturg.*, I, H. 1, 1896.

— 1896 *h.* — Beiträge, etc.; 3 Aufs. Zusammenfassende Darstellung der Aufenthaltsorte der mitteleuropäischen Diplopoden. — *Ibid.*, I, H. 1, 1896.

— 1896 *i.* — *Polydesmus spelaeorum*, n. sp., aus dem Banate. — *Verh. K. K. zool.-bot. Ges. Wien*, XLVI, H. 6, 1896.

— 1896 *k.* — Zur Morphologie der Segmentanhänge bei Insecten u. Myriopoden. — *Zool. Anz.*, XIX, n° 511/12, 1896.

— 1896 *l.* — Ueber die Copulationsorgane der Lysiopetaliden und ein *Lysiopetalum* aus Bosnien. — *Ibid.*, XIX, n° 518, 1896.

VERHŒFF (K.-W.). 1896 *m.* — Nochmals einige Bemerkungen zur Phylogenie der Myriopodenordnungen. — *Ibid.*, XIX, n° 519, 1896.

— 1896 *n.* — Beiträge, etc.; 4 Aufs. Ueber Diplopoden Tirols, der Ostalpen... etc. — *Arch. f. Naturg.*, I, H. 3, 1896.

— 1897 *a.* — Beiträge zur vergleichende Morphologie, Gattung-und Artsystematik der Diplopoden, etc. — *Zool. Anz.*, XX, n° 527/28, 1897.

— 1897 *b.* — Bemerkungen über abdominale körperanhänge bei Insecten u. Myriopoden. — *Ibid.*, XX, n° 539, 1897.

— 1897 *c.* — Diplopoden Rheinpreussens und Beiträge zur Biologie... etc. — *Verh. Naturh. Ver. Preuss. Rheinl.*, LIII, 2 Hälfte, 1897.

— 1897 *d.* — Diplopodenfauna Siebenbürgens. — *Verh K. K. zool. bot. Ges. Wien*, 1897.

— 1897 *e.* — Ueber einige Chilopoden u. Diplopoden aus Rumänien — *Bull. Soc. Sc. Bucarest*, VI, n° 4, 1897.

— 1897 *f.* — Beiträge, etc.; 5 Aufs. Uebersicht der mir genauer bekannten europäischen Chordeumiden-Gattungen. — *Arch. f. Naturg.*, I, H. 2, 1897.

— 1897 *g.* — Ueber Diplopoden aus Bosnien, Herzegowina u. Dalmatien. I Theil : *Polydesmidae.* — *Ibid.*, II, H. 2, 1897.

— 1897 *h.* — Même titre. II Theil : *Chordeumidae* u. *Lysiopetalidae.* — *Ibid.*, 1897.

— 1897 *i.* — Même titre. III Theil : *Chordeumidae* u *Lysiopetalidae.* — *Ibid.*, H. 3, 1897.

— 1898 *a.* — Noch einige Worte über Segmentanhänge bei Insecten u. Myriopoden. — *Zool. Anz.*, XXI, n° 549, 1898.

— 1898 *b.* — Einige Worte über europäische Höhlenfauna. — *Ibid.*, n° 552, 1898.

— 1898 *d.* — Ueber Diplopoden aus Bosnien, Herzegowina u. Dalmatien. IV Theil : *Iulidae.* — *Arch. f. Naturg.*, I, H. 2 1898.

— 1898 *e.* — Même titre. V Theil : *Glomeridae* u. *Polyzonidae.* — *Ibid.*, I, H. 2, 1898.

— 1898 *f.* — Ueber Diplopoden aus Kleinasien. — *Verh. K. K. zool.- bot. Ges. Wien*, XLVIII, 1898.

— 1899 *h.* — Beiträge, etc.; 6 Aufs. Ueber paläarktische Geophiliden. — *Arch. f. Naturg.*, I, H. 3, 1898.

— 1898 *i.* — Beiträge, etc.; 7 Aufs. Ueber neue und wenig bekannte Polydesmiden aus Siebenbürgen, Rumänien u. dem Banat. — *Ibid.*, XLIV, I, H. 3, 1898.

— 1898 *k.* — Fauna Diplopoda Bosne, Herzegovine i Dalmacije. — *Glas. Zemal. Muz. Bosn. Herz.*, X, 2/3, 1898.

— 1899 *a.* — Ueber europäische Höhlenfauna, insbesondere Diplopoden u. Chilopoden (2 Aufs.). — *Zool. Anz.*, n° 584, 1899.

— 1899 *c.* — Ueber zwei westdeutsche Diplopoden. — *Ibid.*, n° 594, 1899.

— 1899 *d.* — Beiträge, etc.; 8 Aufs. Zur vergleichende Morphologie, Phylogenie, Gruppen-u. Artsystematik der Chordeumiden. — *Arch. f. Naturg.*, I, H. 2, 1899.

Verhœff (K.-W.). 1899 *e*. — Noch ein westdeutscher Diplopode. — *Zool. Anz.*, XXII, n° 595, 1899.

— 1899 *f*. — Myriapodes récoltés en 1897 et 1898 par M. Jaquet. Faune de la Roumanie. — *Bull. Soc. Sc. Bucarest*, VIII, n° 1/2, 1899.

— 1899 *g*. — Neues über paläarktische Geophiliden. — *Zool. Anz.*, XXII, n° 596, 1899.

— 1899 *h*. — Beiträge, etc.; 9 Aufs. Zur Systematik, Phylogenie u. vergleichenden Morphologie der Iuliden... etc. — *Arch. f. Naturg.*, XLV, I, H. 3, 1899.

— 1899 *i*. — Ueber europäische Höhlenfauna (3 Aufs.). — *Zool. Anz.*, XXII, n° 602, 1899.

— 1900 *a*. — Ueber Doppelmänchen bei Diplopoden. — *Zool. Anz.*, XXIII, n° 605, 1900.

— 1900 *b*. — Beiträge, etc.; 10 Aufs. Zur vergleichenden Morphologie, etc. der Lysiopetaliden. — *Zool. Jahrb.*, XIII, H. 1, 1900.

— 1900 *c*. — Beiträge, etc.; 11 Aufs. Neue u. wenig bekannte Lithobiiden. — *Verh. K. K. zool.-bot. Ges. Wien*, XLIX, H. 9, 1900.

— 1900 *d*. — Beiträge, etc.; 12 Aufs. Ueber Diplopoden aus Griechenland. — *Zool. Jahrb.*, XIII, H. 2, 1900.

— 1900 *e*. — Beiträge, etc.; 13 Aufs. Zur vergleichenden Morphologie, etc. der Ascospermophora. — *Arch. f. Naturg.*, I H. 3, 1900.

— 1900 *f*. — Beiträge, etc.; 14 Aufs. Ueber Glomeriden. — *Ibid.*, I H. 3, 1900.

— 1900 *g*. — Diplopodenfauna Siebenbürgens (2 vermehrte Auflage). — *Ibid.*, LXVI, I, H. 2, 1900.

— 1900 *h*. — Wandernde Doppelfüssler, Eisenbahnzüge hemmend. — *Zool. Anz.*, XXIII, n° 623, 1900.

— 1900 *i*. — Ueber *Schendyla* u. *Pectiniunguis*. — *Ibid.*, XXIII, n° 624, 1900.

— 1900 *k*. — Unerhörte Nahrweise eines Diplopoden. — *Ibid.*, XXIII, n° 626, 1900.

— 1900 *l*. — Ein unbekanntes Merkmal junger Iuliden. — *Ibid.*, XXIII, n° 627, 1900.

— 1900 *m*. — Beiträge, etc.; 15 Aufs. Lithobiiden aus Bosnien, Herzegowina u. Dalmatien. — *Berl. entom. Zeits.*, XLV, 1900.

— 1901 *a*. — Beiträge, etc.; 16 Aufs. Zur vergleichenden Morphologie, Systematik u. Geographie der Chilopoden. — *Abh. K. L. C. deutsch. Akad. Naturf.*, LXXVII, *Nova Acta*, n° 5, 1901.

— 1901 *b*. — Ueber den Häutungsvorgang der Diplopoden. — *Ibid.*, *Nova Acta*, n° 6, 1901.

— 1901 *c*. — Beiträge, etc.; 17 Aufsatz. Diplopoden aus dem Mittelmeergebiete. — *Arch. f. Naturg.*, I, H. 1, 1901.

— 1901 *d*. — Ueber drei neue *Appfelbeckia*-Arten (Diplopoda) aus der Herzegowina. — *Zool. Anz.*, XXIV, n° 643, 1901.

— 1901 *f*. — Beiträge, etc.; 18 Aufs. Ueber Diplopoden aux Süddeuschland u. Tirol. — *Jahrh. Ver. Vaterl. Naturk. Württemb.*, LVII, 1901.

VERHŒFF (K.-W.). 1901 *g*. — Faune de la Roumanie par M. Jaquet; Chilopoden u. Diplopoden aus Rumänien. — *Bull. Soc. Sc. Bucarest*, X, n° 1/2, 1901.

— 1901 *h*. — Zur Phylogenie der Diplopoden. — *Zool. Anz.*, XXIV, n° 651, 1901.

— 1901 *i*. — Ueber die Coxalsäcke der Diplopoden u. die phylogenetische Bedeutung der Colobognathen. — *Ibid.*, XXIV, n° 654, 1901.

— 1901 *l*. — Ueber *Mesogeophilus baldensis*. — *Ibid.*, XXIV, n° 657/658, 1901.

— 1901 *m*. — Beiträge, etc.; 19 Aufs. Diplopoda aus Herzegowina, Ungarn u. Bayern. — *Arch. f. Naturg.*, LXVII, I, H. 3, 1901.

— 1901 *n*. — Beiträge, etc.; 20 Aufs. Diplopoden des Oestlichen Mittelmeergebietes. — *Ibid.*, LXVII, I, H. 3, 1901.

— 1902 *a*. — Zur vergleichenden Morphologie der Chilopoden. — *Zool. Anz.*, XXV, n° 662, 1902.

— 1902 *b*. — Ueber Chilopoden von Südsteiermark, Krain u. Kroatien. — *Sitzb. Ges. Nat. Freunde Berlin*, 1902, n° 4.

— 1902 *c*. — Ueber einige paläarktische Geophiliden. — *Zool. Anz.*, XXV, n° 677, 1902.

— 1902 *d*. — Myriopoden, in :H.-G. Bronn's Klassen und Ordnungen des Tierreichs. — Leipzig, 1902 à 1925.

— 1902 *g*. — Ueber Diplopoden; 1 (21) Aufs. Formen aus Tirol, Italien u. Cypern. — *Arch. f. Naturg.*, LXVIII, I, H. 3, 1902.

— 1903 *b*. — Ueber Diplopoden; 2 (22) Aufs. Griechische Tausendfüssler. — *Ibid.*, LXIX, I, H. 1, 1903.

— 1903 *d*. — Ueber Diplopoden; 3 (23) Aufs. Zur vergleichenden Morphologie der Iuliden Gonopoden. — *Ibid.*, LXIX, I, H. 2, 1903.

— 1903 *f*. — Ueber die Endsegmente des Körpers der Chilopoden, Dermapteren u. Iapygiden, etc. — *Abh. K. L. C. deutsch. Akad. Naturf.* LXXXI, *Nova acta*, n° 5, 1903.

— 1903 *g*. — Ueber die Interkalarsegmente der Chilopoden, etc. — *Arch. f. Naturg.*, I, H. 1, 1903.

— 1904 *a*. — Ueber Tracheaten-Beine; 6 Aufs. Hüften u. Mundbeine der Chilopoden. — *Ibid.*, I, H. 2, 1904.

— 1904 *b*. — Mittheilungen über die Gliedmassen der Gattung *Scutigera* (Chilopoda). — *Sitzb. Ges. Naturf. Freunde Berlin*, 1904, n° 9.

— 1904 *c*. — Ueber die Genitalzone der Anamorphen und Scutigeriden, nach Bau und Entwickelung. — *Ibid.*, 1904, n° 10.

— 1904 *d*. — Ueber Gattungen der Spinnenasseln (*Scutigeridae*). — *Ibid.*, 1904, n° 10.

— 1905 *a*. — Ueber die Entwickelungsstufen der Steinläufer, Lithobiiden, und Beiträge zur Kenntnis der Chilopoden. — *Zool. Jahrb.*, suppl. VIII, *Festschr. Möbius*, 1905.

— 1905 *b*. — Zur Morphologie, Systematik und Hemianamorphose der Scutigeriden. — *Sitzb. Ges. Naturf. Freunde Berlin*, 1905, n° 1.

Verhœff (K.-W.). 1905 *c*. — Ueber Scutigeriden; 5 Aufsatz. — *Zool. Anz.*, XXIX, n° 2/3 et 4, 1905.

— 1905 *d*. — Ueber « *Ceratosoma* » *pectiniger* Brol. — *Ibid.*, XXIX, n° 7, 1905.

— 1905 *e*. — Ueber Scutigeriden; 6 Aufsatz. Variabilität, etc. — *Ibid.*, XXIX n° 11, 1905.

— 1906 *a*. — Ueber Diplopoden; 5 (25) Aufs. Zur Kenntnis der Gattung *Gervaisia* (Opisthandria). — *Ibid.*, n° 24, 1906.

— 1906 *b*. — Ueber Diplopoden; 4 (24) Aufs. Zur Kenntnis der Glomeriden, etc. — *Arch. f. Naturg.*, LXXII, I, 1906.

— 1906 *c*. — Vergleichend-morphologische Studie über die coxopleurale Körperteile der Chilopoden, etc. — *Abh. K. L. C. deutsch. Akad. Naturf.*, LXXXVI, *Nova Acta*, n° 2, 1906.

— 1906 *d*. — Sur des variétés pyrénéennes de *Glomeris intermedia trisulcata* Roth. (Traduit par le Pr. H. Ribaut). — *Bull. Soc. Hist. Nat. Toulouse*, 1906, n° 2.

— 1907 *a*. — Ueber Diplopoden; 6 (26) Aufs. Tausendfüssler aus Brandenburg, etc. — *Mitt. zool. Mus. Berlin*, III, H. 3, 1907.

— 1907 *b*. — Ueber Diplopoden; 7 (27) Aufs. Europäische Polydesmiden. — *Zool. Anz.*, XXXII, n° 12-13, 1907.

— 1907 *c*. — Ueber Diplopoden; 10 (30) Aufs. Zur Kenntnis der Iuliden und über einige Polydesmiden. — *Arch. f. Naturg.*, LXXIII, I, 1907.

— 1908 *a*. — Ueber Diplopoden; 8 (28) Aufs. Ein neuer Strand-Iulide und seine biologisch-morphologische Bedeutung. — *Zool. Anz.*, XXXII, n° 17, 1908.

— 1908 *b*. — Ueber Diplopoden; 9 (29) Aufs. *Gervaisia* u. *Polyzonium*. — *Ibid.*, XXXII, n° 18, 1908.

— 1908 *c*. — Zwei neue Gattungen der Glomeroidea. — *Ibid.*, XXXIII, n° 12, 1908.

— 1908 *d*. — Ueber Chilopoden und Isopoden aus Tripoli und Barka. — *Zool. Jahrb.*, XXVI, H. 2 1908.

— 1909 *a*. — Iuliden-System. — *Zool. Anz.*, XXXIV, n° 15, 1909.

— 1909 *b*. — Ueber die Schaltstadien der Iuliden. — *Ibid.*, XXXIV, n° 16/17, 1909.

— 1909 *c*. — Ueber einige Mastigophorophylliden und Craspedosomiden. — *Ibid.*, XXXIV, n° 18/19, 1909.

— 1909 *d*. — Neues System der Diplopoda-Ascospermophora. — *Ibid.*, XXXIV, n° 18/19, 1909.

— 1909 *e*. — Ueber Diplopoden; 16 (36) Aufs. Zur Kenntnis der Glomeriden. — *Ibid.*, XXXV, n° 4/5, 1909.

— 1909 *g*. — Neues System der Diplopoda-Lysiopetaloidea, und über italienische *Callipus*-Arten. — *Sitzb. Ges. Naturf. Freunde Berlin*, 1909, n° 4.

— 1909 *h*. — Ueber die Vulven der Ascospermophora, das Cyphopoden-Segment und Spermatophoren als Begattungszeichen. — *Ibid.*, 1909, n° 4.

Verhœff (K.-W). 1909 *i*. — Superfamilien der Diplopoda-Opisthandria. — *Zool. Anz.*, XXXIV, n° 16/17, 1909.

— 1910 *a*. — Ueber Diplopoden; 17 (37) Aufs. Deutsche Craspedosomiden. — *Sitzb. Ges. Naturf. Freunde Berlin*, 1910, n° 1.

— 1910 *b*. — Ueber Diplopoden; 19 (39) Aufs. Iuliden u. Ascospermophora. — *Jahrh. Ver. Naturk. Württemb.*, 1910.

— 1910 *d*. — Gynandromorphismus bei einem Iuliden. — *Zool. Anz.*, XXXV, n° 23, 1910.

— 1910 *e*. — Ueber Diplopoden; 42 Aufs. Neue Polydesmiden aus Mitteleuropa und ihre Verwandten. — *Ibid.*, XXXVI, n° 6/7, 1910.

— 1910 *f*. — Ueber Diplopoden; 43 Aufs. Mitteilung betreffend Okologie, etc. bei *Glomeris*. — *Ibid.*, XXXVI, n° 16/17, 1910.

— 1910 *h*. — Ueber Diplopoden; 18 Aufs. Die Nord-Böhmische-Sächsische Fauna etc. — *Abh. Naturw. Ges.* « *Isis* » *Dresden*, H. 1, 1910.

— 1910 *i*. — Ueber Diplopoden; 11-15 (31-35) Aufs. Beiträge zur Kenntnis der Glomeriden, Iuliden, etc. — *Abh. K. L. C. deutsch. Akad. Naturf.*, XCII, *Nova Acta*, n° 2, 1910.

— 1911 *a*. — Ueber Diplopoden; 20 (40) Aufs. Neuer Beitrag zur Kenntnis der Gattung *Glomeris*. — *Jahrh. Ver. vaterl. Naturk. Württemb.*, LXVII, 1911.

— 1911 *b*. — Die Diplopoden Deutschlands. — Leipzig, 1910-1914.

— 1911 *c*. — Ueber Diplopoden; 44 Aufs. Zur Kenntnis der Craspedosomiden-Gattungen *Helvetiosoma* und *Orotrechosoma*. — *Zool. Anz.*, XXXVIII, n° 1, 1911.

— 1911 *d*. — Ueber Diplopoden; 45 Aufs. *Xylophageuma*, eine neue Gattung der *Orobainosomidae*. — *Ibid.*, XXXVIII, n° 7/8, 1911.

— 1911 *e*. — Uber *Brachychaeteuma*, n. gen. und *Titanosoma jurassicum* aus England. — *Ibid.*, XXXVIII, n° 20/21, 1911.

— 1911 *f*. — Ueber Diplopoden; 49 Aufs. Zur Kenntnis des Mentum der Iuloidea und über Protoiuliden. — *Ibid.*, XXXVIII, n° 24, 1911.

— 1911 *g*. — Ueber Diplopoden; 46 Aufs. *Tessinosoma*, n. gen., und die Cyphopoden der *Mastigophorophyllidae*. — *Sitzb. Ges. Naturf. Freunde Berlin*, 1911, n° 6.

— 1911 *h*. — Ueber Diplopoden; 47 Aufs. Eine neue *Polydesmus*-Hochgebirgsform und die Gliederung der *Polydesmus*-Gonopoden. — *Ibid.*, 1911, n° 6.

— 1912 *a*. — Ueber Diplopoden; 50 Aufs. Rheintalstrecken als geographische Schranken. — *Zool. Anz.*, XXXIX, n° 5/6, 1912.

— 1912 *b*. — Ueber Diplopoden; 51 Aufs. Zur Kenntnis der Neoatractosomiden. — *Ibid.*, XXXIX, n° 8/9, 1912.

— 1912 *c*. — Ueber Diplopoden; 52 Aufs. *Adenomeris* und *Gervaisia*. — *Ibid.*, XXXIX, n° 11/12, 1912.

VERHŒFF (K.-W.). 1912 *d*. — Ueber Diplopoden; 53 Aufs. Zur Kenntnis deutscher Craspedosomen. — *Sitzb. Ges. Naturf. Freunde Berlin*, 1912, n° 2.

— 1912 *e*. — Ueber Diplopoden; 54 Aufs. Zur Kenntnis deutscher und norwegischer Craspedosomen. — *Zool. Anz.*, XXXIX, n° 15/16, 1912.

— 1912 *f*. — Uber *Nesoglomeris*, n. g., J. Carl. — *Ibid.*, XL, n° 4/5, 1912.

— 1912 *g*. — Ueber Diplopoden; 55 Aufs. Zwei neue mitteleuropäische *Cylindroiulus*-Arten. — *Ibid.*, XL, n° 8/9, 1912.

— 1912 *h*. — Ueber Diplopoden; 56 Aufs. *Dendromonomeron* m. Typen der Cheirite und ein neues Entwickelungsstadium von *Gervaisia*. — *Zool. Anz.*, XLI, n° 2, 1912.

— 1912 *i*. — Ueber Diplopoden; 57 Aufs. Zur Kenntnis einiger mitteleur. Chilognathen und der Schläfenorgane der Plesiocerata. — *Sitzb. Ges. Naturf. Freunde Berlin*, 1912, n° 8.

— 1913 *a*. — Ueber Diplopoden; 58 Aufs. *Ceratosoma* und *Listrocheiritium*, n. g. — *Zool. Anz.*, XLI, n° 7, 1913.

— 1913 *b*. — Ueber Diplopoden; 59 Aufs. Die weiblichen Fortpflanzungswerkzeuge von *Listrocheiritium* und *Macheiriophoron*. — *Ibid.*, XLI, n° 9, 1913.

— 1913 *c*. — Ueber Diplopoden; 60 Aufs. Zur Kenntnis von *Haploporatia* und *Uncoiulus*. — *Abh. naturw. Ges. « Isis » Dresden*, 1913, H. 1.

— 1913 *d*. — Ueber Diplopoden; 61 Aufs. Die Süddeutschen zoogeographischen Gaue, etc. — *Sitzb. Ges. Naturf. Freunde Berlin*, 1913, n° 3.

— 1913 *e*. — Ueber Diplopoden; 62 Aufs. Zwei neue Gattungen der *Trachyzona*, neue superfamilie der Ascospermophora. — *Zool. Anz.*, XLII, n° 3, 1913.

— 1913 *f*. — Ueber Diplopoden; 63 Aufsatz. *Syngonopodium*, n. g. — *Sitzb. Ges. Naturf. Freunde Berlin*, 1913, n° 4.

— 1913 *g*. — Ueber Diplopoden; 64 Aufs. Erscheinungszeiten u. Erscheinungsweisen der reifen Tausendfüssler Mitteleuropas, etc. — *Verh. K. K. zool.-bot. Ges. Wien*, 1913.

— 1913 *h*. — Ueber Diplopoden; 65 Aufs. Die Ordnungen der Proterandria u. zur Kenntnis der Cambaliden. — *Zool. Anz.*, XLIII, n° 2, 1913.

— 1913 *i*. — Ueber Diplopoden; 66 Aufs. Norische Formen aus den Gattungen *Leptoiulus*, *Ceratosoma* u. *Polydesmus*. — *Ibid.*, XLIII, n° 3, 1913.

— 1913 *k*. — Ueber Diplopoden; 67 Aufs. Zwei neue Iuliden-Gattungen aus den Tauern. — *Ibid.*, XLIII, n° 4, 1913.

— 1913 *l*. — Ueber Diplopoden; 68 Aufs. Einige Chilognathen aus Palästina. — *Verh. K. zool.-bot. Ges. Wien*, LXIV, 1913.

— 1914 *b*. — Ueber Diplopoden; 70 Aufs. Zur Kenntnis Süddeutscher Craspedosomen. — *Zool. Anz.*, XLIV, n° 8, 1914.

Verhœff (K.-W.). 1914 *c.* — Ueber Diplopoden; 71 Aufs. Die Ver-
   wandlung des Mitteldarmes von *Polydesmus* während der Häu-
   tungsperiode. — *Ibid.,* XLIV, n° 11, 1914.

— 1914 *d.* — Ueber Diplopoden; 74 Aufs. Bau der larvalen Schutz-
   glocken von *Polydesmus.* — *Ibid.,* XLV, n° 2, 1914.

— 1914 *e.* — Ueber Diplopoden; 75 Aufs. Zur Kenntnis einiger alpiner Chilognathen. — *Ibid.,* XLV, n° 5, 1914.

— 1915 *a.* — Ueber Diplopoden; 72 Aufs. Beiträge zur Kenntnis
   der Diplopoden von Württemberg, Hohenzollern u. Baden. —
   Jahrh. Ver. Natur. Württemb., LXXI, 1915.

— 1915 *b.* — Ueber Diplopoden; 73 Aufs. Zur Kenntnis der Gattung
   Listrocheiritium aus den nördlichen Kalkalpen. — *Ver. K. K.
   zool.-bot. Ges. Wien,* 1915.

— 1915 *c.* — Ueber Diplopoden; 78 Aufs. Polymorphismus bei Chilognathen und seine Abhängigkeit von äusseren Einflüssen. —
   Zool. Anz., XLV, n° 8/9, 1915.

— 1915 *d.* — Ueber Diplopoden; 79 Aufs. Die Kreise des alemanni-
   schen Gaues, der helvetische Rheintaldurchbruch und zwei
   neue deutsche Chordeumiden. — *Ibid.,* XLV, n° 9, 1915.

— 1915 *e.* — Ueber Diplopoden; 80 Aufs. Ueber Craspedosomen aus
   Sachsen und Süddeutschland. — *Abh. Nat. Ges. « Isis » Dresden,*
   1915, H. 1.

— 1915 *f.* — Ueber Diplopoden; 81 Aufs. Zur Kenntnis deutscher
   Symphyognathen. — *Zool. Anz.,* XLV, n° 11, 1915.

— 1915 *g.* — Ueber Diplopoden; 82 Aufs. Zur Kenntnis der Plesiocerata. — *Ibid.,* XLVI, n° 1/2, 1915.

— 1916 *a.* — Ueber Diplopoden : 76-77 Aufs. Beiträge zur Kenntnis
   der Gattungen *Macheiriophoron* und *Craspedosoma.* — *Zool.
   Jahrb., Abt. Syst.,* XXXIX, H. 3, 1916.

— 1916 *b.* — Ueber Diplopoden; 83 Aufs. Zur Kenntnis der Diplopoden-Fauna Tirols und Vorarlbergs, ein zoogeographischer
   Beitrag. — *Zeits. Natur. Leipzig,* LXXXVI, 1914-15.

— 1916 *c.* — Ueber Diplopoden; 84 Aufs. Abhängigkeit der Diplopoden und besonders der Iuliden-Schaltmänchen von äusseren
   Einflüssen. — *Zeits. wiss. Zool.,* CXVI, H. 4, 1916.

— 1916 *d.* — Ueber Diplopoden; 89 Aufs. Ist die physiologische
   Bedeutung der Glomeriden-Gonopoden geklärt ? — *Biol. Cen-
   talb.,* XXXVI, n° 4, 1916.

— 1916 *e.* — Ueber Diplopoden; 90 Aufs. Germania Zoogeographica.
   — *Zool. Anz.,* XLVII, n° 4/5, 1916.

— 1917 *a.* — Ueber Diplopoden; 85-88 Aufs. Zur Kenntnis der Zoo-
   geographie Deutschlands, etc. — *Abh. K. L. C. deutsch. Akad.
   Naturf.,* CIII, *Nova Acta,* n° 1, 1917.

— 1917 *c.* — Ueber einige niederösterreichische Diplopoden und
   Isopoden. — *Verh. K. K. zool.-bot. Ges. Wien,* 1917.

— 1921 *a.* — 91 Diplop. Aufs. Chilognathen Studien. — *Arch. f.
   Naturg.,* LXXXVI, H. 12, 1920.

VERHŒFF (K.-W.). 1921 *b.* — 92 Diplop. Aufs. Ueber Diplopoden der Riviera und einige alpenländische Chilognathen. — *Ibid.,* LXXXVII, H. 2, 1921.

— 1921 *c.* — Der Fön und seine zoogeographische Bedeutung. — *Zool. Anz.,* LII, n° 12/13, 1921.

— 1923 *a.* — 93 Diplop. Aufs. Zur Kenntnis der Palästina Chilognathen. — *Arch. f. Naturg.,* LXXXIX, 1923.

— 1923 *c.* — 94 Diplop. Aufs. Chilognathen aus Pommern. — *Ibid.,* LXXXIX, 1923.

— 1923 *d.* — 96 Diplop. Aufs. Periodomorphose. — *Zool. Anz.,* LVI, n° 9/10, 1923.

— 1924 *b.* — 100 Diplop. Aufs. Ueber Myriopoden von Mallorca und Ibiza. — *Entom. Tidskrift,* 1924.

— 1925 *b.* — 95 Diplop. Aufs. Neue Chilopoden-Beiträge. — *Zool. Jahrb., Abt. Syst.,* L, 1925.

— 1925 *c.* — Diplopoda, in : Fauna Faeröensis. — *Entom. Meddel.,* XIV, H. 9/10, 1925.

— 1925 *d.* — Mediterrane Chilopoden und Notiz zur Periodomorphose der Iuliden. — *Zool. Anz.,* LXIV, H. 3/4, 1925.

— 1925 *e.* — Beiträge zur Kenntnis der Steinläufer, Lithobiiden. — *Arch. f. Naturg.,* XCI, Abt. A, H. 9, 1925.

— 1926 *a.* — 102 Diplop. Aufs. Ueber einige südalpine Chilognathen. — *Zool. Anz.,* LXVI, H. 1/4, 1926.

— 1926 *b.* — Ueber einige von Dr. J. Buresch in Bulgarien gesammelte Diplopoden. — *Arb. Bulg. Naturf. Ges.,* XII, 1926.

— 1926 *c.* — Zwei neue Höhlen-Myriopoden aus Bulgarien. — *Zool. Anz.,* LXV, 1926.

— 1926 *d.* — Myriopoden. II Buch; Diplopoda, in : H.-G. Bronn's Klassen und Ordnungen des Tierreichs. — Leipzig, 1926 à ...., (en cours de publication).

— 1926 *e.* — 104 Diplopoden Aufs. Vom Einflusse unbewegten Wassers auf Tausendfüssler. — *Zool. Anz.,* LXVIII, 1926.

— 1926 *f.* — Ueber einige von Dr. J. Buresch in Bulgarien gesammelte Diplopoden. II Aufs. — *Mitteil. Bulg. entom. Ges.,* III, 1926.

— 1926. *g.* — 103 Diplop. Aufs. Chilognathen-Beiträge. — *Zool. Anz.,* LXVIII, H. 1/2 et 3/4, 1926.

— 1927 *a.* — Zwei neue Geophilomorphen-Gattungen aus Thracien und Mexico. — *Zool. Anz.,* LXIX, H. 3/4, 1926.

— 1927 *b.* — 105 Diplop. Aufs. Ueber Diplopoden des Bayerischen Waldes. — *Zool. Jahrb., Abt. Syst.,* LIII, 1927.

— 1927 *c.* — 106 Diplop. Aufs. Beiträge zur Kenntnis der Diplopoden-Fauna des Ungarischen Tieflandes. — *Allat. Közlem.,* XXIV, 1/2, 1927.

— 1927 *d.* — 107 Diplop. Aufs. Beiträge zur Systematik, Morphologie u. Geographie europäischer Ascospermophoren. — *Zool. Jahrb., Abt. Syst.,* LIV, 1927.

Verhœff (K.-W.). 1928. *b.* — 108 Diplop. Aufs. Neue und besonders ostalpine Chilognathen-Beiträge. — *Ibid.*, LV, 1928.

— 1928 *c.* — Ueber Diplopoden aus Bulgarien gesammelt von Dr. Jw. Buresch. III Aufsatz. — *Mitt. K. Naturw. Instit. Sofia*, I, 1928.

— 1928 *d.* — Ueber Chilopoden aus Bulgarien gesammelt von Dr. Jw. Buresch. I Aufsatz. — *Mitt. Bulg. entom. Ges.*, IV, 1928.

Viré. (A.). 1896. — La Faune des Catacombes de Paris. — *Bull. Mus. Hist. Nat.*, 1896, n° 6.

— 1900 *a.* — La Faune souterraine de France. — Paris, 1900.

— 1904. — La Faune souterraine du Puits de Padirac (Lot). — *C. R. Acad. Sc.*, 1904.

Voges (E.). 1878 *a.* — Beiträge zur Kenntnis der Iuliden. — *Zeits. wiss. Zool.*, XXXI, 1878.

— 1878 *b.* — Zur Morphologie u. Anatomie der Iuliden. — *Zool. Anz.*, n° 16, 1878.

— 1882. — Das Respirationssystem der Scutigeriden. — *Ibid.*, n° 103, 1882.

— 1886. — Die Athmungsorgane der Tausendfüssler. — *Humboldt.*, VI, H. 11, 1886.

— 1916 *a.* — Der Nestbau der Polydesmiden. — *Biol. Centralb.*, XXXVI, 1916.

— 1916 *b.* — Zum Copulationsapparat der Iuliden. — *Zool. Anz.*, XLVII, 1916.

— 1916 *c.* — Myriapodenstudien. — *Zeits. wiss. Zool.*, CXVI, 1916.

— 1920. — Ueber die Mundwerkzeuge der Symphylen. — *Zool. Anz.*, LII, n° 1/2, 1920.

Waga (A.-F.). 1839. — Observations sur les Myriapodes. — *Revue zool. p. l. Soc. Cuvier*, II, 1839.

— 1857. — Description d'une nouvelle espèce européenne de Crustacé (*Philoscia notata*) et d'un nouveau Myriapode (*Gervaisia costata*). — *Ann. Soc. entom. France*, (3) V, 1857.

Walckenaer (O.-A. de) et P. Gervais. 1847. — Histoire naturelle des Insectes Aptères. — Paris, 1847.

Wernitzsch (W.). 1910. — Beiträge zur Kenntnis von *Craspedosoma simile* und des Tracheensystems der Diplopoden. — *Iena Zeits. Nat.*, XLVI, 1910.

Westwood (J.-O.). 1844. — Notes on the Development of Myriapoda. — *Proc. Entom. Soc. London*, 1844.

Willem (V.). 1889. — Note sur l'existence d'un gésier et sur sa structure dans la famille des Scolopendrides. — *Bull. Acad. R. Soc. Belg.*, (3) XVIII, 1889.

— 1892 *a.* — Sur la structure des ocelles de la Lithobie (*Lithobius forficatus*). — *C. R. Acad. Sc. Paris*, CXIII, n° 1, 1892.

— 1892 *b.* — Les ocelles de *Lithobius* et de *Polyxenus*. — *Bull. Soc. R. Malac. Belg.*, XXVII, 1892.

— 1892 *c.* — L'organe de Tömösváry Je *Lithobius forficatus*. — *Ibid.*, XXVII, 1892.

WILLEM (V.). 1897. — Les glandes filières des Lithobies. — *Soc. Entom. Belg.*, XLI, 1897.

WOOD (H.-C.). 1865 *a.* — The Myriapoda of North-America. — *Trans. Amer. Philos. Soc.*, (n. s.) XIII, 1869.

WOOD-MASON (J.). 1879. — Morphological notes bearing on the Origin of Insects. — *Trans. Entom. Soc. London*, 1879, pt. 2.

— 1883. — Notes on the Structure, postembr. Development and systematic Position of *Scolopendrella*. — *Ann. Mag. Nat. Hist.*, (5) XII, 1883.

ZIEGLER (H.-E.). 1907. — Die Tracheen bei *Iulus*. — *Zool. Anz.*, XXXI, n° 24, 1907.

ZOGRAFF (N.-J.). 1879. — Vorläufige Mittheilungen über die Organisation der Myriopoden. — *Zool. Anz.*, n° 18, 1879.

— 1880. — Anatomie von *Lithobius forficatus*, etc. — *Fedtschenko-Bibl.*, XXXII, Moscou, 1880.

— 1881. — Ueber das Central-Nervensystem des *Lithobius forficatus* L. — *Nachr. Ges. Freunde Naturw. Moscau*, XXXVII, 1881.

— 1882. — Zur Embryologie der Chilopoden. (Vorl. Mitth.). — *Zool. Anz.*, n° 124, 1882.

— 1883. — Materialien zur Kenntnis der embryol. Entwickelung v. *Geophilus ferrugineus* u. *proximus*. — *Trav. Labor. zool. Mus. Univ. Moscou*, II, H. 1, 1883.

— 1892. — Note sur l'origine et les parentés des Arthropodes, principalement des Arthropodes trachéates. — *Congr. Intern. Zool.* Moscou, 1892.

— 1900 *a.* — Sur les organes céphaliques latéraux des *Glomeris*. — *C. R. Acad. Sc.*, CXXIX, n° 13, 1900.

IMPRIMERIE TOULOUSAINE (LION ET FILS), 2, rue Romiguières.